“十二五”职业教育国家规划教材
经全国职业教育教材审定委员会审定

WANGYE SHEJI YU ZHIZUO SHIYONG JIAOCHENG

网页设计与制作实用教程

(第3版)

刘艳丽 高妍 王铮钧 主编
张园园 唐静 袁爱娥 副主编

高等教育出版社·北京

内容简介

本书是“十二五”职业教育国家规划教材。

本书根据网页设计师的职业岗位能力需求，依托“慧衡科技”网站项目为载体，采用“项目分析（设计思路、制作流程）→预备知识→项目实施→项目总结→扩展技能→课后练习（配套实训、同步测试）”的编写方式，由浅入深、循序渐进地介绍了网页设计与制作的基本思路和实现方法。全书内容包括网站规划、Photoshop 图像处理、Flash 动画制作、Dreamweaver 网页制作、网页特效、发布网站及动态网页基础等内容。

本书配有教学指导文件、电子教案、制作素材、完成效果、配套实训、同步测试等丰富的教学资源。

本书内容力求基础知识与应用相结合，既可作为应用性、技能型人才培养的各类教育“网页设计与制作”课程的教学用书，也可作为计算机从业人员和网页制作爱好者的参考用书。

图书在版编目（CIP）数据

网页设计与制作实用教程 / 刘艳丽，高妍，王铮钧主编. --3 版. --北京：高等教育出版社，2015.3（2016.4重印）
ISBN 978-7-04-042099-9

Ⅰ. ①网… Ⅱ. ①刘… ②高… ③王… Ⅲ. ①网页制作工具-高等职业教育-教材 Ⅳ. ①TP393.092

中国版本图书馆 CIP 数据核字（2015）第 026049 号

策划编辑 许兴瑜　责任编辑 许兴瑜　封面设计 张 楠　版式设计 于 婕
插图绘制 杜晓丹　责任校对 陈 杨　责任印制 刘思涵

出版发行	高等教育出版社	网　址	http://www.hep.edu.cn
社　址	北京市西城区德外大街 4 号		http://www.hep.com.cn
邮政编码	100120	网上订购	http://www.landraco.com
印　刷	山东鸿君杰文化发展有限公司		http://www.landraco.com.cn
开　本	787mm × 1092mm　1/16		
印　张	18.75	版　次	2003 年 7 月第 1 版
字　数	490 千字		2015 年 3 月第 3 版
购书热线	010-58581118	印　次	2016 年 4 月第 3 次印刷
咨询电话	400-810-0598	定　价	39.80 元

物 料 号 42099-00

出版说明

教材是教学过程的重要载体，加强教材建设是深化职业教育教学改革的有效途径，推进人才培养模式改革的重要条件，也是推动中高职协调发展的基础性工程，对促进现代职业教育体系建设，切实提高职业教育人才培养质量具有十分重要的作用。

为了认真贯彻《教育部关于“十二五”职业教育教材建设的若干意见》（教职成〔2012〕9号），2012年12月，教育部职业教育与成人教育司启动了“十二五”职业教育国家规划教材（高等职业教育部分）的选题立项工作。作为全国最大的职业教育教材出版基地，我社按照“统筹规划，优化结构，锤炼精品，鼓励创新”的原则，完成了立项选题的论证遴选与申报工作。在教育部职业教育与成人教育司随后组织的选题评审中，由我社申报的1338种选题被确定为“十二五”职业教育国家规划教材立项选题。现在，这批选题相继完成了编写工作，并由全国职业教育教材审定委员会审定通过后，陆续出版。

这批规划教材中，部分为修订版，其前身多为普通高等教育“十一五”国家级规划教材（高职高专）或普通高等教育“十五”国家级规划教材（高职高专），在高等职业教育教学改革进程中不断吐故纳新，在长期的教学实践中接受检验并修改完善，是“锤炼精品”的基础与传承创新的硕果；部分为新编教材，反映了近年来高职院校教学内容与课程体系改革的成果，并对接新的职业标准和新的产业需求，反映新知识、新技术、新工艺和新方法，具有鲜明的时代特色和职教特色。无论是修订版，还是新编版，我社都将发挥自身在数字化教学资源建设方面的优势，为规划教材开发配备数字化教学资源，实现教材的一体化服务。

这批规划教材立项之时，也是国家职业教育专业教学资源库建设项目及国家精品资源共享课建设项目深入开展之际，而专业、课程、教材之间的紧密联系，无疑为融通教改项目、整合优质资源、打造精品力作奠定了基础。我社作为国家专业教学资源库平台建设和资源运营机构及国家精品开放课程项目组织实施单位，将建设成果以系列教材的形式成功申报立项，并在审定通过后陆续推出。这两个系列的规划教材，具有作者队伍强大、教改基础深厚、示范效应显著、配套资源丰富、纸质教材与在线资源一体化设计的鲜明特点，将是职业教育信息化条件下，扩展教学手段和范围，推动教学方式方法变革的重要媒介与典型代表。

教学改革无止境，精品教材永追求。我社将在今后一到两年内，集中优势力量，全力以赴，出版好、推广好这批规划教材，力促优质教材进校园、精品资源进课堂，从而更好地服务于高等职业教育教学改革，更好地服务于现代职教体系建设，更好地服务于青年成才。

高等教育出版社

2014年12月

第3版前言

我国互联网产业的发展风起云涌，对于政府机关、企业、个人来说，自己的网站是向外界展示实力的窗口。精美的网页能快速吸引浏览者的眼球，迅速提高网站的知名度，而这一切都依赖于网页的设计和制作技术的运用。网页技术的快速发展为当前网页设计师的职业岗位能力提出了新的要求，为此，编者根据近几年的教研实践与新技术的应用，对《网页设计与制作实用教程（第2版）》（刘艳丽）教材进行了全面的修改，倾力编写了这部“十二五”职业教育国家规划教材。

本书特点

1. 以“慧衡科技”网站为载体，构建职业岗位能力需求的教学内容

根据网页设计师的职业岗位能力需求，围绕“慧衡科技”网站的实际开发过程，将网页设计与制作所需要的知识技能有机地融入到具体的项目中，真正使学习与企业实际工作相结合，同时兼顾 Abode 认证要求，组织、梳理和筛选教学内容，为学生构建相应的知识技能体系，突出职业技能的培养。

2. 以工作过程为导向，构建项目牵引、任务驱动的教学模式

本书将整个“慧衡科技”网站项目按照实际工作过程分解为 15 个子项目，除第 1 个子项目外，其余每个子项目都采用“项目分析（设计思路、制作流程）→预备知识→项目实施→项目总结→扩展技能→课后练习（配套实训、同步测试）”的编写方式，淡化工具意识，融入网页设计的基本思想和工作流程，注重训练学生的动手能力，更注重培养学生分析问题、解决问题的能力。

3. 以实际运作的真实网站为依托，使本书内容延伸至网络

“慧衡科技”网站项目是校企合作的结晶，它完全取材于实际运作的真实网站——深圳慧衡科技有限公司网站（http://www.intematrix.cn）。该网站是一家专注于中小企业网站建设及网络营销的互联网技术开发和服务公司网站，其中包含了网站建设和网络营销解决方案、网站设计和开发技术、网站设计趋势和实践等，使本书内容自然延伸至网络。在此，特别感谢深圳慧衡科技有限公司的创始人顾正书及其企业人员，是他们的深度参与和大力支持才使本书得以成型。

配套资源及其使用方法

本书配套教学资源包含 3 个部分（可发邮件至 1548103297@qq.com 索取），其内容和意义如图 1 所示。

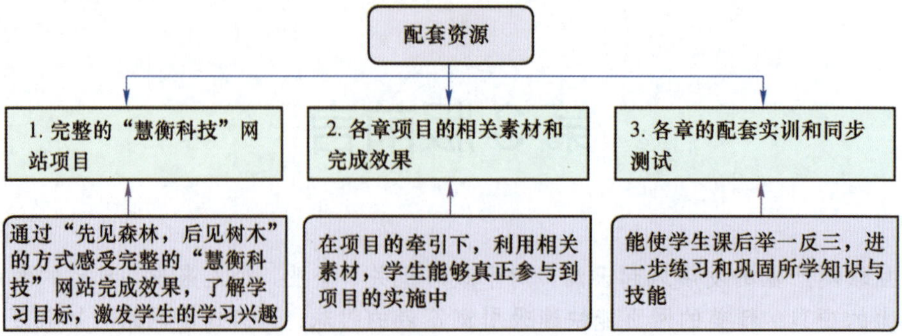

图1　本书配套教学资源的内容和意义

“慧衡科技”网站的目录结构与主要站点结构的对应关系如图2所示。

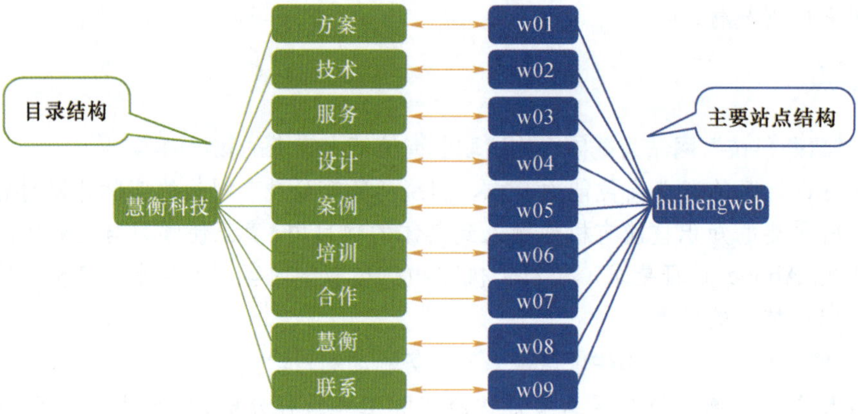

图2　网站的目录结构与主要站点结构的对应

操作提示：每章项目在实施前，需将该章配套资源提供的素材对应地复制到huihengweb站点下的同名文件夹中。

本书由深圳职业技术学院从事网页设计教学工作的资深教师和具有多年网站建设经验的资深设计师共同完成。刘艳丽、高妍、王铮钧任主编，张园园、唐静、袁爱娥任副主编。本书第7、9、10、11章由刘艳丽编写；第2、3、6、8章由高妍编写；第12、13、14、15章由王铮钧编写；第1、4、5章由张园园编写。唐静、袁爱娥及企业人员参与了本书内容的编写、项目的设计与制作和教学网站的建设。全书由刘艳丽负责统稿。

由于编者水平有限，加之时间仓促，书中难免有疏漏之处，敬请各位读者和专家批评指正（联系方式：teach_ie@163.com）。

编　者

2015年2月

第2版前言

基于对当前教材的深入了解和教学实践需要以及技术发展的情况，我们对《网页设计与制作实用教程》第一版教材进行了全面的修改，形成了这本普通高等教育“十一五”国家级规划教材。

在第一版的基础上，本书做了如下改动：

（1）更新软件版本。

（2）更新和完善所有的案例。

（3）进一步增强案例的综合性、趣味性、衔接性和完整性。

（4）合理地调整部分章节的顺序。

（5）加强了配套实训和课后练习。

本书具有如下特点。

1．采用目标式案例教学方式，以完整案例贯穿全书

本书采用“设计目标→页面分析→实训引导→制作过程→归纳总结→举一反三”的目标式案例教学方式编写，全书内容围绕创建的“畅想未来”网站的具体实现而展开，读者只要掌握这些实例，就能对网页的设计和制作有一个完整的了解，顺利地建立起个人网站，从而使读者在学习完本书后非常有成就感。

每章均以具有代表性、实用性、趣味性的实例导入，在分析实例的基础上，展开具体的实现过程，然后详细地介绍该章的相关内容和功能，使读者能够快速把握实际操作的思路，并在操作过程中掌握网页设计与制作的方法和要点。

2．注重网页的设计与制作思想，符合教学规律

本书在内容的安排上由浅入深、循序渐进、逐步拓宽知识点。全书实例从最简单的页面开始，逐渐丰富、完善，最后制作出较复杂的页面。

本书淡化工具介绍，注重网页的设计与制作方法，将网页设计的基本方法和实践技巧有机地融入Dreamweaver的讲解中，使学生在网页的制作过程中自然而然地掌握网页设计的基本方法和技巧。

3．实训题材丰富，充分激发学生的学习兴趣

本书全部由实用性、操作性很强的案例构成，内容翔实，素材丰富。不仅介绍了“畅想未来”网站的具体实现方法，配套实训中还提供了题样丰富多样的实训项目，如“信乐团”网站、“HUNTER”网站、“八音盒文化”网站、“杭州西湖”网站、“游戏人物介绍”网站、“汽车世界”网站等的设计与制作方法，以充分激发学生的学习兴趣。

4．以实用为目的，具有高职教育特色

本书不追求面面俱到，而是针对高职教育的特点，大胆舍弃不用或根本就不实用的内容，

适合“理论够用，重在实践”的高职高专教学。

本书以 Dreamweaver 为主，其他工具为辅，即以 Dreamweaver 制作网页为主线，根据实际需要将内容拓展到 Fireworks、Flash、JavaScript 等相关内容，并采用“拿来主义”，帮助学习者学会并巧妙利用现有的技能。同时，为了满足学生急于动手制作网页的迫切心情。本书编写从“所见即所得”的实用工具出发，根据需要讲解 HTML 语言。

5. 教学资源立体化，便于教师教学，学生自学

本书所有教学指导文件、电子教案、制作素材、完成的页面效果、配套实训以及练习题等配套教学资源都可从开放的教学网站（网址为 http://jsjjc.szpt.edu.cn/webcourse/）免费获得，非常方便教师组织教学，也有利于学生自主学习和探索式学习。

为了便于读者使用本书，本书配套光盘包含 3 个部分：一是完整的“畅想未来”网站案例；二是各章教程的相关素材和结果样例，读者可根据光盘中提供的素材完成教程中的案例制作，并可以参考相应的结果样例；三是各章的配套实训（包括相关素材和结果样例）和练习题，读者可以在学习完本教程的实例后，举一反三，进一步练习和巩固所学内容。

本书分为基础篇和拓展篇两大部分。基础篇主要讲述 Dreamweaver 的使用方法，包括本地站点的创建和管理、各种超链接、表格、框架、图层、时间轴、行为、CCS 样式、表单、模板、发布网页等内容，学生只要掌握了基础篇就可以创建个人网站。同时为了接近专业水准，又开辟了拓展篇。拓展篇包括页面中一些特殊效果的实现方法、使用 Fireworks 处理图像和常见 Flash 动画的制作方法等内容，用于进一步丰富和完善个人网页。教师可灵活组织教学内容，选择相应的章节授课。如果只有 36 学时，则学习基础篇。如果有 72 学时，可学习基础篇+拓展篇。

6. 内容覆盖 Adobe 认证考试和 NIT 认证考试

本书内容基本覆盖了 Adobe 认证考试和 NIT 认证考试，通过学习，读者可为二证的获取打下扎实的基础。

本书主要由深圳职业技术学院计算机与网络基础教研室刘艳丽任主编，许晞、秦高德和高妍任副主编。全书共分 18 章，其中第 2、3、4、6、7、12、13、15、16 章由刘艳丽编写，第 5 章（除 5.6 节）、第 8、9、10、17 章由许晞编写，第 1、11、14、18 由秦高德编写，5.6 节以及第 1 章～第 14 章的配套实训及练习题由高妍编写，张园园也参加了本书的编写工作，全书由刘艳丽负责统稿。

余苏宁教授认真细致地审阅了全稿，并提出了宝贵意见，在此我们深表感谢。编写教材前，我们做了大量的准备工作，并从网上查阅了与“畅想未来”主题相关的资料，在此，对提供资料的网友们表示感谢。

由于编者水平有限，加之时间仓促，书中难免有错漏之处，敬请各位读者和专家批评指正。编者的联系方式：teach_ie@163.com。

编　者

2008 年 6 月

第1版前言

基于对当前教材的深入了解及教学实践需要，我们着手编写了21世纪高等学校应用型教材《网页设计与制作实用教程》。本书具有如下特点：

- 实例引导，任务驱动

以网页设计为中心，以实例贯穿全书。每个章节均以具有代表性、实用性、趣味性的实例导入，在分析实例的基础上，展开具体实现的过程，然后详细地介绍该章节的相关内容和功能，使读者能够快速把握实际操作的思路，并在操作过程中掌握网页设计与制作的方法和要点。

在编写本书前，作者已构思了一个典型的“畅想未来”网站，整个教材内容围绕这个网站的具体实现而展开，读者只要掌握这些实例，就能对网页的设计和制作有一个完整的了解，从而顺利地建立起个人网站。

- 注重网页设计与制作思想，符合教学规律

本书在内容的安排上，由浅入深、循序渐近、逐步拓宽知识点。全书内容从最简单的页面开始，逐步丰富完善，最后制作出较复杂的高级页面。

本书淡化工具意识，注重网页的设计与制作思想，这样读者在学习的同时，自然而然地便掌握了网页设计的基本方法和技巧。

为彻底解决近年来课堂教学中理论与实践脱节、学生普遍缺乏实际应用能力的问题，本书各章均以实例导入，所有实例均是从网页制作实践中提炼、总结、归纳出来的。讲与练紧密结合，每一章均安排有思考题和上机实训题，不仅符合学生听讲、复习与自学的实际需要，也弥补了大多数网页制作教材重理论讲解、缺少网页制作实例、无上机练习与思考题的不足。

- 以实用为目的，具有高职教育特色

本书不追求面面俱到，而是大胆舍去不用或根本就不实用的内容，适合“理论够用，重在实践”的高职高专教学的特点。

本书以Dreamweaver为主，其他工具为辅。即以Dreamweaver制作网页为主线，根据实际需要将内容拓展到Fireworks、Flash、JavaScript等。

- 配有教学网站，便于教师教学和学生自学

为了便于教师教学，共享教学资源，本书专门配有教学网站，读者可以通过访问该网站下载与本教程配套的实例及素材，网址为http://www.szpt.net/computer/WebCoures。

本书内容分为基础篇和拓展篇两大部分，便于教师灵活组织教学内容，选择相应的章节授课。如果只有36学时，可只学习基础篇。如果有72学时，可学习基础篇和拓展篇。

本书图文并茂，实例丰富，内容翔实，便于学生自主学习和探索式学习。

本书由深圳职业技术学院刘艳丽主编，许晞、曾煌兴任副主编。其中第2章、第3章、第4章、第5章、第6章、第15章由刘艳丽老师编写；第7章、第8章、第9章、第10章、第17章由许晞老师编写；第1章、第11章、第12章、第13章、第14章、第18章由曾煌兴老

师编写。另郑杰老师也参加了第 16 章的编写工作。最后由刘艳丽副教授负责全书的统稿。此外，余苏宁副教授也在百忙之中认真细致地审阅了主要章节，并提出了宝贵意见，在此我们深表感谢。编写教材前，我们做了大量的准备工作，并从网上查阅了与“畅想未来”主题相关的资料，在此也对提供资料的网友们表示感谢。

由于编者水平有限，加之时间仓促，书中难免有错漏之处，敬请广大读者批评指正。联系方式 E-mail: teach_ie@163.com。

编　者

2003 年 5 月

目　录

第 1 章

规划网站

——“慧衡科技”网站的规划设计

在这个信息高速发展的时代，人们最能体会“足不出户便知天下事”。那么，这是怎么做到的呢？当然答案只有两个字：“上网”。大多数用户是 Internet 上的浏览用户，即信息享用者。如果作为信息提供者，应该做什么？怎么做呢？本章将介绍做什么，后续章节会陆续讲解怎么做。

Internet 上的信息查询和浏览是通过 WWW 服务来实现的。WWW 通过浏览器提供一种友好精美的信息查询与浏览界面，使人们通过单击或移动鼠标便可在因特网上获取各种信息。这个界面便是所说的网页，作为信息提供者，首先需要了解的就是如何设计与制作网页。本章将详细介绍与网页设计和制作相关的基础知识，并以“慧衡科技”网站为例介绍网站的规划与设计。

学习目标

- 了解 WWW 的相关知识
- 了解网站类型、网页元素及页面布局的相关知识
- 了解网站建设的流程
- 掌握网站规划与设计的基本方法和原则

1.1 WWW 基本知识

Internet 信息的查询和浏览是通过 WWW 服务来实现的。与 WWW 相关的概念是每个网页设计者都必须知道的。

1）WWW

WWW（World Wide Web）称为万维网或全球信息网，又简称 3W，是集文本、图像、声音和影像为一体的超媒体。它为用户提供了一个友好的图形化用户界面以查阅因特网上的文档，这些文档与它们之间的链接一起构成了一个庞大的信息网。

WWW 服务器是用来响应来自 WWW 浏览器的请求以提供 Web 页的软件。WWW 服务器有时也称为 HTTP 服务器，常见的有 Microsoft Internet Information Server（IIS）、Apache HTTP Server 等。

WWW 浏览器是用来浏览因特网中 WWW 站点网页的工具软件，通过它可向 WWW 服务器发送各种请求，并对从服务器传来的超文本信息和各种多媒体数据进行解释、显示和播放。常见的浏览器包括 IE、Communicator、火狐（Firefox）、360 安全浏览器、Chrome、Safari 浏览器等。

2）网页

网页（Web Page）也称 Web 页，是用户通过浏览器所看到的一个页面，包含了如文本、图像、声音和动画等多媒体信息。

3）主页

主页（Home Page）实际上是一个网站的入口点，是用户进入一个站点所看到的第一个页面，是一个站点的目录索引。浏览的用户可以通过网站的主页 URL 访问到该主页，例如，要访问深圳慧衡科技有限公司，只要在浏览器地址栏中输入“http://www.intematrix.cn”即可。

4）网站

网站（Web Site）也称站点，是指在 Internet 上一组相互关联的文档组成的集合。一个网站对应磁盘上的一个文件夹，网站的所有信息都放在该文件夹下或其子文件夹下。

网站中的文档，一般按照有效的组织和规划使网页彼此相连，然后通过 WWW 服务器发布，这样，连接在 Internet 上的用户就可以通过浏览器访问到这些网页信息。

5）超文本标记语言

超文本标记语言（Hypertext Markup Language，HTML）是用于描述网页文档的一种标记语言，它通过标记符号来标记要显示的网页中的各个部分。网页文件本身是一种文本文件，通过在文本文件中添加标记符告诉浏览器如何显示其中的内容（如文本如何处理、图像如何显示等）。

6）统一资源定位符

统一资源定位符（Uniform Resource Location，URL）是对可以从因特网上得到的资源的位置和访问方法的一种简洁的表示。采用 URL，可以用一种统一的格式来描述各种信息资源，包括文件、服务器的地址和目录等。

URL 的一般形式是<URL 的访问方式>://<主机>:<端口>/<路径>。其中，URL 的访问方式有文件传送协议（FTP）、超文本传送协议（HTTP）、USENET 新闻（News）。<主机>是存放资源的主机在因特网中的域名。

1.2 网站剖析

本节将通过对典型网站的欣赏与剖析，了解网站类型、网页元素、页面布局等网页设计的相关知识。

1.2.1 网站类型

建设网站之前需首先明确网站名称、网站类型、建站目的及功能等，即网站定位；然后对网站进行规划设计并实施网站开发。不同类型网站的定位是不同的，网站类型划分的方式有多种，如按用途、按持有者或按商业目的等划分。主要网站类别如表 1.1 所示。

表 1.1 主要网站类别

类别	用途	典型网站
门户网站	其又称入门网站，是综合性网站的俗称，这类网站可提供丰富的信息、多样的服务，是用户上网的首选，如搜狐、腾讯、新浪等	
普及型网站	这包括政府网站、企业网站、事业单位网站、大学网站及个人网站等，如深圳职业技术学院网站	

续表

类别	用　途	典 型 网 站
电子商务网站	这类网站主要以网络为手段进行电子贸易，利用计算机技术、网络技术和远程通信技术来实现商务过程电子化，如阿里巴巴、淘宝等	
媒体信息网站	这是报社、电台、电视台等传统媒体为树立自己的网络形象而发布网络新闻、博客、论坛、旅游、天气等信息的网站，如 CCTV 等	
娱乐性网站	这类网站不仅提供信息，还可为用户提供一个娱乐的大平台，是一种朝气蓬勃的集游戏与娱乐于一身的网站，如中国娱乐网等	

1.2.2 网页元素

在制作网页前首先要确定网页的内容，一个网页通常由 Logo、文本、图像、表格、超链接、多媒体和表单等元素组成，图 1.1 列出了网页的常见元素。

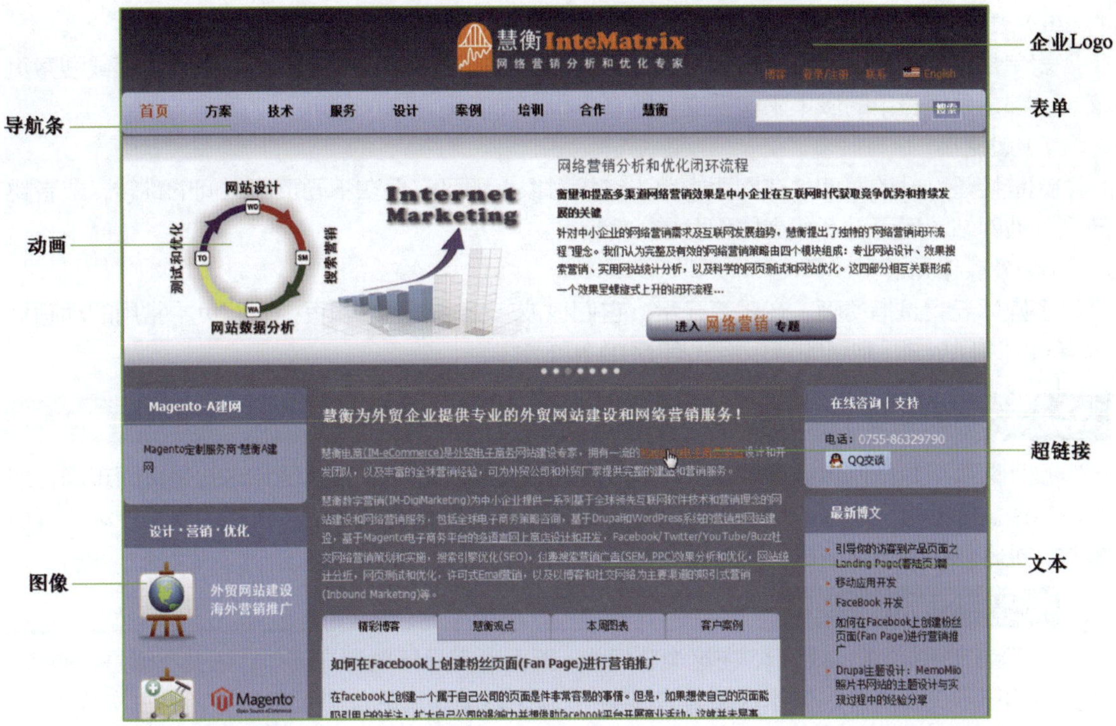

图 1.1 网页常见元素

1）Logo

Logo 是网站的标志，通常以图像形式表现。关于 Logo 的大小，一般有以下 3 种规格。

- 88 像素 × 31 像素——互联网上最普通的 Logo 规格。
- 120 像素 × 60 像素——用于一般大小的 Logo。
- 120 像素 × 90 像素——用于大型 Logo。

2）导航条

网站的导航条是网页上必不可少的元素，为浏览者提供访问网站的指引，使其在网站中不会迷路，同时也呈现出网站提供的信息内容。

3）文本

文本是网页的主体，可以将信息详细地传达给浏览者。而且，文本在网络上的传输速度也较快。

4）图像

图像也是网页中不可或缺的元素，图像比文本更直观、生动，给人的视觉效果要比文本强烈得多，可以传递一些文本不能传递的信息。灵活应用图像，在网页中可以起到点缀的效果。网页中的图像主要有 Logo、banner、背景图像和广告图像等。常用的图像格式是 JPG、GIF 和 PNG。

5）表格

表格是网页中常见的元素，是传统的网页排版方式。用户可以在表格中放置图像或其他内容，用于网页内容的排列。

6）表单

表单是用来收集站点浏览者信息的交互页面。如电子邮箱、申请页面、登录页面或搜索页面等，都是采用表单的域集来实现交互的。

7）超链接

超链接是网站的灵魂，在网页中单击链接对象，即可实现在不同页面之间的跳转，或者跳转到其他网站，还可以下载文件和发送 E-mail。

8）多媒体元素

多媒体元素是指动画、音乐等元素，它们也被广泛地应用在网页中。网页中常用的动画格式有 GIF 和 SWF，常用的音乐格式有 MID 和 MP3。

1.2.3 页面布局

设计网页不是把网页元素堆积在一起，而是通过合理的形式来体现，这就是页面布局，即版面布局。好的页面布局，可以提高视觉传达的效率，并给浏览者留下深刻印象，让浏览者更喜欢、更容易接受页面信息。

1. 常见页面布局类型

“厂”字型：如图 1.2 所示，在这类布局中，页面顶部是标题和广告条，正文左侧是导航条，正文右侧显示页面内容，整体效果类似汉字“厂”。这类布局的优点是条理清晰，主次分明。

“口”字型：如图 1.3 所示，在这类布局中，页面顶部是标题或广告条，左侧是导航条，右侧是友情链接，中间是主要内容，底部是网站的基本信息、联系方式、版权声明等页脚信息。这类布局的优点是布局紧凑，信息丰富；缺点则是不够灵活，四面封闭也会给人一种压抑的感觉。

图 1.2 具有“厂”字型布局的页面效果

图 1.3 具有“口”字型布局的页面效果

对称对比型：如图 1.4 所示，这类布局采取左右或者上下对称的布局，一半深色，一半浅色，一般用于设计型站点。其优点是视觉冲击力强，缺点则是将两部分有机结合比较困难。

“国”字型：如图 1.5 所示，在这类布局中，页面顶部是标题和广告条，下面的左、右两侧是二级导航区，中间是主要内容，底部是页脚信息。这类布局的优点是能充分利用空间，信息量大。这是一些大型网站主页常用的类型，本书依托的合作企业案例深圳慧衡科技有限公司网站便是这种布局风格。

图 1.4 具有对称对比型布局的 adidas 页面效果

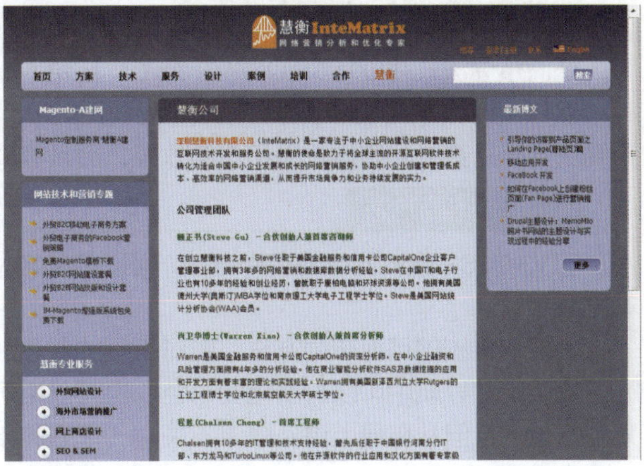

图 1.5 具有“国”字型布局的“慧衡科技”页面效果

POP 型：POP 引自广告术语，就是指页面布局像一张宣传海报。如图 1.6 所示，这类布局就像人们平时见到的海报一样，中间是一幅很醒目、设计非常精美的图像，周围点缀着一些图像和文字链接。这种设计常用于一些时尚类的首页，非常吸引人，但大量地运用图像会导致网页下载速度很慢，而且提供的信息量较少。

“三”字型：也称为“上中下”型，如图 1.7 所示。在这类布局中，页面顶部是标题和广告条，中间是主要内容，底部是页脚信息。其特点是页面上的横向两条色块将页面整体分割为 4 部分，色块中大多放广告条。一些文章页面或注册页面通常采用这类页面布局方式。这类布局多用于国外站点，国内用得不多。

图 1.6 具有 POP 布局的 LANCOME 页面效果

图 1.7 具有“三”字型布局的页面效果

2. 页面布局原则

整个网站页面的布局应该相对保持一致，不应该给人大的跳跃感，应做到：主次分明，突出重点；导航清晰，浏览便利；布局合理，逻辑性强。

对于一个页面，尤其是主页，左右不宜拖动，最好计算为一屏的宽度；上下可以拖动，但不宜过长，三到四屏即可，否则用户会忽略后面的内容。

3. 页面布局效果图的绘制方法

纸面布局法：在设计页面时先在纸上画出草图，查看设计效果，再付诸实际操作。

软件布局法：使用熟悉的软件来布局草图如 Photoshop、Fireworks 等。这种方法比纸面布局法更容易查看到整体效果和真实效果，而且容易修改。

4. 页面布局方法

DIV+CSS：比较流行的布局方法，可以精确定位文本和图片，但需要熟悉不同浏览器的计算方法。

表格：传统的页面布局方法，能对不同的对象加以处理。

框架：在导航中可以扮演重要角色，也可以用于布局页面。尽管使用框架进行页面设计的人越来越少，但从布局上讲，框架不失为一个好的布局方法。

1.2.4 配色原则及配色方案

网页的色彩是树立网站形象的关键之一。根据专业研究机构的研究表明：彩色的记忆效果是黑白的 3.5 倍。彩色页面较黑白页面更吸引人。通常的配色做法是，主要内容文字用非彩色（黑色），边框、背景、图像用彩色。这样，页面整体不单调，用户看主要内容时也不会眼花。

1. 配色原则

（1）整个网站的色系要保持一致。

（2）网站应该使用企业的原有 CI（也称 CIS，是 Corporate Identity System 的缩写，目前一般译为“企业视觉形象识别系统”）颜色，应使其简洁、新颖、舒服、大方，充分体现企业的文化形象。

（3）尽量使用浏览器支持的 216 个 Web 安全颜色。

（4）遵循三色原则，即除了黑色和白色以外，主要颜色原则上不要超过 3 种。

（5）网页元素应该选择与网站主体相一致的色调。

（6）图像的颜色应该尽可能少，从而减小图片尺寸。

说明

（1）颜色显示。

计算机的显示器使用像素显示文本和图形，每个像素一次只能显示一种颜色。

（2）颜色格式。

颜色可用两种格式表示：RGB 值和十六进制数值。

为遵守严格的 HTML，设计人员应该只使用十六进制数值。在 HTML 中使用十六进制数值时，以“#”符号开头。如在<body>标记中，背景颜色为蓝色，可表示为

```
<body bgcolor="#0000FF">
```

（3）安全颜色。

Web 安全色是指能在不同操作系统和不同浏览器中同时安全显示的 216 种颜色。设计网站重要内容时，应该运用这 216 种中的颜色。

2. 配色方案

配色方案即色彩搭配，可根据网站的设计目标、主题、使用人群等设计不同的配色方案。配色方案的选择往往是决定网站成败的一个关键因素。网页设计师通常通过不同颜色来呈现网站风格定位，表达情感和意图。

网站使用称为“标准色彩”的色彩来体现网站形象和内涵。标准色彩主要用于网站的标志、标题、主菜单和主色块，给人以整体统一的感觉。其他色彩也可以使用，只是作为点缀和衬托。

常见的颜色含义如下。

红色：是非常容易吸引人注意力的颜色，能够给人以温暖、热情、奔放的感觉。

黄色：象征希望、权力和功名，还带有神秘的宗教色彩。有时候，黄色还能给人明亮、充满甜蜜和幸福感的感觉。

蓝色：给人以冷漠、性格朴实而内向的感觉，可以为活跃的、具有较强扩张力的色彩提供深远、平静的空间。

绿色：是平和、安稳、柔顺、恬静、优美的色彩，也能代表希望。

紫色：是低明度的颜色，给人神秘的感觉。

白色：色感光明，代表纯洁、快乐，还可给人圣洁的不容侵犯的感觉。

例如，可口可乐公司的网站采用了代表着热情和活力的红色调，让人看过后很难忘记；深圳慧衡科技有限公司的网站采用灰蓝色作为标准色彩，呈现出企业的稳健、深远与和谐，配的橙色则使稳健之中增添了活力，如图 1.5 所示。

网页色彩是网页制作的一个重点和难点，用户可以使用一些专门的网页配色软件来帮助创建网页配色方案，如 Adobe Kuler、ColorImpact 等。

1.2.5 字体原则

无论网页多么绚丽，文本都是不可缺少的部分，良好的文本格式能充分体现文档要表达的意图。

与标准色彩相同，标准字体是指用于标志、标题、主菜单的特有字体。一般网页默认的字体是宋体。为了体现网站的特有风格，可以根据需要选择一些特别字体。例如，为了体现专业，可以使用粗仿宋体；为了体现设计精美，可以用广告体；为了体现亲切、随意，可以用手写体等。字体以“标准、大方、清晰、引人入胜、协调”为原则，具体应该遵循如下内容。

（1）正文英文字体采用 Time New Roman/Arial。

（2）正文中文字体采用宋体，12 像素或 14 像素。

（3）特殊效果字体应放在图像中。

（4）段落行文本不宜过长，不要横跨整个浏览器窗口。

（5）通过改变页边距、行边距和颜色增加字体效果。

（6）字体在整个网站中应保持一致性，同类型的数据或信息应使用同一种字体。

1.3 网站建设流程

随着网站设计技术的发展和网站功能需求的日益复杂，如今网站的设计与开发越来越像一个软件工程，网站的设计与开发已进入一个需要强调流程和分工的时代。

建立一个网站就像盖一幢大楼一样，它是一个系统工程，有自己特定的工作流程，只有遵循这个步骤，按部就班地一步步来，才能设计出一个满意的网站。网站建设的基本流程如下。

1. 网站需求分析

需求分析是制作网站的第一步。在制作网站之前，首先要确定网站主题、目的及功能定位等，具体说来，就是指网站所要表达的理念、网站功能方面的要求，以及界面显示内容和栏目的要求等。

2. 规划网站

一个网站设计得成功与否，很大程度上取决于设计者的规划水平。规划网站就像设计师设计大楼一样，图纸设计好了，才能建成漂亮的楼房。网站规划包含的内容很多，主要包括以下几方面。

（1）设置网站栏目。

（2）规划站点结构。

（3）确定网站的风格、配色方案及版面布局等。

3. 制作网页

网站规划好后，下面就开始制作网页，应先重点设计主页，然后是网站的其他子页面。制作网页可分为网页界面设计和后台数据库设计。网页界面设计的一般过程如下。

（1）确定页面色调、配色、布局，并准备文字、图像等素材。

（2）利用 Photoshop 处理图像，制作 Logo、banner 等，并设计网页效果图。

（3）利用 Flash 设计需要在网页中添加的动画，包括网站的广告条、按钮等。

（4）利用 Dreamweaver 完成网页的设计制作。

4. 上传测试

网页制作完毕后要发布到 Web 服务器上，所以需要先注册域名、准备网站服务器，然后利用 Dreamweaver 或 FTP 软件将网站文件上传到网站服务器。网站上传以后，还需要在浏览器中打开网站，逐页对链接进行测试，发现问题，及时修改，然后上传测试。

5. 发布推广，维护更新

网页做好之后，还要不断地进行宣传，提高网站的访问率和知名度。推广的方法有很多，例如到搜索引擎上注册、与别的网站交换链接、加入广告链等。当然也可以通过电视、报纸、户外广告等传统媒体来进行宣传。

网站需要经常维护、更新内容，保持内容的新鲜，才能够吸引住浏览者。维护更新时，应该充分利用 Dreamweaver 提供的模板和库技术，以提高工作效率。

1.4 “慧衡科技”网站的规划设计

无论是简单的个人网站，还是复杂的大型网站，对网站的规划都要放在首位。利用前面所学的知识，本节将对“慧衡科技”网站进行规划设计。

1.4.1 设置网站的栏目

“慧衡科技”网站主要用于介绍深圳慧衡科技有限公司的概况、公司业务、产品展示等，该公司的主要业务是为外贸企业提供专业的外贸网站建设和网络营销服务。

通过对网站的需求分析，最终确定网站包括“方案”“技术”“服务”“设计”“案例”“培训”“合作”“慧衡”8 个栏目，如图 1.8 所示。

图 1.8 “慧衡科技”网站的栏目

“方案”页介绍网站建设和网络营销的解决方案；“技术”页介绍网站设计和开发技术；“服务”页介绍慧衡网站设计和网络营销专业服务；“设计”页介绍网站设计趋势和实践；“案例”页介绍网站建设、网络营销客户案例分析和站点展示；“培训”页介绍网站设计和网络营销的各类培训信息；“合作”页介绍网站设计开发技术和网络营销推广合作伙伴；“慧衡”页介绍公司信息。之后，通过具有一定逻辑关系的超链接将这些网页联系起来，构成“慧衡科技”网站。

1.4.2 规划站点结构

一个网站包含很多不同类型的文件，如图像、Flash 动画、声音、库文件、模板文件等。如果不进行分类组织，分散存放到硬盘上，网站会变得杂乱无章，不便管理和更新。因此需要规划站点结构，以便有效地组织所有和网站相关的文件。一般来说，有下列两种规划站点的方式。

（1）按照文件类型组织文件。

这是一种最简单的组织方式，即将不同类型的文件分别存放在不同的文件夹中，通过文件的类型对文件进行管理。该方式适用于小型网站。

（2）按照栏目组织文件。

这种方式是将不同栏目的文件分别存放在不同的文件夹中，在每个文件夹中建立各个子文件夹以分别存放各栏目不同类型的文件。该方式适用于大中型网站。

“慧衡科技”网站采用这两种类型结合的方式，如图 1.9 所示。其中，根文件夹下的 css、images、swf 文件夹用来存放 index.html 主页用到的样式、图像及动画文件；w01、w02、w03、w04、w05、w06、w07 和 w08 文件夹则用来存放 8 个栏目网页文件和用到的其他文件，在子文件夹下可以根据需要再建立子文件夹，如图 1.9 所示的 w01 子目录结构。

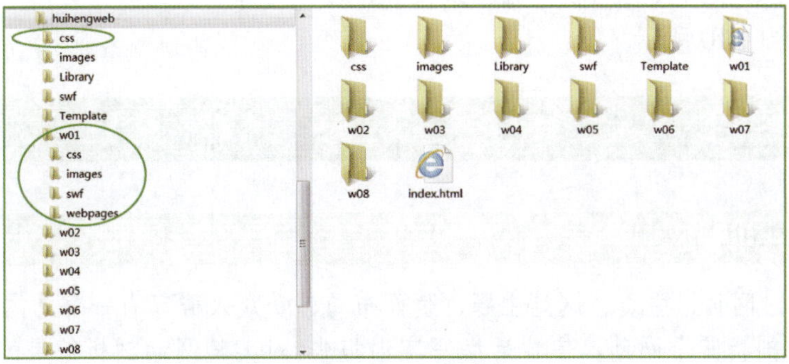

图 1.9 “慧衡科技”网站的站点结构

按照图 1.9 在本地计算机的磁盘中建立“慧衡科技”网站的站点结构。

说明

规划站点结构应遵循以下原则。

（1）网站使用的所有网页和相关文件都必须存放在站点的文件夹或子文件夹下。

（2）网站的主页必须放在站点的根文件夹下，其中，主页的命名通常是 default.html、index.html、default.asp、index.asp。

（3）文件夹的层次不要太深，建议不要超过 3 层，以方便维护和管理。

（4）在进行网站开发之前，应该规划好站点结构并通过 **Dreamweaver** 建立相应的站点，这将为日后的开发工作带来很多方便。

1.4.3 确定网站的风格、色调及页面布局

1. 确定风格和色调

在制作网页前需要先确定网站的风格和色调，主要包括网页图像的色彩和背景的色调。制作时，一般先确定网站的主色调，再在其基础上搭配不同的色彩，使网页效果更加美观、主旨明确。

“慧衡科技”网站的风格定位为“科技、稳健、深远”。整体色调采用了深蓝色调，这是因为蓝色表示沉静、理智、高深，而蓝色又是天空的颜色，象征高科技的强烈现代感。在蓝色系中，深蓝色表示沉着、稳定等。

在色调定下来的基础上，根据“总体协调、局部对比”的原则，使用此色调中的各种深浅颜色来设计背景色及背景图像，并搭配一些橙色来增添活力。

2. 确定页面布局

网站主页采用企业网站常用的“国”字型结构。顶部区域用于装载网站的 banner、导航条及横幅广告条；接下来就是主体内容区域，分为 3 列，左侧用于装载栏目列表，中间用于装载公司业务信息，右侧用于装载最新博文、联系方式；底部区域装载页脚信息。主页页面布局如图 1.10 所示。

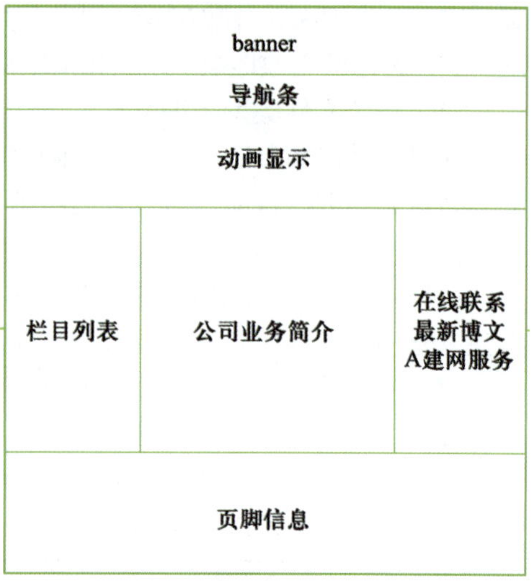

图 1.10 主页页面布局

1.5 课后练习

1.5.1 配套实训

为了对网站、网页、主页、网站主题、页面布局、受众人群等有一个总体认识，请从以下几个方面欣赏并剖析某个网站，完成后编写实训报告“对某某网站剖析结果的报告（学号+姓

名）.docx”。

1. 打开浏览器，然后输入个人喜爱的网站网址。

2. 认识网页的组成元素。

（1）浏览网站，分别指出网站的Logo、网页标题、导航、表单、超链接、图片、文本等元素。

（2）选择网页中的一幅图片并保存在作业文件夹中。

3. 查看网站的设计风格。

（1）分析网站的主色调、网站颜色的搭配使用情况，熟悉常见的页面色彩搭配技巧。

（2）分析该网站导航的使用情况。

（3）查看该网站使用的标题文字及页面字体的粗细、字号、颜色等。

（4）查看页面的宽度、长度及文件大小。

（5）分别以1 280×1 024像素/屏、1 024×768像素/屏、800×600像素/屏这3种分辨率浏览同一网站。

分析：屏幕分辨率对网页影响有多大？目前网站在设计时一般使用的最佳分辨率是多少？

4. 分析网站的主题、定位、整体风格、受众人群，并列表归纳出网站的栏目结构（列出一、二级导航内容）。

5. 浏览该网站，选出该网站中最喜欢的网页，并列出喜欢它的理由。

6. 查看网站是否有站点地图。

1.5.2 同步测试

1. HTTP指的是（　　）。

A. 超文本标记语言　　B. 文件传输协议

C. 超文本协议　　D. 万维网

2. 下列软件中，（　　）不属于制作网页的常用工具。

A. Frontpage　　B. Excel　　C. Dreamweaver　　D. Fireworks

3. 为保证Internet能够正常工作，要求所有进入Internet的计算机都遵守相同的通信协议，即（　　）。

A. WWW　　B. TCP/IP　　C. HTML　　D. CERN

4. 关于站点与网页的说法不正确的是（　　）。

A. 直接建立多个网页并链接在一起可以形成站点

B. 站点是若干相关网页及相关信息的集合

C. 网页是站点的组成部分

D. 网页之间有超链接关系，说明它们在同一个网站中

5. 万维网是Internet提供的一项服务，它使用（　　）来定位统一网络资源。

A. HTTP　　B. HTML　　C. URL　　D. SMTP

6. 浏览器的作用是（　　）。

A. 负责下载并显示网页，能对Web文档的HTML编码进行解释，并显示为能在浏览器上看见的Web页面

B. 运行在服务器中，且仅供服务器维护员使用

C. 浏览Web页面部分内容比整个页面内容要快

D. 下载网页时不是根据页面中的HTML编码分别下载信息，而是随机性地下载

第 2 章

利用 Photoshop 制作与处理图像

——制作“慧衡科技”网站的图像

Photoshop 是主流的图像处理软件，如果想制作一个优秀的网页，精通 Photoshop 是非常有必要的。利用 Photoshop 可以对图像素材进行加工处理，设计网页背景图像、Logo、banner 等。在制作网页前可以先设计包含 Logo、背景图像的页面效果图，再制作网页。这样做的优点是网页整体风格统一、色调一致，Logo 和 banner 与背景可以完美地融合在一起，并且可以直观地浏览页面效果且便于反复修改。本章将通过网站首页的页面效果图和网页中主图的设计与制作，详细介绍 Photoshop 的基本操作方法，以及网页背景图像、Logo、banner 的设计与制作方法。

学习目标

- 掌握选取工具的使用和创建选区的方法
- 掌握绘图工具的使用和填充颜色的方法
- 掌握组、图层、图层样式、蒙版的概念与使用
- 掌握文本工具的使用和修饰文本的方法
- 了解网页背景图像、Logo、banner 的设计方法

2.1 项目分析

2.1.1 设计思路

深圳慧衡科技有限公司需要制作一个网站，现在小张已经构思好了首页的内容和布局框架，需要小高设计网页页面效果图，以及页面需要用到的图像，如网站 Logo、banner 图像等。小高根据主页内容和布局框架图，并考虑到公司是高科技公司，企业文化为智慧、平衡，确定了以下设计思路。

页面背景方面，蓝色表示沉静、理智、高深等，而蓝色又是天空的颜色，象征高科技的强烈现代感。在蓝色系中，深蓝色表示沉着、稳定等，所以本网页采用深蓝色调。在色调定下来的基础上，根据“总体协调、局部对比”的原则，使用此色调中的各种深浅颜色来设计背景色和背景图像，并搭配一些橙色来增添活力。

背景图像方面，因为是企业网站，故不设计比较繁杂的背景图像，只使用渐变色填充背景，并设计圆角边框，这样既美化页面，同时也不会太过花哨。

banner 图像方面，在已有的公司标志图像基础上制作 Logo，然后添加文本和线条来制作 banner。

网页中的主图方面，利用图像合成技术将公司提供的几个案例图像制作成一个广告图像，放在网页的主要内容处，使得网页内容不那么单调。

最终设计效果如图 2.1 所示。

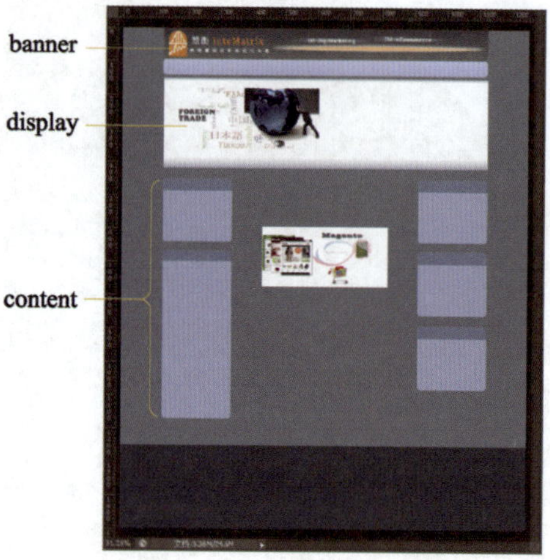

图 2.1 “慧衡科技”网站主页的页面效果

2.1.2 制作流程

首先设置整个页面的背景颜色和页面各部分的背景颜色，根据已有的素材和背景颜色制作页面各部分所需的背景图像，然后制作页面顶部的 banner，接着提取页面元素，最后利用已有的素材图像制作网页中主要内容部分所需的图像。具体制作流程如图 2.2 所示。

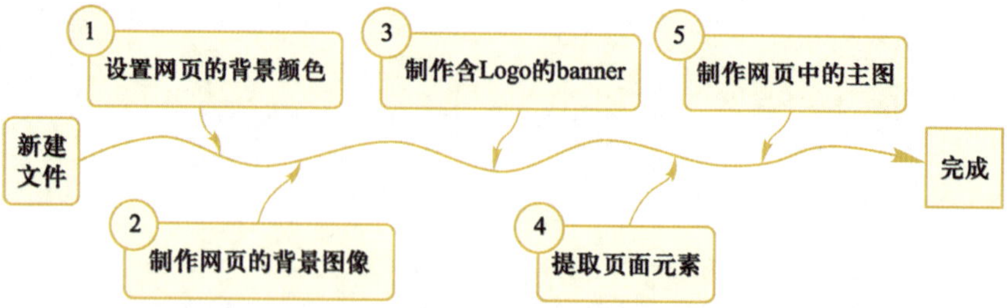

图 2.2 页面效果图的制作流程

2.2 预备知识

1. 图像格式

在 Photoshop 中处理的图像默认是以 PSD 格式进行存储的。PSD 格式能够保存图像的图层、通道等信息，但是其文件体积大，在其他图像处理程序中无法打开。

网页中的图像主要有 Logo、banner、背景图像和广告图像等。网页中最为常用的图像格式有 3 种：GIF、JPEG 和 PNG。这 3 种格式的图像均支持压缩技术，以节省浏览者的下载时间。

1）GIF

GIF 格式可以实现无损压缩，文件体积小。但 GIF 格式使用的颜色索引只允许出现 256 种颜色，所以只适合用于一些颜色较为单一或相邻之间颜色相差不太大的图像。对于超过 256 种颜色的图像，存储为 GIF 格式后，会将某些颜色信息丢失而变成有损压缩。

GIF 支持透明背景图像，但只支持一位的透明度，即某个元素要么完全透明，要么完全不透明。除此之外，GIF 还可以支持基于帧的简单动画。

2）JPEG

JPEG 的 24 位色深让其能够很好地显示照片等色彩和细节丰富的图像。JPEG 是一种有损压缩格式，但是可以设置压缩等级，用户可通过合理的压缩等级来找到图像颜色和细节与文件大小之间的平衡点。需要注意的是，压缩比很大的 JPEG 图像会高度失真。

3）PNG

PNG 在某些方面与 GIF 类似，它提供了两种色深模式，即 24 位和 8 位。24 位色深的 PNG 文件较大，但可以保证是无损压缩。8 位色深的 PNG 文件则使用了类似于 GIF 的颜色索引。

由于 PNG 同时支持这两种色深模式，所以理论上它可以用于任何图像，但实际上在网页中最好还是用 GIF 和 JPEG，前者用于颜色较为单一的图像，后者用于照片等色彩和细节丰富的图像。

PNG 还支持两种模式的透明度：1 位和 8 位。在需要透明背景图像时，使用 8 位的透明模式会比较适合。

2. 图像分辨率

图像分辨率是用于度量图像内数据量多少的一个参数，通常表示为 ppi（像素/英寸）。像素是构成图像的最小单位，它的形态是小方点。无数个带色彩的像素构成完整的一幅图像。图像分辨率越高，表示单位长度内的像素越多，图像越清晰，但同时产生的文件也越大。在用于电子屏幕输出时，一般设置图像分辨率为 72 ppi。

3. 图像的颜色模式

图像的颜色模式指的是记录图像颜色的模式，Photoshop 中常用的颜色模式有灰度、索引颜色、RGB 颜色和 HSB 颜色模式等。

1）灰度模式

灰度模式就是用 0 ~ 255 的不同灰度值来表示图像，0 表示黑色，255 表示白色，中间值表示灰色。

2）索引颜色模式

GIF 格式的图像一般都属于索引颜色模式，图像中含有预先定义好的 256 种颜色，因此，索引颜色模式的图像文件体积小，但是图像质量不高，在制作网页图像时会常常用到。

3）RGB 颜色模式

这是使用频率最高的一种颜色模式，由 R（红）、G（绿）、B（蓝）三原色以不同的比例叠加来产生其他颜色。R、G、B 的取值范围是 0～255，当 R、G、B 均取值 255 时，就产生了白色，而当 R、G、B 均取值 0 时，就产生了黑色。

4）HSB 颜色模式

HSB 颜色模式将色彩分解为 H（色相）、S（饱和度）、B（亮度），其色相沿着色环来进行变换，在对色彩进行编辑时常常会用到这种模式。

4. 选区

在对图像进行制作和处理的过程中，常常需要选取图像中所需要的部分进行操作。在 Photoshop 中，可以使用工具箱中的各种选取工具来对图像进行选取，形成选区。当对选区内的内容进行处理时，对选区以外的内容并不影响。选区的形状并不固定，灵活地使用各种选取工具可以制作出任何形状的选区。

2.3 项目实施

2.3.1 设置网页各区域的背景颜色

合理地设置网页背景，可以很好地避免画面色彩单调，从而美化页面和突出主题。背景可以是单一的颜色，或者渐变颜色，也可以是一些简单的背景图像。本小节将在网页布局框架图的基础上为网页设置背景颜色，页面布局框架及页面背景颜色效果图如图 2.3 所示。

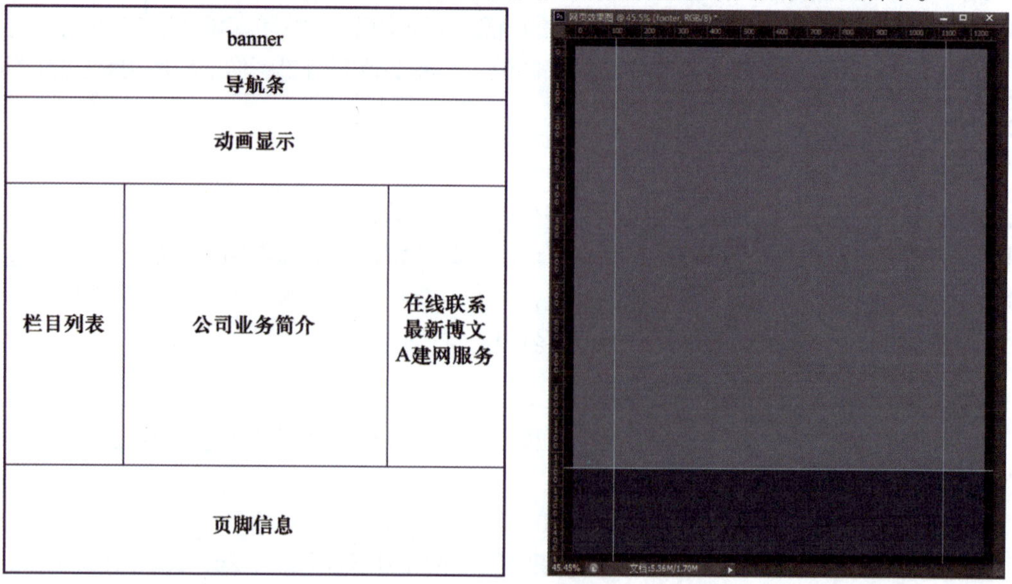

图 2.3 页面布局框架及页面背景颜色效果图

首先设置网页页面背景颜色为深蓝色#65c68a，然后为网页各区域分别新建 banner 组、navigation 图层、display 组、content 组和 footer 图层，最后通过使用 Photoshop 中的拾色器来改变颜色的透明度和饱和度，从而得到同一色系中的各种蓝色，最后对相应的图层填充背景色。

1. 使用参考线划分页面内容区域

参考线是制作图像时作为参考的辅助线，它浮动在整个图像上却不会被打印，所以可以通过添加参考线的方法来实现界面分割。参考线绘制的位置根据已设计好的网页布局框架图来决定。

☞ 新建文件“网页效果图.psd”，操作步骤如下。

（1）启动 Photoshop CS6。

（2）选择菜单“文件→新建”命令，打开“新建”对话框，如图 2.4 所示。

① 在“名称”文本框中输入“网页效果图”。

② 在“宽度”文本框中输入“1250”，选择单位为“像素”；在“高度”文本框中输入“1500”，选择单位为“像素”。

③ 在“分辨率”文本框中输入“72”，选择单位为“像素/英寸”。

④ 在“颜色模式”下拉列表框中选择“RGB 颜色”，在其后的下拉列表框中选择“8 位”。

⑤ 单击“确定”按钮。

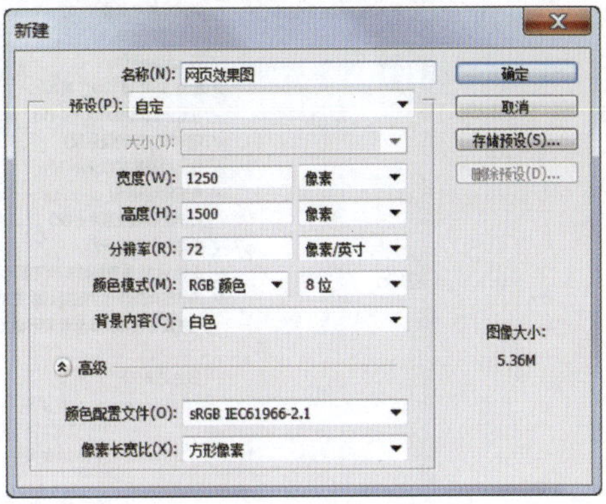

图 2.4 “新建”对话框

☞ 配置“基本功能”工作区，展开“历史记录”面板，操作步骤如下。

（1）选择菜单“窗口→工作区→基本功能”命令，设置工作区为“基本功能”工作区，如图 2.5 所示。

图 2.5 “基本功能”工作区

（2）如图 2.5 所示，单击面板区左上角的“历史记录”按钮，展开“历史记录”面板。

☞ **编辑首选项，设置通过鼠标滚轮缩放图像、标尺单位为“像素”，操作如下。**

选择菜单“编辑→首选项→常规”命令，打开“首选项”对话框，如图 2.6 所示。

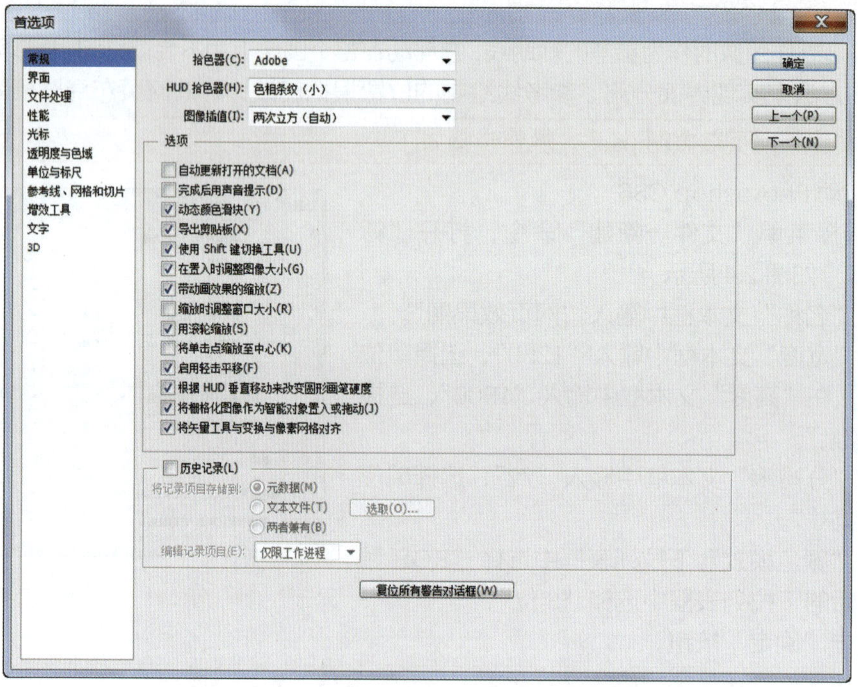

图 2.6　“首选项”对话框

① 选择“常规”选项卡，选择“用滚轮缩放”复选框。

② 选择“单位与标尺”选项卡，在“标尺”下拉列表框中选择“像素”。

☞ **新建一条水平参考线和两条垂直参考线，操作步骤如下。**

（1）选择菜单“视图→标尺”命令，打开标尺。

（2）选择菜单“视图→新建参考线”命令，打开“新建参考线”对话框，如图 2.7 所示，在“取向”选项区域中选择“水平”单选按钮，在“位置”文本框中输入“1250 像素”，单击“确定”按钮。

（3）用相同的方法新建两条垂直参考线，位置分别为“125 像素”“1125 像素”。操作步骤略。

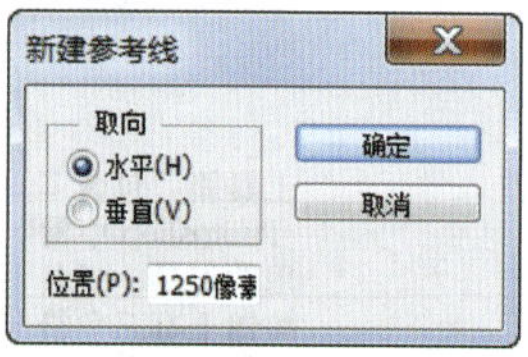

图 2.7　“新建参考线”对话框

操作提示

新建参考线还可以利用标尺来完成。在横向标尺处按住鼠标左键向画布区域拖动，可产生水平参考线；在纵向标尺处按住鼠标左键向画布区域拖动，则可产生垂直参考线。

不需要参考线时，可以删除参考线。选择菜单“视图→清除参考线”命令，可以将画布中的所有参考线删除。删除一条参考线的方法是单击工具箱中的“移动工具”按钮，将鼠标指针指向这条参考线，此时鼠标指针变为形状，然后按住鼠标左键拖动，将参考线拖动到画布外即可删除。

说明

在图像编辑工程中，可以在“历史记录”面板中拖动滚动条回到操作之前的状态，也可以按 Ctrl+Alt+Z 组合键返回上一步操作。

2. 新建组和图层

图层是构成 Photoshop 图像的组成单位，每个图层就像一张透明的纸，人们在制作一幅图像时可以将图像中的内容分别绘制在不同的图层上，这样就可以在不同的图层上独立修改而不影响其他的图层。

组就是放置多个图层的文件夹，把相关的图层移至同一组中后，就可以对整个组进行隐藏、移动等操作。

参照图 2.1 得知，banner、display 和 content 区域包含多个对象，需要建立多个图层来分别制作，于是利用组将相关的图层移至同一组中，navigation 和 footer 只需要一个图层即可。新建组和图层后的“图层”面板如图 2.8 所示。

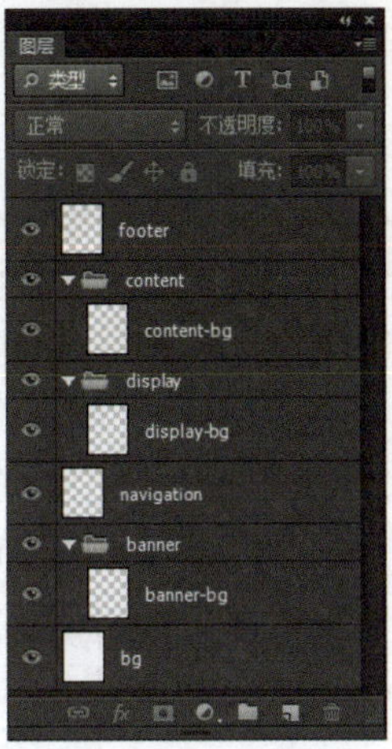

图 2.8 新建组和图层后的“图层”面板

☞ **解锁“背景”图层，并更改其名称为 bg，操作如下。**

在“图层”面板中双击“背景”图层，打开“新建图层”对话框，如图 2.9 所示，在“名称”文本框中输入“bg”，单击“确定”按钮。

☞ **新建 banner 组，并在组中新建 banner-bg 图层，操作步骤如下。**

（1）选择菜单“图层→新建→组”命令，打开“新建组”对话框，如图 2.10 所示，在“名称”文本框中输入“banner”，单击“确定”按钮。

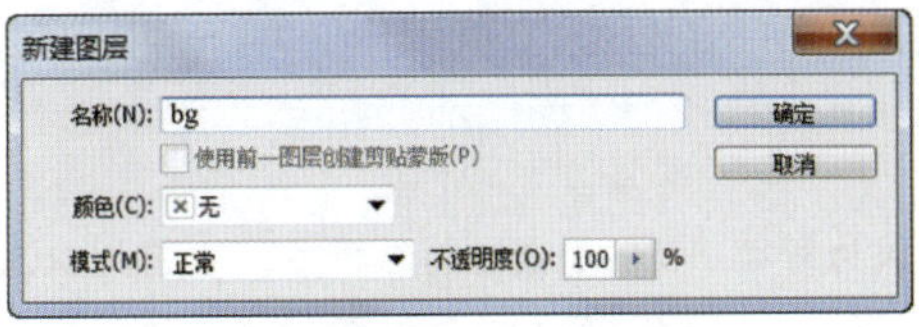

图 2.9 “新建图层”对话框

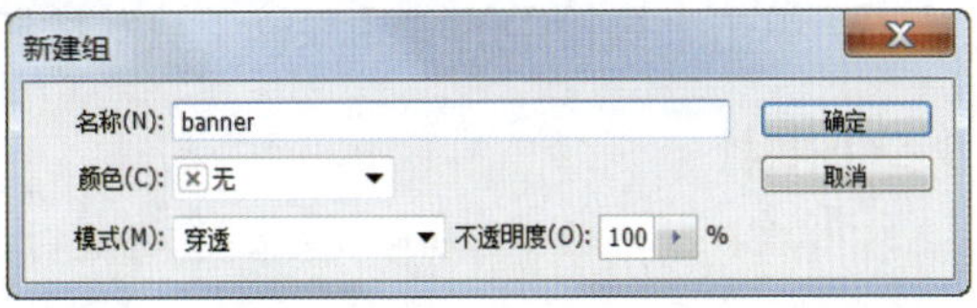

图 2.10 “新建组”对话框

（2）在“图层”面板中选中 banner 组，选择菜单“图层→新建→图层”命令，新建图层 banner-bg。

☞ **新建 navigation 图层的操作步骤如下。**

（1）在“图层”面板中选中 banner 组，新建图层 navigation。

（2）在“图层”面板中选中 navigation 图层，按住鼠标左键拖动鼠标，将 navigation 图层拖动到 banner 组的上方。

☞ **用相同的方法新建 footer 图层、display 组和 content 组，并在两个组中分别新建 display-bg 图层、content-bg 图层，效果如图 2.8 所示。操作步骤略。**

说明

（1）要新建组和图层，还可以通过单击“图层”面板的“创建新组”按钮和“创建新图层”按钮来完成。

（2）图层的叠放顺序可以通过在“图层”面板中选中图层，然后按住鼠标左键拖动，将图层拖动到其他图层的上面或下面来改变。

（3）图层名称的修改可以通过在“图层”面板中双击图层名称，然后输入新的名称来实现。

3. 选择背景颜色并填充

通过拾色器选取颜色，设置颜色为#65768a，把颜色填充到 bg 图层，操作步骤如下。

（1）在“图层”面板中选中 bg 图层。

（2）单击工具箱中的“设置前景色”按钮，打开“拾色器（前景色）”对话框，如图 2.11 所示，设置颜色为#65768a，单击“确定”按钮。

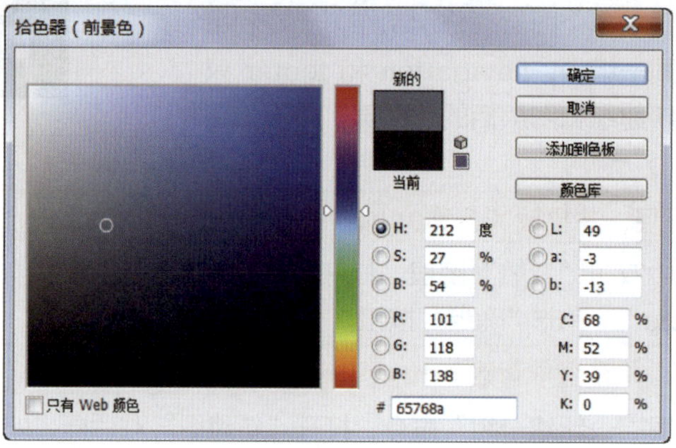

图 2.11 “拾色器（前景色）”对话框

（3）单击工具箱中的“油漆桶工具”按钮，在画布中的任意位置单击，填充前景色。

说明

（1）在 Photoshop 中用颜色代码来表示颜色时，代码格式为“‘#’+6 位十六进制的数字”，也可用 RGB 三分量的值来表示，或者用 HSB 三分量的值来表示。

（2）填充前景色还可以使用下列两种方法。

- 按 Alt+Delete 组合键，把前景色填充到当前图层中。
- 选择菜单“编辑→填充”命令进行填充。

操作提示

如果在工具箱中没有找到“油漆桶工具”按钮，可以先找到“渐变工具”按钮，然后单击此按钮右下方的小三角符号，在弹出的工具组中选择“油漆桶工具”即可，如图 2.12 所示。

图 2.12 选择“油漆桶工具”

4. 设计网页 footer 区域的背景色

☞ 在 footer 图层中根据参考线创建矩形选区，操作步骤如下。

（1）在“图层”面板中选中 footer 图层，单击工具箱中的“矩形选框工具”按钮。

（2）在画布中沿着参考线按住鼠标左键拖动，产生一个矩形选区，选区大小和位置如图 2.13 所示。

图 2.13 用于填充颜色的矩形选区

☞ 从拾色器拾取出和#65768a 同一色系的颜色#304153，对矩形选区填充颜色，操作步骤如下。

（1）设置前景色为#304153。

（2）按 Alt+Delete 组合键，把前景色填充到当前图层中。

（3）按 Ctrl+D 组合键，取消选区。

（4）按 Ctrl+S 组合键，保存文档。

说明

本网页页面中采用的是同种色系的色彩，这样的页面看起来色彩统一，有层次感。为了保证是同种色系的色彩，可以先设置页面背景颜色（#65768a），然后选取和#65768a 同一色系的其他颜色。其他颜色的设置有以下两种方法。

- 用鼠标在拾色器的色彩上单击，选取其他颜色。
- 在 H（色相）值不变的情况下调整 HSB 中的 S（饱和度）和 B（透明度）的值。

2.3.2 制作网页各区域的背景图像

在网页中仅仅使用背景色会显得有些单调，所以在制作网页时还可使用背景图像来丰富页面。背景图像常用的元素有渐变色、线条、网络、花纹等。本小节将在网页背景色的基础上为网页各区域设计与制作背景图像。

首先根据 display 区域中的图像元素来制作 display 区域的渐变背景图像，然后制作一个圆角矩形来作为 navigation 区域的背景图像，最后设计并制作 content 区域的背景图像。

1. 制作 display 区域的背景图像

☞ 将 fortrade.jpg 图像移至“网页效果图.psd”中，效果如图 2.14 所示，操作步骤如下。

（1）新建两条水平参考线，位置分别为“150 像素”和“420 像素”。

（2）打开 fortrade.jpg 文件，在画布中将鼠标指针指向 fortrade.jpg 标题，按住鼠标左键拖动，将其移出原来的位置，使其以窗口形式打开。

（3）在 fortrade.jpg 的“图层”面板中选中“背景”图层，按住鼠标左键拖动，将“背景”图层拖到“网页效果图.psd”中，调整图像大小和位置，如图 2.14 所示。

（4）关闭 fortrade.jpg 文件。

（5）在“图层”面板中选中“图层 1”图层，按住鼠标左键拖动，将“图层 1”图层拖到 display 组中，并将“图层 1”重命名为 fortrade。

☞ **创建矩形选区，并为其填充渐变颜色，颜色从#6083ac 过渡到#ffffff，操作步骤如下。**

（1）选中 display-bg 图层，在画布中沿参考线创建一个矩形选区，大小为 1 000 像素 × 270 像素，效果如图 2.14 所示。

图 2.14 图像和选区所在的位置

（2）单击工具箱中的“渐变工具”按钮，在“渐变工具”选项栏中设置渐变样式为“线性渐变”、“模式”为“正常”，如图 2.15 所示。

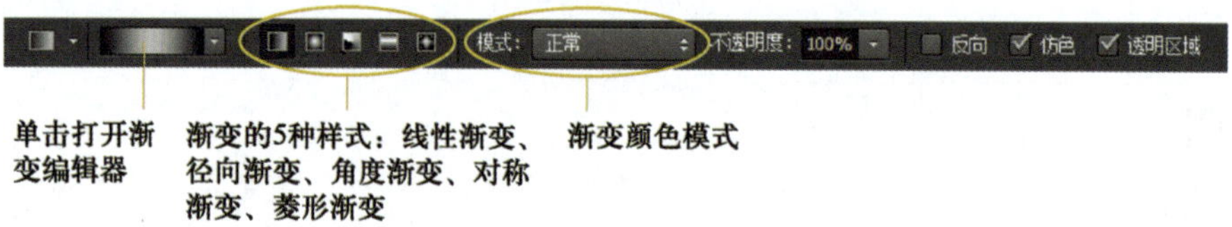

图 2.15 在“渐变工具”选项栏中设置参数

（3）单击“渐变工具”选项栏中的图标，打开“渐变编辑器”窗口，如图 2.16 所示。

① 在“预设”选项区域中选择第 7 个预设的渐变色。

② 设置渐变条。拖动渐变条下方左侧的色标到最左端，双击此色标，打开“选择色标颜色”对话框，设置颜色为#6083ac。

③ 拖动渐变条下方右侧的色标到最右端，双击此色标，在打开的对话框中设置颜色为#6083ac。

④ 双击渐变条中间的色标，在打开的对话框中设置颜色为#ffffff。

⑤ 单击渐变条下方空白的地方，添加色标，拖动新添加的色标到左侧边缘的位置；再次添加色标并移至右侧边缘的位置，如图 2.17 所示。

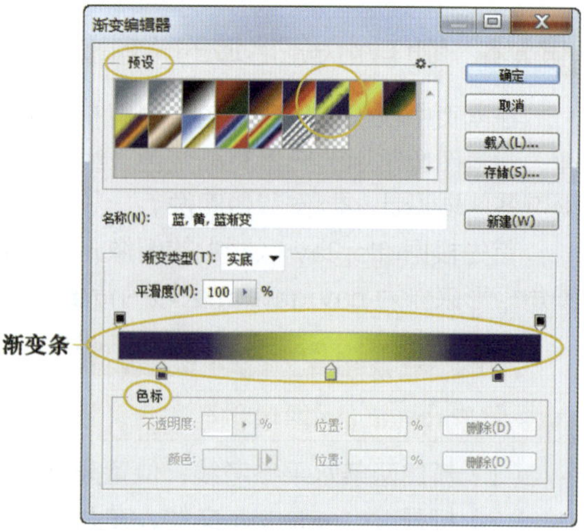

图 2.16 “渐变编辑器”窗口

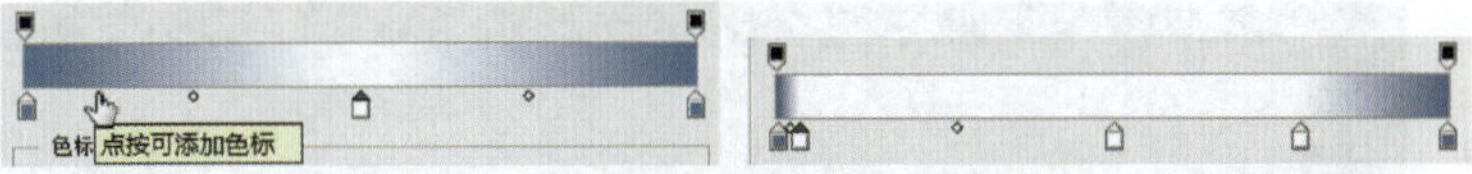

图 2.17 添加新的色标并调整位置

⑥ 单击“确定”按钮。

（4）回到画布，在矩形选区中由上到下按住鼠标左键拖动，拖动的同时按住 Shift 键以保证直线填充渐变颜色，如图 2.18 所示。

图 2.18 填充渐变色的过程

（5）取消选区，删除位置分别为“150 像素”、“420 像素”的两条水平参考线。

说明

（1）将图像移至画布中，是为了在填充背景色时可以参考图像来调整背景色，图像的位置与在 Dreamweaver 中制作网页时的位置一致。

（2）设置渐变色时，可以先将渐变条中新添加的色标移至某个位置，然后在画布中填充颜色以查看效果。若效果不满意，再重新调整色标所在的位置，多次尝试后最终确定色标所在的位置。

2. 制作 navigation 区域的背景图像

navigation 区域效果图如图 2.19 所示。

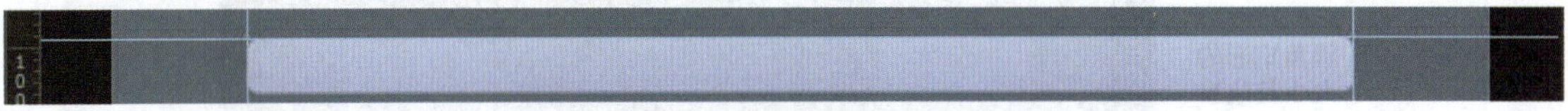

图 2.19 navigation 区域效果图

☞ 在 navigation 图层上绘制圆角矩形，操作步骤如下。

（1）新建水平参考线，位置为“95 像素”。

（2）选中 navigation 图层，单击工具箱中的“圆角矩形工具”按钮，在“圆角矩形工具”选项栏中选择矩形类型为“路径”，在“半径”文本框中输入“10 像素”，如图 2.20 所示。

图 2.20 在“圆角矩形”选项栏中设置参数

（3）在坐标（125,95）处单击，打开“创建圆角矩形”对话框，如图 2.21 所示。在该对话框中设置“宽度”为 1 000 像素、“高度”为 47 像素，单击“确定”按钮。

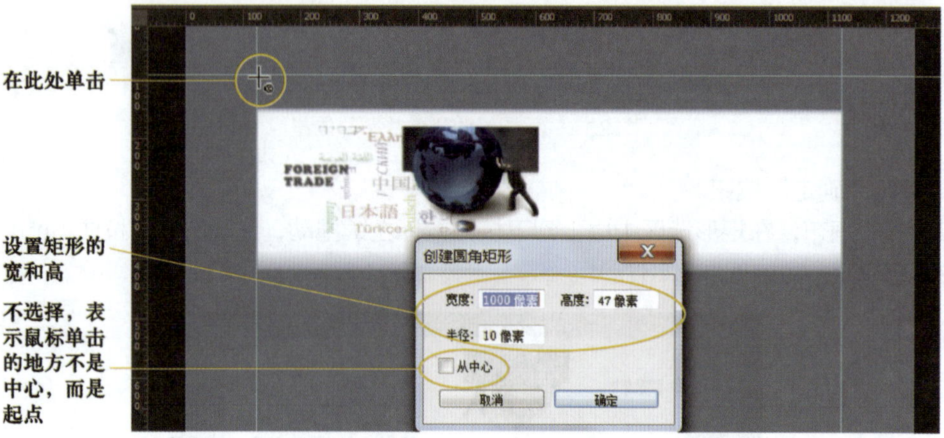

图 2.21 创建圆角矩形

（4）按 Ctrl+Enter 组合键，将绘制的路径转化为选区。

☞ 对圆角矩形选区填充渐变颜色，颜色从#a6cdfa 渐变到#98bbe4，操作步骤如下。

（1）单击工具箱中的“渐变工具”按钮，在“渐变工具”选项栏中设置渐变样式为“线性渐变”、颜色模式为“正常”，颜色从#a6cdfa 渐变到#98bbe4。

（2）回到画布，对选区填充渐变颜色。

（3）取消选区。

3. 制作 content 区域的背景图像

content 区域效果图如图 2.22 所示。

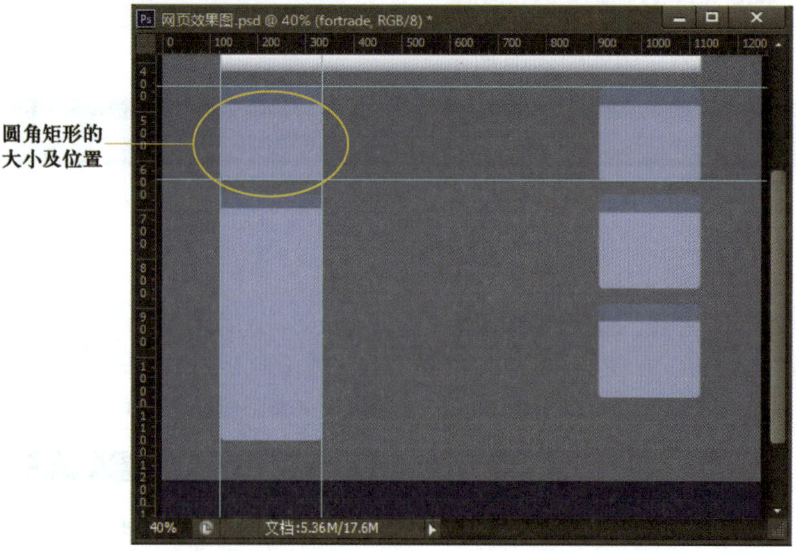

图 2.22 content 区域效果图

☞ 在 content-bg 图层中的左侧绘制圆角矩形，填充背景色#6083ab，操作步骤如下。

（1）新建两条水平参考线，位置分别为“450 像素”和“640 像素”；新建一条垂直参考线，位置为“337 像素”。

（2）选中 content-bg 图层，在画布中绘制一个半径为 10 像素的圆角矩形，矩形大小为 212 像素 × 190 像素。

（3）按 Ctrl+Enter 组合键，将绘制的路径转化为选区。

（4）对选区填充颜色#6083ab。

☞ **将圆角矩形的下半区域填充成另外一种颜色#8db0d8，操作步骤如下。**

（1）单击工具箱中的“矩形选框工具”按钮，在“矩形选框工具”选项栏中单击“从选区减去”按钮，如图 2.23 所示。

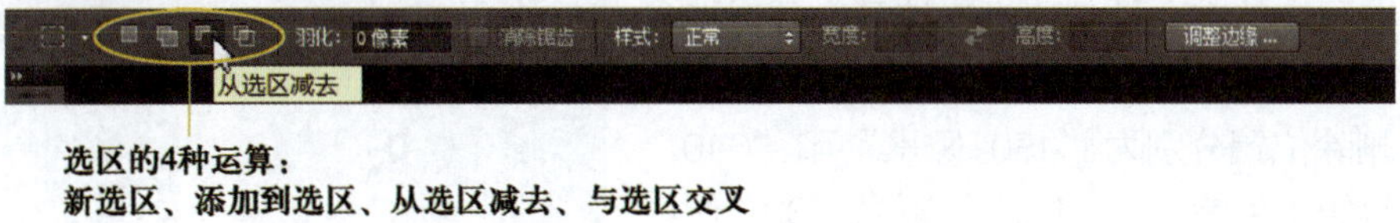

图 2.23 单击“从选区减去”按钮

（2）在圆角矩形的上半区域创建矩形选区，将上半区域从原选区中减去，如图 2.24 所示。

（3）对选区填充颜色#8db0d8。

（4）取消选区。

☞ **复制圆角矩形到 content 中的其他区域，操作步骤如下。**

（1）选中 content-bg 图层，单击鼠标右键，在快捷菜单中选择“复制图层”命令，产生一个新的图层“content-bg 副本”。

（2）继续用相同的方法复制 content-bg 图层 4 次。

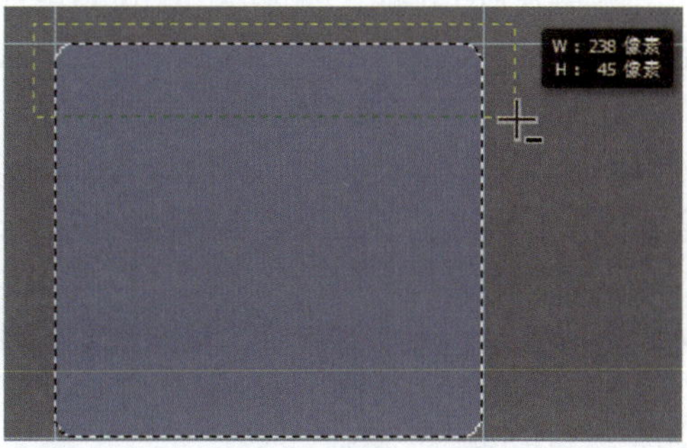

图 2.24 将上半区域从原选区中减去

（3）单击工具箱中的“移动工具”按钮，在“移动工具”选项栏中选择“自动选择”复选框，并在其右侧选择“图层”选项，如图 2.25 所示。

图 2.25 在“移动工具”选项栏中设置参数

（4）在画布中指向圆角矩形，按住鼠标左键拖动，分别将圆角矩形移至合适的位置。

☞ **对左侧第 2 个圆角矩形进行变形操作，最终效果如图 2.22 所示，操作步骤如下。**

（1）选中圆角矩形所在的图层，单击工具箱中的“魔棒工具”按钮，在“魔棒工具”选项栏中单击“新选区”按钮，设置“容差”为 5，选择“连续”、“对所有图层取样”复选框，如图 2.26 所示。

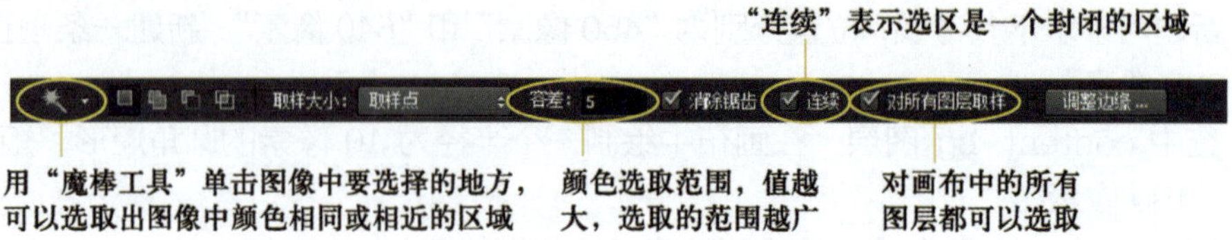

图 2.26 在“魔棒工具”选项栏中设置参数

（2）在圆角矩形的下半区域单击，选中下半区域，如图 2.27 所示。

（3）单击工具箱中的“移动工具”按钮，在画布中将鼠标指针指向选区，按住鼠标左键拖动，将选区往下拖动到合适的位置，取消选区。

（4）在留出的空白处创建矩形选区，并对选区填充颜色#8db0d8，取消选区。

（5）删除位置分别为“450 像素”和“640 像素”的两条水平参考线，删除位置为“337 像素”的垂直参考线。

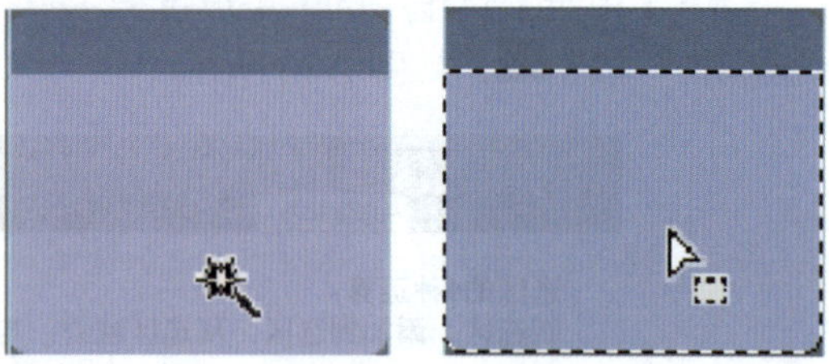

图 2.27 选中圆角矩形的下半区域

2.3.3 制作含 Logo 的 banner

网站 Logo 是指在网页醒目的位置能够代表站点的文字或图像。Logo 一般由文本（汉字、字母、数字）和图形（自然图形、几何图形）构成。

图形可以是自然图形，也可以是几何图形。自然图形是以人物、动物、植物、风景等作为设计原型，对其进行概括、提炼、夸张、变形等操作而得到的图形。几何图形则一般是以三角形、方形、圆形、多边形等几何体构成的标志图形。

设置文本字体时可反复尝试，以找到自己满意的字体，还可使用 Photoshop 对文字栅格化后进行变形、添加滤镜等，从而得到特殊效果。

网站 banner 是指出现在网页上的横幅广告，一般位于网页顶部，使用图文结合的方式来制作，力求鲜明、直观。

本小节将为网站制作带有 Logo 的 banner，效果如图 2.28 所示。这里首先根据已有的公司标志来制作网站 Logo，Logo 的制作方法是添加标志和文本，然后添加个性化线条，最后输入宣传文本，并对文本添加“模糊”滤镜等效果。

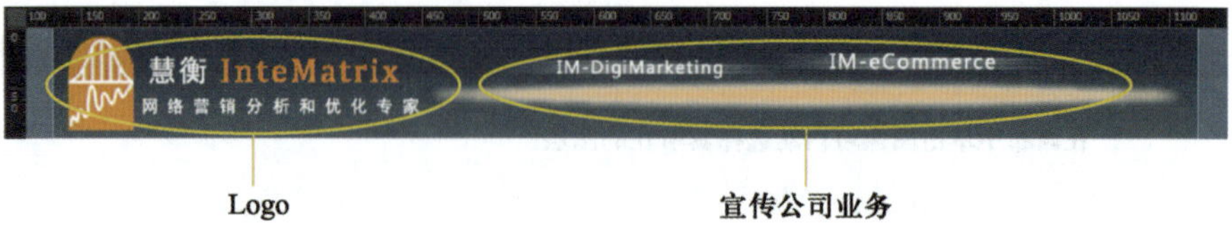

图 2.28 banner 效果图

1. 设置 banner 的背景色

☞ 在“banner-bg”图层创建矩形选区，并填充从#3e4c5c 过渡到#5c6c7e 的渐变颜色，操作步骤如下。

（1）选中 banner-bg 图层，在画布顶端创建矩形选区，选区大小为 1 000 像素 × 95 像素。

（2）单击工具箱中的“渐变工具”按钮，设置渐变样式为“线性渐变”、颜色模式为“正常”，颜色从#3e4c5c 渐变到#5c6c7e。

（3）回到画布，对选区填充渐变颜色。

（4）取消选区，删除所有参考线。

2. 制作 Logo

☞ 将“logo 标志.png”图像移至“网页效果图.psd”中，操作步骤如下。

（1）打开“logo 标志.png”文件。

（2）单击工具箱中的“移动工具”按钮，在画布中将鼠标指针指向图像，将图像拖动到“网页效果图.psd”中合适的位置。

（3）关闭“logo 标志.png”文件。

（4）将“图层 1”重命名为“Logo 标志”，并将其移动到 banner 组中的 banner-bg 图层上方。

☞ 添加文本“慧衡 InteMatrix”、“网络营销分析和优化专家”，操作步骤如下。

（1）选择工具箱中的“横排文字工具”，在画布中对应的位置单击。

（2）在“横排文字工具”选项栏中，在“设置字体系列”下拉列表框中选择“华文细黑”，在“设置字体大小”下拉列表框中选择“24 点”，设置“设置文本颜色”为“白色”，如图 2.29 所示。

图 2.29 在“横排文字工具”选项栏中设置参数

（3）输入文本“慧衡”，输完后单击工具箱中的“移动工具”按钮，确认文本输入，移动文本到合适的位置。此时，在“图层”面板的 banner 组中自动增加了一个名为“慧衡”的文字图层。

（4）用相同的方法输入文本“网络营销分析和优化专家”，设置字体格式为黑体、12 点、白色。

（5）用相同的方法输入文本“InteMatrix”，设置字体格式为 Cambria、24 点、#ff6f00。

☞ 设置字符段落格式，操作步骤如下。

（1）单击工具箱中的“横排文字工具”按钮，在画布中的“慧衡”文字处单击，按住鼠标右键拖动，选中“慧衡”文本。

（2）选择菜单“窗口→字符”命令，打开“字符”面板，如图 2.30 所示。

① 在“字体大小”组合框中输入“25 点”。

② 在“字距调整”组合框中输入“100”。

③ 在“设置消除锯齿的方法”下拉列表框中选择“浑厚”。

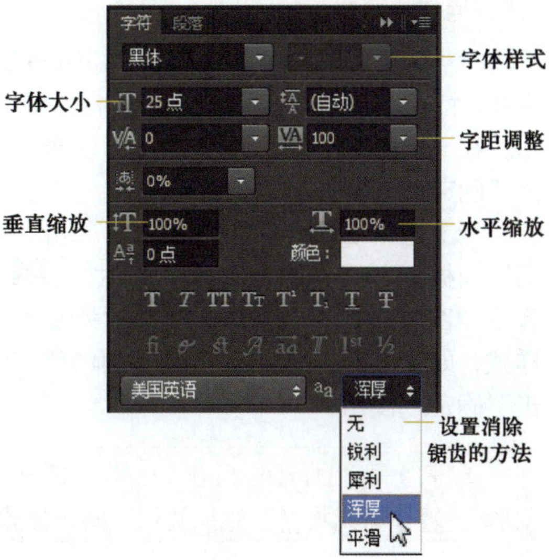

图 2.30 “字符”面板

（3）用相同的方法调整“网络营销分析和优化专家”文本的字距为 600、“设置消除锯齿的方法”为“浑厚”。

（4）用相同的方法调整“InteMatrix”文本的字距为 100、“字体样式”为 bold，“设置消除锯齿的方法”为“浑厚”。

3. 设计 banner 底纹

☞ **绘制线条，填充橙色到白色的渐变色，操作步骤如下。**

（1）在 banner 组中新建图层 banner-line，在画布中绘制矩形选区。

（2）对选区填充颜色#fcb37b。

（3）取消选区。

（4）选择菜单“编辑→变换→变形”命令，此时矩形选区四周出现控制点，如图 2.31 所示。

图 2.31 矩形选区四周出现控制点

（5）将变形框左侧的控制点拖动到中间，使其重合在一起，形成类似箭头的形状，对右侧的控制点也做同样的操作，如图 2.32 所示。

图 2.32 对矩形选区进行变形操作

（6）按 Enter 键确认变形操作。

☞ **对线条设置高斯模糊滤镜并添加图层样式，操作步骤如下。**

（1）选择菜单“滤镜→模糊→高斯模糊”命令，打开“高斯模糊”对话框，如图 2.33 所示，在“半径”文本框中输入“3”像素，单击“确定”按钮。

（2）选中 banner-line 图层，单击“图层”面板下方的“添加图层样式”按钮 fx，弹出“图层样式”对话框，添加“外发光”样式，如图 2.34 所示，设置颜色为白色，单击“确定”按钮。

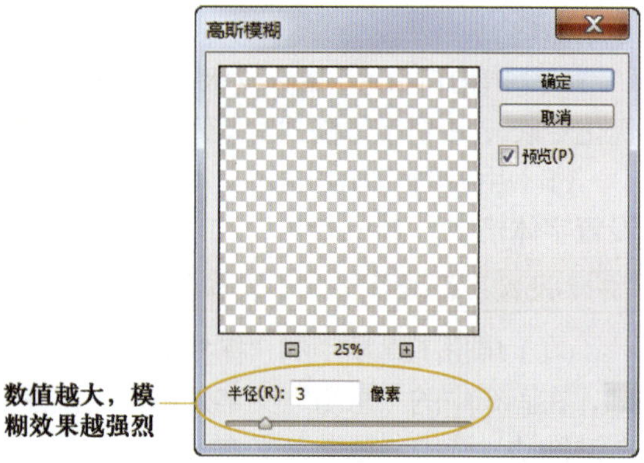

图 2.33 “高斯模糊”对话框

☞ **输入文本“IM-DigiMarketing”，设置字体格式为微软雅黑、12 点、白色，复制文本并对副本设置“动感模糊”滤镜效果，操作步骤如下。**

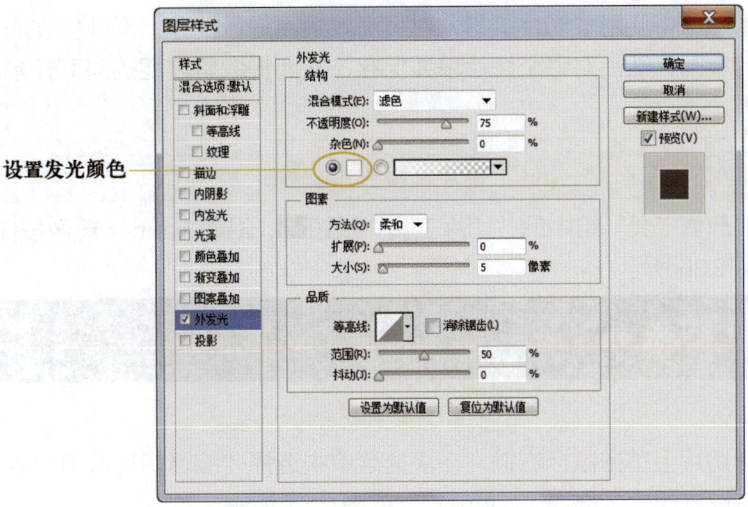

图 2.34 添加“外发光”样式

（1）输入文本“IM-DigiMarketing”，设置字体格式为微软雅黑、12 点、白色。

（2）复制 IM-DigiMarketing 图层，得到“IM-DigiMarketing 副本”图层。

（3）选中“IM-DigiMarketing 副本”图层，单击鼠标右键，在快捷菜单中选择“栅格化文字”命令，对“IM-DigiMarketing”文本进行栅格化。

（4）选择菜单“滤镜→模糊→动感模糊”命令，打开“动感模糊”对话框，如图 2.35 所示，在“角度”文本框中输入“0”度，在“距离”文本框中输入“100”像素，单击“确定”按钮。

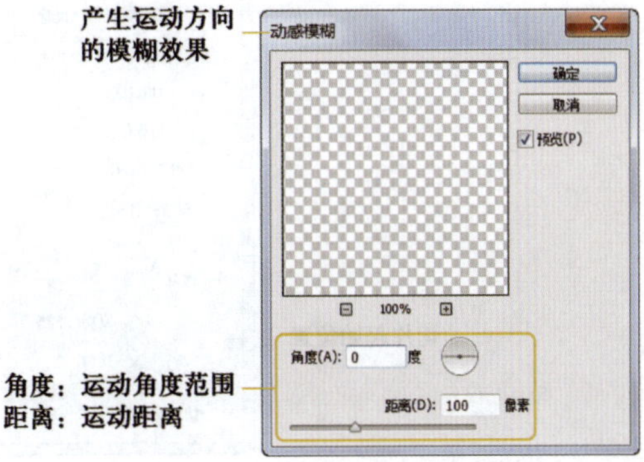

图 2.35 “动感模糊”对话框

☞ **输入文本“IM-eCommerce”，设置字体格式为微软雅黑、14 点、白色，复制文本并对副本设置“动感模糊”滤镜效果，参数同上。操作步骤略。**

此时得到 banner 最终效果（参见图 2.28）。

说明

（1）用文字工具生成的文字在未栅格化前可以重新编辑，如更改内容、字体、字号等；但是无法使用滤镜等，只有将文本栅格化后，才可以把文本当成图像处理，从而进行选取、添加滤镜等操作。

（2）滤镜是一种特殊的软件模块，它可以使图像模拟许多艺术加工而得到如云彩、模糊、马赛克、水波等效果。

（3）Photoshop 提供了多种图层样式。图层样式就是一系列能够为图层添加特殊效果的命令，如投影、内发光、外发光等。

2.3.4 提取元素

页面效果图设计完成后，需要提取 Logo、banner 和背景图像等元素，以便在 Dreamweaver

中制作网页。本小节将使用“切片工具”对页面效果图进行划分，形成独立的切片，每个切片就是一个独立的小图，然后对每个切片单独保存，从而提取所需要的网页元素。

1. 切图

☞ 使用“切片工具”创建 banner 切片，操作步骤如下。

（1）单击“裁剪工具”组中的“切片工具”按钮，沿着 banner 图像按住鼠标左键拖动，创建切片，如图 2.36 所示。

图 2.36 创建切片

（2）在矩形切片上单击鼠标右键，在快捷菜单中选择“编辑切片选项”命令，打开“切片选项”对话框，设置切片名称为“banner”，如图 2.37 所示。

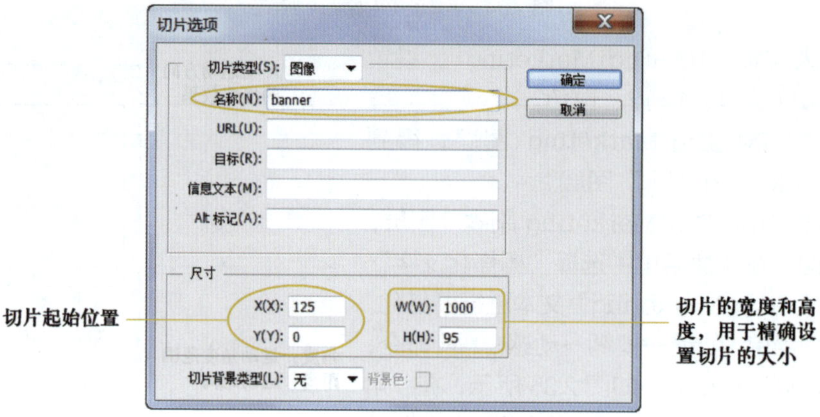

图 2.37 “切片选项”对话框

☞ 创建 bg_nav 切片的操作步骤如下。

（1）单击工具箱中的“切片工具”按钮，在“切片工具”选项栏中，在“样式”下拉列表框中选择“固定大小”，设置“宽度”为“1 000 像素”、“高度”为“47 像素”，如图 2.38 所示。

图 2.38 在“切片工具”选项栏中设置参数

（2）在 navigation 左上角单击，则自动生成大小为 1 000 像素 × 47 像素的切片，如图 2.39 所示。

图 2.39 创建切片

（3）设置切片名称为 bg_nav。

☞ 创建 bg_display、bg_con_title、bg_con_bot 切片，切片大小和位置如图 2.40 所示。操作步骤略。

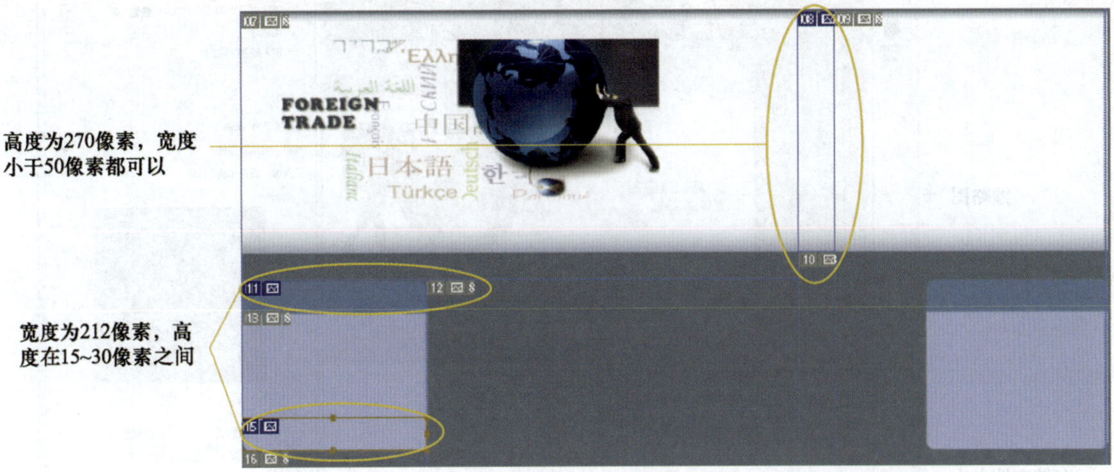

图 2.40 创建 bg_display、bg_con_title、bg_con_bot 切片

说明

圆角矩形制作好后，将圆角矩形覆盖在网页上时，就得考虑圆角矩形的边缘处是透明的还是填充了其他颜色。设置成透明区域的优点是不用考虑网页背景色是何种颜色。但是不管是保存为 GIF 格式的还是 PNG 格式的图片都有些限制，GIF 的透明度只有 1 位，而 PNG 格式则是有些浏览器不支持 PNG 格式。

因此本案例采用的是另一种做法，预先在 Photoshop 中设置好网页背景色，然后将圆角矩形边缘处的背景色一起保存。

说明

在 Dreamweaver 中设置背景图像时可以选择是否水平重复和垂直重复，所以对于 bg_display，为了体现渐变色效果的背景，只需固定高度为 270 像素，在宽度上截取一部分区域就可以作为背景图像。

对于 bg_con_title、bg_con_bot，为了确保圆角效果，需要固定宽度为 212 像素，高度只需大于圆角的高度即可。

而对于 bg_nav，因为既需要确保圆角效果，宽度需要固定；又要确保渐变色背景，高度需要固定不变，所以需要完全选取。

2. 保存

☞ 设置切片文件存储类型，操作步骤如下。

（1）选择菜单“文件→存储为 Web 所用格式”命令，打开“存储为 Web 所用格式”对话框，如图 2.41 所示。

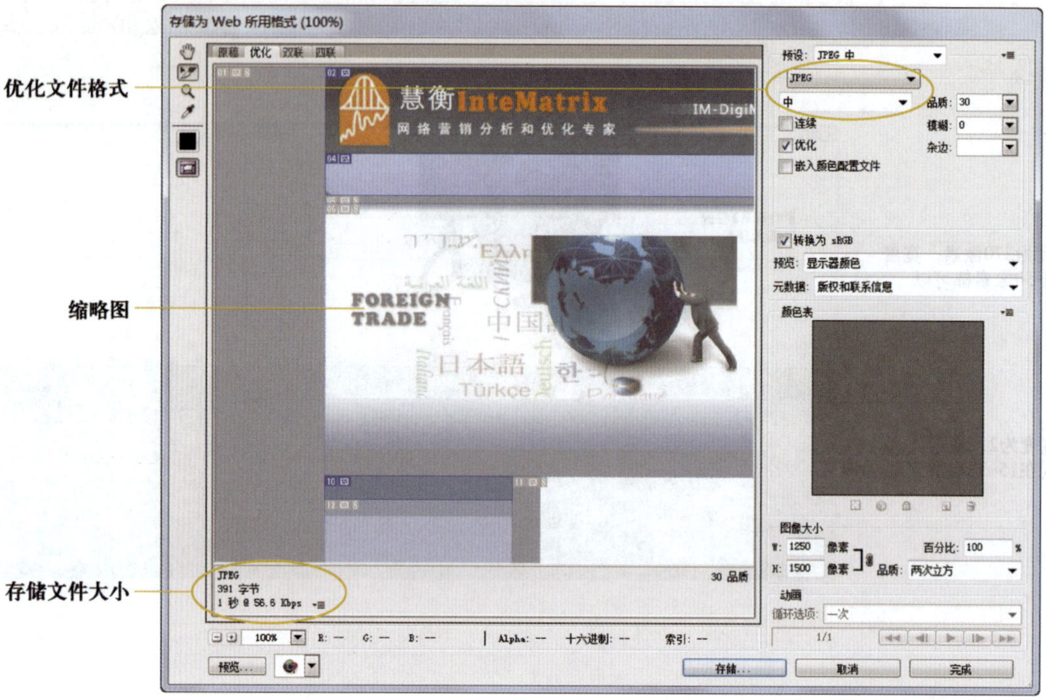

图 2.41　“存储为 Web 所用格式”对话框

（2）在“存储为 Web 所用格式”对话框中单击“切片选择工具”按钮，选择 banner 切片，选择“优化”选项卡，在设置区域观察存储文件大小和缩略图效果，设置“预设”为“JPEG–中”。

（3）用相同的方法设置 bg_nav、bg_display、bg_con_title 和 bg_con_bot 切片的存储类型。

☞ **存储选中的切片，操作步骤如下。**

（1）在“存储为 Web 所用格式”对话框左下方修改显示比例为 50%。

（2）在缩略图中单击 banner 切片，按住 Shift 键的同时选中 bg_nav、bg_display、bg_con_title 和 bg_ con_bot 切片。

（3）单击“存储”按钮，弹出“将优化结果存储为”对话框，如图 2.42 所示，在“切片”下拉列表框中选择“选中的切片”，单击“保存”按钮。

（4）此时，“网页效果图.jpg”所在文件夹中自动创建了 images 文件夹，其中存放了所有选中切片对应的图像文件。

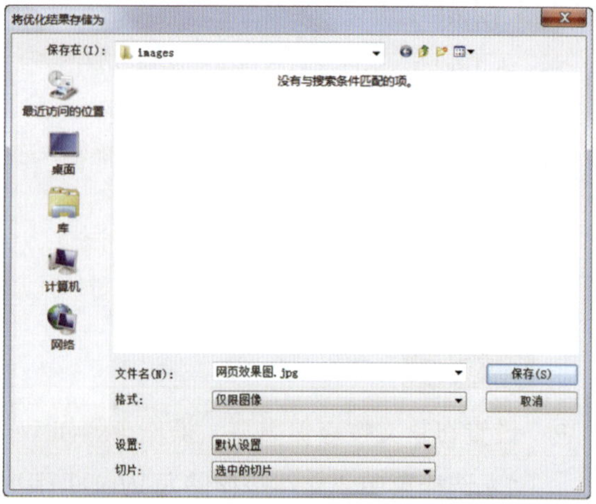

图 2.42　“将优化结果存储为”对话框

2.3.5 制作网页 content 中的主图

有时需要在网页中插入一些图像来表达内容，如用于展示产品的图像，此时可以用 Photoshop 对网上下载的图像进行处理加工，制作成自己需要的图像。本小节将制作一个展示公司案例的图像，效果如图 2.43 所示。

图 2.43 展示公司案例的图像效果

首先从素材图像中选取自己所需要的部分进行初步合成，然后使用蒙版对图层进行处理，最后添加一些文字。

1. 选取并移动图像

☞ **将 onlinestore.jpg 中的图像移至 con_main.psd 中，添加“投影”图层样式，操作步骤如下。**

（1）新建文件 con_main.psd，设置文件宽度为“1 060 像素”、高度为“600 像素”、分辨率为“72 像素/英寸”、颜色模式为 RGB 颜色 8 位、背景内容为白色。

（2）打开 onlingstore.jpg 文件，将其中的图像移至 con_main.psd 中。

（3）关闭 onlinestore.jpg 文件。

（4）将“图层 1”重命名为 bot-green。

（5）为 bot-green 图层添加“投影”图层样式，参数使用默认值。

☞ **用相同的方法将 christmas.jpg、magikshoes.jpg 中的图像移至 con_main.psd 中，并分别将图层重命名为 mid-red、up-black，添加“投影”图层样式，操作步骤略。**

2. 使用“矩形选框工具”选取购物车

☞ **使用“矩形选框工具”从“购物车.jpg”中选取购物车，并移至 con_main.psd 中，操作步骤如下。**

（1）打开“购物车.jpg”文件，使用“矩形选框工具”在画布中选出左上角的购物车。

（2）单击工具箱中的“移动工具”按钮，在画布中按住鼠标左键拖动，将选取出的购物车移至 con_main.psd 中。

（3）关闭“购物车.jpg”文件。

（4）将“图层 1”重命名为“购物车”。

（5）选择菜单“编辑→变换→水平翻转”命令，将购物车水平翻转。

3. 使用“魔棒工具”选取丝带圆环

☞ **使用“魔棒工具”从“丝带圆环.jpg”中选取丝带圆环，操作步骤如下。**

（1）打开“丝带圆环.jpg”文件。

（2）使用“矩形选框工具”选出一个丝带圆环，效果如图 2.44 所示。

（3）单击工具箱中的“魔棒工具”按钮，在“魔棒工具”选项栏中单击“从选区减去”按钮，选择“消除锯齿”复选框、取消选择“连续”复选框，在“容差”文本框中输入“10”。

（4）在画布矩形选区内单击白色区域，将白色区域从矩形选区内减去，得到丝带圆环选区。

（5）单击工具箱中的“移动工具”按钮，将选取出的丝带圆环移至 con_main. psd 中。

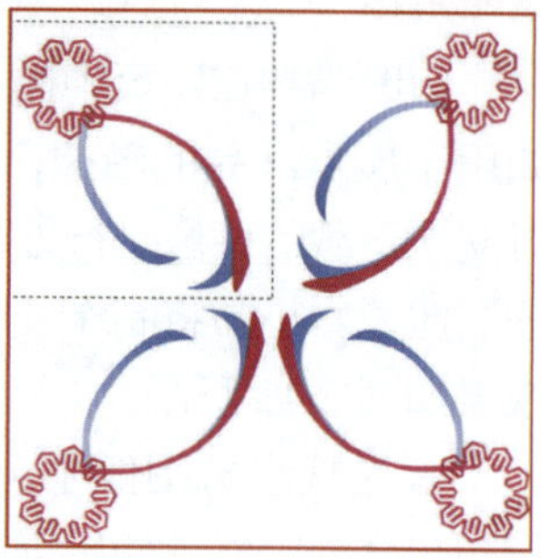

图 2.44　选出一个丝带圆环

（6）关闭“丝带圆环.jpg”文件。

（7）将“图层 1”重命名为“丝带圆环”。

☞ **变换选区并将选区移至合适的位置，操作步骤如下。**

（1）选择“丝带圆环”图层，按 Ctrl+T 组合键，在丝带圆环处生成自由变换框，对丝带圆环进行“自由变换”操作。

（2）将鼠标指针移至变换框外，当变成↰形状时，按住鼠标左键拖动，对丝带圆环进行旋转，最后按 Enter 键确定变换。

说明

（1）对图像进行“自由变换”操作时：

- 图像四周出现 8 个控制点，拖动控制点可以改变图像大小。
- 当将鼠标指针移向边框外且变成形状↰时，可以按住鼠标左键拖动，能使图像向任意方向旋转。
- 按 Enter 键确认变换操作，按 Esc 键取消变换操作。

（2）当选取的元素不能一次选出来时，需要运用选区和选区之间的添加、减去和相交等运算进行多次选取操作，最终将所需元素选取出来。

4. 使用“磁性套索工具”选取书本

“磁性套索工具”是套索工具组中的一种，如图 2.45 所示，用于选取不规则的形状、颜色复杂但边缘清晰的图像。

图 2.45　工具箱中的“磁性套索工具”

☞ **使用“磁性套索工具”从“书本.jpg”中选取书本，操作步骤如下。**

（1）打开“书本.jpg”文件。

（2）单击工具箱中的“磁性套索工具”按钮，在“磁性套索工具”选项栏中单击“新选区”按钮，选择“消除锯齿”复选框，在“宽度”文本框中输入“10 像素”，在“对比度”文本框中输入“50%”，在“频率”文本框中输入“57”，如图 2.46 所示。

图 2.46　在“磁性套索工具”选项栏中设置参数

（3）按住鼠标左键拖动，沿着书本的边缘慢慢移动，最后按 Enter 键形成一个闭合区域，效果如图 2.47 所示。

（4）单击工具箱中的“移动工具”按钮，将选取出的书本移至 con_main.psd 中。

（5）关闭“书本.jpg”文件。

（6）将“图层 1”重命名为“书本”。

图 2.47　使用“磁性套索工具”的选择过程

操作提示

在使用“磁性套索工具”拖动鼠标的过程中：

- 可以按 Ctrl+“加号”组合键放大画面或按 Ctrl+“减号”组合键缩小画面，以利于观察。
- 按空格键可以移动图像。
- 按 Delete 键可以删除不满意的连接点。
- 按 Esc 键可取消本次选取操作以便重新开始选取。

说明

选取素材是 Photoshop 中非常常见的操作，对于选取工具的使用，应遵循以下原则：

- “矩形选框工具”用于选取规则形状的图像。
- “魔棒工具”用于选取色彩和色调比较单一的图像。
- “磁性套索工具”用于选取有复杂颜色构成但边缘清晰的图像。

5. 使用图层蒙版进行图像合成

图层蒙版是指附加在图层之上的可以遮住图层的灰度区域，其作用是控制图层内图像局部的显示或隐藏，改变图像局部的透明度，使图像以渐淡的方式与其下面的图像融合。可以理解为是在当前图层上面覆盖一个玻璃片，然后对玻璃片涂黑、白、灰色。其原则是“白要黑不要”，即涂白色的地方可以看到图层中的内容，涂黑色的地方则遮住图层中的内容、涂灰色的地方则使图层中的内容变得若隐若现。图 2.48 所示为“丝带圆环”图层添加蒙版前后的效果图。

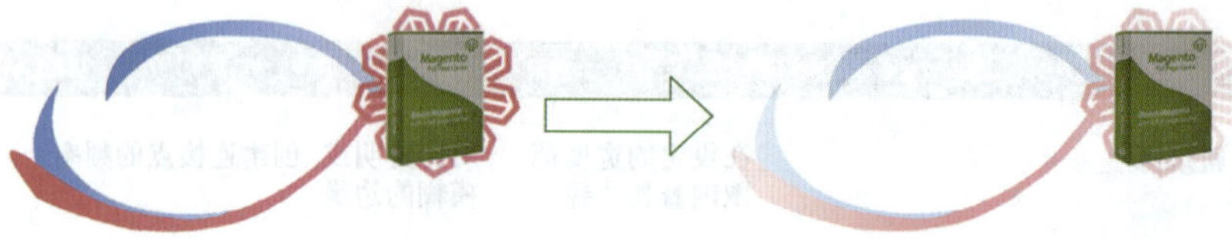

图 2.48 为“丝带圆环”图层添加蒙版前后的效果图

☞ 对“丝带圆环”图层添加“图层蒙版”的操作步骤如下。

（1）选中“丝带圆环”图层，单击面板下方的“添加图层蒙版”按钮，如图 2.49 所示。

（2）单击工具箱中的“渐变工具”按钮，设置渐变样式为“线性渐变”、颜色模式为“正常”、渐变颜色为从 #333333 过渡到 #cacaca，再过渡到 #333333。

（3）在“图层”面板中单击图层蒙版缩略图，在画布中从丝带的左侧开始向右拖动鼠标，完成填充。

（4）按 Alt 键观察图层蒙版，单击“丝带圆环”图层，效果如图 2.50 所示。

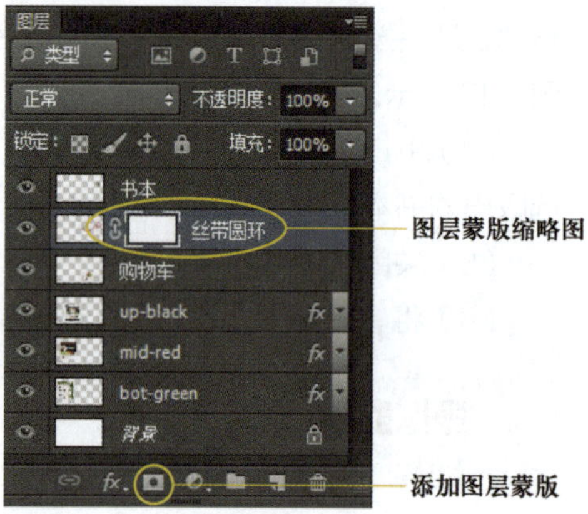

图 2.49 为“丝带圆环”图层添加图层蒙版

图 2.50 图层蒙版效果与图层效果

6. 输入文本“Magento”、“Magento is here”

☞ 输入文本“Magento”、“Magento is here”的操作步骤如下。

（1）输入文本“Megento”，设置字体格式为 Impact、60 点、#485668。

（2）输入文本“Magento is here”，设置字体格式为 Comic Sans MS、bold、18 点、#807d7d。

（3）为 Megento 图层添加“投影”图层样式，参数使用默认值。

2.4 项目总结

本章以网页页面效果图和网页中主图的设计与制作为例，详细介绍了 Photoshop 的基本操作方法，以及网页背景图像、Logo、banner 的设计与制作方法。本项目涵盖的主要内容如图 2.51 所示。

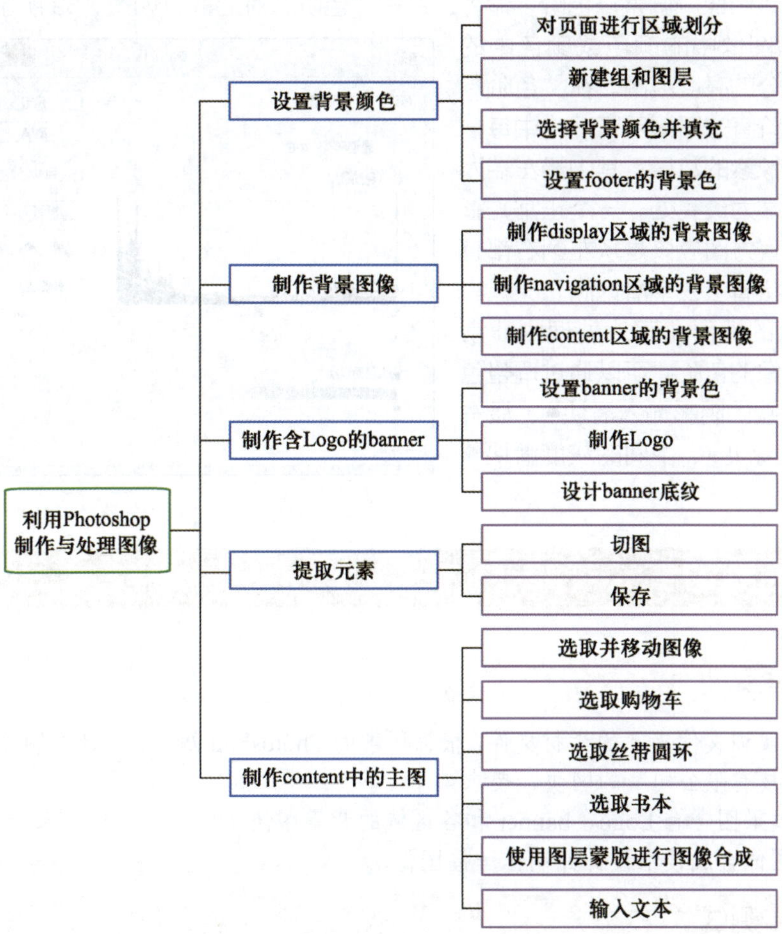

图 2.51 本项目涵盖的主要内容

2.5 扩展技能

图像色彩的调整

在实际工作中，有时需要将收集的图像素材进行色彩调整。Photoshop 提供了很多色彩调整命令，其中最常用的有“色相/饱和度”“色阶”。

选择菜单“图像→调整→色相/饱和度”命令，打开“色相/饱和度”对话框，如图 2.52 所示。

色相、饱和度、明度是色彩的 3 种属性，调整这三者的值就可以改变色彩。色相是各类颜色的称谓，改变它就可以改变图像的颜色；饱和度是指色彩的鲜艳程度；明度是指图像的明暗程度。

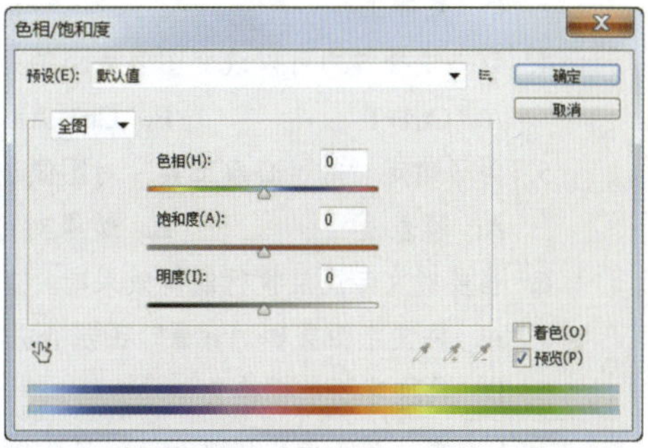

图 2.52 “色相/饱和度”对话框

选择菜单“图像→调整→色阶”命令，打开“色阶”对话框，如图 2.53 所示。

色阶是指图像中的颜色或颜色中的某一个组成部分的亮度范围。在“色阶”对话框中，色阶直方图揭示了照片中每一个亮度级别下像素的数量，其中最左端为最暗处，最右端为最亮处。一个正常光影分布的图像的直方图应该是从左到右都有分布，曲线形状看上去平滑饱满。

调整色阶的操作在照片处理中非常常见。调整图像的色阶，可以通过调整色阶直方图最左端的阴影输入滑块、最右端的高光输入滑块、中间的灰度滑块的位置来实现。

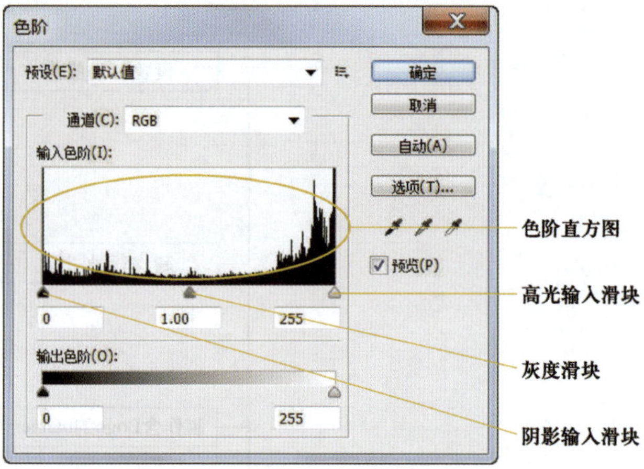

图 2.53 “色阶”对话框

2.6 课后练习

2.6.1 配套实训

利用配套实训文件夹下的素材文件，根据所学的 Photoshop 知识，设计并制作一个介绍“深圳市柏拉图科技有限公司”的网页，要求如下。

1. 页面效果图含有 Logo、banner 和各区域的背景图像。
2. 使用图像合成技术设计并制作一幅图像。

2.6.2 同步测试

1. Photoshop 图像最基本的单元是（　　）。
   A. 节点　　B. 色彩空间　　C. 像素　　D. 路径
2. 图像分辨率的单位是（　　）。
   A. dpi　　B. ppi　　C. lpi　　D. pixed
3. 下列（　　）可以选择连续的相似颜色的区域。
   A. 矩形选框工具　　B. 椭圆选框工具
   C. 魔棒工具　　D. 磁性套索工具
4. 以下快捷键中可以改变图像大小的是（　　）。
   A. Ctrl+T　　B. Ctrl+Alt　　C. Ctrl+S　　D. Ctrl+D
5. 为了确定“磁性套索工具”对图像边缘的敏感程度，应调整（　　）数值。
   A. 容差　　B. 边缘对比度　　C. 频率　　D. 套索宽度
6. 当要对文字图层执行滤镜效果时，首先应当（　　）。
   A. 将文字图层和“背景”图层合并
   B. 将文字图层栅格化
   C. 确认文字层和其他图层没有链接
   D. 用文字工具将文字变成选取状态，然后在“滤镜”菜单下选择一个滤镜命令

第3章

利用 Flash 制作动画

——制作“慧衡科技”网站的动画

Flash 是一种多媒体网络交互动画工具软件，使用它可制作.swf 动画文件，这种文件可以在浏览器中直接播放，且所占用的存储空间很小，适合在网络上使用。利用 Flash 可以为网站制作各种动态 Logo、banner、导航条及片头等。本章将通过网站 Logo、banner 和图像转换动画的设计与制作，详细介绍 Flash 中基本动画的制作方法。

学习目标

- 掌握动画的基本原理
- 掌握创建传统补间动画、补间形状动画的方法
- 掌握遮罩图层、引导图层的使用方法
- 掌握创建元件的方法及元件的使用

3.1 项目分析

3.1.1 设计思路

深圳慧衡科技有限公司需要制作一个网站，为了丰富网页内容，使网页表现形式更加多媒体化和更加生动，需要小高为网页制作动态 Logo、banner 及一个图像切换动画。小高根据所提供的素材，确定了以下设计思路。

动态 Logo。一般来说，Logo 动画不用很复杂，只需在已有 Logo 图像的基础上设计些文字动态效果或图形的简单动画即可。在本案例中，在已有标志图像的基础上创建一个 drupal 图像沿着轨迹运动的动画，如图 3.1 所示。

图 3.1 动态 Logo 效果图

banner 动画。如图 3.2 所示，在已有 banner 图像的基础上对文本设计了遮罩显示效果，突出显示文本内容，同时制作了一个对应图标移动的动画。

图 3.2 banner 效果图

图像切换动画。对选取出的几幅图像设计了切换显示效果，如图 3.3 所示。

图 3.3 图像切换动画效果图

3.1.2 制作流程

设计与制作动态 Logo 时，首先制作 drupal 元件，然后利用引导层制作此元件沿着轨迹运动的动画。设计与制作 banner 动画时，首先导入背景图像，然后利用遮罩层制作探照灯效果，最后制作对应图标移动的动画。制作图像切换动画时，首先分场景制作图像的切换，然后创建按钮元件，通过给按钮添加脚本语言来实现按钮控制图像的切换。具体制作流程如图 3.4 所示。

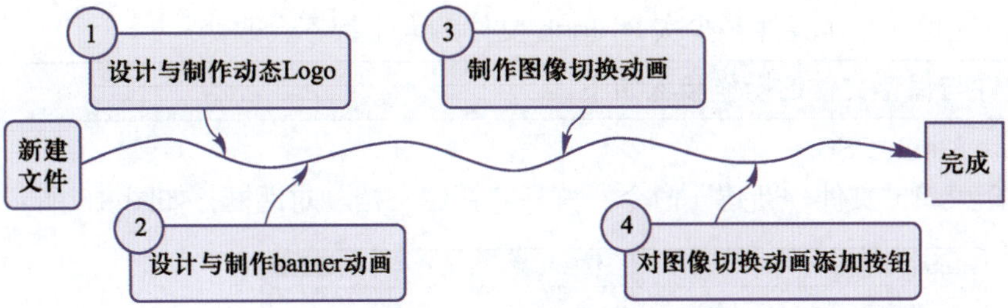

图 3.4 页面效果图的制作流程

3.2 预备知识

1. 动画原理

动画就是通过快速播放一系列的静态画面，让人在视觉上产生动态的效果。而组成动画的每一个静态画面便是在视频领域中常说的一帧（Frame），可以将其理解为一段电影胶片中的一格，是图像在某一时间点上的定格。在 Flash 中，帧又分为普通帧和关键帧两种。

关键帧：指在动画播放过程中呈现关键性动作或内容变化的帧。在制作动画时，对动画的对象进行属性编辑必须在关键帧中实现。

普通帧：除了关键帧外，所有出现在时间轴中的帧都是普通帧。

2. Flash 动画形式

Flash 是通过对帧的连续播放来实现动画效果的。在 Flash 中，可以用两种方法来制作动画，一种是逐帧动画，一种是补间动画。

逐帧动画，就是一些序列图像在同一图层中按一定顺序依次排列在每个帧上形成的序列动画。在播放动画时会一帧一帧地显示，这种动画的每一帧都是关键帧。在制作逐帧动画时，需在 Flash 时间轴中的每一帧上绘制帧内容。

补间动画，是指通过在关键帧之间自动生成中间过渡帧来实现关键帧之间变化的动画效果，从而生成流畅的动画。创建 Flash 补间动画时，只需设置两个关键帧，即起始帧和终止帧，而中间过渡帧由 Flash 软件自动生成。

3.3 项目实施

3.3.1 设计与制作动画 Logo

本小节将制作一个自身忽明忽暗的 drupal 图像围绕轨迹运动的动态 Logo。首先制作一个“drupal 闪烁”元件来实现 drupal 图像忽明忽暗的动画效果，然后制作“drupal 闪烁”元件围绕轨迹运动的动画。

1. 制作图形元件 drupal

元件是指在 Flash 中创建且保存在库中的影片剪辑、按钮或图形，它可以自始至终在影片中重复使用。无论调用了元件多少次，Flash文件的大小都不会改变。

☞ **新建文件与保存文件的操作步骤如下。**

（1）启动Flash CS6。

（2）选择菜单“文件→新建”命令，打开“新建文档”对话框，如图3.5所示。

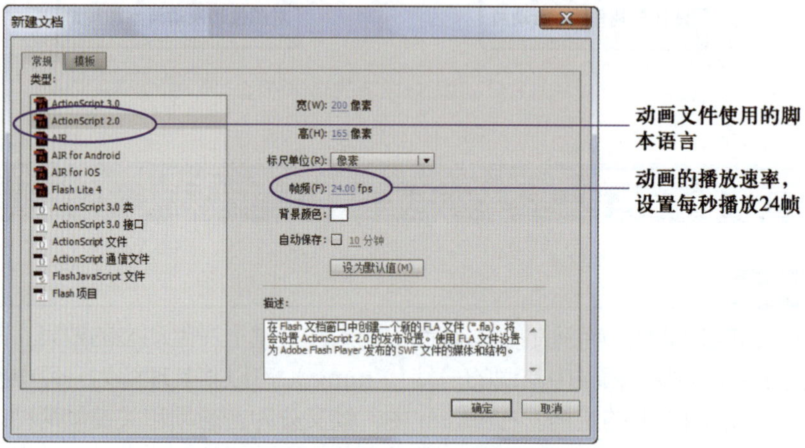

图3.5 “新建文档”对话框

① 在“常规”选项卡中选择ActionScript 2.0。

② 在“宽”后的数值处单击，激活文本框，在文本框中输入“200”像素。

③ 在“高”后的数值处单击，激活文本框，在文本框输中入“165”像素。

④ 单击“确定”按钮。

（3）选择菜单“文件→保存”命令，将文件保存为logo.fla。

☞ **配置“基本功能”工作区，修改编辑窗口的显示比例为200%，操作步骤如下。**

（1）选择菜单“窗口→工作区→基本功能”命令，设置工作区为“基本功能”工作区，如图3.6所示。

（2）在舞台右上角的“显示比例”下拉列表框中选择200%，如图3.6所示。

☞ **创建并导入图形元件drupal的操作步骤如下。**

（1）选择菜单“插入→新建元件”命令，打开“创建新元件”对话框，如图3.7所示，在“名称”文本框中输入“drupal”，在“类型”下拉列表框中选择“图形”，单击“确定”按钮。

（2）此时切换到drupal图形元件的编辑模式，元件的名称会出现在舞台上部。

（3）选择菜单“文件→导入→导入到舞台”命令，打开“导入”对话框，选择“drupal(素材).gif”文件，单击“打开”按钮，将图像导入到舞台。

2. 制作影片剪辑元件“drupal闪烁”

☞ **将drupal图形元件拖到“drupal闪烁”影片剪辑元件中，操作步骤如下。**

（1）选择菜单“插入→新建元件”命令，打开“创建新元件”对话框，在“名称”文本框中输入“drupal 闪烁”，在“类型”下拉列表框中选择“影片剪辑”，单击“确定”按钮。

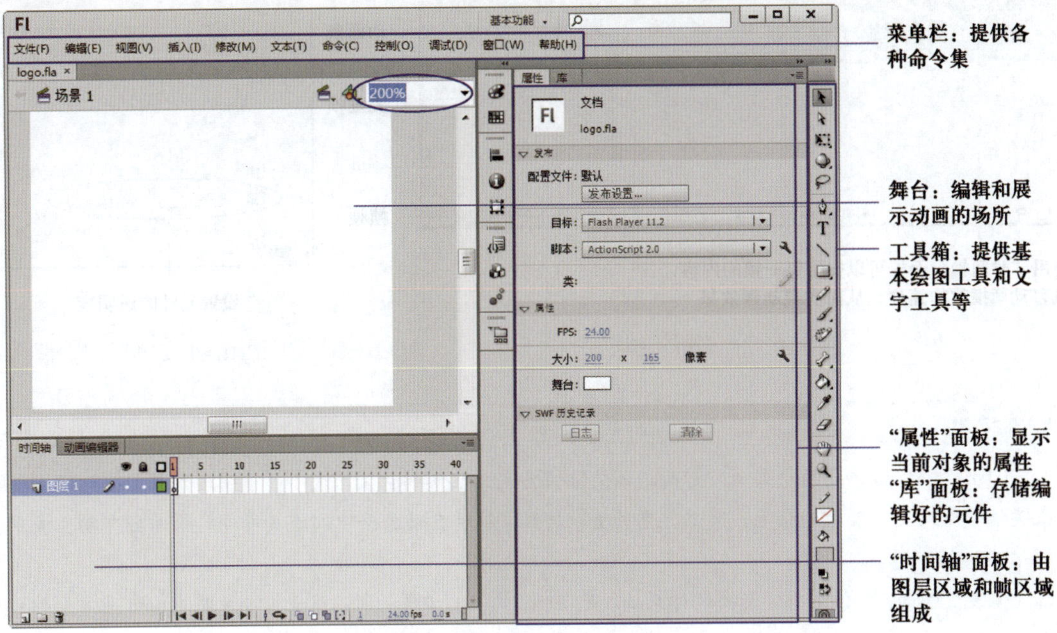

图 3.6 “基本功能”工作区

（2）单击“属性”面板标题旁的“库”标签，切换到“库”面板。

（3）从“库”面板中将 drupal 图形元件拖动到编辑窗口，并对齐编辑中心点，编辑窗口如图 3.8 所示。

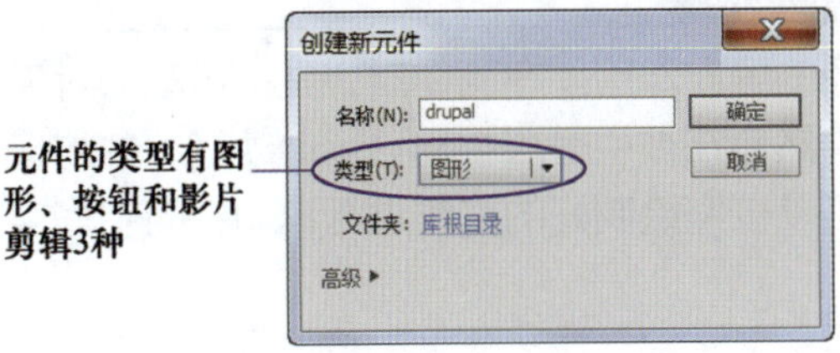

图 3.7 “创建新元件”对话框

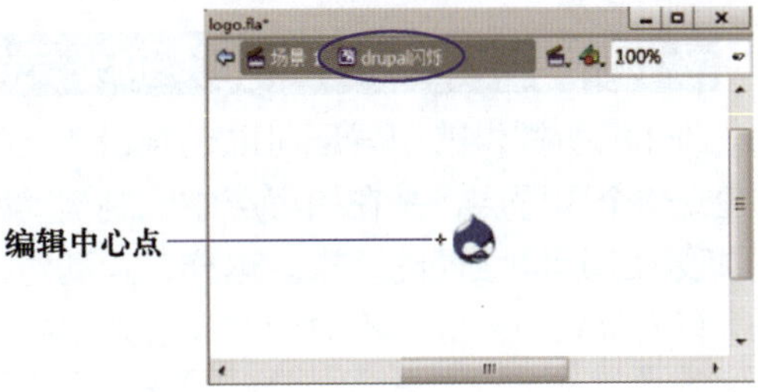

图 3.8 “drupal 闪烁”影片剪辑元件的编辑窗口

☞ 制作 drupal 实例图形忽明忽暗的效果，操作步骤如下。

（1）在“时间轴”面板中的第 30 帧处单击鼠标右键，在快捷菜单中选择“插入关键帧”命令，产生一个动画条，如图 3.9 所示。

（2）选中第 1 帧，在编辑窗口中单击 drupal 实例。

（3）选择菜单“窗口→属性”命令，在工作界面的右上角出现“属性”面板，如图 3.10 所示，在“样式”下拉列表框中选择 Alpha，设置 Alpha 的值为 6%。

（4）在动画条的任意位置单击鼠标右键，在快捷菜单中选择“创建传统补间”命令。

（5）按 Enter 键，观察动画效果。

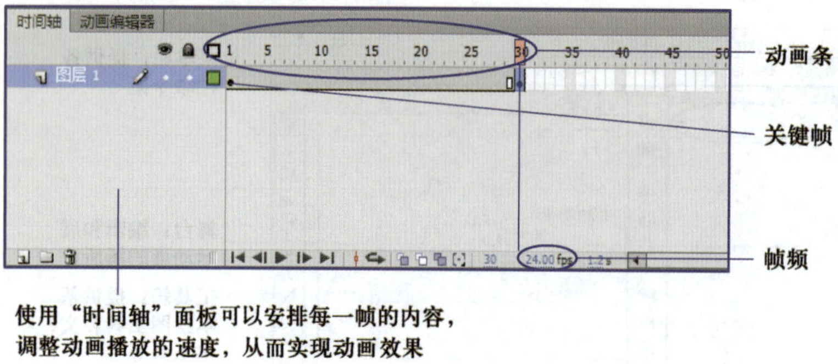

图 3.9 “时间轴”面板

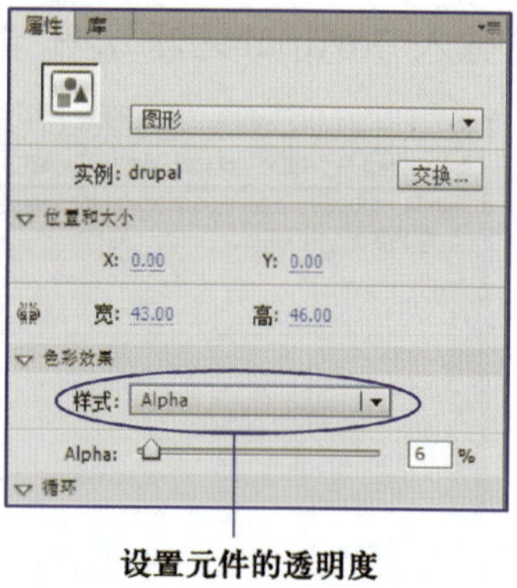

图 3.10 drupal 实例的“属性”面板

说明

（1）要制作传统补间动画，只需在起始关键帧中定义实例的位置、大小、透明度等属性，然后在结束关键帧中改变此实例的位置、大小、透明度等属性，最后在动画条中间添加补间，软件会自动生成中间过渡状态。

需要说明的是，传统补间动画的对象必须是实例、文本对象等，所以这里需要先将 drupal 图像制作成元件，然后进行调用。

（2）库是 Flash 中所有可以重复使用的元素的存储仓库，所以在制作 Flash 动画时，打开“库”面板，直接从库中调用所需的元件即可。

如果想修改已创建的元件，可以在“库”面板中双击该元件名称。

（3）要插入关键帧，除了使用菜单方式外，还可以按 F6 键来实现；插入普通帧则是按 F5 键。

3. 利用引导层制作“drupal 闪烁”元件飞行的动画

Flash 所提供的引导层可以起到设置运动路径的导向作用。在制作时，先在运动的对象上面建立一个引导层，并在引导层中绘制运动路径，然后在被引导层中建立运动动画，并将运动对象吸附于运动路径的始末。这样，运动对象就可以按照绘制好的路线进行运动，而引导层中的所有内容只做引导，不显示在动画效果中。

☞ **导入“logo_bg(素材).jpg”图像的操作步骤如下。**

（1）单击舞台窗口编辑栏左上角的“场景 1”按钮 场景 1，返回主场景。

（2）选择菜单“文件→导入→导入到舞台”命令，导入“logo_bg(素材).jpg”图像。

☞ **添加引导层，绘制运动路径，操作步骤如下。**

（1）在“时间轴”面板中双击图层 1 的名称，输入新名称“logo”，将图层 1 重命名为 logo。

（2）选中 logo 图层，单击鼠标右键，在快捷菜单中选择“插入图层”命令，创建图层 2，并将图层 2 重命名为 drupal。选中 drupal 图层的第 1 帧，从“库”面板中将“drupal 闪烁”影片剪辑元件拖动到舞台。

（3）在“时间轴”面板中选中 drupal 图层，单击鼠标右键，在快捷菜单中选择“添加传统运动引导层”命令，为 drupal 图层添加一个引导层，此时的“时间轴”面板如图 3.11 所示。

（4）单击工具箱中的“笔触颜色”按钮，设置笔触颜色为#000000；单击工具箱中的“填充颜色”按钮，设置无填充。

（5）选中引导层的第1帧，单击工具箱中的“椭圆工具”按钮，绘制一个椭圆路径，效果如图3.12（a）所示。

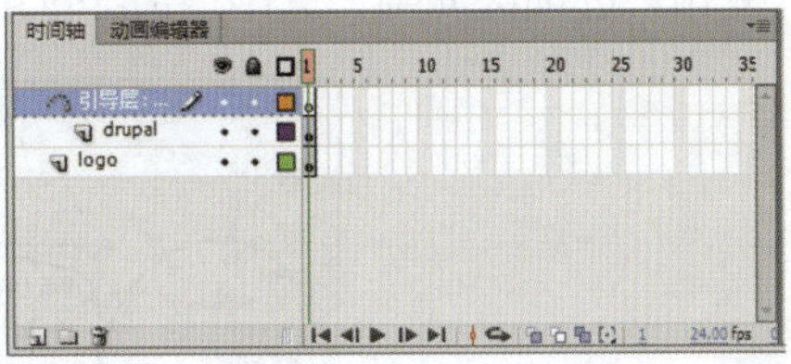

图3.11 添加引导层后的“时间轴”面板

（6）单击工具箱中的“任意变形工具”按钮，将鼠标指针指向圆环，鼠标指针变为，如图3.12（a）所示。此时单击，会在椭圆四周形成一个变换框，如图 3.12（b）所示，将鼠标指针移到椭圆外，当鼠标指针变为形状时，拖动鼠标旋转椭圆，如图3.12（c）所示。

（7）按→、↑键，将椭圆平移，使其与logo图层中的图像重合，如图3.12（d）所示。

（8）将鼠标指针移到舞台外单击，释放变形操作。

（9）选中引导层的第1帧，单击工具箱中的“橡皮擦工具”按钮，在椭圆处擦除一小块。

☞ **制作沿引导线飞行的动画，操作步骤如下。**

（1）分别选中logo图层、“引导层：drupal”图层的第30帧，插入普通帧。

（2）在drupal图层进行如下操作。

① 选中第30帧，插入关键帧。

② 选中动画条中的任意一帧，单击鼠标右键，在快捷菜单中选择“创建传统补间”命令。

③ 选中第1帧，拖动“drupal闪烁”元件，将其中心点对准引导线的起点。

④ 选中第30帧，拖动“drupal闪烁”元件，将其中心点对准引导线的终点。

椭圆引导线及起始关键帧中元件所在的位置如图3.13所示。

说明

引导层中的路径不能是全封闭的，必须有一个小缺口。

向被引导层放入对象时，在动画开始和结束的关键帧中一定要让对象的中心点对准线条的开始和结束的端点，否则无法引导。

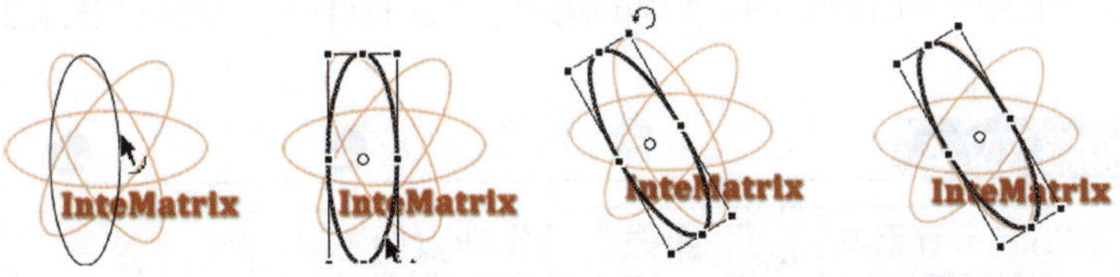

(a) (b) (c) (d)

图3.12 椭圆变形的过程图

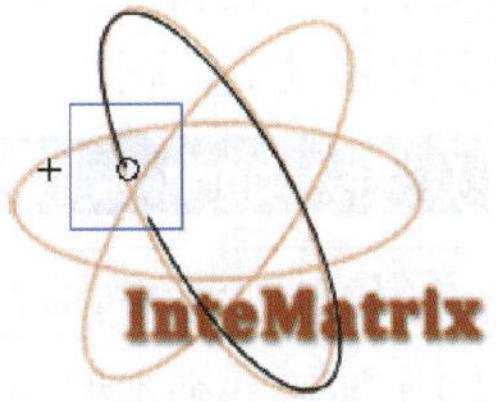

图3.13 椭圆引导线及起始关键帧中元件所在的位置

4. 发布Flash动画

☞ **发布Flash动画的操作步骤如下。**

（1）选择菜单“控制→测试影片→测试”命令，观看动画效果。

（2）选择菜单“文件→发布设置”命令，打开“发布设置”对话框，如图3.14所示，在

“发布”选项区域中，选中“Flash(.swf)”复选框，单击“确定”按钮。

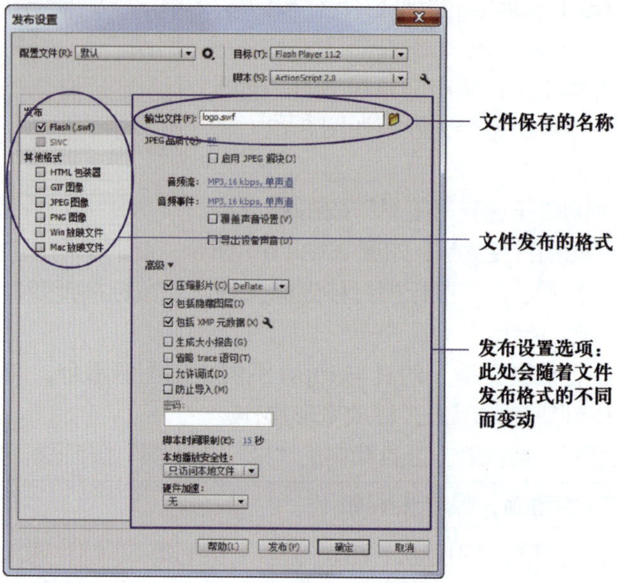

图 3.14 “发布设置”对话框

（3）选择菜单“文件→发布”命令，生成 Flash 播放文件 logo.swf。

（4）保存并关闭 logo.fla 文件。

说明

使用 Flash 制作的源文件是 FLA 格式的，制作好的动画需要将其发布为可播放的.swf 文件。在发布之前，可以选择菜单“控制→测试影片→测试”命令进行影片的测试。

3.3.2 设计与制作动画 banner

本小节将在已有 banner 背景图像的基础上制作一个遮罩文本动画。首先导入背景图像和输入文本，然后利用遮罩层为文本设计并制作探照灯效果的动画，最后制作一个对应图标跟随着探照灯移动的动画。

1. 导入 banner 背景图像和输入文本

☞ 新建文件 banner.fla，导入“banner(素材).jpg”图像，操作步骤如下。

（1）新建一个类型为 ActionScript 2.0、大小为 1 000 像素×95 像素、帧频为 24 fps 的空白文档，将文件保存为 banner.fla。

（2）将图层 1 重命名为“背景”。

（3）选中“背景”图层的第 1 帧，导入“banner(素材).jpg”图像到舞台。为了精确定位图像，在“属性”面板的“位置和大小”类中设置 X 的值为 0、Y 的值为 0。

☞ 输入文本“IM-DigiMarketing”，设置字体格式为微软雅黑、bold、16 点、#999999，操作步骤如下。

（1）单击“时间轴”面板中图层列表左下方的“插入图层”按钮，在“背景”图层的上方插入图层2，并将图层2重命名为“文本”。

（2）选中“文本”图层的第1帧，单击工具箱中的“文本工具”按钮T，在“属性”面板中设置字体为微软雅黑、样式为bold、大小为16点，文本颜色为#999999，如图3.15所示。

（3）在舞台中单击，形成文本框，效果如图3.16所示。

（4）在文本框中输入文本“IM-DigiMarketing”。

☞ **用相同的方法在“文本”图层的第1帧输入文本“IM-eCommerce”，设置字体格式为微软雅黑、bold、18点、#999999，效果如图3.17所示。操作步骤略。**

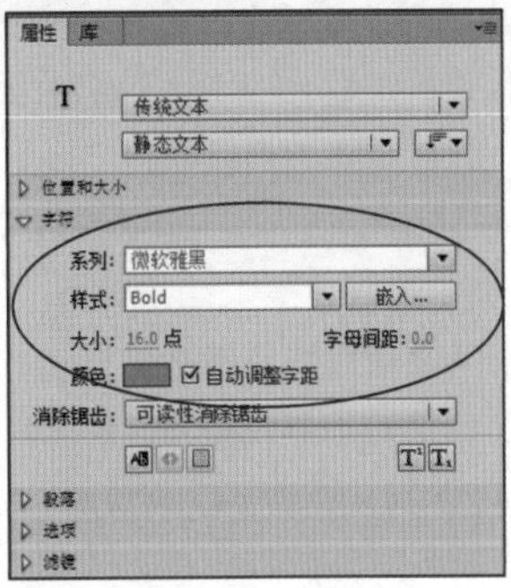

图3.15 在文本工具“属性”面板中设置参数

图3.16 舞台中的文本框

图3.17 输入文本效果图

2. 利用遮罩层制作探照灯动画

☞ **复制“文本”图层，得到“文本 复制”图层，将“文本 复制”图层中的文本颜色修改为#ffffff，操作步骤如下。**

（1）在“时间轴”面板中选中“文本”图层，单击鼠标右键，在快捷菜单中选择“复制图层”命令，得到“文本 复制”图层。

（2）单击工具箱中的“文本工具”按钮T，在“属性”面板中修改文本颜色为#FFFFFF。

☞ **在“圆球”图层制作圆球从左侧移至右侧的动画，操作步骤如下。**

（1）设置绘制形状的笔触颜色为无颜色、填充颜色为#FFFFFF。

（2）在“文本 复制”图层上方插入图层，并将新图层命名为“圆球”，选中“圆球”图层的第1帧，单击工具箱中的“椭圆工具”按钮，在文本的左侧绘制一个椭圆，效果如图3.18所示。

（3）在舞台中将鼠标指针指向椭圆，单击鼠标右键，在弹出的快捷菜单中选择“转换为元件”命令，将椭圆转换为名为“椭圆”的图形元件。

（4）在“时间轴”面板中同时选中“背景”图层、“文本”图层和“文本 复制”图层的第30帧，插入普通帧；选中“圆球”图层的第30帧，插入关键帧。

（5）选中“圆球”图层的第30帧，在舞台中移动“椭圆”元件到文本的右侧，效果如图3.19所示。

（6）在“时间轴”面板中选中“圆球”图层的任意普通帧，单击鼠标右键，在快捷菜单中选择“创建传统补间”命令，按Enter键，便可在舞台观察到圆球从左向右移动的效果。

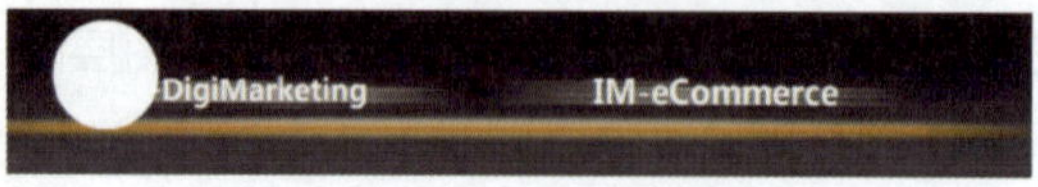

图 3.18　在“圆球”图层的第 1 帧绘制椭圆

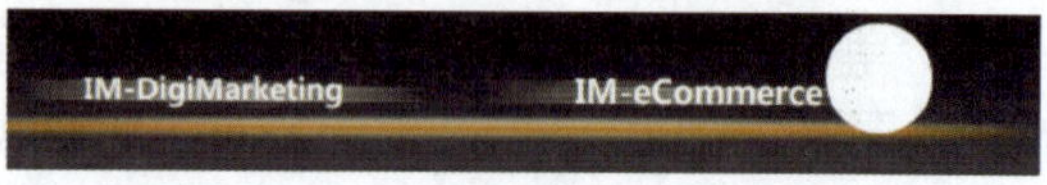

图 3.19　在“圆球”图层的第 30 帧将椭圆移至文本右侧

☞ **将“圆球”图层设置为“文本 复制”图层的遮罩层，操作步骤如下。**

（1）在“时间轴”面板中将鼠标指针指向“圆球”图层名称，单击鼠标右键，在快捷菜单中选择“遮罩层”命令，使“圆球”图层成为遮罩层，使“文本 复制”图层成为被遮罩层，如图 3.20 所示。

图 3.20　设置“遮罩层”后的“时间轴”面板

（2）测试影片，观看动画效果，发现圆球的动画效果不见了，取而代之的是文本从左到右逐渐显示的效果。

说明

所谓的遮罩就像面具一样，遮罩层会将它之下的图层遮盖住。如果要让底下的图层显示出来，就必须在遮罩层上建立某种形状的对象。简单地说，就是相当于在遮罩层上挖了相应形状的洞，下面图层的内容通过这个“洞”显示出来。需要注意的是，遮罩层只会遮住紧靠它的下一个图层（被遮罩层）。

3. 添加对应图标移动的效果

☞ **在“图标”图层中输入“>>>”文本，并制作文本移动的动画，操作步骤如下。**

（1）在“圆球”图层上插入图层，并将新图层命名为“图标”，在“图标”图层进行如下操作。

① 选中第 1 帧，在右侧文本底纹的下方输入文本“> > >”，设置字体格式为微软雅黑、bold、14 点、白色，文本位置如图 3.21 所示。

② 选中第 30 帧，将普通帧转换为关键帧，在舞台中将文本“> > >”移至右侧文本底纹的下方，位置如图 3.22 所示。

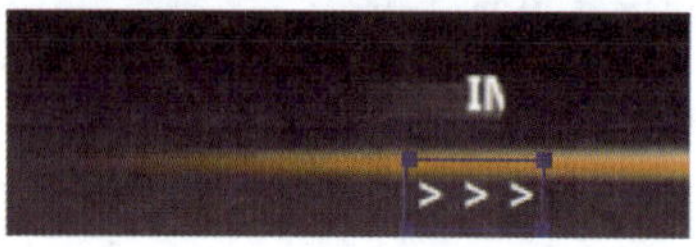

图 3.21　第 1 帧文本“>>>”所在的位置

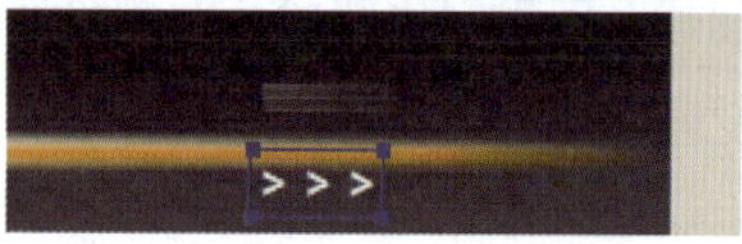

图 3.22　第 30 帧文本“>>>”所在的位置

③ 在第 1 帧和第 30 帧之间创建传统补间动画。

（2）测试影片，观看动画效果，发现动画速度太快。选择菜单“修改→文档”命令，打开“文档设置”对话框，将帧频修改为 12 fps。

（3）保存文件为 banner.fla，发布动画文件为 banner.swf。

3.3.3 制作图像切换动画

本小节将为 5 幅图像制作不同的图像切换动画，因为是 5 幅图像的切换，所以运用了不同的场景来分别制作。

- 在场景 1 中制作图像 1 从暗到明逐渐显示、图像 2 从上到下移动并逐渐覆盖图像 1 的动画。
- 在场景 2 中制作图像 3 从左到右逐渐推出显示并覆盖图像 2 的动画。
- 在场景 3 中制作图像 3 侧开门式的逐渐退出、图像 4 随之显示的动画。
- 在场景 4 中制作图像 5 从左右两边上下推出并逐渐覆盖图像 4 的动画。

在 Flash 中，舞台只有一个，但对于比较复杂的动画，或者一个动画有不同背景的片段，则可以分为不同的场景来制作。每个场景拥有各自独立的动画内容，且图层和帧都相对独立。在播放动画时，Flash 会自动按场景的顺序进行播放。

1. 制作图像 1 逐渐显示、图像 2 从上到下逐渐移动的动画

图像 1 逐渐显示、图像 2 从上到下逐渐移动动画的图像切换效果如图 3.23 所示。

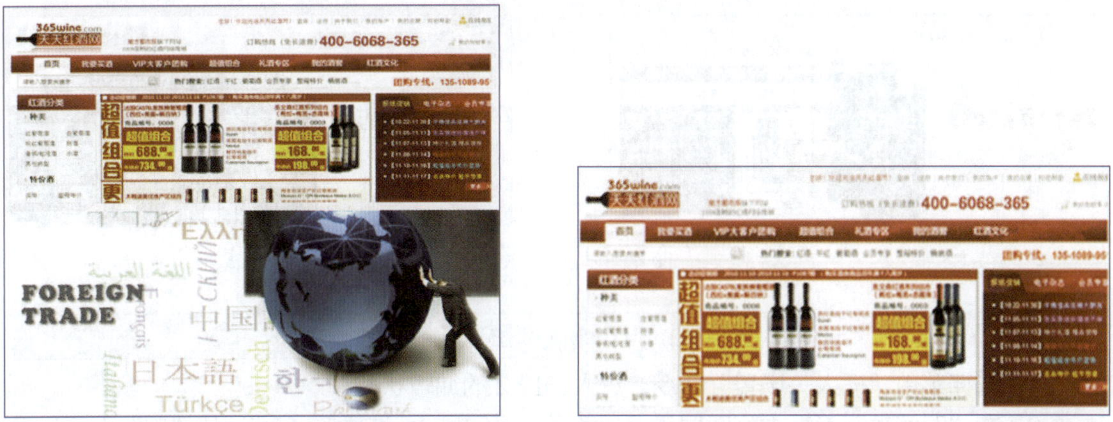

图 3.23 图像切换效果

☞ 新建文件 display.fla，导入素材图像，操作步骤如下。

（1）新建一个类型为 ActionScript 2.0、大小为 450 像素×180 像素、帧频为 24 fps 的空白文档，将文件保存为 display.fla。

（2）将 display1.jpg、display2.jpg、display3.jpg、display4.jpg、display5.jpg 图像导入到库。

（3）将图层 1 重命名为 display1，在 display1 图层上方插入图层，并将新图层命名为 display2。

☞ 在 display1 图层中制作 display1 图像逐渐显示的动画效果，操作步骤如下。

（1）在“时间轴”面板中选中 display1 图层。

（2）单击第 1 帧，从“库”面板拖动 display1.jpg 图像到舞台，并设置图像的位置，设置 X 值为 0 像素，Y 值为 0 像素。

（3）在第 30 帧处插入关键帧，在第 70 帧处插入普通帧。

（4）在第 1 帧和第 30 帧之间创建传统补间动画，观察“库”面板会发现多了两个图形元件，这是因为创建传统补间动画时软件会自动将舞台上的图像转换为元件。

（5）选中第 1 帧，单击舞台中的图形元件，在“属性”面板中将 Alpha 值设置为 6%。

☞ **在 display2 图层中制作 display2 图像从上到下移动并覆盖 display1 图像的动画，操作步骤如下。**

（1）在“时间轴”面板中选中 display2 图层。

（2）单击第 40 帧，插入关键帧，从“库”面板拖动 display2.jpg 图像到舞台，并设置图像的位置，设置 X 值为 0 像素，Y 值为 0 像素。

（3）选中第 70 帧，插入关键帧。

（4）在第 40 帧和第 70 帧之间创建传统补间动画。

（5）选中第 40 帧，单击舞台中的图形元件，在“属性”面板中修改 Y 值为-90。

2. 制作图像 3 从左到右逐渐推出显示的动画

图像 3 从左到右逐渐推出显示动画的图像切换效果如图 3.24 所示。

图 3.24 图像切换效果

☞ **创建场景 2，在 display2 图层中插入 display2 图像，操作步骤如下。**

（1）选择菜单“插入→场景”命令，进入场景 2 的编辑状态。

（2）在“时间轴”面板中将图层 1 重命名为 display2，选中第 1 帧，从“库”面板拖动 display2.jpg 图像到舞台，并设置图像的位置，设置 X 值为 0 像素，Y 值为 0 像素。

☞ **制作 display3 图像从左到右逐渐推出显示并覆盖图像 2 的动画，操作步骤如下。**

（1）在 display2 图层上方插入图层，并将新图层命名为 display3。在“时间轴”面板中单击第 10 帧，插入关键帧。选中第 10 帧，从“库”面板拖动 display3.jpg 图像到舞台，并设置图像的位置，设置 X 值为 0 像素，Y 值为 0 像素。

（2）在 display3 图层上插入图层，并将新图层命名为“矩形”，在“矩形”图层进行如下操作。

① 在第 10 帧处插入关键帧，选中第 10 帧，单击工具箱中的“矩形工具”按钮，在舞台左侧绘制一个长条矩形，效果如图 3.25 所示。

② 在第 40 帧处插入关键帧，单击“任意变形工具”按钮，将矩形放大到正好罩住整个舞台，效果如图 3.26 所示。

③ 选中“矩形”图层的第 10 帧和第 40 帧之间的任意普通帧，单击鼠标右键，在快捷菜单中选择“创建补间形状”命令。

（3）在 display2 图层和 display3 图层的第 40 帧处分别插入普通帧。

（4）在“时间轴”面板中将鼠标指针指向“矩形”图层名称，单击鼠标右键，在快捷菜单中选择“遮罩层”命令。

图 3.25 绘制长条矩形

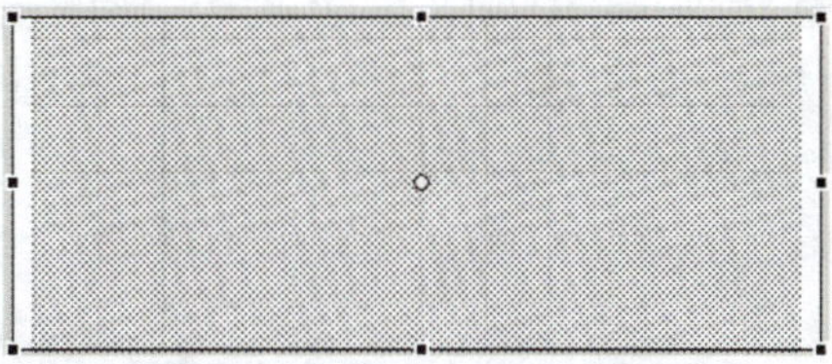

图 3.26 将矩形放大

说明

补间形状动画是指由一种对象逐渐变为另一种对象。补间形状动画的对象不能是实例，只能是矢量图形。实例、文本等必须要先分离成矢量图形，才能创建补间形状动画。

3. 制作图像 3 侧开门式退出的动画

图像 3 侧开门式退出动画的图像切换效果如图 3.27 所示。

☞ 创建场景 3，在 display4 图层中插入 display4 图像，操作步骤如下。

（1）选择菜单“插入→场景”命令，进入场景 3 的编辑状态。

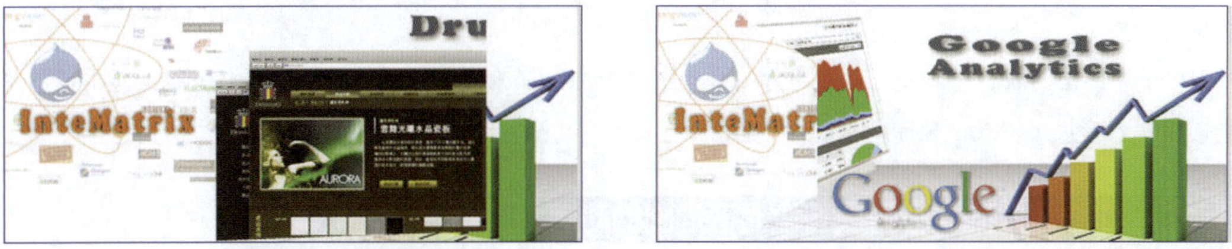

图 3.27 图像切换效果

（2）在“时间轴”面板中将图层 1 重命名为 display4，在第 10 帧处插入关键帧。

（3）选中 display4 图层的第 10 帧，从“库”面板拖动 display4.jpg 图像到舞台，并设置图像的位置，设置 X 值为 0 像素，Y 值为 0 像素。

☞ 制作 display3 图像侧开门式退出的动画，操作步骤如下。

（1）在 display4 图层上方插入图层，并将新图层命名为 display3，选中 display3 图层的第 1 帧，从“库”面板拖动 display3.jpg 图像到舞台，并设置图像的位置，设置 X 值为 0 像素，Y 值为 0 像素。

（2）在 display3 图层上方插入图层，并将新图层命名为“矩形”，在“矩形”图层进行如下操作。

① 在第 10 帧处插入关键帧。

② 选中第 10 帧，单击工具箱中的“矩形工具”按钮，在舞台绘制一个矩形，使其正好罩住整个舞台。

③ 在第 40 帧处插入关键帧，单击“任意变形工具”按钮，将矩形缩小为位于舞台左侧的一个长条矩形。

④ 在第 10 帧和第 40 帧之间创建补间形状动画。

⑤ 选中第 10 帧，选择菜单“修改→形状→添加形状提示”命令，矩形上将出现一个红色的形状提示标记。按 Ctrl+Shift+H 组合键 3 次，再添加 3 个形状提示标记。在矩形上移动 4 个形状提示标记，如图 3.28 所示。

⑥ 选中第 40 帧，在矩形上移动 4 个形状提示标记，如图 3.29 所示。

图 3.28 第 10 帧形状提示标记所在位置

图 3.29 第 40 帧形状提示标记所在位置

（3）在 display4 图层和 display3 图层的第 40 帧处分别插入普通帧。

（4）将“矩形”图层设为遮罩层。

> **说明**
>
> （1）创建补间形状动画时，如果要创建复杂的形状变化，可以使用形状提示标记。它的作用是在形状渐变的起始关键帧与结束关键帧处分别指定一些关键点，并一一对应。这样，Flash 就会根据这些关键点的对应关系来计算形状变化的过程。
>
> （2）要删除形状提示标记，可以在起始帧中选中要删除的形状提示标记，单击鼠标右键，在快捷菜单中选择“删除提示”或“删除所有提示”命令。

4. 制作图像 5 的左右两边图像上下推出的动画

图像 5 的左右两边图像上下推出动画的切换效果如图 3.30 所示。

图 3.30 图像切换效果

☞ 创建场景 4，在 display4 图层插入 display4 图像，操作步骤如下。

（1）选择菜单“插入→场景”命令，进入场景 4 的编辑状态。

（2）在“时间轴”面板中将图层 1 重命名为 display4，选中第 1 帧，从“库”面板拖动 display4.jpg 图像到舞台，并设置图像的位置，设置 X 值为 0 像素、Y 值为 0 像素。

（3）在第 40 帧处插入普通帧。

☞ 制作 display5 图像左半部分从底部向上移的动画，操作步骤如下。

（1）在 display4 图层上方插入图层，并将新图层命名为 Ldisplay5。在 Ldisplay5 图层进行如下操作。

① 在第 10 帧处插入关键帧，从“库”面板拖动 display5.jpg 图像到舞台，并设置图像的

位置，设置 X 值为 0 像素，Y 值为 0 像素。

② 在第 40 帧处插入关键帧。

③ 在第 10 帧和第 40 帧之间创建传统补间动画。

④ 选中第 10 帧，在“属性”面板修改图像位置的 Y 值为 270 像素。

（2）在 Ldisplay5 图层上方插入图层，并将新图层命名为“左矩形”，在“左矩形”图层进行如下操作。

① 在第 10 帧处插入关键帧。

② 选中第 10 帧，在舞台绘制一个矩形，在“属性”面板设置矩形的位置及大小，设置位置的 X 为 0 像素、Y 为 0 像素，大小的宽为 225 像素，高为 180 像素。

③ 将“左矩形”图层设置为遮罩层。

☞ **制作 display5 图像右半部分从顶部向下移的动画，操作步骤如下。**

（1）在“左矩形”图层上方插入图层，并将新图层命名为 Rdisplay5，在 Rdisplay5 图层进行如下操作。

① 在第 10 帧处插入关键帧，从“库”面板拖动 display5.jpg 图像到舞台，并设置图像的位置，设置 X 值为 0 像素，Y 值为 0 像素。

② 在第 40 帧插入关键帧。

③ 在第 10 帧和第 40 帧之间创建传统补间动画。

④ 选中第 10 帧，在“属性”面板修改图像位置，设置 Y 值为−90 像素。

（2）在 Rdisplay5 图层上方插入图层，并将新图层命名为“右矩形”，在“右矩形”图层进行如下操作。

① 在第 10 帧处插入关键帧。

② 选中第 10 帧，在舞台绘制一个矩形，在“属性”面板设置矩形的位置及大小，设置位置的 X 为 225 像素、Y 为 0 像素，大小的宽为 225 像素，高为 180 像素。

③ 将“右矩形”图层设置为遮罩层。

3.3.4 通过添加按钮来控制图像切换动画

本小节将为上小节制作好的动画添加按钮，控制图像的切换，效果如图 3.31 所示。该动画需要利用 Flash 本身提供的 ActionScript 脚本语言来编程实现。ActionScript 能够控制 Flash 动画的播放行为和对象的属性，利用它可以使 Flash 实现一些特殊的功能，如控制动画的停止和播放、指定鼠标动作、实现网页链接、制作精彩游戏等。

图 3.31 添加按钮的图像切换动画

Flash CS6 提供了“脚本助手”工具，可以帮助用户在不精通编程的前提下使用 ActionScript 制作动画效果。

1. 新建按钮元件

按钮一般用于响应影片中的鼠标事件，如鼠标的单击、移开等。在 Flash 中可以通过“创建新元件”命令来创建按钮元件，按钮元件一般是具有 4 个帧的影片剪辑，各帧的功能介绍如下。

- “弹起”帧：定义鼠标指针不在按钮上时的状态。
- “指针经过”帧：定义鼠标指针移至按钮上时的按钮状态。
- “按下”帧：定义鼠标单击按钮时的按钮状态。
- “点击”帧：定义响应鼠标单击的区域，这个区域在 Flash 影片播放时是不会显示的。

☞ 制作 one 按钮元件，操作步骤如下。

（1）选择菜单“插入→新建元件”命令，打开“创建新元件”对话框，在“名称”文本框中输入“one”，在“类型”下拉列表框中选择“按钮”，单击“确定”按钮，进入按钮的编辑状态。

（2）编辑按钮的“弹起”帧，在舞台中心绘制一个椭圆，并输入文本“1”，如图 3.32 所示。

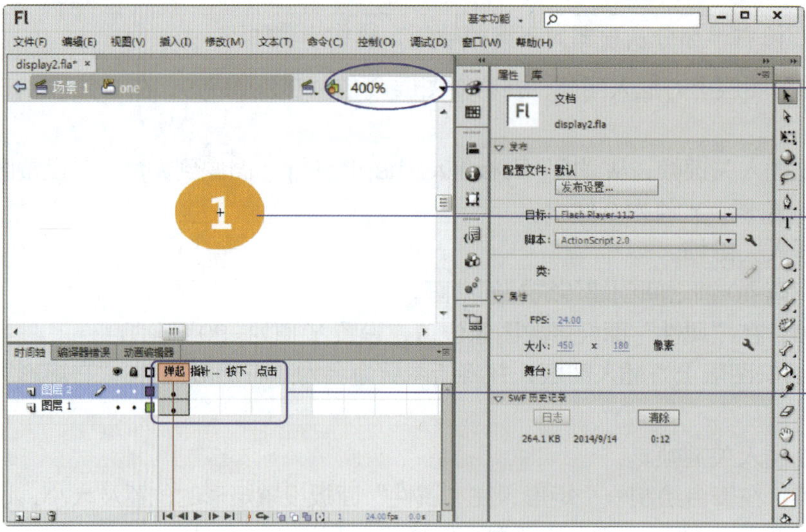

图 3.32 绘制椭圆并输入文本

① 单击工具箱中的“椭圆工具”按钮，设置笔触颜色为无，填充颜色为#FF9900。

② 选中图层 1 的“弹起”帧，在按钮舞台中绘制一个无边框的椭圆。

③ 在“属性”面板修改椭圆的大小，设置宽为 26 像素、高为 21 像素；设置椭圆位置，设置 X 为−13 像素、Y 为−10.5 像素。

提示： 在制作过程中为了更清楚地编辑按钮，可将显示窗口放大到 400%。

④ 单击工具箱中的“文本工具”按钮T，在“属性”面板中设置字体为微软雅黑、bold，大小为 16 点，文本颜色为#FFFFFF。

⑤ 在图层 1 上方插入图层 2，选中图层 2 的“弹起”帧，在舞台上输入文本“1”。

⑥ 在“属性”面板修改文本的位置，设置 X 为−5.8、Y 为−9.8。

（3）编辑按钮的“指针经过”帧，改变椭圆的填充颜色。

① 分别选择图层 1 和图层 2 的“指针经过”帧，插入关键帧。

② 选中图层 1 的“指针经过”帧，在舞台中选中椭圆。

③ 在“属性”面板修改椭圆的填充颜色为#330066。

（4）用相同的方法编辑按钮的“按下”帧，改变椭圆的填充颜色为#CCCCCC。操作步骤略。

（5）编辑按钮的“点击”帧，选中图层 1 的“点击”帧，插入关键帧。

提示： 在“点击”帧中只需要绘制一个实心图形，大小和位置应将前几个状态下的内容全部覆盖。

☞ **制作 two 按钮元件，操作步骤如下。**

（1）在“库”面板中选中 one 元件，单击鼠标右键，在快捷菜单中选择“直接复制”命令，打开“直接复制元件”对话框，在“名称”文本框中输入“two”，单击“确定”按钮。

（2）在“库”面板中双击 two 元件前面的图标，进入 two 元件的编辑状态。

（3）分别选中图层 2 的“弹起”帧、“指针经过”帧和“按下”帧，将文本修改为“2”。

☞ **用相同的方法制作 three 按钮元件、four 按钮元件、five 按钮元件。操作步骤略。**

2. 在场景中插入按钮元件

☞ **修改文件大小的操作步骤如下。**

（1）在舞台空白处单击，“属性”面板则变成文档的“属性”面板。

（2）在“属性”面板中修改文档大小为 450 像素×230 像素。

☞ **将 5 个按钮添加到场景 1 中，操作步骤如下。**

（1）单击舞台右上角的“编辑场景”按钮，在弹出的“场景”列表中选择“场景 1”，切换到场景 1 的编辑窗口。

（2）在 display2 图层上方插入图层，并将新图层命名为 anniu。选中 anniu 图层的第 1 帧，从“库”面板分别拖动 5 个按钮元件到舞台中。

（3）按 Shift 键在舞台上分别单击 5 个按钮，将 5 个按钮同时选中。

（4）选择菜单“窗口→对齐”命令，打开“对齐”面板，如图 3.33 所示，单击“垂直对齐”按钮，使 5 个按钮位于同一水平线上；单击“水平居中分布”按钮，使 5 个按钮中间的间距相同，效果如图 3.34 所示。

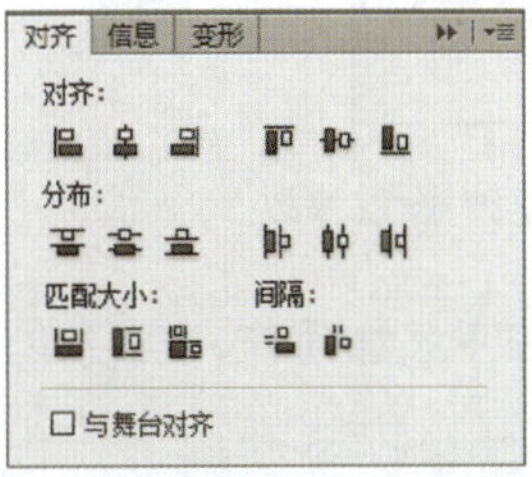

图 3.33 “对齐”面板

图 3.34 对齐后的 5 个按钮

3. 为按钮添加动作

☞ **为场景 1 中的 one 按钮添加动作，实现单击或滑过按钮就跳转到图像 1 的动作，操作步骤如下。**

（1）切换到场景 1，选中 one 按钮，单击鼠标右键，在快捷菜单中选择“动作”命令，打开“动作”面板，单击“脚本助手”按钮，如图 3.35 所示。

（2）在“动作”列表中选择“全局函数”中的“影片剪辑控制”选项，双击 on 动作，此时的“动作”面板如图 3.35 所示，在“事件”选项区域中选择“释放”和“滑过”复选框。

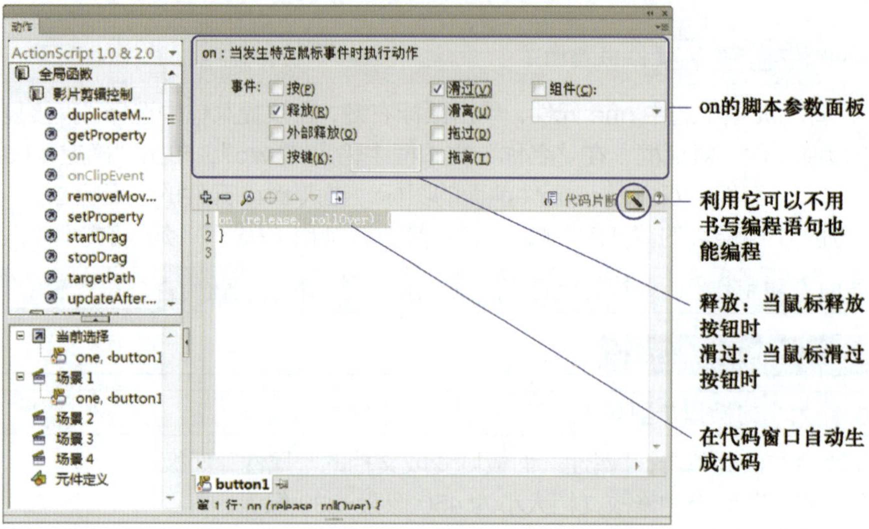

图 3.35 双击 on 动作后的“动作”面板

（3）在“动作”列表中选择“全局函数”中的“时间轴控制”选项，双击 goto 动作，选择代码窗口的“gotoAndPlay(1)”语句，在 goto 的脚本参数面板中选择“转到并播放”单选按钮，在“场景”下拉列表框中选择“场景 1”，在“帧”组合框中输入“1”，如图 3.36 所示。

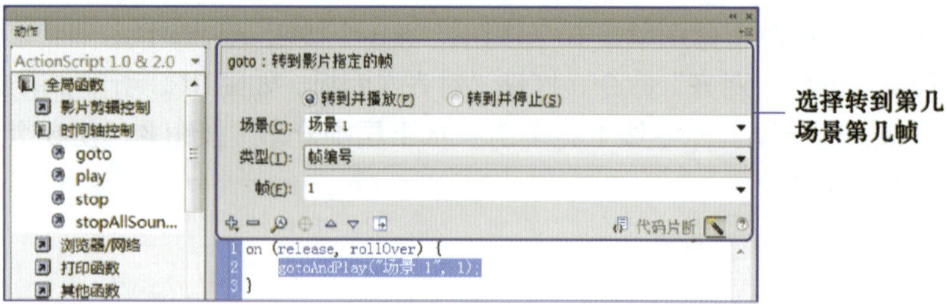

图 3.36 在双击 goto 动作后的“动作”面板中设置参数

☞ **用相同的方法为场景 1 中的 two、three、four、five 按钮添加动作，实现单击或滑过按钮就跳转到相应图像的动作。操作步骤略。**

提示：单击或滑过 two 按钮，应转到场景 1 的第 40 帧；单击或滑过 three 按钮，应转到场景 2 的第 10 帧；单击或滑过 four 按钮，应转到场景 3 的第 10 帧；单击或滑过 five 按钮，应转到场景 4 的第 10 帧。

☞ **复制场景 1 的 anniu 图层到场景 2 中，操作步骤如下。**

（1）选中 anniu 图层，单击鼠标右键，在快捷菜单中选择“拷贝图层”命令。

（2）切换到场景 2，选中“矩形”图层，单击鼠标右键，在快捷菜单中选择“粘贴图层”

命令。

（3）在 anniu 图层的第 41 帧拖动鼠标，直到第 70 帧，选中第 41～70 帧，单击鼠标右键，在快捷菜单中选择“删除帧”命令。

☞ **复制场景 2 的 anniu 图层到场景 3、场景 4 中，操作步骤如下。**

（1）选中 anniu 图层，单击鼠标右键，在快捷菜单中选择“拷贝图层”命令。

（2）切换到场景 3，选中“矩形”图层，单击鼠标右键，在快捷菜单中选择“粘贴图层”命令。

（3）切换到场景 4，选中“右矩形”图层，单击鼠标右键，在快捷菜单中选择“粘贴图层”命令。

说明

在 Flash 动画中，动画的交互性是通过对用户事件的响应来完成的。on()处理函数就是用于处理按钮事件的。gotoAndPlay()则是用于对影片进行控制的语句。有关 ActionScript 语言更详细的内容，还需后续进一步学习。

3.4 项目总结

本章以网站 Logo、banner 和图像转换动画的设计与制作为例，详细介绍了 Flash 中几种基本动画（补间形状动画、传统补间动画、遮罩层动画、引导层动画、脚本动画）的制作方法。本项目涵盖的主要内容如图 3.37 所示。

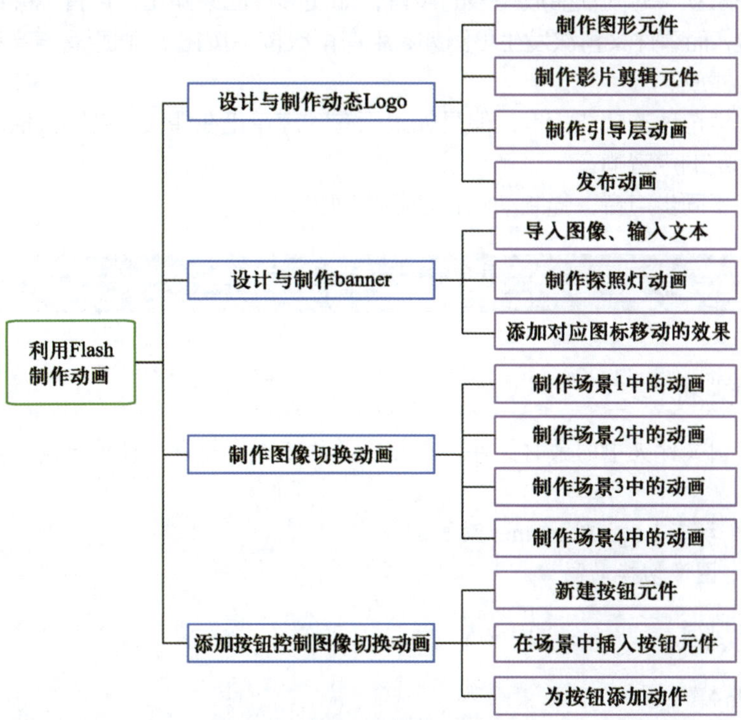

图 3.37 本项目涵盖的主要内容

3.5 扩展技能

在Flash中使用声音

Flash 动画常常会带有声音效果。Flash 中的声音类型可分为两种，分别是事件声音和音频流。事件声音可以连续播放，直到有明确的指令时才停止播放，常用在按钮单击时产生的声音，也可以作为循环的背景音乐。而音频流则是随动画的播放而播放，随动画的停止而停止的，可作为影片的同步音乐。

（1）不管哪种类型的声音，在使用前均需要先导入声音，导入的声音类型一般是 MP3 和 WAV。选择菜单“文件→导入→导入到库”命令，可将声音导入到库。

（2）为影片添加同步音乐的做法：为音频文件单独创建一个独立的图层，在图层的第 1 帧，从“库”面板中将音频文件拖动到舞台即可。

一般将声音和按钮元件的不同状态关联起来，这样做的优点是在舞台上无论插入按钮元件多少次，按钮元件都会带有声音效果。为按钮添加声音的做法：在按钮元件的编辑状态下，从“库”面板中将音频文件拖动到舞台即可。

（3）添加声音后，可以在“属性”面板中对导入的音频文件的属性进行编辑。

“属性”面板中的“同步”是指影片和声音的配合方式，用户可以决定声音与影片是否同步，或自行播放，具体有以下几种类型。

事件：该选项会将声音和一个事件的发生过程同步起来，事件的声音在事件的起始关键帧开始时播放，并独立于时间轴播放完整的声音，即使影片已经停止，声音也继续播放。如果事件声音正在播放，而事件又再次发生（例如，用户再次按下按钮），则原有声音播放的同时，另一个声音又开始播放。

开始：与事件选项的功能相近，但是如果原有的声音正在播放，就不会播放新的声音。

停止：使指定的声音静音。

数据流：用于同步声音，强制动画和音频流同步。

3.6 课后练习

3.6.1 配套实训

利用配套实训文件夹中的素材文件，根据所学的 Flash 知识，设计与制作两个动画。要求如下。

1. 制作一个动态 Logo 或 banner 动画。
2. 制作一个图像切换动画。

3.6.2 同步测试

1. 动画的基本单位是（　　）。

A. 时间轴　　B. 图像　　C. 帧　　D. 场景

2. 插入关键帧的快捷键是（　　）。

A. F5　　B. F6　　C. Alt+F5　　D. Alt+F6

3. 形状补间只能用于（　　）。

A. 矢量图形　　B. 位图　　C. 文本　　D. 实例

4. 关于路径补间动画的说法错误的是（　　）。

A. 运动引导层可以绘制路径，使补间实例、组或文本沿着这些路径运动

B. 可以将多个层链接到一个运动引导层，使多个对象沿同一条路径运动

C. 链接到运动引导层的常规层就成为被引导层

D. 运动引导层中绘制的路径可以是闭合曲线

5. 按钮元件的时间轴上有 4 帧，下列描述错误的是（　　）。

A. 第一帧是弹起状态　　B. 第二帧是指针经过状态

C. 第三帧是按下状态　　D. 第四帧是鼠标弹起状态

6.（　　）是鼠标指针滑过对象的事件。

A. press　　B. rollout　　C. release　　D. rollover

第4章

利用 Dreamweaver 制作简单网页

——制作“慧衡”页面

前3章介绍了网页设计的相关知识，本章将开始真正实施网页的设计及制作，介绍网页制作工具 Dreamweaver CS6 的使用，并且介绍 HTML。

学习目标

- 了解 Dreamweaver CS6
- 认识 HTML
- 分析网页的页面结构及代码结构
- 创建站点及制作简单网页

4.1 项目分析

4.1.1 设计思路

深圳慧衡科技有限公司需要制作一个二级页面“慧衡”，用于介绍公司的基本情况。“慧衡”网页的设计思路如下。

页面元素：包括相应的公司介绍文字、公司的 Logo、客户案例展示的 Flash 影片、水平线和特殊字符等。

页面布局：由于是初识网页设计，因此本项目只做一个简单的图文页面，采用较普遍的上、中、下结构，自上而下对页面元素进行排版，3 个版块的排列情况及其中的元素如图 4.1 所示。

配色方案：采用蓝灰色来体现企业的稳健、深远、平静和谐。搭配一些橙色，使稳健中增添活力。

经过上述页面分析，结合网页制作技术，网页设计师小张顺利地完成了任务，网页页面效果如图 4.2 所示。

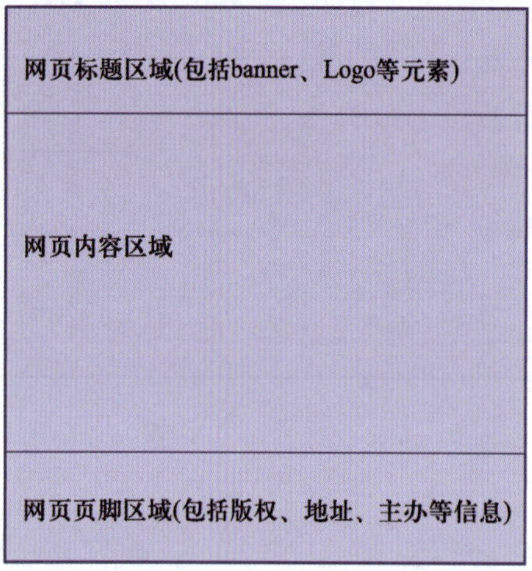

图 4.1 “慧衡”页面结构

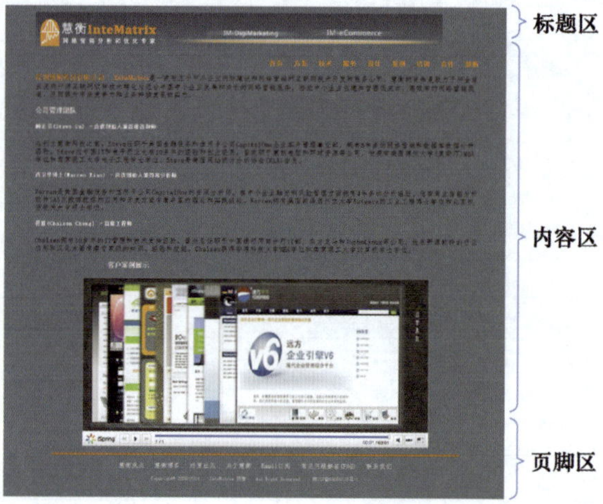

图 4.2 “慧衡”页面效果

4.1.2 制作流程

在具体制作之前，首先将收集的页面素材分类存放到本地站点相应的文件夹下，然后创建与管理本地站点，接下来直接在页面上插入各种页面元素，最后通过设置格式及丰富代码属性的方式美化页面。具体制作流程如图 4.3 所示。

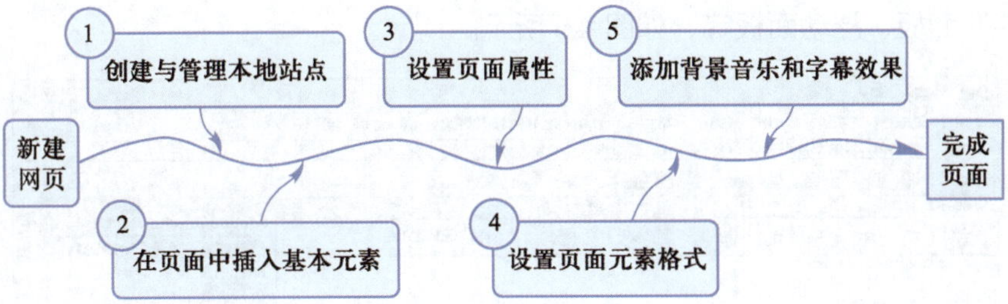

图 4.3 “慧衡”页面制作流程

4.2 预备知识

1. 初识 Dreamweaver CS6

Dreamweaver CS6 是目前最优秀的可视化网页设计制作工具和网站管理工具，支持最新的 Web 技术。CS6 版本增加了对 HTML 5、CSS 及 jQuery 的支持，利用它可以轻而易举地制作出跨平台和浏览器限制的网页。

打开 Dreamweaver CS6，首先进入启动画面，如图 4.4 所示。通过有针对性地选择“打开最近的项目”、“新建”和“主要功能”栏目下的选项，可以进入相应的工作界面。图 4.5 所示为新建网页工作界面。

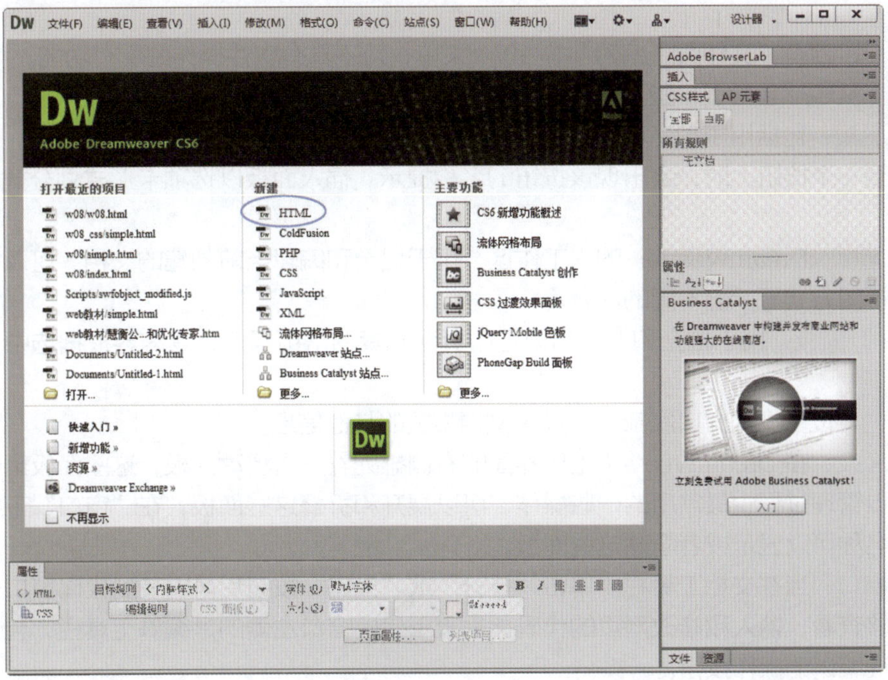

图 4.4 Dreamweaver CS6 启动画面

Dreamweaver CS6 的工作界面主要包括菜单栏、插入面板、文档工具栏、文档窗口、状态栏、“属性”面板、浮动面板等，如图 4.5 所示。

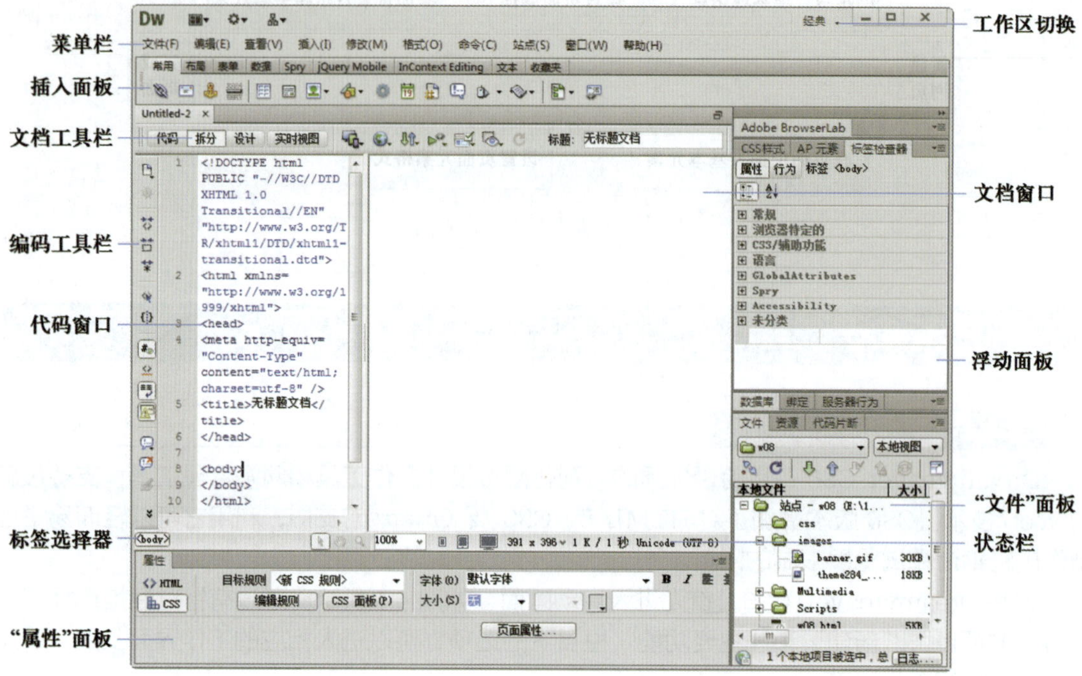

图 4.5 Dreamweaver CS6 新建网页工作界面

菜单栏：含有“文件”、“编辑”等 10 个菜单，几乎具有软件操作的所有功能。

文档工具栏：包含了一些与查看文档等相关的常用命令和选项。

插入面板：包括用于创建和插入各种对象（如表格、AP 元素和图像）的按钮。当将鼠标指针移动到一个按钮上时，会出现该按钮的名称提示。插入面板以选项卡形式划分插入对象的类别。

文档窗口：Dreamweaver 的主工作区，用于显示和编辑当前创建的文档。可以根据浏览者选择的视图方式显示出不同的内容。

“属性”面板：用于检查和编辑当前选中页面元素的常用属性，其内容根据选中元素会有所变化。

状态栏：位于文档窗口底部，提供与文档相关的其他信息。

浮动面板：在 Dreamweaver 工作界面的右侧排列着一些浮动面板，这些面板集中了网页编辑和站点管理过程中最常用的一些操作。可以展开和折叠这些面板，在“窗口”下拉菜单中单击面板名称可以显示或者隐藏这些面板。

代码窗口：当在文档工具栏中单击“拆分”或“代码”按钮后可以看到代码窗口。在代码窗口中能够查看、输入和修改网页的代码。垂直于代码窗口左侧的是编码工具栏，包含用于执行多种标准编码的操作按钮。

2. HTML

在浏览器中有各种美轮美奂的网页，这些精美的网页背后的奥秘是什么？这里将介绍网页背后的深层次的内容——HTML。

HTML（Hypertext Markup Language）是超文本标记语言，它通过标签标记要显示的网页中的各个部分。浏览器在阅读网页文件时，根据不同的标签来解释和显示其标记的内容及效果。

用 HTML 编写的文件为网页文件，其扩展名是.html 或.htm，可以使用记事本、写字板等编辑工具编写，也可以在 Dreamweaver 这样的“所见即所得”的工具中编写。

下面介绍 HTML 标签的语法形式、语法规则，以及常用的格式标签和文本标签。

1）HTML 文档结构

一个标准的HTML 网页文档的基本代码结构如图 4.6 所示。

启动 Dreamweaver 并进入工作界面后，切换到“代码”视图下，可以查看文档的代码结构。一个标准的 HTML 网页文档所包含的基本标签的含义如下。

（1）超文本标记语言标签<html>。

<html></html>在文档的最外层，文档中的所有文本和 HTML 标签都包含在其中，它表示该文档是以超文本标记语言（HTML）编写的。

（2）头标签<head>。

<head></head>是 HTML 文档的头部标签，在浏览器窗口中，头部信息不会显示在正文中。在此标签中可以插入其他标签，用于说明文件的标题和整个文件的一些公共属性。

（3）标题标签<title>。

<title>和</title>是嵌套在<head>头部标签中的，标签之间的文本为文档标题，显示在浏览器窗口的标题栏中。

（4）网页主体区标签<body>。

<body></body>标签一般不能省略，标签之间的文本为正文，是在浏览器中显示的页面内容。其包含的主要属性如表 4.1 所示。

```
<html>                          →HTML页面开始
  <head>                        →头部开始
     <title> 标题 </title>
  </head>                       →头部结束
  <body>                        →页面主体开始
     …网页正文(各种标签)
  </body>                       →页面主体结束
</html>                         →HTML页面结束
```

图 4.6 HTML 代码定义的文档结构

表 4.1 <body>标签的属性及作用

属性	作用
Bgcolor	背景颜色
Background	背景图片
Text	一般文字的颜色

2）HTML 标签的语法形式

HTML 标签是由尖括号包围的关键词，比如<html>。HTML 标签通常是成对出现的，比如<b></b>，标签对中的第一个标签是开始标签，第二个标签是结束标签（或称闭合标签）。

HTML 标签通常有以下 3 种格式。

- 不带属性的双标签：格式为<标签名称>内容</标签名称>。

例如<h1>…</h1> 用于设置一级标题。

- 带有属性的双标签：大多数标签都有自己的一些属性，属性要写在开始标签内，属性用于进一步改变显示的效果，各属性之间没有先后次序。

格式为<标签名称 属性名称 1="值" 属性名称 2="值"...>内容</标签名称>。

属性名称（name）和值（value）一起使用。属性值应该始终被包括在引号内，通常使用双引号。

例如<hr size="3" align="left" width="800" />。

- 单标签：格式为<标签名称/>。

例如，
换行标签。

3）HTML 语言的语法规则

- 在 Web 文档中，标签采用<和>作为分隔字符。
- HTML 标签不区分大小写，如<HTML>和<html>是相同的标签。
- 大多数 HTML 标签可以嵌套，但不能交叉，各层标签为全包容关系。
- Web 文档的一行可以书写多个标签，一个标签也可以分多行书写，不用任何续行符号，显示效果相同。
- HTML 源代码中的换行符、回车符和多个连续空格在浏览网页时都是无效的。浏览网页时，会自动忽略文档中的换行符、回车符和空格。
- 网页中所有显示的内容都应该受限于一个或多个标签，不能存在游离于标签之外的文字或图像等，否则会产生错误。

4）HTML 语言的常用标签

（1）强制换行标签
。

放在一行的末尾，可以使后面的页面元素显示于下一行，而又不会在行与行之间留下空行，多个
标签可以创建多个空行。

（2）强制分段标签<p></p>。

HTML 的分段完全依赖于强制分段标签<p> </p>。段落内可以包含其他的标签，如图片标签<img/>、强制换行标签
、链接标签<a>等。标签<p>的属性包括 left（左对齐）、center（居中）和 right（右对齐）。

（3）标题标签<hn></hn>。

用于把文字设置为各种大小不同的标题，标题从 h1 到 h6，共有 6 级。标签中 h 后面的数字 n 代表标题的级别，数字越大，标题文本就越小。可以给<hn>标签添加属性。

（4）字体设置标签<font>。

标签<font>用于设置文本的字体格式，常用的属性包括 size（大小）、color（颜色）。

（5）HTML 语言的注释标签。

像其他编程语言一样，为提高代码的可读性，可以将注释插入 HTML 代码中。

语法格式：<!--注释内容-->或<!-->注释内容</!-->

例如，在如图 4.7 所示的代码中，可以看出稍浅的灰色注释信息。

```
<!--利用列表显示茶诗的标题，此处为代码的注释-->
<p>            茶诗、茶文欣赏;</p>
```

图 4.7 注释标签

4.3 项目实施

按照第 1 章规划好的站点结构，将“慧衡”网页相关素材复制到 huihengweb 文件夹下的 w08 子文件夹中，本章所创建“慧衡”网页将保存在 w08 文件夹下。下面将详细介绍初次制作简单网页的基本流程和操作方法。

4.3.1 创建与管理本地站点

Dreamweaver 站点是 Web 站点中所有文件和资源的集合。使用站点可以方便组织和管理所有文件，减少错误（如减少路径出错、链接出错等）；可以将站点上传到服务器，跟踪和维护所有链接。因此，在使用 Dreamweaver 制作网页前，应该首先定义一个站点。本小节将介绍创建和管理本地站点的方法。

1. 创建本地站点

☞ 创建本地站点的操作步骤如下。

（1）启动 Dreamweaver，选择菜单“站点→新建站点”命令，打开“站点设置对象”对话框，如图 4.8 所示。

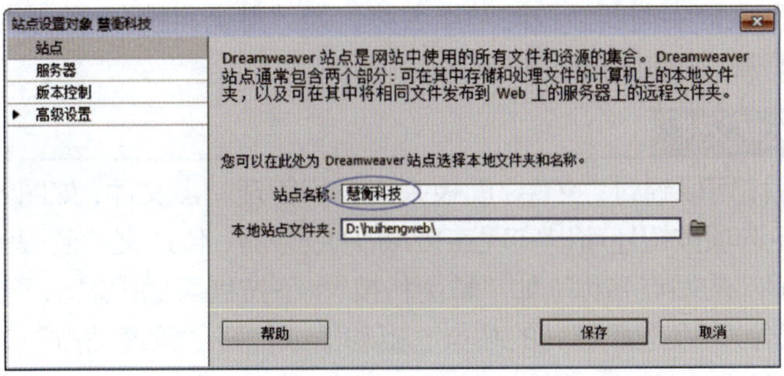

图 4.8 “站点设置对象”对话框

（2）在“站点名称”文本框中输入“慧衡科技”；单击“本地站点文件夹”右侧的“浏览文件夹”按钮，选择对应的本地站点文件夹 D:\huihengweb\。

（3）单击“保存”按钮，完成新建站点的工作。

说明

如果需要对站点进行更加详尽的设置，可以在“站点设置对象”对话框中选择“高级设置”选项，快速地设置本地信息、遮盖、设计备注等项目参数。

如果需要对“服务器”进行设置，可以详见本书的后续章节。

2. 管理本地站点

对站点的管理操作包括打开本地站点、编辑站点、删除站点及复制站点。

☞ 管理本地站点的操作步骤如下。

（1）选择菜单“站点→管理站点”命令，打开“管理站点”对话框，如图 4.9 所示，可以看到所创建的多个站点。

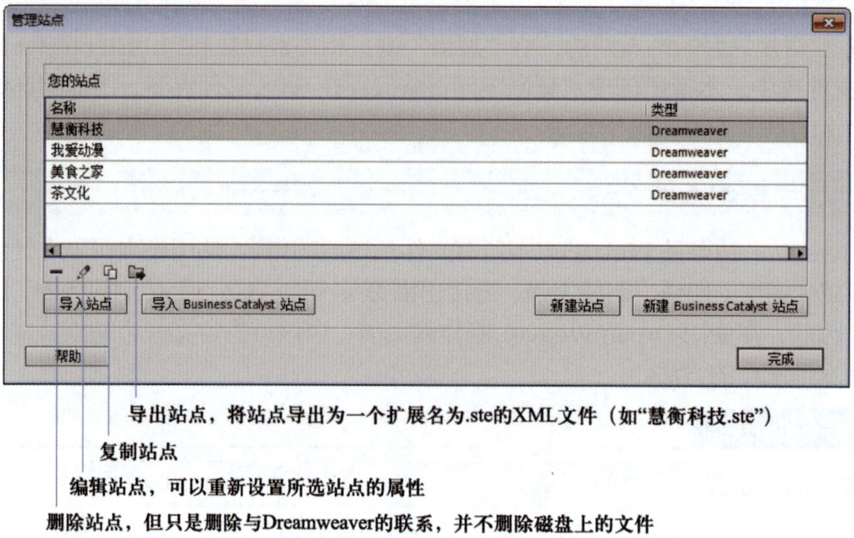

图 4.9 “管理站点”对话框

（2）选择站点列表框中需要修改的站点名称，如“慧衡科技”，单击对话框左下角的相应按钮，可以删除、编辑、复制和导出站点。

3. 管理本地站点文件

站点构建完成后，可以通过“文件”面板来查看和管理站点文件，如图 4.10 所示。通过“文件”面板工具栏的各选项按钮还可以实现连接/断开服务器、传送文件到服务器、取回文件及刷新等操作。在面板顶部的站点名称（如“慧衡科技”）下拉列表框中显示了当前 Dreamweaver 的全部站点或驱动器，可以选择不同的站点、驱动器或打开“管理站点”对话框，站点名称下拉列表框如图 4.11 所示。

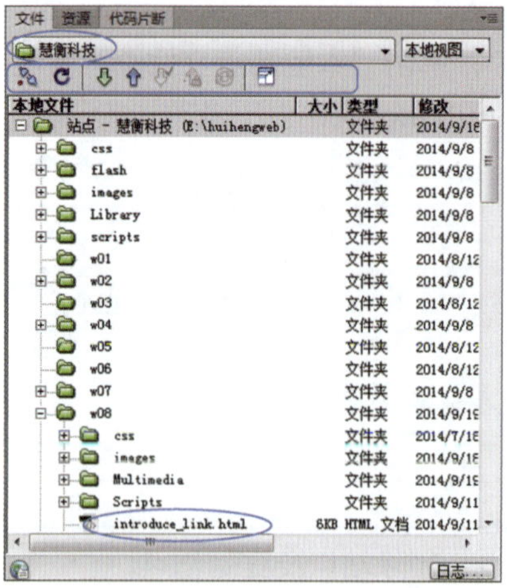

图 4.10 “文件”面板

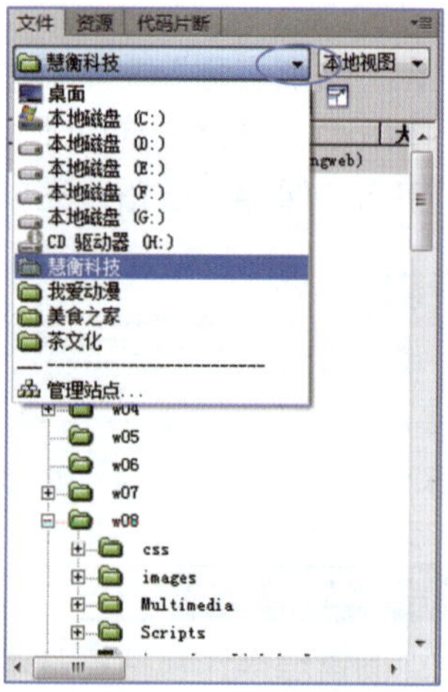

图 4.11 站点名称下拉列表框

☞ **管理本地站点文件的操作步骤如下。**

（1）打开文件。在“文件”面板中选中要打开的文件（如 introduce_link.html），双击该文件的图标，即可在 Dreamweaver 的文档窗口中打开该文件。

（2）重命名、复制、移动文件（或文件夹）。在“文件”面板中选中要操作的文件（或文件夹），单击鼠标右键，在快捷菜单中选择“编辑”命令，通过执行“编辑”中的“重命名、拷贝、剪切”命令完成相应的操作。其操作与 Windows 操作基本类似，此处不再赘述。

注意

（1）Dreamweaver 站点中的文件和文件夹的打开、移动、复制等操作不能脱离 Dreamweaver 环境而在 Windows 下操作，以避免站点内的文件出现链接断开等错误。

（2）当对站点内的文件进行重命名或移动操作时，系统会提示是否更新链接。单击“是”按钮，相关的网页文件链接会随之更新。

4.3.2 在页面中插入基本元素

通过前面章节内容的学习，读者对网页有了基本概念，熟悉了 Dreamweaver CS6 的基本操作。现在开始建立一个直接在页面中插入元素的简单图文页面，页面效果如图 4.2 所示。

1. 新建并保存空白网页

☞ **在 w08 文件夹中新建空白页 introduce.html，操作步骤如下。**

（1）在 Dreamweaver 的启动画面中选择“新建”下面的 HTML 选项，进入工作界面后，在工作区自动建立一个名称为 Untitled-1.html 空白网页。

（2）在文档窗口中设置网页的标题为“深圳慧衡”，如图 4.12 所示。

图 4.12 设置网页标题

（3）选择菜单“文件→保存”命令，将 Untitled-1.html 空白网页保存到当前站点的子文件夹 w08 中，并命名为 introduce.html。

（4）单击文件名旁边的按钮 × 或者选择菜单“文件→关闭”命令，关闭文件。

说明

（1）进入 Dreamweaver 后，选择菜单“文件→新建”命令，也可创建新空白网页。

（2）采用下列方法也可以保存文件。

- 按 Ctrl+S 组合键直接保存文件。
- 选择菜单“文件→另存为”命令，保存当前编辑的文件。
- 选择菜单“文件→保存全部”命令，保存打开的所有页面。

2. 在网页中插入图像

图像是网页中必不可少的元素，它不但可以使网页更具有吸引力，而且能辅助文字增强事物的说服力。

☞ **在页面中插入图像的操作步骤如下。**

（1）打开 introduce.html 文件，在“插入”面板的“常用”类中单击“图像”按钮，打开“选择图像源文件”对话框，如图 4.13 所示。

（2）选择 images 文件夹中的图像文件 banner.gif，单击“确定”按钮。

（3）接下来会打开“图像标签辅助功能属性”对话框，如图 4.14 所示，在“替换文本”组合框中输入“公司 Logo”，单击“确定”按钮，将图像插入到网页中。

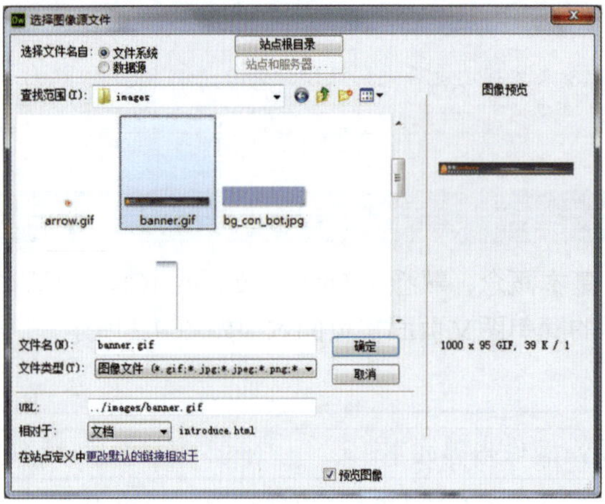

图 4.13 “选择图像源文件”对话框

图 4.14 “图像标签辅助功能属性”对话框

说明：“替换文本”选项用于输入图像的简单说明性文字，当浏览网页时，鼠标指针指向图像会显示“替换文本”中的说明文字。如果在以后插入图像的操作中不想打开该对话框，可以设置首选参数中的“辅助功能”。

（4）保存文件，按 F12 键打开浏览器，查看效果。

提示：F12 键是“在浏览器中预览”的快捷键。

（5）选中图像，查看“属性”面板，如图 4.15 所示。利用“属性”面板可以设置图像的 ID、大小等属性。

图 4.15 选中图像时的“属性”面板

说明

（1）图像的 HTML 标签为<img/>，是一个单标签，用于在页面添加图像元素。

（2）<img/>标签除 src 属性外还有 width、height 等属性。

3. 在网页中添加文本

文本是网页中最基本的元素。文本可以携带大量信息，输入、编辑起来也很方便，并且生成的文件小。文本的使用，是制作网页最基本的操作。

在 Dreamweaver CS6 中，插入文本的方法有两种：一种方法是在文档窗口中的编辑区域直接输入普通文本；另一种方法是从其他编辑软件中复制文本，再粘贴到网页文档中。

☞ 添加文本的操作步骤如下。

（1）打开“introduce(素材).txt”文件，复制其中第 1～7 段的文本内容。

（2）返回到 Dreamweaver 文档窗口，将插入点置于 banner.gif 图像右侧并按 Enter 键。

（3）按 Ctrl+V 组合键，将文本粘贴到当前的 introduce.html 中，如图 4.16 所示。

4. 在网页中插入 Flash 影片

☞ 插入 SWF 类型影片的操作步骤如下。

（1）在“客户案例展示”文本后按 Enter 键，定位插入点位置。

（2）在“插入”面板的“常用”类中单击“媒体”按钮右侧的下拉按钮，在打开的下拉列表框中选择 SWF，打开“选择 SWF”对话框，选择 Multimedia 文件夹中的影片文件 show.swf，如图 4.17 所示。

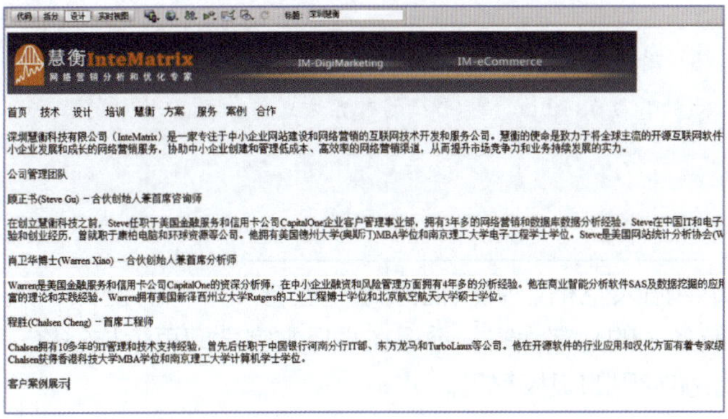

图 4.16 添加部分文本后的“慧衡”页面

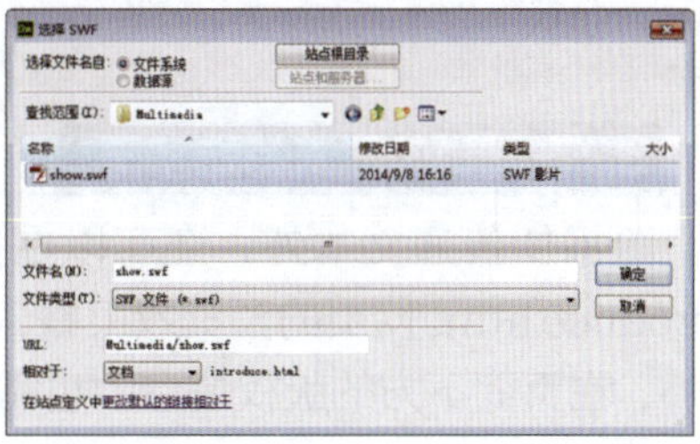

图 4.17 在“选择 SWF”对话框中选择文件

提示： *使用过一次“媒体”按钮后，“媒体”按钮不再出现，而是显示为与各媒体对象相对应的按钮形式。*

（3）单击“确定”按钮后，打开“对象标签辅助功能属性”对话框，单击“确定”按钮，此时影片被插入到了当前位置。

（4）选中 SWF 影片，此时的“属性”面板如图 4.18 所示。利用 SWF 影片的“属性”面板可以预览影片效果，还可以进行其他选项的设置，如设置影片透明背景等。

（5）保存文件，预览网页，单击 SWF 影片上的 START 按钮，可以在网页上播放动画。

5. 在网页中插入水平线

在网页中插入水平线可分隔文本和对象，可以让网页更有层次感。

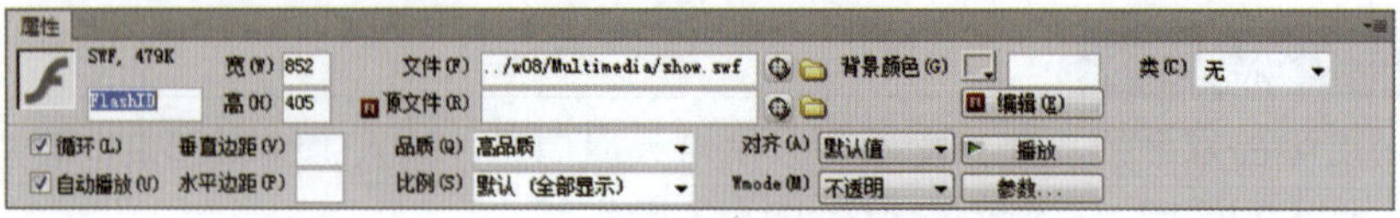

图 4.18　选中 SWF 时的“属性”面板

☞ 插入水平线的操作步骤如下。

（1）将插入点置于 SWF 影片后面。

（2）在“插入”面板的“常用”类中单击“水平线”按钮，在当前位置插入一条水平线。

（3）选中水平线，在“属性”面板中设置“宽”为 1 000 像素、“高”为 4 像素，如图 4.19 所示。

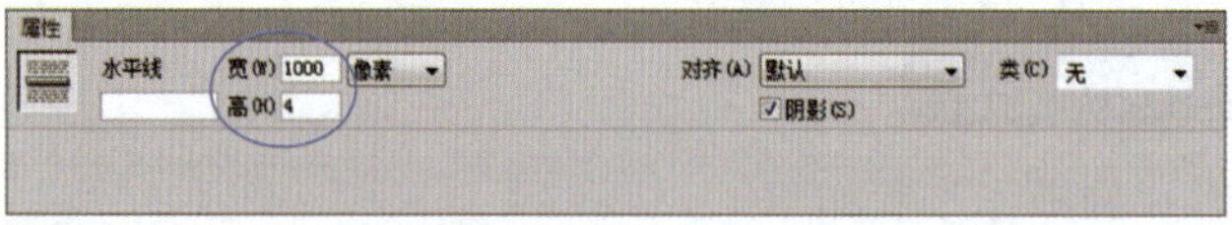

图 4.19　设置水平线的属性

（4）将插入点置于水平线后面，按 Enter 键。

（5）打开“introduce(素材).txt”文件，复制其中的最后两段文本，粘贴到当前位置。

（6）保存文件，预览网页。

说明

（1）水平线的标签为<hr/>，是一个单标签，用于在页面添加水平线元素。

（2）<hr/>的主要属性包括 width（水平线的宽度）、align（水平线的对齐方式）、size（水平线的高度）、color（水平线的颜色）。

6. 在网页中插入特殊字符

除添加普通文本外，还可以在网页中插入空格、版权信息等一些特殊字符。例如，从 introduce.html 网页的预览效果看，导航条中的文字太密，希望在栏目文字之间再添加空格，另外，在页面下方的版权信息中也需要添加专用的版权符号。

☞ 插入特殊字符的操作步骤如下。

（1）将插入点置于导航条中的文本“首页”后面，按空格键，发现无法输入空格。

（2）切换为中文输入法，并且更改为全角输入状态。按空格键，在当前位置插入一个全角空格。用相同的方法在其他栏目名称间添加空格。

（3）将插入点置于页面底端文本“慧衡观点　慧衡博客　外贸社区　关于慧衡　E-mail 订阅常见问题解答（FAQ）联系我们”，用相同的方法在各栏目文字间添加全角空格。

（4）将插入点置于页面底端文本“Copyright”后面，在“插入”面板的“文本”类中单击“字符”按钮，在打开的下拉列表框中选择“版权”，下拉列表框如图 4.20 所示。

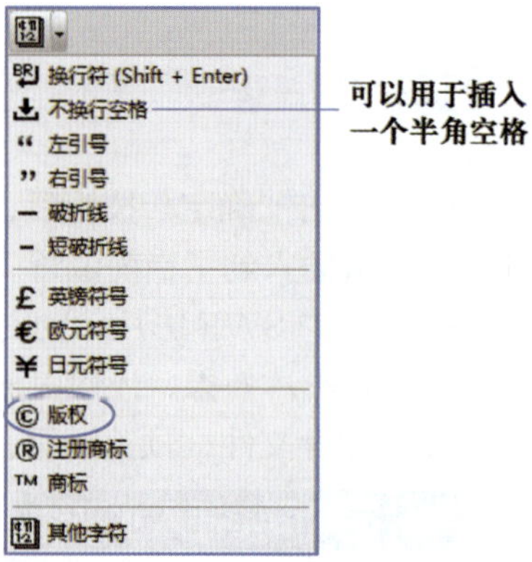

图 4.20　“特殊字符”下拉列表框

（5）保存文件，预览网页，页面效果如图 4.21 所示。

说明

（1）在 HTML 中可以插入一些特殊符号，如空格、<、>、版权信息等。由于“<”、“>”已经被 HTML 使用，所以必须用另外的符号来表示。

（2）特殊符号都是以分号结束（;），例如，空格表示为“ ”，版权符号©表示为“©”。

4.3.3 设置页面属性

在图 4.21 所示的页面效果中，整个页面内容靠左边，尤其是文字内容，无论屏幕多宽都会从左到右布满，让人看着不舒适。其实做网页也像画国画一样，是很讲究留白的艺术的。网页上的留白部分同其他页面元素如文本、图片、动画一样，都是设计者在制作网页时要通盘考虑的因素。利用留白的空间可使网页布局整体更均衡，页面更生动。就目前学到的知识，可以通过页面属性完成留白设置，在后续章节中还可以通过其他技术更好地控制页面的留白空间。为使页面更美观，还可以为页面设置背景色或背景图像。

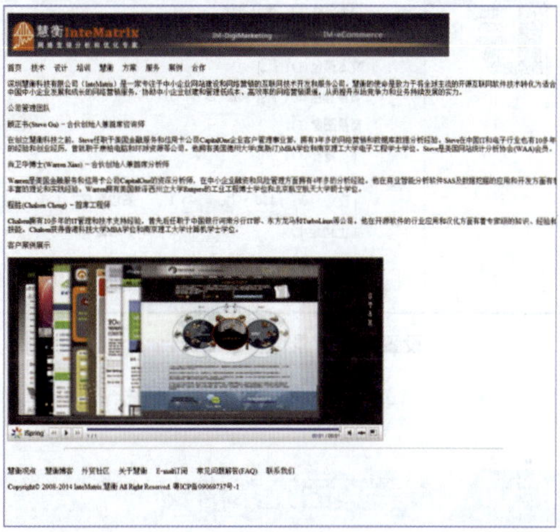

图 4.21　插入各元素后的“慧衡”页面效果

☞ 设置页面属性的操作步骤如下。

（1）在“属性”面板中，单击“页面属性”按钮，打开“页面属性”对话框，如图 4.22 所示。

① 在“背景颜色”文本框中输入颜色值“#5E6C7B”。

② 在“左边距”和“右边距”文本框分别输入“130”px（像素）。

③ 单击“确定”按钮。

（2）保存文件，预览网页，页面效果如图 4.23 所示，文字与图像刚好处于页面的中间位置，页面两边有适当的留白空间。

说明

（1）由于页面尺寸与显示器的大小及分辨率有关系，而且浏览器的工具栏、边框等也将占去一定空间，因此留给页面的范围会变少。

（2）一般情况下，分辨率为 800×600 像素/屏时，浏览器留给网页的显示尺寸为 780 像素×428 像素；分辨率为 1 024×768 像素/屏时，页面显示尺寸为 1 007 像素×600 像素。

（3）无论用哪种技术留白和布局页面，都要进行实际页面的精确计算，作为准备素材尤其是图像素材的依据。

（4）本页面是针对 1 280×1 024 像素/屏的分辨率进行设置的，给浏览器边框留 20 像素的空间，由于 banner 图像素材的宽度是 1 000 像素，考虑到宽度因素，设置左、右边距为 130 像素，此时，计算出显示的总宽度：1 000 像素+2×130 像素+20 像素=1 280 像素，刚好符合 1 280×1 024 像素分辨率。

思考：如果你的显示器分辨率为 1 024×768 像素/屏和 1 680×1050 像素/屏，图像素材的宽度是 1 000 像素，那么，页面左、右边距应该分别如何设置？怎样计算？

（5）有关页面设置的 HTML 标签见 4.2 节中关于<body>标签的介绍。

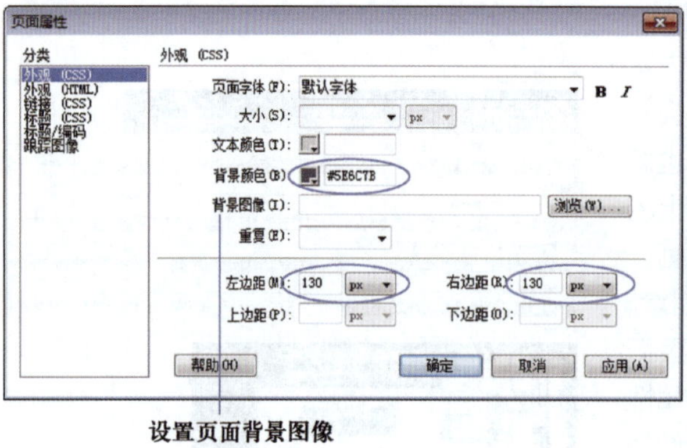

图 4.22 “页面属性”对话框

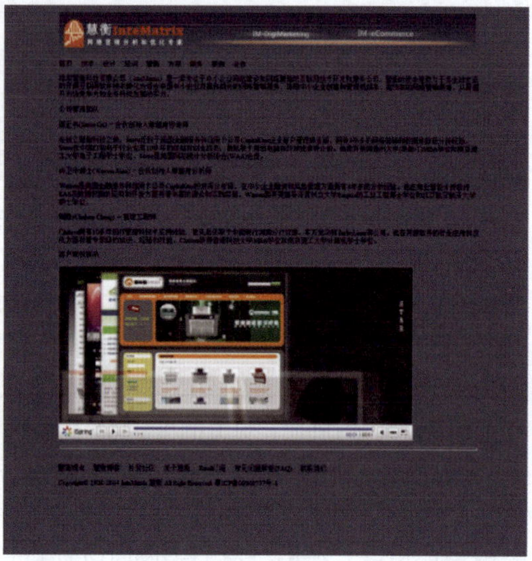

图 4.23 设置页面属性后的“慧衡”页面效果

4.3.4 设置页面元素格式

从图 4.23 中可以看到，页面在浏览器中的效果并不理想，本小节将通过“属性”面板和修改代码的方式美化页面元素。

1. 设置文本格式

设置文本的格式其实就是格式化文本元素，称为文本风格或文本样式的定义。有关样式的使用详见后续章节，在目前情况下，可以利用“内联样式”进行页面局部格式的定义。

在 Dreamweaver 默认的操作环境中，“属性”面板的“字体”下拉列表框中没有中文字体，为方便设置文本格式，首先添加中文字体。

☞ 将中文字体添加到 Dreamweaver“字体”下拉列表框中的操作步骤如下。

（1）将插入点置于任意文本处。

（2）在“属性”面板中单击 CSS 按钮，单击“字体”右侧下拉按钮，在打开的下拉列表框中选择“编辑字体列表”选项，如图 4.24 所示。在打开的“编辑字体列表”对话框中按如下操作方法添加中文字体。

① 在“可用字体”列表框中选择“黑体”。

② 单击按钮。

③ 在“选择的字体”列表框中选择“黑体”。

④ 单击按钮，把“黑体”添加至“字体列表”列表框中，如图4.25所示。用相同的方法添加其他的常用中文字体，单击“确定”按钮，关闭对话框，完成字体列表编辑。

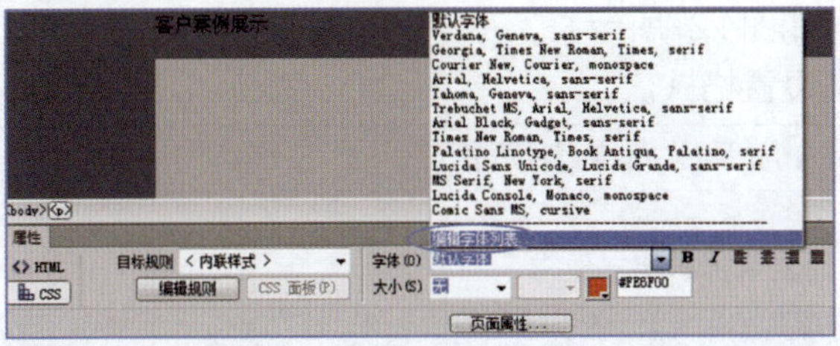

图 4.24 在“属性”面板中选择“编辑字体列表”选项

图 4.25 添加字体

☞ 设置文本格式，具体要求如表 4.2 所示，操作步骤如下。

表 4.2 页面文字格式要求

页面文字	设置格式
首页 方案 技术 服务 设计 案例 培训 合作 慧衡	颜色值为#FE6F00，“加粗”效果，中文字体为“黑体”，对齐方式为“右对齐”
深圳慧衡科技有限公司（InteMatrix）	颜色值为#FE6F00，“加粗”效果，中文字体为默认字体，英文字体为 Comic Sans MS，cursive
公司管理团队，客户案例展示 顾正书（Steve Gu）——合伙创始人兼首席咨询师 肖卫华博士（Warren Xiao）——合伙创始人兼首席分析师 程胜（Chalsen Cheng）——首席工程师	颜色值为#FEEEED 中文字体为默认字体
慧衡观点 慧衡博客 外贸社区 关于慧衡 E-mail 订阅 常见问题解答（FAQ） 联系我们	颜色值为#CCC，字体为“仿宋”，字号为默认值，居中对齐
Copyright© 2008-2014 InteMatrix 慧衡 All Right Reserved. 粤 ICP 备 09069737 号-1	颜色值为#CCC，字体为默认值，字号为 10 px，居中对齐
其他文字	字体为“仿宋”，字号为 17 px

（1）选中页面上的文字“首页 方案 技术 服务 设计 案例 培训 合作 慧衡”。

（2）在“属性”面板的“目标规则”下拉列表框中选择“〈新内联样式〉”，如图 4.26 所示。

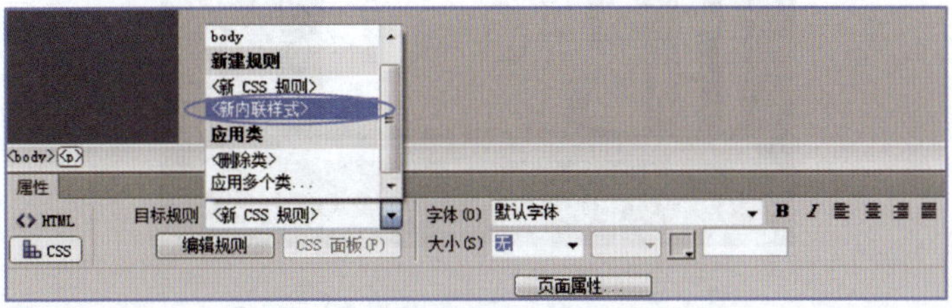

图 4.26 在“属性”面板中编辑目标规则

注意：此处先要在“目标规则”中选择“新内联样式”，才能进行之后的格式设置操作。

（3）在“字体”下拉列表框中选择“黑体”，在“颜色”文本框中输入颜色代码“#fe6f00”，单击“粗体”按钮B和“右对齐”按钮，如图4.27所示。

（4）用相同的方法为文档中的其他文字设置格式。

☞ 为文本设置标题格式，具体要求如表 4.3 所示，操作步骤如下。

表 4.3 页面文字标题格式要求

页面文字	设置格式
公司管理团队，客户案例展示	标题 4
顾正书（Steve Gu）——合伙创始人兼首席咨询师 肖卫华博士（Warren Xiao）——合伙创始人兼首席分析师 程胜（Chalsen Cheng）——首席工程师	标题 5

（1）选中页面上的“公司管理团队”文本，在“属性”面板中单击 HTML 按钮，在“格式”下拉列表框中选择“标题 4”，将选中文本设置为内置的“标题 4”格式，如图 4.28 所示。

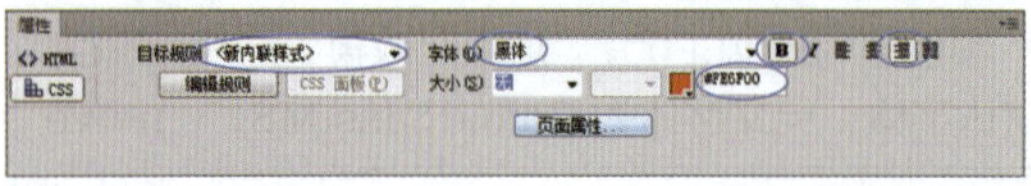

图 4.27 在“属性”面板中设置文本格式

图 4.28 在 HTML 选项的“属性”面板中设置标题格式

（2）用相同的方法为其他文字设置标题格式。

（3）保存文件，预览网页，页面效果如图 4.29 所示。

图 4.29 设置标题格式后的页面效果

说明

（1）当选中文本时，“属性”面板包括两种选项：一种是 HTML 选项，在这种选项下会默认显示文本的格式、样式和对齐方式等属性；另一种是 CSS 选项，单击“属性”面板中的 CSS 按钮，可以在 CSS 选项中设置各种属性。

（2）有关字体格式的 HTML 标签见 4.2 节中的 HTML 语言的常用标签部分。

（3）除上述操作内容外，还可以将文本设置为有序或无序列表形式，这些形式常用于 CSS 设计导航条。

（4）本案例的文本格式是通过内联样式完成的。关于样式详见后续章节。

2. 设置 SWF 影片格式

在浏览器中预览 introduce.html 页面时发现播放的 SWF 影片无法居中，通过“属性”面板设置“对齐”属性也无法居中，这里将直接在“代码”视图中通过修改代码设置 SWF 影片格式。

☞ 通过修改代码设置 SWF 影片居中，操作步骤如下。

（1）选中 Flash 影片。

（2）在文档工具栏中单击“代码”按钮，切换到“代码”视图，可以看到选中元素的这部分代码为蓝底白字，如图 4.30 所示。在蓝色底纹的代码前后为元素所在段落的 HTML 标签 <p></p>。

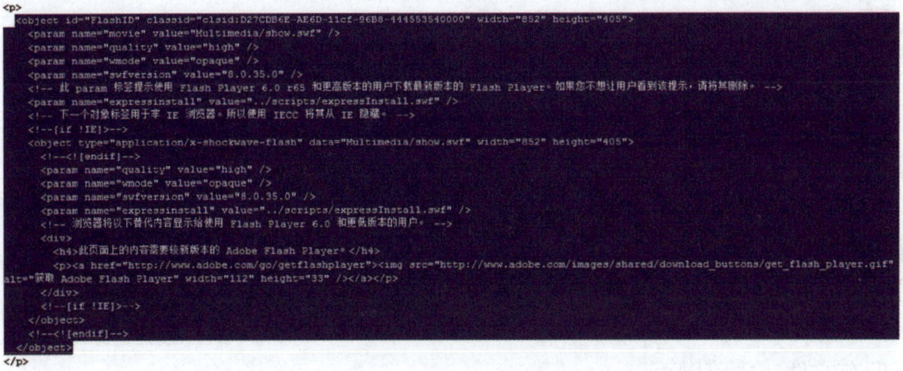

图 4.30 在“代码”视图中查看页面中选中元素的代码

（3）将插入点置于<p>的尖括号内部，按空格键，会弹出有关本标签的属性提示，如图 4.31 左列表所示。

（4）双击列表框中的 align 属性，打开属性值列表，选择属性值为 center，即“居中对齐”，如图 4.31 所示。

（5）保存文件，预览网页效果，SWF 影片便居中显示了。

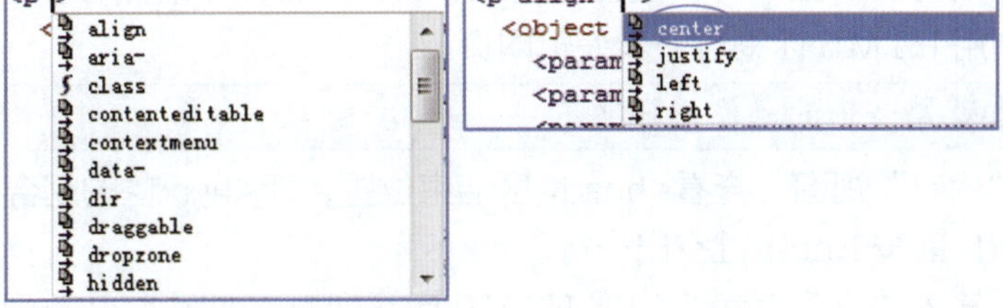

图 4.31 设置<p> 标签的属性实现居中效果

说明

（1）代码编辑工具能够实时侦测浏览者的输入，并根据输入的信息即时准确提供相应信息的下拉提示，这对于标签或属性关键字输入不准确及容易忘记所要输入的关键字来说具有重要的提醒和助选功能。

Dreamweaver 的智能化提示需要在“代码”视图环境下才可以实现。例如，当输入“<”符号时，系统自动弹出一个下拉列表框，显示 HTML 的所有元素，此时可以在下拉列表框中选择所需要的元素名称。

当输入元素之后，如果按空格键，系统会即时显示该元素的可用属性列表，直接输入或者从中选择某个属性并按 Enter 键即可。

（2）在 Dreamweaver 的“代码”视图中，当开始标签输入完成，在结束标签的位置只需输入“</”，系统便会自动添加对应的结束标签。

（3）输入开始标签时，一定不要在“<”与标签名之间输入多余的空格，也不能在中文输入法状态下输入这些标签及属性，否则浏览器将不能正确识别括号中的标签命令。

3. 设置水平线格式

这里要把所插入的水平线设置为与页面导航条相对应的橙色，但在“属性”面板中没有这项属性设置，此时可以考虑直接在“代码”视图中完成。

☞ **通过代码设置水平线颜色，操作步骤如下。**

（1）选中水平线。

（2）切换到“代码”视图，查看到标签代码为<hr width="1000" size="4" />。

（3）将插入点置于<hr>的尖括号内部，并按空格键，弹出有关本标签的属性提示，如图 4.32 所示。双击列表框中的 color 属性，在属性值中直接输入“#F15F00”，确认后的代码形式为<hr width="1000" size="4" color="#F15F00" />。

（4）保存文件，预览网页。

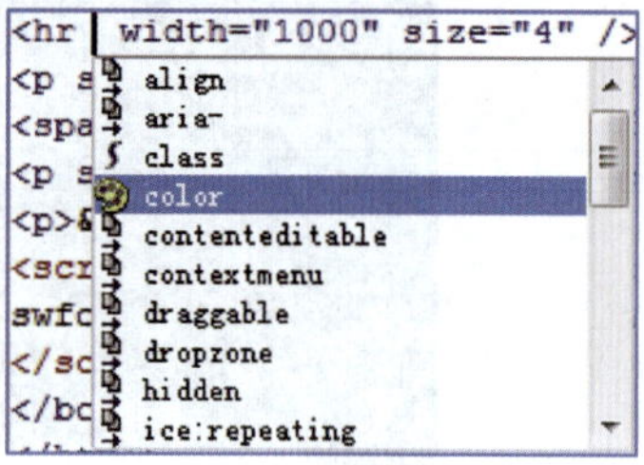

图 4.32 <hr>标签提示

4.3.5 添加背景音乐和字幕效果

有时，为使网页“声图并茂”，尤其是对于主题内容活泼的网站，常在主页添加背景音乐来增加效果。为避免页面过于呆板，有时还需要在页面添加动画效果，如字幕效果。这里不必制作 Flash 影片或 GIF 图片，通过代码就可以让页面元素动起来。

1. 添加背景音乐

添加背景音乐的方法不止一种，这里通过在“代码”视图中利用标签<bgsound>来添加背景音乐，学习利用 HTML 标签进一步编辑网页。

☞ **利用代码添加背景音乐的操作步骤如下。**

（1）切换到“代码”视图，查看<head>区结束位置，即<head>的闭合标签</head>。

（2）在</head>前按 Enter 键空出一行。

（3）在空行处输入“<b”后就会出现 HTML 标签列表，如图 4.33 左列表所示。

（4）双击列表框中的 bgsound 标签名，按空格键，出现属性列表，如图 4.33 右列表所示。

（5）双击属性列表框中的 src，显示选择源文件提示，如图 4.34 所示，选择“浏览”命令，然后选择 Multimedia 子文件夹中的 bg.mp3 文件，完成后的代码形式为<bgsound src="Multimedia/ bg.mp3" />。

（6）保存文件，预览网页，便添加了背景音乐。

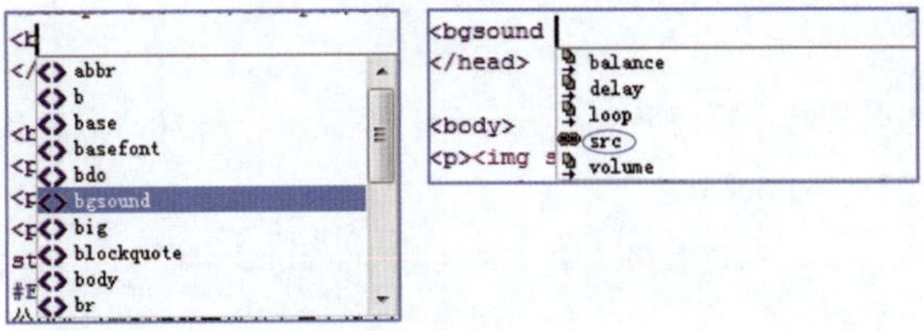

图 4.33　HTML 标签列表及 bgsound 属性列表

图 4.34　选择背景音乐源文件提示

说明

（1）<bgsound>是用来设定使用 IE 载入页面时的背景音乐的，其语法格式如下。

<bgsound src="背景音乐文件名" />

src 属性用于指定音乐文件的位置和文件名，支持 WAV、MID、MP3 等格式。

<bgsound>代码可以添加在<head>区，也可以添加在<body>区，通常加入<head>区。

（2）利用<embed>标签可以插入音频，也可以插入视频。

2. 制作文本字幕效果

在 Dreamweaver 中，字幕效果可以通过<marquee>标签完成。

☞ 利用代码设置文本滚动字幕效果的操作步骤如下。

（1）在文档窗口中选中文字“客户案例展示”。

（2）切换到“代码”视图，查看到代码<h4 style="color: #FEEEED">客户案例展示</h4>。

（3）将插入点置于“客”字前面，输入“<”，出现 HTML 标签提示列表框，如图 4.35 所示。

（4）在列表框中选择 marquee（也可以先输入字母 m，快速定位到 m 起始的 HTML 标签，再选择 marquee），输入另外一个尖括号“>”。

（5）将插入点置于“示”字后面，输入“</”，这时系统会自动添加<marquee>的闭合标签</marquee>。

（6）保存文件，预览网页，便出现了文字“客户案例展示”从右向左运动的字幕效果。

（7）在“代码”视图中，将插入点重新置于起始标签<marquee>中，按空格键，出现属性提示列表框，如图 4.36 所示。

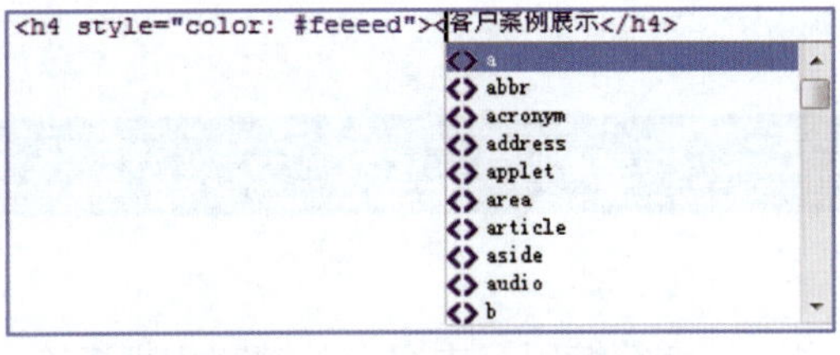

图 4.35　HTML 标签提示列表框

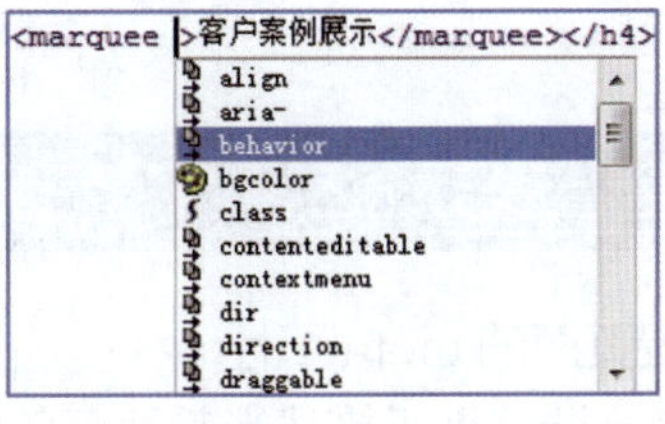

图 4.36　<marquee>标签属性提示列表框

（8）双击 behavior 属性名称，设置属性值为 alternate，如图 4.37 所示。

（9）保存文件，预览网页，页面便出现了文字“客户案例展示”左右往复运动的字幕效果。

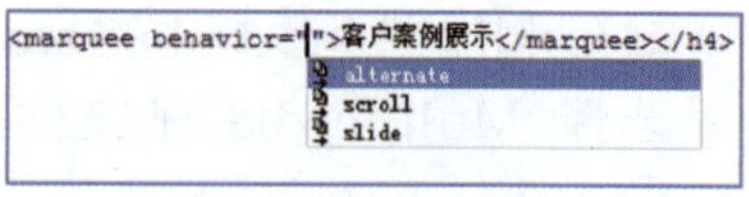

图 4.37　设置 behavior 属性值

说明

（1）<marquee>标签用于在可用浏览区域中产生滚动字幕的效果，<marquee>不是一个标准的 HTML 标签。其语法格式为<marquee>控制滚动的页面元素</marquee>。

包含在标签中间的页面元素可以是文本、图像，也可以是表格元素。通过对<marquee>标签的属性设置还可以变换各种效果。

（2）behavior 属性用来设置文字滚动方式，参数值为 alternate、scroll、slide 中的一个，分别用来表示文字双向往复滚动、单方向循环滚动、只滚动一次。

至此，introduce.html 图文页面的所有效果制作完成。

4.4　项目总结

本章从介绍 Dreamweaver 的使用开始，结合对 HTML 标签的介绍，着手进行二级页面“慧衡”的制作，从而掌握在 Dreamweaver 中设计网页的操作方法及网页的代码结构。本项目所涵盖的主要内容如图 4.38 所示。

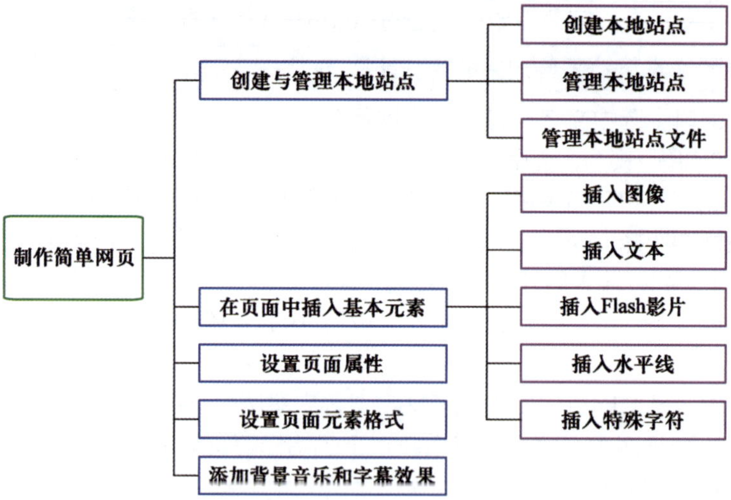

图 4.38　本项目所涵盖的主要内容

4.5　扩展技能

设置页面的 meta 属性

meta 标签用于描述当前页面的相关信息，如字符编码、内容、关键字和版权等，也可以为服务器提供信息，如网页的终止时间、刷新间隔等，它位于<head>…</head>标签之间。meta

标签有 name 和 http-equiv 两个属性：name 属性主要用于描述网页，便于搜索引擎的收录；http-equiv 属性用于设置浏览器的状态。在 Dreamweaver 中可以方便地设置页面的 meta 属性，其方法为，在“插入”面板的“常用”类中，利用“文件头”按钮·设置即可，请读者自行练习。

4.6 课后练习

4.6.1 配套实训

利用配套实训文件夹下的素材文件，制作一个介绍中国台湾音乐团体“信乐团”的网站，要求如下。

1. 创建本地站点文件夹，将网页用到的素材按类别复制到站点文件夹中。启动 Dreamweaver，定义站点。
2. 新建 index.htm 文件，设置页面背景图像为 bg.jpg、网页标题为“信乐团”。
3. 插入基本的页面元素，包括文本、图像、水平线等对象。
4. 设置页面文字的文本格式。
5. 查看计算机显示分辨率，计算页面留白边距，使页面内容位于背景图像的白色区域中。
6. 在“代码”视图中通过代码设置某一页面元素具有滚动的效果。

4.6.2 同步测试

1. 在 Dreamweaver 中，下面关于断行标签说法错误的是（　　）。
   A. 断行标签的作用是，在一行没有输满的情况下，紧接着此段文字另起一行
   B. 按 Shift+Enter 组合键，可以输入一个断行标签
   C. 如果需要删除断行标签，可以选中
标签，然后按 Delete 键
   D. 在默认情况下，在编辑页面的同时显示断行标签
2. 关于水平线，下列（　　）是不能用 Dreamweaver“属性”面板直接设置的。
   A. 宽度　　B. 居中对齐　　C. 色彩　　D. 高度
3. 在 Dreamweaver 中，以下（　　）格式的图片不能 4 放置在网页上。
   A. GIF　　B. JPG　　C. PNG　　D. BMP
4. 在网页中显示特殊字符，如果要输入空格，应使用（　　）。
   A. nbsp;　　B. 　　C. 　　D.
5. 以下有关 HTML 标签的属性说法中，错误的是（　　）。
   A. 在 HTML 中，所有的属性都放置在开始标签的尖括号里
   B. 属性与 HTML 标签的名称之间用空格分隔
   C. 属性的值放在相应属性之后，用等号分隔；而不同的属性之间用分号分隔
   D. HTML 属性通常不区分大小写
6. 标识 HTML 文件应该使用的 HTML 标签是（　　）。
   A. <p> </p>　　B. <boby> </body>
   C. <html> </html>　　D. <table> </table>

第5章

在网页中建立各种超链接

——编织网站链接

超链接是 Internet 的核心，也称为网页的灵魂。通过超链接可以使各网页连接起来，构成一个整体，浏览者能够在各页面间自由跳转。超链接可以是一段文本、一幅图像或其他网页元素，当在浏览器中用鼠标单击这些建立超链接的对象时，浏览者可以转到网站的其他位置或完成其他操作，还可以访问到站点外的其他地方。

学习目标

- 了解超链接的用途及类型
- 了解与超链接相关的路径知识
- 掌握在 Dreamweaver 中创建
- 各种超链接的方法

5.1 项目分析

5.1.1 设计思路

在第 4 章制作完成的“慧衡”页面是一个简单的图文网页，用来介绍公司的一些基本情况。如果想通过这个页面访问到“慧衡科技”网站的各个栏目，以及发邮件联系网站、下载相关资源，或者访问站点外其他网站的页面，就需要为网页中的元素建立各种超链接。本项目涉及的网页文件及链接情况如表 5.1 所示。

表 5.1 网页文件及链接情况列表

链接类型	网页文件	页面元素	跳转页面文件
内链接	introduce_link.html	“方案”“技术”“服务”“设计”“案例”“培训”“慧衡”	w01.html、w02.html、w03.html、w04.html、show.html、w06.html、introduce_link.html
外链接	introduce_link.html	“粤 ICP 备 09069737 号-1”	http://www.miitbeian.gov.cn/
图像超链接	w01.html、w02.html、w03.html、w04.html、w06.html		各网页全部跳转回 introduce_link.html 页面
热点链接	introduce_map.html	“导航条上所绘制的各热区”	w01.html、w02.html、w06.html、w03.html、show.html、空链接及 introduce_map.html
锚点链接	show.html	“365wine 天天红酒网”“memomiio 照片书”……“深圳市易维讯信息咨询有限公司”等网站名称	分别跳转到本页面中定义的各锚点位置，名称为 websit1、website 2……website18
空链接	introduce_link.html	“首页”“合作”	不跳转任何页面
脚本链接	introduce_link.html	“外贸社区”	不跳转页面，打开对话框
电子邮件链接	introduce_link.html	“联系我们”	打开本地计算机安装的邮件管理软件

有了超链接，就可以实现页面内、站点内页面之间及站点内到站点外的跳转，这样才算一个真正意义上的网页。具有超链接的“慧衡”页面效果如图 5.1 所示。

5.1.2 操作流程

在具体制作之前，先将收集的页面素材存放到本地站点相应的文件夹下，然后根据具体的要求为页面元素添加不同类型的超链接。

首先创建文本链接和图像链接，通过单击文本或者图像，可以跳转到站点内的页面或者其他网站的页面；然后创建锚点链接，这样可以快速跳转到文档中的特定位置；接着创建热点链接，通过热区的制作，将图像变成了“导航图”，单击图像中不同的区域，可以有相应的页面跳转；最后创建空链接、脚本链接、电子邮件链接和下载链接，以实现一些特别的功能。其操作流程如图 5.2 所示。

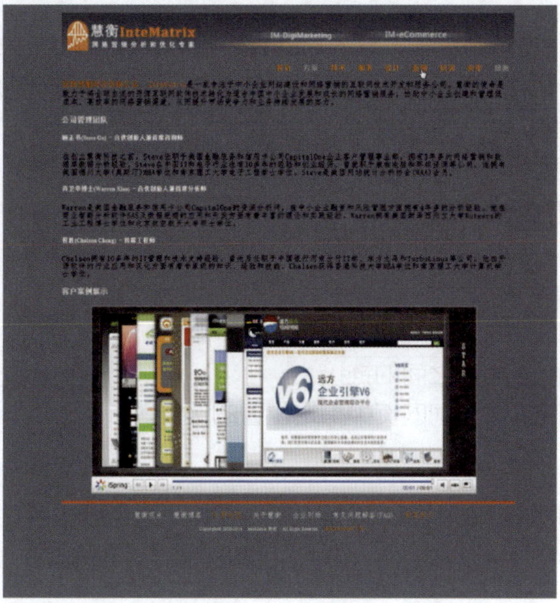

图 5.1　具有超链接的“慧衡”页面效果

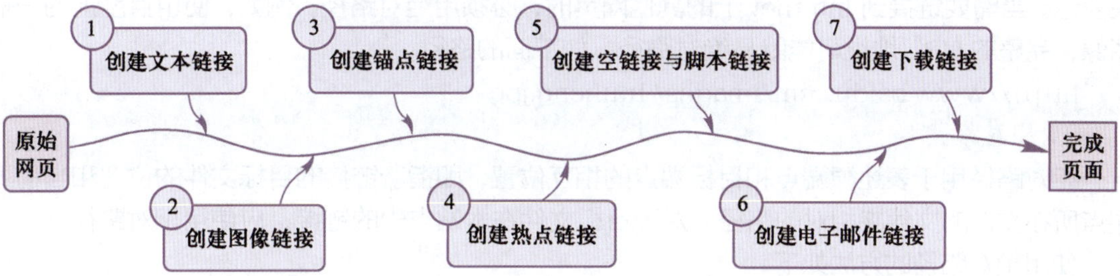

图 5.2　创建超链接的操作流程

5.2　预备知识

超链接由源端点和目标端点两部分组成。有链接的一端称为链接的源端点（即所单击的文本或图像元素），跳转到的页面称为链接的目标端点。超链接可以是文本、图像或其他网页元素。在浏览网页时，将鼠标指针移到文字或图像上时，鼠标指针会改变形状或颜色，这就是在提示浏览者此对象为链接对象。在网页中创建超链接应掌握以下一些基础知识。

1. 超链接类型

网页上的超链接根据使用对象和路径的不同，链接的内容和方式也不同。

1）按使用对象进行分类

- 文本链接：用文本作为链接载体，简单实用。

- 图像链接：用图像作为链接载体，能使网页美观、生动活泼。
- 图像热点链接：将一个图像用热点工具分割为若干区域，然后将不同区域链接到不同的页面。
- 电子邮件链接：单击该链接时，系统启动客户端电子邮件系统（如 Outlook Express）。
- 空链接：链接一个未指派目标的超链接。如果要对文本设置行为，并使行为有效，可以为文本建立空链接。
- 脚本链接：可以执行 JavaScript 代码或调用 JavaScript 函数，用于在不离开网页时为浏览者提供项目的特定信息或执行其他处理任务。
- 下载链接：用于下载网站提供的资源，单击后会出现下载界面。

2）按链接路径进行分类

- 内部链接：同一网站内文件之间的链接。
- 外部链接：不同网站文件之间的链接。
- 锚点链接：同一网页或不同网页中指定位置的链接。

2. 文件路径

在创建超链接前，应该了解链接中源端点所在文件与目标端点所在文件的位置关系（即路径关系）。在一个网站中，有绝对路径、相对路径和根路径 3 种类型的文件路径。

1）绝对路径

使用完整的 URL 指定目标网页，是包含服务器协议的完全路径，通常使用 http://或 ftp://来表示。当需要链接到 Internet 上的其他网页时，必须用绝对路径。例如，使用百度上的一幅图像，完整的 URL 地址可能就是绝对路径，如下面的路径。

http://www.baidu.com/images/ huiheng.jpg

2）相对路径

相对路径用于表述源端点和目标端点的相互位置，即指所链接的目标文件的位置和当前源端点所在文件的文件夹相对的路径。对于目标文件在本站点中的链接，应使用相对路径。

使用相对路径的方法如下。

- 在链接中，如果源端点文件与目标端点文件位于同一目录，则链接路径中只需要指明目标端点的文件名称即可。例如，若要从 w08 文件夹的 introduce.html 访问本文件夹下的 w05.html，可以直接使用 w05.html，如图 5.3 所示。
- 在链接中，如果源端点文件与目录端点文件不在同一目录下，则需要将目录的相对关系表示出来。例如，若要从 w08 文件夹的 introduce.html 访问站点根文件夹下的 index.html（位于 introduce.html 的父文件夹中），如图 5.3 所示，则相对路径应表示为../index.html。

两个点和一个正斜杠（../）表示所在位置的上一级目录。如果所链接位置在当前位置的上两级，则可表示为../../。

3）根路径

根路径是相对站点根文件夹到文件的路径。根路径以一个反斜杠开头，用于表示站点根文件夹。根路径常用于链接那些站点根目录要经常移动的链接。例如，站点根文件下的主页文件 index.html 需要访问 w08 文件夹中的 introduce.html 文件，用根路径可表示为

\huihengweb\w08\introduce.html。

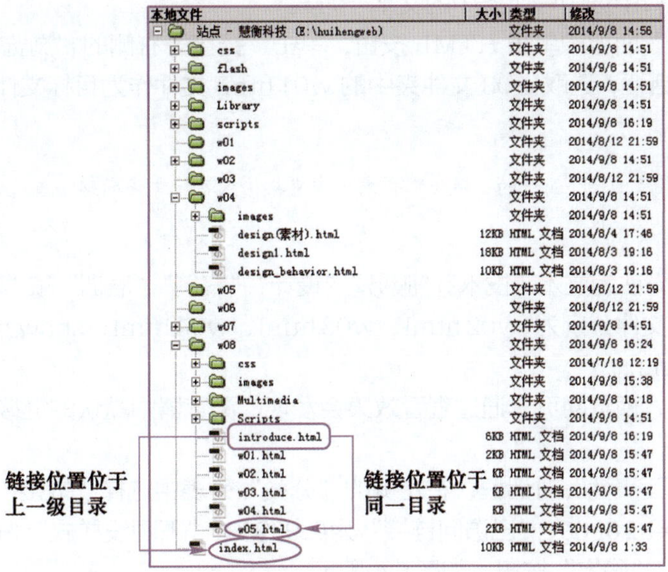

图 5.3 链接位置位于同一目录及上一级目录的情况

以\开头表示根路径。introduce.html 位于站点根文件夹 huihengweb 的子文件夹 w08 中。

5.3 项目实施

新建站点“慧衡科技”，定义站点文件夹 huihengweb，将相关素材复制到 huihengweb 文件夹下的 w08 子文件夹中。下面将详细介绍创建各种超链接的方法。

5.3.1 创建文本链接

文本链接是非常常见的链接形式之一，在网站中被大量使用，通过单击文本，可以访问相应的页面。文本链接有“未访问链接”、“已访问链接”和“活动链接”3 种状态，在默认情况下，对它们的外观介绍如下。

①“未访问链接”带下画线、蓝色。

②“已访问链接”带下画线、紫色。

③“活动链接”带下画线、红色。

通常需要为文本设置未访问和已访问过的链接文字的外观效果，从而使浏览者能清晰地看出链接文本所指示的网页是否被浏览过。

1. 创建文本内部链接

访问“慧衡”页面导航条中的各栏目时，所跳转的页面都位于本站点内，因而需要创建内部链接。

☞ 为文本创建内部链接的操作步骤如下。

（1）启动 Dreamweaver，打开 introduce_link.html 文件。

（2）在文档窗口中选中导航条中的文字“方案”。

（3）在“属性”面板中单击 HTML 按钮，单击“链接”右侧的“浏览文件”按钮，打开“选择文件”对话框，选取 w08 文件夹中的 w01.html 文件作为目标文件（即跳转的页面），单击“确定”按钮。

说明： 也可以在“属性”面板的“链接”文本框中直接输入目标文件的路径或通过“指向文件”按钮指向“文件”面板中的目标文件。

（4）用相同的方法为文本“技术”“服务”“设计”“案例”“培训”和“慧衡”创建超链接，文本所链接的目标文件分别为 w02.html、w03.html、w04.html、show.html、w06.html、introduce_link.html。

（5）保存文件，预览网页。通过查看效果会发现，浏览器中默认的链接颜色效果与网站配色不和谐。

（6）打开“页面属性”对话框，在左侧的“分类”列表中选择“链接（CSS）”，在右侧设置“链接颜色”为#FE6F00、“已访问链接”为#999999、“下画线样式”为“仅在变换图像时显示下画线”，单击“确定”按钮，如图 5.4 所示。

（7）保存文件，预览网页，效果如图 5.5 所示。

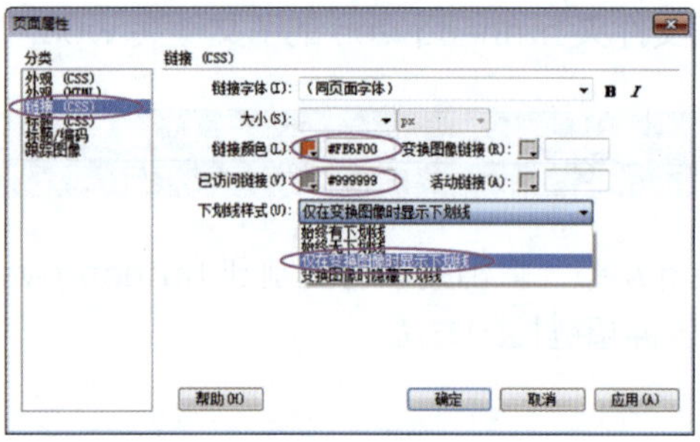

图 5.4 设置了链接状态的“页面属性”对话框

图 5.5 创建文本链接后的导航条效果

2. 创建文本外部链接

在“慧衡”页面最底端有文本“粤 ICP 备 09069737 号-1”，它是网站在工信部的备案号，如果要单击这些文本能直接访问工信部网站进行查验，则需要为文本建立外部链接。

☞ 为文本创建外部链接的操作步骤如下。

（1）选中“粤 ICP 备 09069737 号-1”文本。

（2）在“属性”面板的“链接”文本框中输入工业和信息化部网址“http://www.miitbeian.gov.cn/”，如图 5.6 所示。

图 5.6 设置链接网址

注意： 网址输入时一定包含协议“http://”。

说明

（1）<a>标签用于定义链接，通过单击链接文字可以到达指定的资源地址。

（2）<a>标签的语法格式如下。

<a href="url" name="?" target="?" title="?">链接文字</a>

其中，href 属性为链接目标的 URL 地址，name 属性为创建的锚点名称，target 属性为指定链接的目标，title 属性为链接提示。

5.3.2 创建图像链接

和文本一样，图像也能作为链接的载体。在“慧衡科技”网站的各个栏目页面中都有一幅“返回”按钮图像，通过为其创建链接，实现返回“慧衡”页面的功能。

☞ 创建图像链接的操作步骤如下。

（1）打开 w04.html 文件。

（2）选中“返回”按钮图像 button.png，如图 5.7 所示。

图 5.7 选中“返回”按钮图像

（3）在“属性”面板中单击“链接”右侧的“浏览文件”按钮，在打开的对话框中选择 introduce_link.html 作为目标文件。

（4）保存文件，预览网页。

（5）用相同的方法为 w02.html、w03.html、w06.html 上面的“返回”按钮制作图像超链接，返回的目标文件均为 introduce_link.html。

说明

在“属性”面板的“替换”文本框中可以输入替换文字。设置替换文字后，当图片不能下载时，会在图片的位置上显示替换文字；当浏览者将鼠标指针指向图像时也会显示替换文字。

5.3.3 创建锚点链接

锚点也称书签，顾名思义，就是在网页中做标记。要在网页中查找特定的内容，只需快速定位到相应的标记（锚点）处即可，这就是锚点链接。

创建锚点链接的过程分为两步：首先创建锚点，然后创建锚点链接。

☞ 在 show.html 网页中创建锚点的操作步骤如下。

（1）打开站点中用于客户案例展示的 show.html 文件。

（2）将插入点置于内容区域的网站名称“365wine 天天红酒网”前面。

（3）在“插入”面板的“常用”类中单击“命名锚记”按钮，打开“命名锚记”对话框，在“锚记名称”文本框中输入锚点名称“website1”，如图 5.8 所示，单击“确定”按钮。

（4）用相同的方法分别为其后的其他网站名称定义锚点（将锚点依次命名为 website2，website3……website18）。

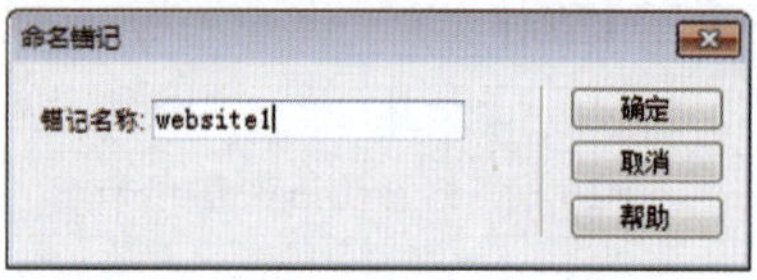

图 5.8 在“命名锚记”对话框中输入锚点名称

☞ **建立锚点链接，使浏览者单击页面上方各网站名称的文本后就会跳转到对应网站的案例展示位置，操作步骤如下。**

（1）选中页面上方网站名称列表中的文本“365wine 天天红酒网”，在“属性”面板的“链接”文本框中输入“# website1”，如图 5.9 所示。

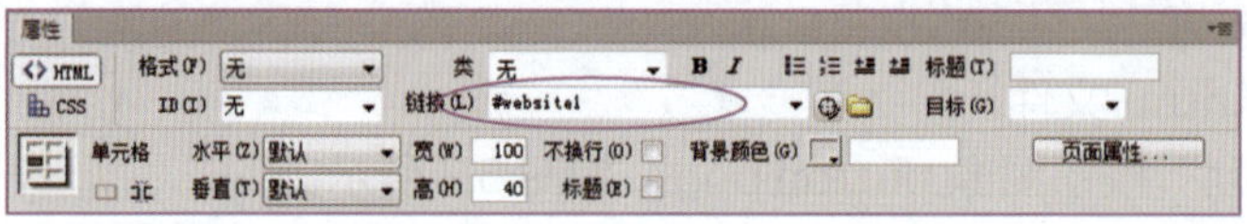

图 5.9 设置“链接”参数

（2）用相同的方法为其他 17 家网站建立锚点链接。

（3）利用前面所学的方法设置链接颜色和已访问链接颜色，其颜色代码分别为#999999 和#666666。

☞ **创建返回页面顶端的链接，操作步骤如下。**

（1）分别选中各网站介绍文本右下方的文本“go top”，在“属性”面板的“链接”文本框中输入“#top”，用于返回页面顶端。

（2）保存文件，浏览网页。

注意

（1）在“属性”面板的“链接”文本框中输入锚点名称时，需要注意其格式，即需要在锚点名称前添加一个特殊符号“#”。

（2）“top”是系统默认的名称，指的位置是页面顶部。

5.3.4 制作热区并创建热点链接

除了为整个图像创建链接外，还可以为图像中的不同区域建立相应的链接，即热点链接，通过单击图像中的不同位置来跳转到相应的页面。

创建热点链接包括两个部分，首先需要分割图像，使其作为热区，然后为相应的热区创建热点链接。

1. 分割图像来制作热区

☞ **制作热区的操作步骤如下。**

（1）打开 introduce-map.html 文件。

（2）选中页面上的导航条图像。

（3）在“属性”面板中单击“圆形热点工具”按钮，鼠标指针变为十字形，按下鼠标左键并在图像上拖动，选取“方案”两个字，如图 5.10 所示。在“属性”面板中单击“指针热点工具”按钮，拖动所绘制的热区到合适的位置。

图 5.10 使用“圆形热点工具”选取“方案”文字

（4）用相同的方法为其他栏目文本的所在位置绘制热区，绘制完成的导航条如图 5.11 所示。

图 5.11 绘制热区后的导航条

提示：还可以使用“矩形热点工具”和“多边形热点工具”绘制不同形状的热区。

2. 为热区创建热点链接

选取导航条上已绘制的热区，查看“属性”面板，如图 5.12 所示，热区默认的链接是空链接。利用“属性”面板可以设置其链接目标文件、替换文本等。

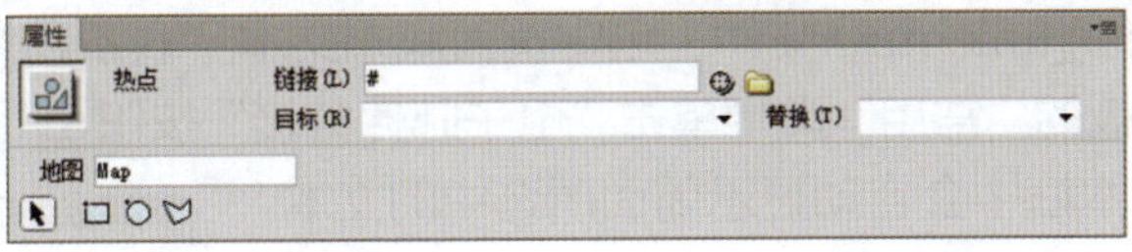

图 5.12 热区“属性”面板

☞ 创建热点链接的操作步骤如下。

（1）选取导航条上的“方案”热区。

（2）在“属性”面板的“链接”文本框中输入目标文件名称“w01.html”。

（3）分别为其他热区指定链接目标文件，具体的目标文件如表 5.1 所示。

（4）保存文件，预览网页，查看各热点链接效果。

5.3.5 创建其他链接

1. 创建空链接

空链接是不会跳转到任何地方的链接，其链接目标为“#”。为对象创建空链接可以在对象上附加行为，后续章节会进行介绍。

☞ **为导航条中的“首页”文本创建空链接，操作步骤如下。**

（1）打开 introduce_link.html 文件。

（2）选中导航条中的“首页”文本，在“属性”面板的“链接”文本框中输入西文符号“#”。

（3）用相同的方法为文本“合作”建立空链接。

2. 创建脚本链接

脚本链接可以在不离开网页的情况下为浏览者提供有关某项的附加信息，其链接目标是 JavaScript 脚本。

introduce_link.html 页面底端的“外贸社区”只允许注册会员访问，为提醒非会员，需要制作一个警告提示框。创建脚本链接，可以实现这一功能。

☞ **创建一个警告提示框的脚本链接的操作步骤如下。**

（1）选中页面底端的文本“外贸社区”。

（2）在“属性”面板的“链接”文本框中输入“JavaScript:Alert（'只有慧衡的注册会员方可进入!'）”。

（3）保存文件，预览网页。

此时可以看到，鼠标指针移至文本“首页”上时变为手形，但单击后不跳转任何页面；当单击页面底端的文本“外贸社区”时，打开如图 5.13 所示的警告提示框。

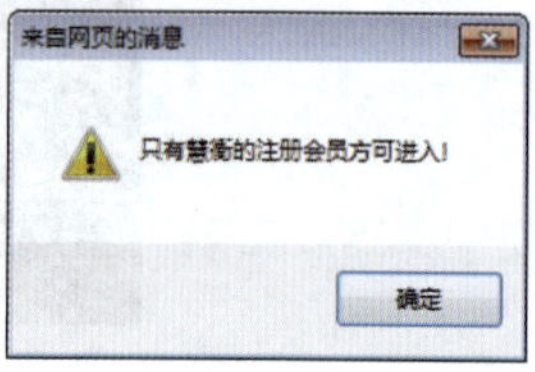

图 5.13　执行脚本链接时打开的警告提示框

3. 创建电子邮件链接

电子邮件链接的作用是通过启动客户端电子邮件系统（如 Outlook Express）进行邮件的发送。

☞ **为“联系我们”文本创建电子邮件链接，操作步骤如下。**

（1）打开 introduce_link.html 文件，选中页面底端文本“联系我们”。

（2）在“插入”面板的“常用”类中单击“电子邮件链接”按钮，打开“电子邮件链接”对话框，在“文本”文本框中会自动显示前面所选中的文本内容。在“电子邮件”文本框中输入正确格式的邮箱地址“zhangyy@szpt.edu.cn”，如图 5.14 所示，单击“确定”按钮。

（3）保存文件，预览网页。单击文本“联系我们”可打开本地计算机安装的邮件管理系统，如 Outlook。

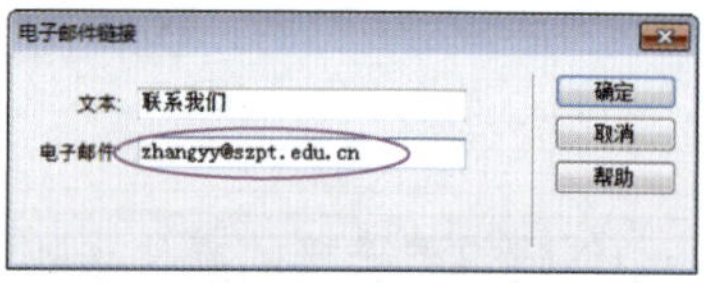

图 5.14　在“电子邮件链接”对话框中设置参数

4. 创建下载链接

下载链接用于下载网站提供的资源文件（如.zip、.rar、.docx 等文件）。单击该链接后，会出现下载界面。在“慧衡科技”网站中，有一个压缩文件 Magento.rar，其中包含了所有可供下载的 Magento 模板，通过创建下载链接就可以很方便地下载该文件。

☞ **创建下载 Magento.rar 文件的链接，操作步骤如下。**

（1）打开 w02.html 文件。

（2）选中页面左侧文本“免费 Magento 模板下载”。

（3）在“属性”面板中单击 HTML 按钮，单击“链接”右侧的“浏览文件”按钮，打开“选择文件”对话框，选取 Multimedia 文件夹中的 Magento.rar 文件，单击“确定”按钮。

（4）保存文件，预览网页。用鼠标单击文本“免费 Magento 模板下载”可打开“文件下载”对话框，如图 5.15 所示。单击对话框中的“保存”按钮将资源保存在本地计算机中。

图 5.15 “文件下载”对话框

5.4 项目总结

超链接是网页结构的基本元素，也是网站之间、网页之间、网站与网页之间的联系纽带。

本章通过具体实例介绍了在网页中创建文本链接、图像链接、锚点链接、电子邮件链接、空链接、脚本链接、热点链接等超链接方式。本项目涵盖的主要内容如图 5.16 所示。

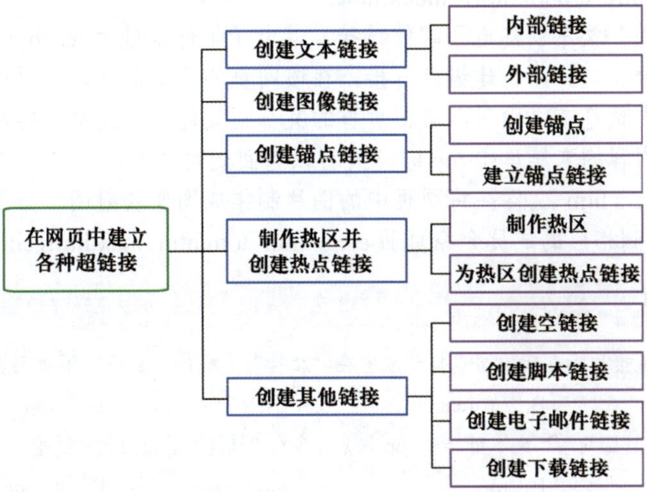

图 5.16 本项目涵盖的主要内容

5.5 扩展技能

1. 鼠标经过图像超链接

鼠标经过图像是指在浏览器中查看网页时，当鼠标指针经过一幅图像时显示另外一幅图像的动态图像效果。插入鼠标经过图像需要准备两幅图像。一张称为原始图像，另一张称为鼠标经过的图像。原始图像是首次载入网页时显示的图像；鼠标经过的图像是当鼠标指针经过时更换的另一张图像。两张图像尺寸要相等。

鼠标经过图像是一种常用的互动技术，经常应用于网页中的按钮上。在 Dreamweaver 中可以方便地创建鼠标经过图像超链接，方法为，在“插入”面板的“常用”类中单击“图像”按钮右侧的下拉按钮，在下拉列表框中选择“鼠标经过图像”，在打开的“插入鼠标经过图像”对话框中进行相应的设置即可，请读者自行练习。

2. 浏览器的功能链接

浏览器的功能链接是指在浏览页面时常见的一些针对网页的操作，包括设为首页、加入收藏、全选、刷新、查看源文件、全屏显示等。这些操作通过定义 JavaScript 脚本可以实现。

5.6 课后练习

5.6.1 配套实训

利用配套实训文件夹下的素材文件，根据目前所学知识，继续完善上章所做的“信乐团”网站，要求如下。

1. 打开 index.htm 文件，设置超链接。

- 为“个人档案”“新闻信息”“作品介绍”“返回首页”创建超链接，分别链接到 members.htm、news.htm、album.htm、index.htm。
- 为“与我联系”文本创建电子邮件链接，其电子邮件地址为 teach_ie@163.com。

2. 打开 news.htm 文件，创建锚点链接。在该网页的开始部分以网页内容的新闻标题作为链接。当在浏览器中预览该页面时，单击页首的某个新闻题目，便会跳转到该新闻的主要内容处。在该新闻主要内容的末尾单击 top 时，又可以返回到页首处。

3. 打开 members.htm 文件，将网页中的图片制作成图像映射图。当用鼠标单击某个成员的头像时，便会链接到相应的成员介绍页面 ashin.htm、tom.htm、max.htm、chris.htm、michael.htm。

5.6.2 同步测试

1. 如果要使超链接目标在新的窗口打开，应在“属性”面板的“目标”下拉列表框中选择（ ）。

A. _blank　　B. _parent　　C. _self　　D. _top

2. 将网页中的“返回页首”文本链接到 top 锚点，应在“属性”面板上的“链接”文本框中输入（ ）。

A. *top　　B. top　　C. #top　　D. # top

3. 可以在（ ）中设置网页中链接文本不同状态的颜色。

A. “插入”面板　　B. “属性”面板

C. “页面属性”对话框　　D. “编辑”菜单

4. 实现鼠标经过图像超链接，应选两幅尺寸（ ）的图片。

A. 一样　　B. 相差一倍　　C. 相差两倍　　D. 相差 3 倍

5. 在设置图像超链接时，可以在“替换”文本框中输入注释的文字，下面不是其作用的是（ ）。

A. 每隔一段时间，图像上都会定时显示注释的文字

B. 当浏览器不支持图像时，使用文字替换图像

C. 当鼠标指针移到图像上并停留一段时间后，这些注释文字将显示出来

D. 在浏览者关闭图像显示功能时，使用文字替换图像

6. 创建空链接使用的符号是（ ）。

A. #　　B. @　　C. *　　D. &

第6章 利用CSS样式美化网页

——制作“服务”页面

CSS可以说是网页排版的精髓所在，有了CSS的控制，不仅能让网页变得更加美观，而且能使网页维护更加方便。这是因为，利用CSS可以对网页元素设置一系列属性来改变其外观，使网页设计者能够轻松制作各种页面效果。而且CSS可以使网页的内容结构和表现相分离,使它不仅可以控制单个网页的外观，还可以采用外部样式表的方式控制网站中的多个网页文件。本章将通过深圳慧衡科技有限公司网站的二级页面“慧衡科技专业服务”及其子页面“外贸电子商务”和“外贸网站设计”的页面美化，详细介绍利用CSS样式美化网页的思路及实现方法。

学习目标

- 掌握创建样式及应用样式的方法
- 了解CSS选择器的4种类型的区别
- 了解CSS常用属性值的设置
- 了解利用CSS控制网页的3种方法
- 掌握利用外部样式表文件统一网站风格的方法
- 了解利用CSS美化网页的流程

6.1 项目分析

6.1.1 设计思路

网页设计师小高围绕“慧衡科技专业服务”这一主题，已经制作好了网页内容，如图 6.1 所示，对网页进行 CSS 美化的设计思路如下。

在设计页面属性时，采用跟整体网站风格一致的灰蓝色作为背景颜色。页面元素以文本为主，首先设置文本样式，使用不同的颜色区分不同的文本；然后采用列表制作浅蓝色背景的水平导航条，并将装饰图片环绕在文本左侧。最终页面效果如图 6.2 所示。

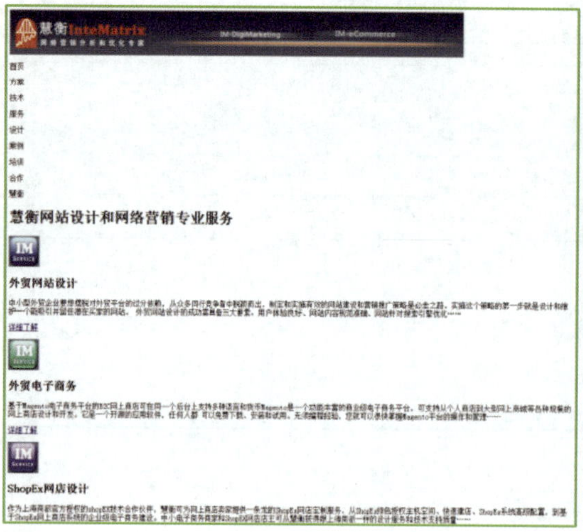

图 6.1 页面的内容

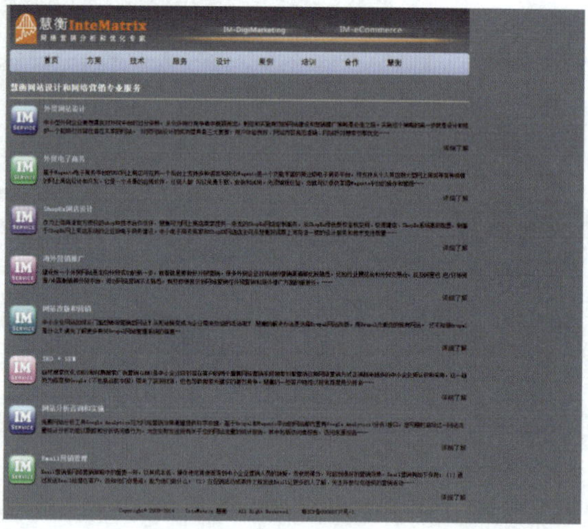

图 6.2 页面的效果

对于子页面“外贸电子商务”和“外贸网站设计”，采用外部样式表文件统一外观。设计页面背景时使用颜色来区分不同的模块，在对文本进行美化时采用不同的字体、颜色及大小来突出标题，并使用图像制作文本背景来美化网页，页面内容及页面效果如图 6.3 和图 6.4 所示。

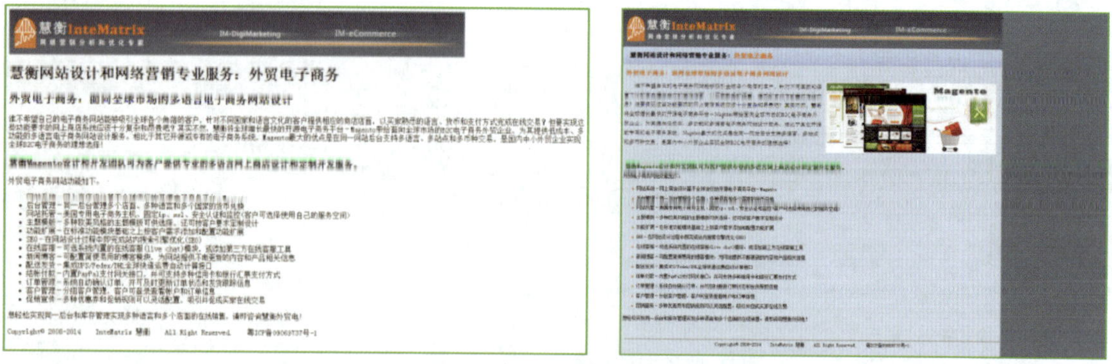

图 6.3 “外贸电子商务”页面内容及页面效果

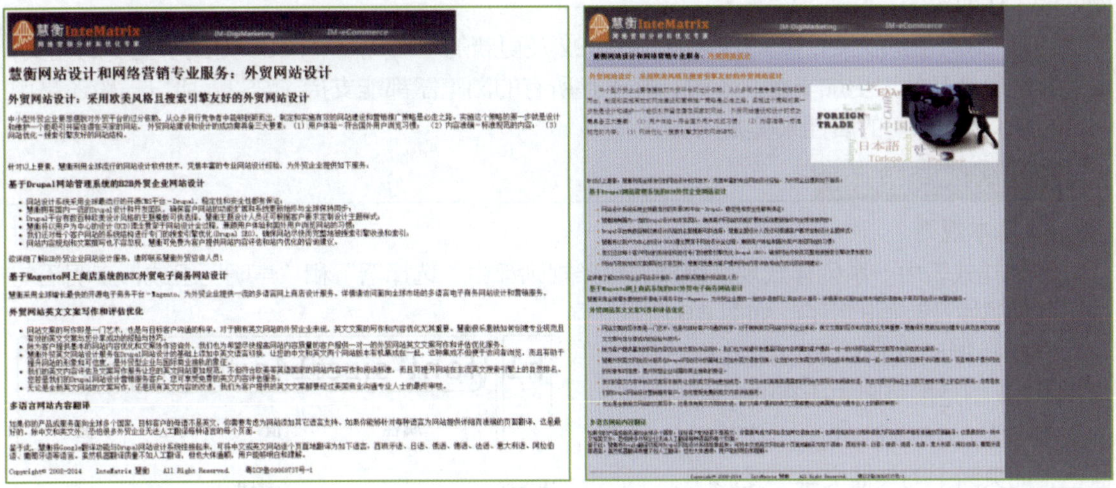

图 6.4 “外贸网站设计”页面内容及页面效果

6.1.2 制作流程

利用 CSS 样式美化 service.html 网页及子页面时，采取的是“先整体→后局部→再细节”的流程。首先设置网页的页面属性，利用 CSS 美化文本；然后利用 CSS 实现图文混排，设置超链接样式；接着利用 CSS 制作水平导航条；最后创建外部样式表文件，统一“外贸电子商务”和“外贸网站设计”页面的外观。具体制作流程如图 6.5 所示。

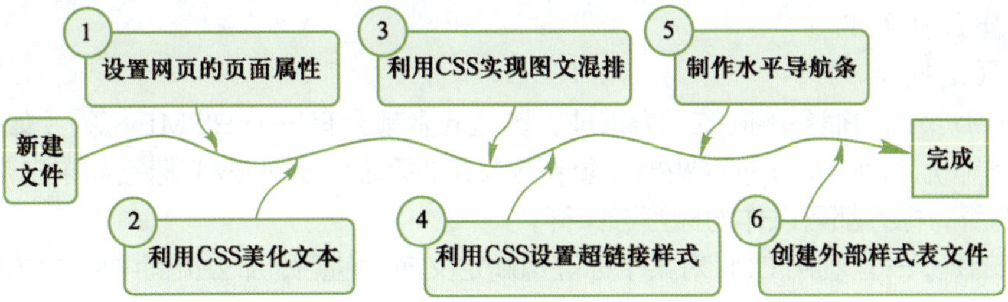

图 6.5 利用 CSS 美化网页的制作流程

6.2 预备知识

1. 认识 CSS

CSS（Cascading Style Sheets），中文翻译为层叠样式表，是用户控制网页样式并允许将样式信息与网页内容分离的一种标记性语言，它是由 W3C（万维网联盟）于 1996 年 12 月推出的。

CSS 的主要功能就是通过定义元素的属性值来控制元素的显示效果，其中包括定义元素的大小、边框、背景、定位等，通过对这些属性设置值来形成一个样式，然后将样式应用于文档中同一类型的元素，使网页结构内容和表现形式相分离，大大简化了网站的管理，提高了开发网站的工作效率。

自从 CSS1 出现之后，W3C 又发布了 CSS2 及更新的 CSS3 版本，CSS 得到了更多的充实，能控制的属性及效果更加丰富。不过，并不是所有的浏览器都能支持 CSS3，所以一般还是用 CSS2 版本中能认可的属性来美化网页。

2. CSS 的语法规则

1）基本规则

CSS 样式表由一系列样式规则组成，每条规则都由“选择器”和“声明”组成，声明语句中是各种属性及其值的组合，如图 6.6 所示。

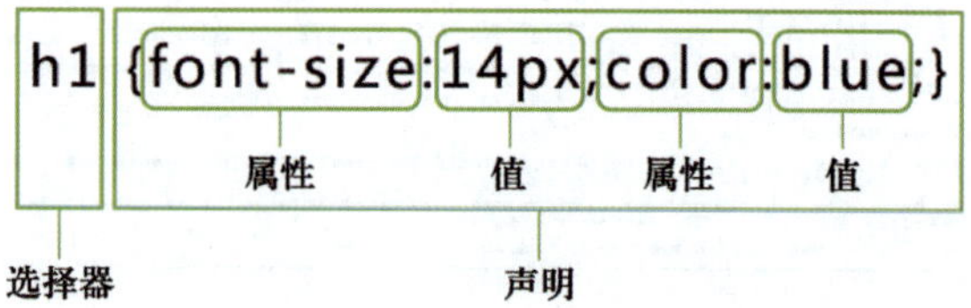

图 6.6 样式规则

选择器指明文档中要应用此样式的元素，图 6.6 中是指页面中所有的标题 1（h1）的文字字体大小变成 14 px、字体颜色变成蓝色，而页面中的其他文本不受影响。

在英文大括号“{}”中的是声明，当有多条声明时，每条声明之间用英文分号“;”分隔，属性和值之间用英文冒号“:”分隔。

CSS 中涉及的属性范围很广泛，从文字大小、颜色到边框的样式，再到元素的定位。对于不同的 HTML 元素，有的属性可以使用，有的属性则完全无效，W3C 的官方网站（http://www.w3.org）给出了各种属性及其值的正确书写规范，读者可自行上网查阅。

2）CSS 选择器

在网页制作过程中，可以根据实际需要选择不同类型的 CSS 选择器来定义元素。CSS 选择器可以有以下几种形式。

（1）标签选择器。

一个 Web 页面由很多不同的元素组成，这些元素都会有一个 HTML 标签（如<body>、<p>、<h1>等）。CSS 可以对这些标签重新定义属性和值，从而改变标签原来自带的格式。HTML 中的所有标签都可以作为标签选择符。

需注意的是，一旦利用 CSS 对某个标签重新定义属性值后，那么页面中所有应用该标签的元素都会相应产生格式变化。

（2）类选择器。

类选择器允许以一种独立于文档元素的方式来指定样式。类选择器的名称以英文符号“.”开头，后面的名称，设计者可自行定义，如.textfooter。类选择器的用法是先定义样式：

```
.textfooter {font-size: 14px; color: #FF6F00; }
```

再应用到某个指定的元素：

```
<h3 class="textfooter">慧衡科技</h3>
<p class="textfooter">网站设计和网络营销分析专家……</p>
```

这样就实现了将样式只应用于指定的标题 3 文本“慧衡科技”和指定的段落“网站设计和网络营销分析专家……”，而不会改变页面中其他的标题 3 文本和其他段落文本的格式。

（3）ID 选择器。

在 HTML 中可以用 ID 参数来指定某个元素。ID 可以理解为是一个标识或名称，每个 ID

名称在网页中只能使用一次。ID 选择器用于对这个单一元素定义单独的样式。CSS 中的 ID 选择器的用法是先确定某个元素的 ID 参数，例如将某个表格命名为 table1：

```
<table id="table1">…</table>
```

然后定义样式：

```
#table1 { font-size: 14px; color: #FF6F00; }
```

这样就可以设置 table1 表格中的文本字体大小为 14 px、颜色为#FF6F00，而其他表格中的文本不变。

（4）复合内容选择器。

复合内容选择器可以单独对某个元素内包含的元素定义样式。例如：

```
#table1  a{font-size: 14px; color: #FF6F00; }
```

表示只对 table1 表格中的链接文本定义样式，而不会改变页面中的其他链接文本的格式。

3. CSS 的使用方式

网页中 CSS 的使用方式有 3 种：内联样式表、嵌入式样式表和外部样式表。

1）内联样式表

它直接对 HTML 标签使用 style 属性，然后将代码直接写在其中。这种方式适用于对具体的标签做具体的调整，其作用的范围只限于本标签。例如，将某段文本的字体颜色设置为红色，则可以书写如下代码：

```
<p style="color : red" > 慧衡科技 </p>
```

2）嵌入式样式表

嵌入式样式表使用<style></style>标签将样式嵌入到 HTML 文件的头部中。在这种方式下，CSS 的作用范围只限于此页面本身。

3）外部样式表

外部样式表是指将 CSS 写成一个文件，在 HTML 文件的头部中通过使用<link>标签将样式表文件链接到此页面中。这种方式可以实现几个网页引用同一个样式表文件，从而可使整个站点的网页外观统一，避免重复的 CSS 设置，且便于维护修改。

6.3 项目实施

首先新建站点“慧衡科技”，定义站点文件夹 huihengweb，将本章的相关素材复制到 huihengweb 文件夹下的 w03 子文件夹中。打开 huihengweb 文件夹下的 w03 子文件夹中的“service(素材).html”文件，另存为 service.html 文件。下面将详细介绍利用 CSS 样式美化 service.html 文件的基本流程和操作方法。

6.3.1 设置网页的页面属性

设置网页的页面属性可以通过重新定义 HTML 标签 body 来完成，页面属性包括页面背景、页边距及页面中的文本属性等。本小节将介绍利用 CSS 重新定义 HTML 标签的操作方法及 body 各种属性值的设置方法。

1. 重新定义 HTML 标签 body

☞ 打开“CSS 样式”面板，新建 CSS 规则，操作步骤如下。

（1）选择菜单“窗口→CSS 样式”命令，打开“CSS 样式”面板，如图 6.7 所示。

（2）在“CSS 样式”面板中单击“新建 CSS 规则”按钮，打开“新建 CSS 规则”对话框，如图 6.8 所示。

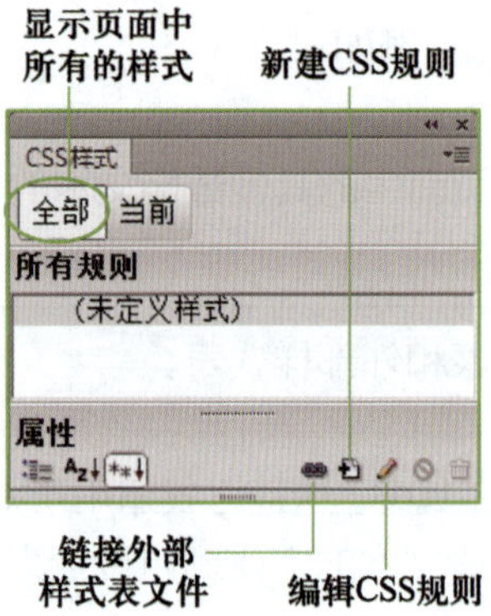

图 6.7 “CSS 样式”面板

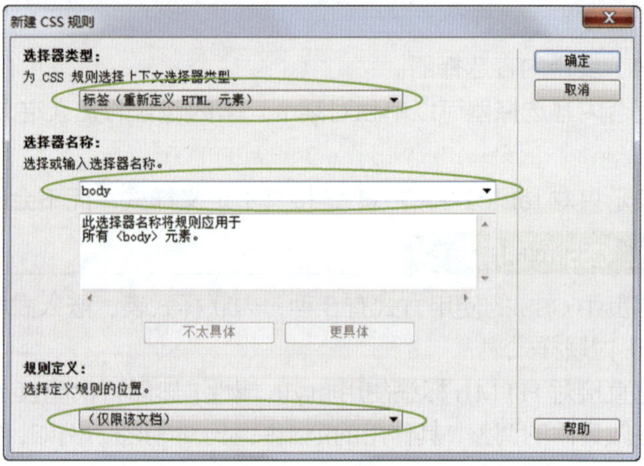

图 6.8 “新建 CSS 规则”对话框

① 在“选择器类型”下拉列表框中选择“标签（重新定义 HTML 元素）”。

② 在“选择器名称”组合框中选择 body。

③ 在“规则定义”下拉列表框中选择“(仅限该文档)”。

④ 单击“确定”按钮。

此时打开“body 的 CSS 规则定义”对话框，开始对 body 标签重新定义。

☞ 重新定义 body 标签的属性值的操作步骤如下。

（1）选择“分类”列表框中的“背景”选项，设置 body 的背景属性，在 Background-color 文本框中输入“#65768A”。

（2）选择“分类”列表框中的“类型”选项，设置 body 的文本样式，在 Font-size 组合框中输入“12 px”。

（3）选择“分类”列表框中的“方框”选项，设置 body 的方框样式，如图 6.9 所示，在 Margin 选项区域中，取消选择“全部相同”复选框，在“Top”组合框中输入“0”。

（4）观察页面效果，发现页面背景颜色已设置成#65768A，页面文本大小已设置成 12 px，页面顶部的图像与浏览器上边界处不再留有空白。

说明

（1）网页中正文的字体大小一般设置为 12 像素。

（2）body 的 margin 值，在不设置的情况下默认值不是 0，也就是说页面内容和浏览器四周会留有一定的空白，这个空白的距离根据浏览器的不同有不同的默认值。

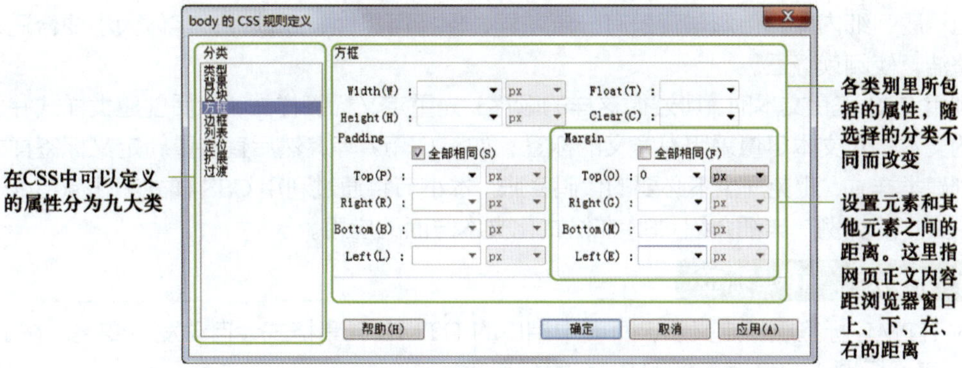

图 6.9　定义 body 标签的方框属性

> **操作提示**
>
> <body>标签样式设置好后，如果对页面效果不满意，还可以修改样式。修改样式的方法是，在“CSS 样式”面板中双击要修改的 body 样式，打开“body 的 CSS 规则定义”对话框，重新进行属性设置即可。

2. 查看 body 标签的 CSS 代码

在“代码”视图下查看 CSS 代码的操作步骤如下。

（1）单击文档工具栏中的“代码”按钮 代码 ，将页面转换到“代码”视图。

（2）如图 6.10 所示，可观察到，CSS 代码位于 HTML 文件的<head>区域中，并使用<style></style>标签将其嵌入到 HTML 文件中。

```
<head>
<meta http-equiv="Content-Type" content="text/html; charset=utf-8" />
<title>慧衡科技专业服务</title>
<style type="text/css">
body {
    font-size: 12px;
    background-color: #65768A;
    margin-top: 0px;
}
</style>
</head>
```

图 6.10　body 标签的 CSS 代码

（3）单击文档工具栏中的“设计”按钮 设计 ，将页面转换到“设计”视图。

> **说明**
>
> （1）利用“CSS 面板”可以方便地编辑样式属性，而不用网页设计者手写代码。
>
> （2）用户在熟练掌握代码的基础上，也可以在“代码”视图下直接手写代码，节约网页制作时间。
>
> （3）当 CSS 规则中有多条声明时，可以一行显示一条声明，也可以将其并排显示在一行，图 6.10 中的 CSS 代码也可以写成以下内容：
>
> body{ font-size: 12 px; background-color: #65768A; margin-top: 0 px; }

6.3.2 利用 CSS 美化文本

文本是信息的主要载体方式，是网页构成的基础。设置文本格式时要注意：大标题、小内文；粗标题、细内文；色彩与背景有一定差异，保持可见性、易读性；字体大小要合适，保持页面整洁，使阅读舒适。

利用 CSS 美化文本时，可遵循这样的顺序：先重定义标签样式，然后创建类样式并应用于指定的文本。对文本尽量采用有意义的标签，如 h1、h2 等，然后直接重新定义标签样式，而不是创建类样式，避免产生不必要的代码膨胀。本小节将通过利用 CSS 样式美化 service.html 文件中文本的实例，详细介绍 CSS 在格式化文本方面的应用。

1. 重新定义 HTML 标签

对 HTML 标签重新定义后，页面中相应的 HTML 元素格式会自动发生变化。在 HTML 中，h1 表示标题 1，h2 表示标题 2，p 表示段落。

☞ 重新定义 HTML 标签 h1 的属性值，操作步骤如下。

（1）在“CSS 样式”面板中单击“新建 CSS 规则”按钮，打开“新建 CSS 规则”对话框，在“选择器类型”下拉列表框中选择“标签（重新定义 HTML 元素）”，在“选择器名称”组合框中选择 h1，在“规则定义”下拉列表框中选择“(仅限该文档)”，单击“确定”按钮。

（2）在打开的“h1 的 CSS 规则定义”对话框中选择“分类”列表框中的“类型”选项，设置 h1 的文本样式，如图 6.11 所示，在 Font-family 下拉列表框中选择“华文中宋”，在 Font-size 组合框中输入“18 px”，在 Color 组合框中输入“#FFF”。

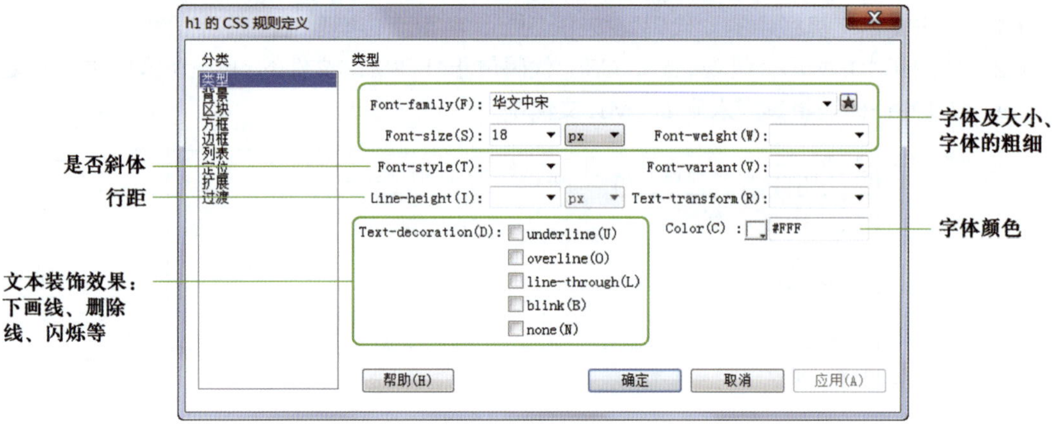

图 6.11 定义 h1 标签的类型属性

（3）选择“分类”列表框中的“边框”选项，设置 h1 的边框样式，如图 6.12 所示，在 Bottom 的 Style 下拉列表框中选择 solid，在 Width 组合框中输入“3 px”，在 Color 组合框中输入“#AAA”。

（4）选择“分类”列表框中的“方框”选项，如图 6.13 所示，在 Width 组合框中输入“1000 px”，在“Padding”选项区域的 Top 组合框中输入“10 px”、在 Right 组合框中输入“0”、在 Bottom 组合框中输入“10 px”、在 Left 组合框中输入“0”，单位均设置为 px。

（5）观察文档，标题 1 文本的外观发生了变化，效果如图 6.14 所示。

☞ 用相同的方法重新定义 HTML 标签 h2 的样式，其各项属性如下。

```
h2{ font-family: "宋体";  font-size: 14px; color: #C7D9ED; }
```

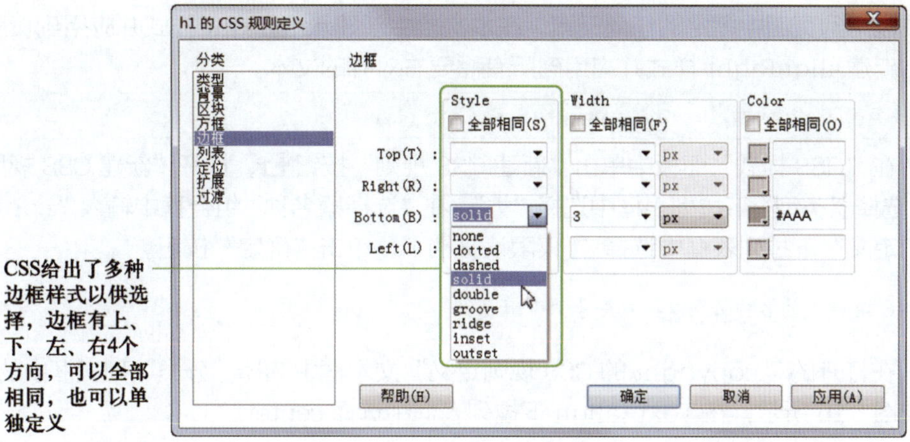

图 6.12 定义 h1 标签的边框属性

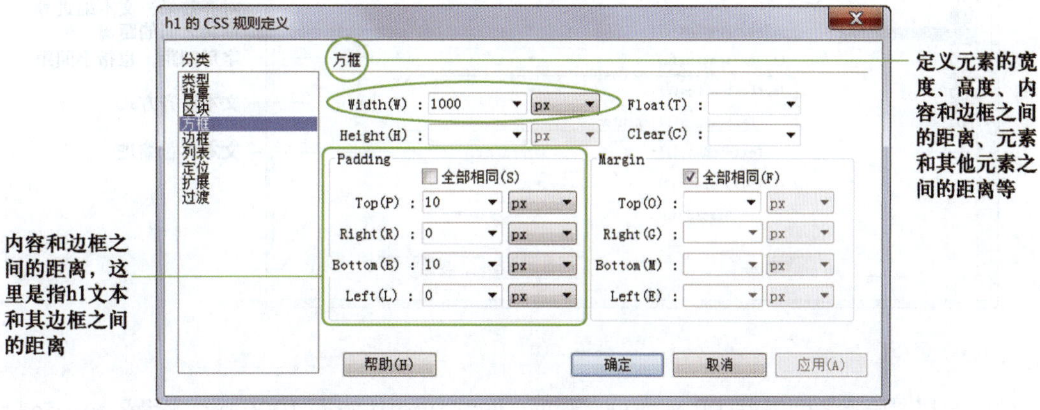

图 6.13 定义 h1 标签的方框属性

图 6.14 标题 1 文本的外观

☞ 用相同的方重新定义 HTML 标签 p 的样式，其各项属性如下。

```
p{line-height: 150%;           /*设置段落行距为 1.5 倍行距 */
color: #000;width: 1000px;}
```

说明

利用 CSS 美化网页的前提是有结构良好且有效的 HTML 文档。合理的文档结构首先就是要使用有意义的标签，所以在重新定义 HTML 标签前，应该为页面中的文本元素设置相应的 HTML 标签 h1、h2 等。

2. 新建类样式

类样式可应用于文档中的任何 HTML 元素。其用法是新建一个类样式，设置属性值，然后将样式应用到页面中指定的任何元素。在本文档中新建.copyright 样式并应用到页脚版权信息文本，新建.alignRight 样式并应用到所有需要右对齐的文本。

☞ 新建类样式.copyright，设置属性值，操作步骤如下。

（1）在“CSS 样式”面板中单击“新建 CSS 规则”按钮，打开“新建 CSS 规则”对话框，在“选择器类型”下拉列表框中选择“类”，在“选择器名称”组合框中输入“.copyright”，在“规则定义”下拉列表框中选择“(仅限该文档)”，单击“确定”按钮。

提示：类样式的名称必须以英文符号“.”开头。

（2）在打开的“.copyright 的 CSS 规则定义”文本框中选择“分类”列表框中的“区块”选项，如图 6.15 所示，在 Text-align 下拉列表框中选择 center。

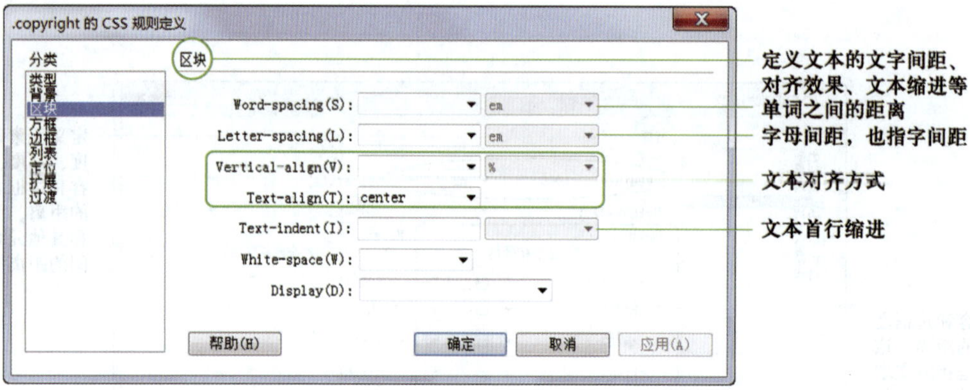

图 6.15　定义.copyright 的区块属性

（3）选择“分类”列表框中的“方框”选项，设置 width 值为 1000 px，设置 margin-top 值为 40 px，设置 padding-top 值为 5 px。

（4）选择“分类”列表框中的“边框”选项，设置上边框的 style 值为 solid、width 值为 2 px、color 值为 #808080。

☞ 为页脚文本应用类样式.copyright，操作步骤如下。

（1）将插入点移至页脚最后一段文本“Copyright© ……”中。

（2）单击鼠标右键，在快捷菜单中选择“CSS 样式→copyright”命令，则插入点所在段落的文本就应用了样式.copyright。

☞ 创建类样式.alignRight，并应用到页面中所有的“详细了解”文本所在的段落，操作步骤如下。

（1）创建类样式.alignRight，其属性值如下：

```
.alignRight {text-align: right; }
```

（2）将插入点移至文本“详细了解”中，在标签选择器中单击<p>标签，单击鼠标右键，在快捷菜单中选择“设置类→alignRight”命令。

（3）重复步骤（2），将 alignRight 样式应用到页面中其他的“详细了解”文本。

说明

（1）类样式的使用方法是先新建类样式，再应用到要设置的元素上。如果要取消已应用的类样式，只需要选中元素，然后在快捷菜单中选择“CSS 样式→无”命令即可。

（2）这里是直接应用到文本所在的段落，所以只需将插入点置于段落中，然后应用样式；如果只针对若干文本，则需要选中文本，单击鼠标右键，在快捷菜单中选择“CSS 样式→某某样式名”命令。

6.3.3 利用 CSS 实现图文混排

在 Word 中，文本与图像有很多排版的方式，在网页中同样可以通过 CSS 实现各种图文混排的效果。本小节将通过为图像设置 float（浮动）属性来实现文字环绕，并通过设置 margin 值来使图像和文本有一定的距离。

☞ 新建类样式.imgIm，操作步骤如下。

（1）在“CSS 样式”面板中单击“新建 CSS 规则”按钮，打开“新建 CSS 规则”对话框，在“选择器类型”下拉列表框中选择“类（可应用于任何 HTML 元素）”，在“选择器名称”组合中输入“.imgIm”，在“规则定义”下拉列表框中选择“(仅限该文档)”，单击“确定”按钮。

（2）在打开的对话框中选择“分类”列表框中的“方框”选项，在 Float 下拉列表框中选择 lcft，在 Margin 选项区域的 Right 组合框中输入“10 px”。

☞ 将.imgIm 样式应用到页面中的 IMservice 图像，操作步骤如下。

（1）在文档中选中所要应用的图像，单击鼠标右键，在快捷菜单中选择“CSS 样式→imgIm”命令。

（2）重复步骤（1），将 imgIm 样式应用到其他 IMservice 图像。

6.3.4 利用 CSS 设置超链接样式

网页中应用最广泛的是文本链接，文本链接默认的样式是蓝色并带有下画线，通过定义 CSS 可以控制文本链接的样式。利用 CSS，除了可以重新定义 HTML 标签<a>的属性来改变链接文本的字体、颜色等外，还可以使用 CSS 的伪类来制作动态效果的超链接，具体属性设置如表 6.1 所示。

表 6.1 可制作动态效果的 CSS 伪类属性

属性	说明
a:link	定义了设置有链接的文本的样式
a:visited	定义了浏览者已经访问过的链接的样式
a:hover	定义了鼠标指针停留在链接的文字上时的样式
a:active	定义了链接被激活时的样式，即鼠标在超链接上单击时的样式

1. 重新定义 HTML 标签 a

☞ 重新定义 HTML 标签<a>，设置链接文本的字体格式及取消下画线，操作步骤如下。

（1）在“CSS 样式”面板中单击“新建 CSS 规则”按钮，打开“新建 CSS 规则”对话框，在“选择器类型”下拉列表框中选择“标签（重新定义 HTML 元素）”，在“选择器名称”组合框中选择 a，在“规则定义”下拉列表框中选择“（仅限该文档）”，单击“确定”按钮。

（2）在打开的对话框中选择“分类”列表框中的“类型”选项，如图 6.16 所示，在 Font-family 下拉列表框中选择“黑体”，在 Font-size 组合框中输入“14 px”，在 Text-decoration 选项区域中选中 none 复选框。

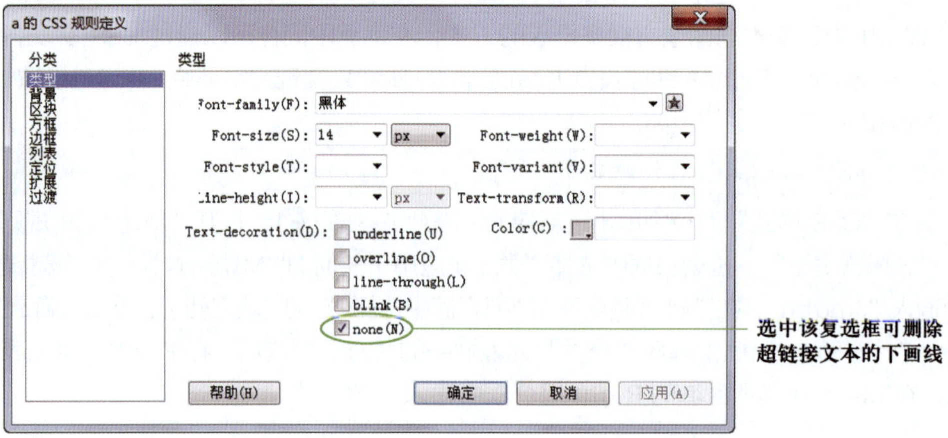

图 6.16 设置<a>的属性

2. 设置链接的 4 种状态样式

☞ 设置 a:link 的样式，操作步骤如下。

（1）在“CSS 样式”面板中单击“新建 CSS 规则”按钮，打开“新建 CSS 规则”对话框，在“选择器类型”下拉列表框中选择“复合内容（基于选择的内容）”，在“选择器名称”组合框中选择 a:link，在“规则定义”下拉列表框中选择“（仅限该文档）”，单击“确定”按钮。

（2）在打开的对话框中选择“分类”列表框中的“类型”选项，在 Color 组合框中输入“#000”。

☞ 用相同的方法设置 a:visited 的样式，其属性值如下。操作步骤略。

```
a:visited {color: #666;}
```

☞ 用相同的方法设置 a:hover 的样式，其各项属性值如下。操作步骤略。

```
a:hover {text-decoration: underline; color:#E85508;}
```

☞ 用相同的方法设置 a: active 的样式，其属性值如下。操作步骤略。

```
a:active {color: #FF0;}
```

此时，可以预览网页，观察修改过后的超链接样式。

说明

在设置超链接的 4 种状态时，需要注意定义的顺序，通常定义的顺序是 a:link→a:visited→a:hover→a:active。如果改变定义的顺序，则会出现某种链接状态的样式不能显示。

6.3.5 制作水平导航条

列表元素能够让人们对相关的元素进行分组。大多数网页都包含某种形式的列表，比如新闻列表、链接列表等，使用 CSS 对链接列表进行属性设置可以制作各式各样的导航条，如图 6.17 所示。

本小节将利用 CSS 对列表进行样式设置，制作一个水平导航条，效果如图 6.18 所示。

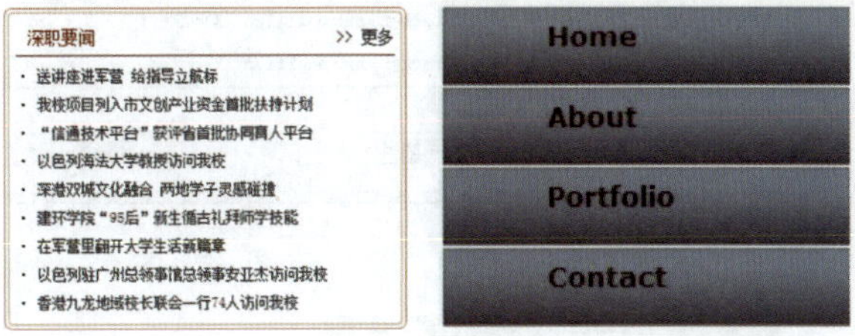

图 6.17 网页中的列表示例

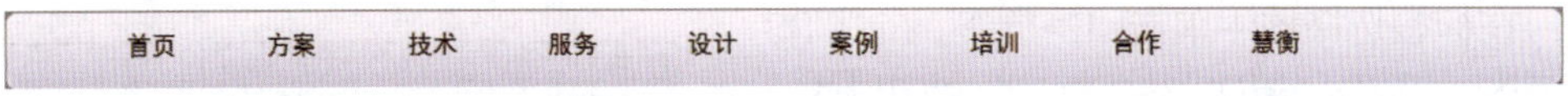

图 6.18 水平导航条效果

1. 将链接文本转换成列表

☞ 将链接文本转换成列表，操作步骤如下。

（1）在文档中选中所要创建列表的 9 段文本，在“属性”面板中单击“项目列表”按钮。

（2）此时，段落文本变成项目列表，切换至“代码”视图，可以看到项目列表的代码，如图 6.19 所示。其中，<ul></ul>表示将打开一个无序列表，<li></li>则表示具体的每一条列表。如果把<ul>改成<ol>，则表示是一个有序列表。

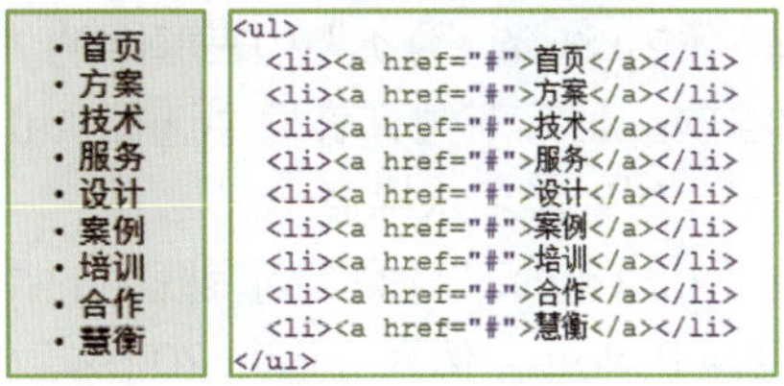

图 6.19 项目列表及其对应的 HTML 代码

2. 为项目列表创建 ID 样式并设置项目列表背景

☞ 为项目列表创建 ID 样式#nav，设置项目列表背景，操作步骤如下。

（1）将插入点移至文本“首页”中，在标签选择器单击<ul>标签，在“属性”面板中的 ID 文本框中输入“nav”。

（2）在“CSS 样式”面板中单击“新建 CSS 规则”按钮，打开“新建 CSS 规则”对话框，在打开对话框的“选择器类型”下拉列表框中选择“ID（仅应用于一个 HTML 元素）”，在“选择器名称”组合框中输入“#nav”，在“规则定义”下拉列表框中选择“（仅限该文档）”，单击“确定”按钮。

（3）选择“分类”列表框中的“背景”选项，如图 6.20 所示，设置#nav 的背景属性值。

（4）选择“分类”列表框中的“方框”选项，设置 width 值为 950 px，设置 height 值为

35 px，设置 padding-top 值为 12 px、padding-left 值为 50 px，设置 margin 值为 0。

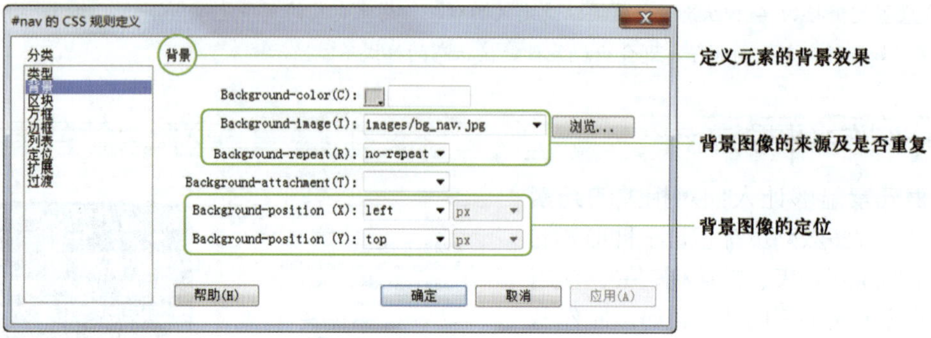

图 6.20 定义 #nav 的背景属性

3. 设置列表项水平显示

☞ 设置列表项水平显示及列表项之间的间隔，操作步骤如下。

（1）在标签选择器中单击<li>标签，在“CSS 样式”面板中单击“新建 CSS 规则”按钮，打开“新建 CSS 规则”对话框，如图 6.21 所示，此时选择“选择器类型”为“复合内容（基于选择的内容）”，输入“选择器名称”为“#nav li”，表示应用于 ID 为 nav 的元素中的所有<li>元素，单击“确定”按钮。

（2）选择“分类”列表框中的“区块”选项，在 Display 下拉列表框中选择 inline（行内显示），使列表项水平显示。

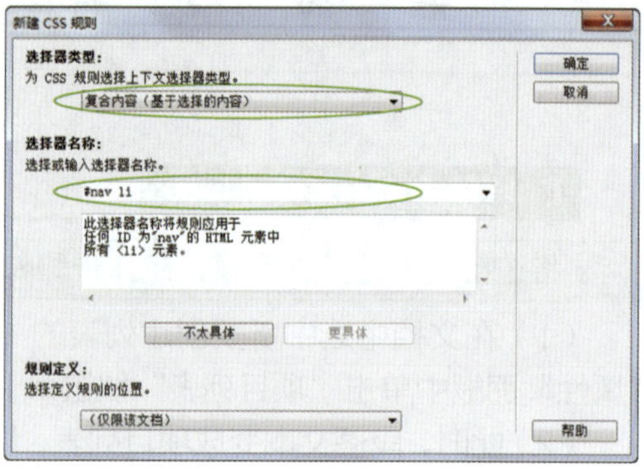

图 6.21 新建#nav li 样式

（3）选择“分类”列表框中的“方框”选项，设置 Padding 值为 0 px、20 px、0 px、20 px（分别为上、右、下、左的值），设置 Margin 值为 0 px、0 px、0 px、15 px。

（4）选择“分类”列表框中的“列表”选项，在 List-style-type 下拉列表框中选择 none，去掉默认的项目符号。

说明

在 HTML 规范中，元素可分为内联元素（Inline element）和块元素（Block element）两种。块元素是其他元素的容器元素，它可以容纳内联元素和其他块元素，如<p>、<h1>等。在默认情况下，块元素总是从新行开始，高度、宽度，以及顶和底边距离可控制。

<li>本来是块元素，所以默认情况下，它总是从新行开始，这里设置<li>的 display 属性值为 inline，是人为地把<li>元素设置为行内显示，使列表项在一行水平显示。

4. 设置列表项中的链接样式

☞ 设置列表项中的链接样式，其属性值如下。

```
#nav li a {font-family: "黑体"; font-size: 16px; text-decoration: none;}
```

至此，保存文件，得到页面最终效果。

说明

（1）使用 ID 参数创建 ID 样式的目的是保证只针对页面中的这个项目列表来进行样式设置。在创建 ID 样式前需要先对网页元素设置 ID 参数。

（2）复合内容选择器的用途是只针对性地对某个 a 元素中的 b 元素进行样式设置，页面中的其他 b 元素不会发生变化。本案例中的#nav li a 样式表示只设置导航条中的链接文本样式，而其他链接文本格式保持不变。

6.3.6 利用外部样式表美化文件

作为服务的子页面文件，service_ec.html 和 service_wd.html 文件的页面外观效果应统一风格，这时可以创建外部样式表文件来共同作用在这两个 HTML 文件上。

1. 创建样式表文件

☞ 重新定义 HTML 标签<body>的属性值，操作步骤如下。

（1）打开“service_ec（素材）.html”文件，另存为 service_ec.html 文件。

（2）在“CSS 样式”面板中单击“新建 CSS 规则”按钮，打开“新建 CSS 规则”对话框，在“选择器类型”下拉列表框中选择“标签（重新定义 HTML 元素）”，在“选择器名称”组合框中选择 body，在“规则定义”下拉列表框中选择“（新建样式表文件）”，单击“确定”按钮，弹出“保存样式表文件为”对话框，将样式表文件保存在 w03 文件夹中，设置文件名为 service.css。

（3）设置<body>标签的属性值如下。

```
body{
        font-size: 12px;
        background-color: #65768A; background-image: url(images/bg.jpg);
        background-repeat: repeat-y;background-position: left top;
        margin: 0px;
        }
```

☞ 重新定义 HTML 标签<li>的属性值，将样式保存到 service.css 文件中，操作步骤如下。

（1）在“CSS 样式”面板中单击“新建 CSS 规则”按钮，打开“新建 CSS 规则”对话框，在“选择器类型”下拉列表框中选择“标签（重新定义 HTML 元素）”，在“选择器名称”组合框中选择 li，在“规则定义”下拉列表框中选择 service.css，单击“确定”按钮。

（2）设置 li 标签的属性值如下。

```
li {
    line-height: 25px;        /*列表项的行距*/
    width: 950px;
    list-style-image: url(images/arrow1.gif);      /*设置项目符号的图片*/
```

}

☞ **从素材文件复制其他样式到 service.css 文件中，操作步骤如下。**

（1）在“文件”面板中双击 service.css 文件，打开样式表文件。

（2）打开“service（素材）.txt”文件，将其中的内容全选复制到 service.css 文件中。

（3）保存文件。

☞ **为页面中的元素应用类样式，操作步骤如下。**

（1）选中“外贸电子商务”文本，单击鼠标右键，在快捷菜单中选择“CSS 样式→texth1”命令，将 texth1 样式只应用到选中的文本上，如图 6.22 所示。

图 6.22 设置样式后的文本效果

（2）将 copyright 样式应用到页脚最后一段文本。

2. 链接外部样式表文件

☞ **将 service.css 文件中的样式应用于 service_wd 文档中，操作步骤如下。**

（1）打开“service_wd（素材）.html”文件，另存为 service_wd.html。

（2）在“CSS 样式”面板中单击“附加样式表”按钮，打开“链接外部样式表”对话框，如图 6.23 所示，单击“浏览”按钮，在“选择样式表文件”对话框中找到 service.css 文件，单击“确定”按钮。

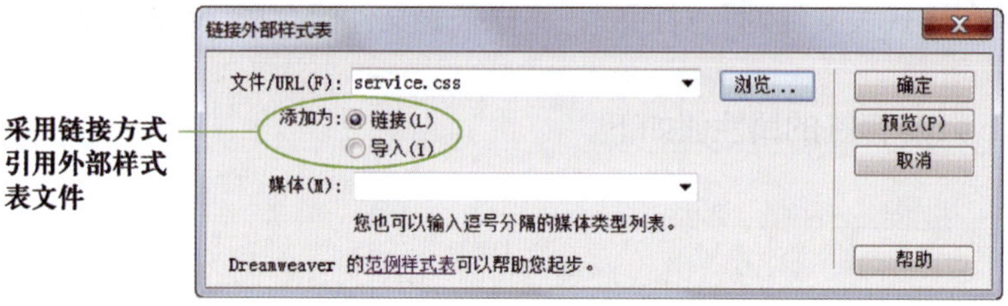

图 6.23 “链接外部样式表”对话框

引用外部样式表文件后，在当前文档的“CSS 样式”面板中就可以看到外部样式表中的所有样式了，此时在当前文件中就可以为页面中的元素使用相应的类样式，而标签样式已经自动更新。

说明

为了便于网页日后的维护，使网页内容结构和表现分离，在利用 CSS 美化网页时一般使用外部样式表文件。在制作网站时，通常会将网站的所有网页共同使用的样式定义在一个公共样式表文件中，然后每一个网页文件则根据需要再建自己的样式表文件。

例如在制作慧衡网站时，就先建立一个公共样式表文件 **hh.css**，用于统一站点内所有网页的基色、配色方案、共同元素的格式等。

3. 利用 CSS 设置背景图像

在页面中插入图像的另一种方式是利用 CSS 将图像设置为背景，这样做的优势是便于定位图像所在的位置。如图 6.24 所示，图像就是作为文本段落的背景图像显示在页面中的。

图 6.24　图像作为文本段落的背景图像

利用 CSS 将图像设置为背景的具体制作步骤是，先设置文本段落的背景图像，然后设置文本段落的 padding-right 值，留出一定的空间以显示图像。需注意的是，段落的高度要大于图像的高度，确保图像可完全显示。

这里的两个网页不能再共用一个样式，所以不能写在外部样式表文件中，只能在各自网页分别定义。

☞ **在 service_ec 文件中新建类样式.textCon，并设置属性值，操作步骤如下。**

（1）打开 service_ec.html 文件。

（2）在“CSS 样式”面板中单击“新建 CSS 规则”按钮，打开“新建 CSS 规则”对话框，在“选择器类型”下拉列表框中选择“类（可应用于任何 HTML 元素）”，在“选择器名称”组合框中输入“.textCon”，在“规则定义”下拉列表框中选择“（仅限该文档）”，单击“确定”按钮。

（3）设置.textCon 的属性值如下。

```
.textCon {
    font-family: "华文宋体";  font-size: 14px;  line-height: 175%;
    background-image: url(images/magento.png);
    background-repeat: no-repeat;
    background-position: right top;          /*设置背景图像不重复，且定位在右上角*/
    text-indent: 2em;
    height: 200px;                            /*设置文本段落的高度大于图像高度*/
    width: 520px; padding-right: 460px;
                                              /*设置文本的宽度为 520px，右边缩进 460px*/
    padding-left: 5px;                        /*设置文本左边缩进 5px*/
}
```

（4）将 textCon 样式应用到段落“谁不希望……”。

☞ **用相同的方法在 service_wd 文件中新建类样式.textCon，为所在段落设置背景图像。操作步骤略。**

6.4　项目总结

本章以深圳慧衡科技有限公司网站的二级页面“慧衡科技专业服务”及其子页面“外贸网

站设计”和“外贸电子商务”的页面美化方法为例，详细介绍了利用 CSS 样式美化网页的思路及实现方法。本项目涵盖的主要内容如图 6.25 所示。

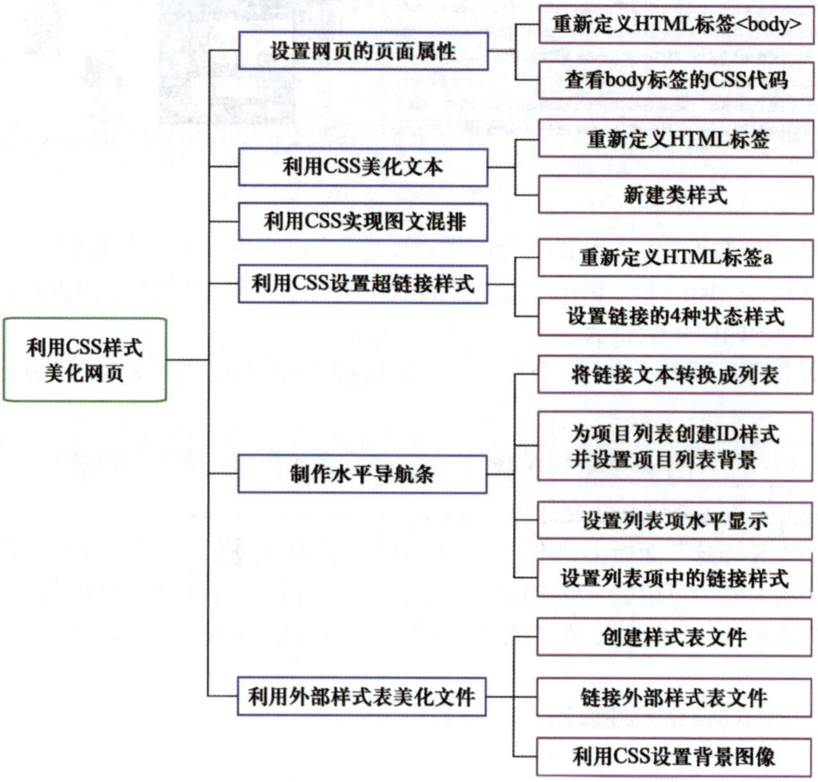

图 6.25　本项目涵盖的主要内容

6.5　扩展技能

样式冲突

当对同一个网页元素应用了两种或更多的样式时，浏览器按以下原则应用样式表。

（1）如果两个样式应用于同一个元素，当样式没有发生冲突时，其效果一直是累加上去的，浏览器将显示所有属性。例如对于同一段文本，一种样式定义文本为“宋体、14 px”，另一种样式定义文本为“蓝色、居中对齐”，则文本的最终显示结果为“宋体、14 px、蓝色、居中对齐”。

（2）如果两个样式应用于同一个元素，样式发生冲突，例如对于同一段文本，一种样式定义颜色为绿色，另一种样式定义颜色为红色，此时浏览器会依据下列优先级别显示样式。

- 显示最里面的样式（即最靠近文本的自身样式）的属性。
- 类样式将覆盖标签样式的属性。
- 从使用方式来说，内联样式表的优先级别最高，其次是嵌入式样式表，最后是链接外部样式表。

6.6 课后练习

6.6.1 配套实训

利用配套实训文件夹下的素材文件，根据所学的CSS知识设计与制作一个CSS Zengarden的网页，要求如下。

1. 打开“cssZengarden(素材).html”文件，另存为cssZengarden.html文件。
2. 使用CSS设置页面属性，美化文本、图像、链接及列表项。

6.6.2 同步测试

1. 下列关于CSS的说法错误的是（　　）。

   A. CSS的全称是Cascading Style Sheets，中文的意思是“层叠样式表”

   B. CSS的作用是精确定义页面中的各元素及页面的整体样式

   C. CSS样式不仅可以控制大多数传统的文本格式属性，还可以定义一些特殊的HTML属性

   D. 使用Dreamweaver只能可视化创建CSS样式，无法以源代码方式对其进行编辑

2. 创建自定义CSS样式时，样式名称的前面必须加一个（　　）；创建ID样式时，样式名称的前面要有指示符（　　）。

   A. *　　B. #　　C. .　　D. !

3. 要通过CSS设置中文文字的间距，可以通过调整样式表中的（　　）属性实现。

   A. Word-spacing　　B. Letter-spacing

   C. Line-height　　D. Font-size

4. 使用link元素调用CSS的语法时，以下（　　）属性是用于指定CSS文件路径的。

   A. url　　B. src　　C. href　　D. 以上都不对

5. 下列（　　）选项的CSS语法是正确的。

   A. body:color=black　　B. {body:color=black}

   C. body{color:black}　　D. {body;color:black}

6. 关于样式表的优先级说法不正确的是（　　）。

   A. 直接定义在标记上的CSS样式的级别最高，内部样式表次之，外部样式表级别最低

   B. 当样式中的属性重复时，先设置的属性起作用

   C. 显示元素最里面的样式（即最靠近元素的自身样式）的属性

   D. 类样式将覆盖标签样式的属性

第 7 章

利用表格设计与制作网页

——制作“合作伙伴”页面

学过 Office 的读者对表格一定不会陌生，在 Dreamweaver 中对表格的操作方法与在 Word 中的非常类似，只是在 Dreamweaver 中，表格不仅可以清晰、直观地罗列数据，还可以排版网页元素，使页面中的内容统一、整齐。本章将通过深圳慧衡科技有限公司网站的二级页面“网站设计开发技术和网络营销推广合作伙伴”（简称“合作伙伴”）的设计与制作，详细介绍表格的基本操作方法及利用表格布局页面的思路与实现方法。

学习目标

- 了解表格在网页制作中的用途
- 掌握表格的基本操作方法
- 掌握利用表格布局网页的方法
- 了解表格数据的导入和导出方法

7.1 项目分析

7.1.1 设计思路

为了展示公司的强大实力，深圳慧衡科技有限公司需要设计一个二级页面“网站设计开发技术和网络营销推广合作伙伴”，要求页面图文并茂，能清晰、准确地列出“技术”、“专业服务”及“网络营销”3 类合作伙伴信息，并能灵活跳转到相应页面。

网页设计师小刘首先围绕“合作伙伴”这一主题进行需求分析，了解页面所要传递的信息，然后收集相关文字素材和图片，经过技术分析，最终确定设计思路。

页面元素：网站 banner、导航条、页脚信息，主体内容除了必要的文字元素外，还应包含各类合作伙伴网站的 Logo 图像，以突出合作伙伴主题，吸引眼球。该页面包含的页面元素如表 7.1 所示。

表 7.1 页 面 元 素

页面元素
网站 banner
网站导航（首页、方案、技术、服务、设计、案例、培训、合作、慧衡）
Magento-A 建网、网站技术和营销专题、慧衡专业服务等主要专题
合作伙伴网站的 Logo 图像
页脚信息（页脚导航链接、版权信息）

版面布局：采取常用的“匡”字形结构，顶部区域用于装载网站的 banner 和导航条；左侧区域用于装载主要栏目列表；占据页面最大空间的右侧区域，用于装载主体内容（各类合作伙伴），底部区域装载页脚信息。页面布局简单示意图如图 7.1 所示。页面不仅要突出主题，还要融入更多信息，因此可以利用多个表格快速构建简单、规整的网页布局，从而对页面元素进行有效的分类组织与定位。

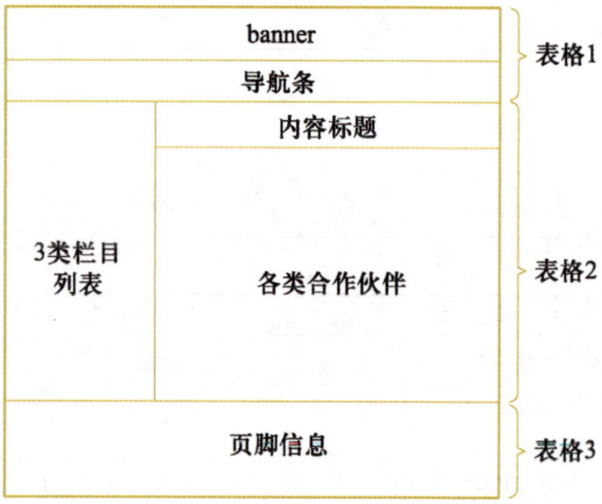

图 7.1 页面布局简单示意图

配色方案：由于本页面为二级页面，从设计角度上来说，最好和整体网站风格保持一致，因此色彩搭配仍然以蓝白色为基调。

经过上述页面分析，结合网页制作技术，小刘顺利地完成了任务，页面效果如图 7.2 所示。

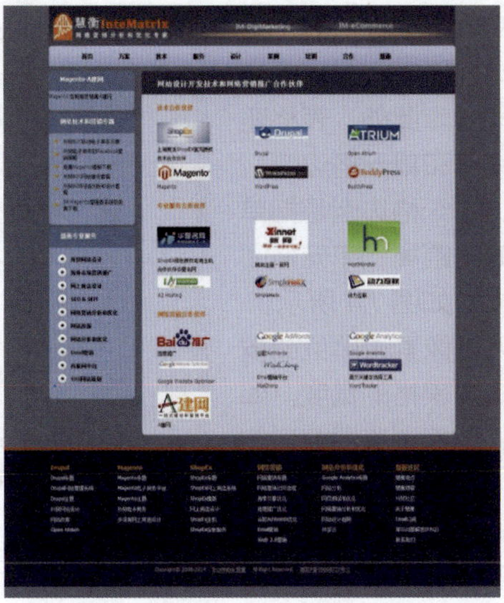

图 7.2 “合作伙伴”的页面效果

7.1.2 制作流程

在具体制作之前，小刘将收集的页面素材分类存放到本地站点相应的文件夹下，然后基于“先整体→后局部→再细节”的工作过程，开始了他的网页制作。

首先利用表格的组合、嵌套，以及表格单元格的拆分与合并对页面进行布局，通过在单元格中插入页面元素，对页面元素进行定位；然后通过表格属性及单元格属性的设置格式化表格；最后利用 CSS 样式进一步美化表格。具体制作流程如图 7.3 所示。

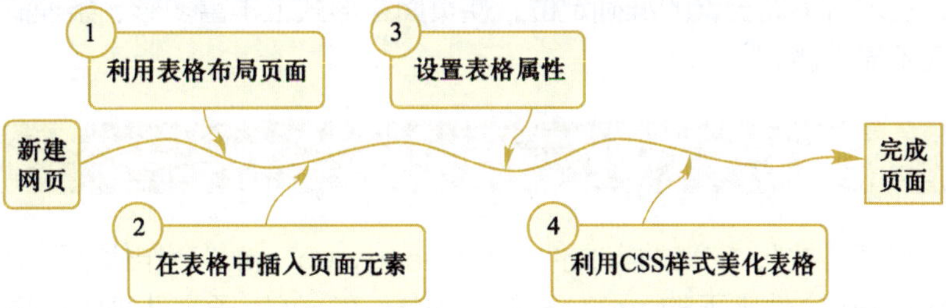

图 7.3 “合作伙伴”页面的制作流程

7.2 预备知识

1. 表格在网页中的用途

表格是网页制作中不可缺少的重要元素，除用于常规数据的格式化显示外，还可以用于页面布局，从而对页面元素进行合理、有效的控制。

2. 表格的构成

表格由行、列、单元格 3 部分组成。

行（水平空间），贯穿表格的左右；列（垂直空间），贯穿表格的上下；单元格为行与列的交叉部分，是插入网页元素的地方。此外，表格还包括边框、单元格间距（填充）和单元格边距。其中，边框是指表格的边线，单元格边距是指单元格的内容和单元格边框之间的距离，单元格间距是指相邻单元格之间的距离，如图7.4所示。

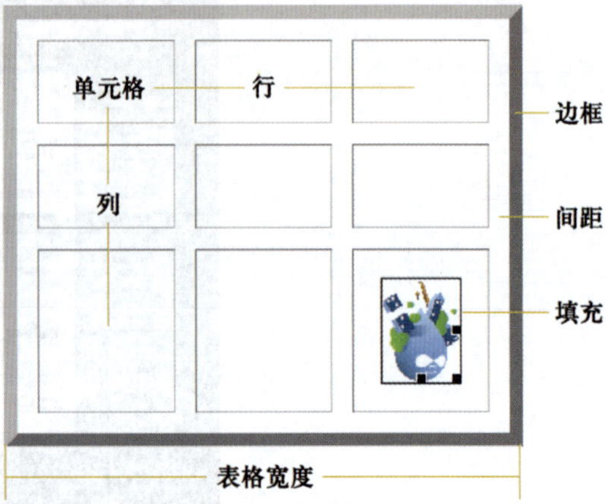

图7.4 表格的构成

在Dreamweaver中，可以像素为单位或按占浏览器窗口宽度的百分比设置表格的宽度。如果选用百分比，表格的宽度将随着浏览器窗口的大小自动调整，始终使网页内容不会在水平方向上溢出浏览器窗口，利用这一性质可以设计具有伸缩性的网页；如果选择像素，表格会用精确的数值固定大小，而不会受到窗口大小的影响。

主要表格对象的HTML标签如表7.2所示。掌握表格对象的HTML标签，可以方便、快捷地对表格对象进行操作，如在标签选择器中单击<tr>标签，可以准确无误地选中当前插入点所在行。

表7.2 表格元素对应的HTML标签

HTML标签	表格元素
<table></table>	表格
<tr></tr>	行
<td></td>	单元格
<th></th>	表格列名
<caption></caption>	表格标题

3. 表格排版的基本思想

利用表格布局页面，就是利用表格将页面划分成不同的区域，通过表格的单元格装载各种页面元素，对网页内容进行合理的安排和组织。通过对表格的基本操作、表格的属性设置和单元格属性设置，实现对页面元素的准确定位，使页面在形式上丰富多彩、条理清晰，在组织上井然有序，而又不显单调。

7.3 项目实施

新建站点“慧衡科技”，定义站点文件夹huihengweb，将“合作伙伴”网页的相关素材复制到huihengweb文件夹下的w07子文件夹中，在w07子文件夹中新建文件partner.html，其页面标题（Title）为“网站设计开发技术和网络营销推广合作伙伴”。下面将详细介绍利用表格制作网页的基本流程和操作方法。

7.3.1 利用表格布局页面

利用表格布局页面，应考虑以下两个因素。

（1）表格的下载速度（在预览页面时，整个表格需下载完之后才能显示）。

（2）页面结构调整的灵活性。

对于内容较多的页面，需要采用多个表格布局页面。本小节将利用表格的组合、嵌套及表格单元格的拆分与合并等来搭建页面的整体框架。

1. 插入表格

首先插入 3 个外表格，将页面自上而下划分为上、中、下 3 个内容区域，效果如图 7.5 所示。其中，表格 1 用于定位顶部区域的网站 banner 和导航条；表格 2 用于定位中部区域的主体内容（包括左侧的栏目列表和右侧的各类合作伙伴）；表格 3 用于定位底部区域的页脚导航链接和版权信息。

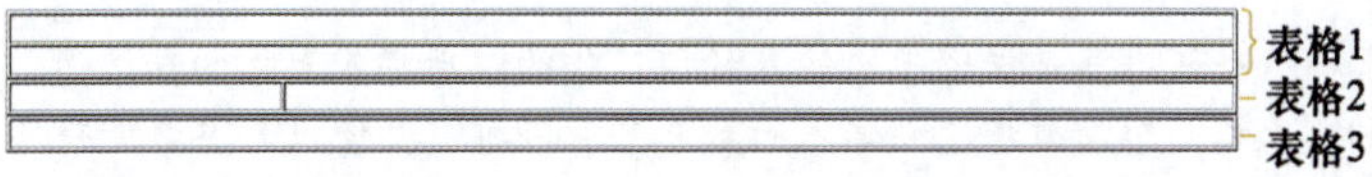

图 7.5　3 个外表格

☞ **自上而下依次插入 3 个表格，即表格 1（2 行 1 列）、表格 2（1 行 2 列）和表格 3（1 行 1 列）。要求表格的宽度均为 1 000 像素，边框粗细为 1，单元格边距及单元格间距均不做设置（取默认值）。操作步骤如下。**

（1）将插入点置于页面的左上角（起始处）。

（2）在“插入”面板的“布局”类中单击“表格”按钮，打开“表格”对话框，如图 7.6 所示。

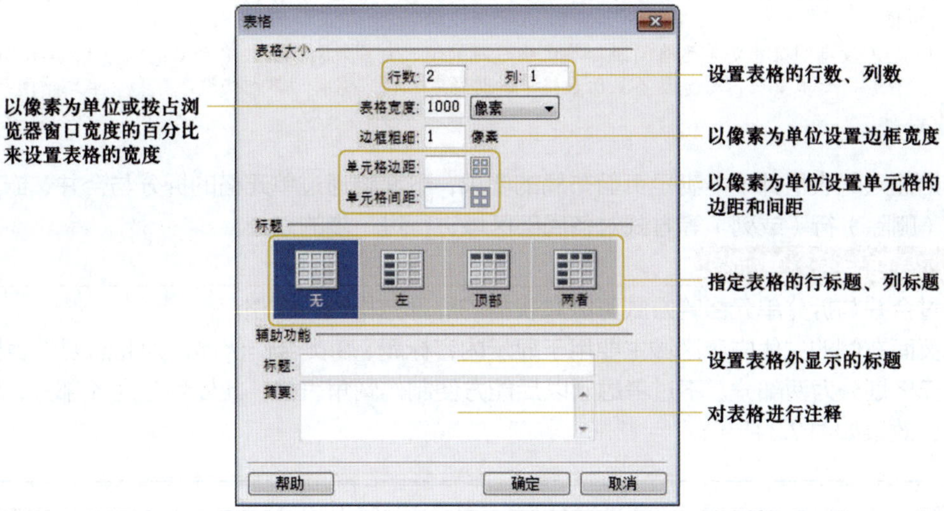

图 7.6　“表格”对话框

① 在“行数”文本框中输入“2”，在“列”文本框中输入“1”。

② 在“表格宽度”文本框中输入“1000”，在其后的下拉列表框中选择宽度的单位为“像素”。

③ 在“边框粗细”文本框中输入“1”。

说明： 这里为了便于初学者识别表格边框，暂时设置为 1。

④ 其他参数取默认值。

⑤ 单击“确定”按钮。

此时表格处于被选中状态，如图 7.7 所示。

图 7.7 处于被选中状态的表格

（3）按→键，将插入点置于表格 1 的右侧，插入 1 行 2 列的表格 2。将鼠标指针移至表格 2 的第 1 列右边框线上，当鼠标指针变为⇹形状时按住鼠标左键拖动，适当调整列宽。

提示： 由于“表格”对话框总是保留上次输入的值，作为以后插入表格的默认值，为此，对于接下来的外表格，只需在打开的“表格”对话框中重新输入行数和列数即可，其他设置参数保持不变。

（4）将插入点置于表格 2 的右侧，插入 1 行 1 列的表格 3。

（5）保存文件，预览网页。

说明

（1）表格的高度通常不需要设置，它会随着页面元素的添加而自动扩展的。

（2）如果没有明确指定边框的值，大多数浏览器按边框粗细为 1 显示表格。如果要确保浏览器不显示表格的边框，需将边框粗细的值设置为 0。

在利用表格进行页面布局时，一般不需要显示表格的边框。如果读者对表格非常熟悉，应在插入表格时就将其边框粗细设置为 0。

（3）如果要在边框粗细值为 0 的情况下查看单元格和表格的边框，可以选择菜单“查看→可视化助理→表格边框”命令。

（4）如果没有明确指定单元格间距和单元格边距的值，大多数浏览器按单元格边距为 1、单元格间距为 2 显示表格。如果要确保浏览器不显示表格中的边距和间距，需将“单元格边距”和“单元格间距”设置为 0。

初始插入的表格并不能满足页面布局的要求，下面将通过单元格的拆分与合并、嵌套表格及插入（删除）行（或列）等方式对各局部区域进行进一步的划分。

2. 合并与拆分单元格

通过合并与拆分单元格的方式可以对表格的局部结构进行调整。

本页面右侧的主体内容区域主要用于显示内容标题、3 类合作伙伴，为此需要将表格 2 的右侧单元格划分为两部分。不过考虑到以后能方便制作圆角表格，此处划分为 4 部分，即拆分为 4 行，效果如图 7.8 所示。

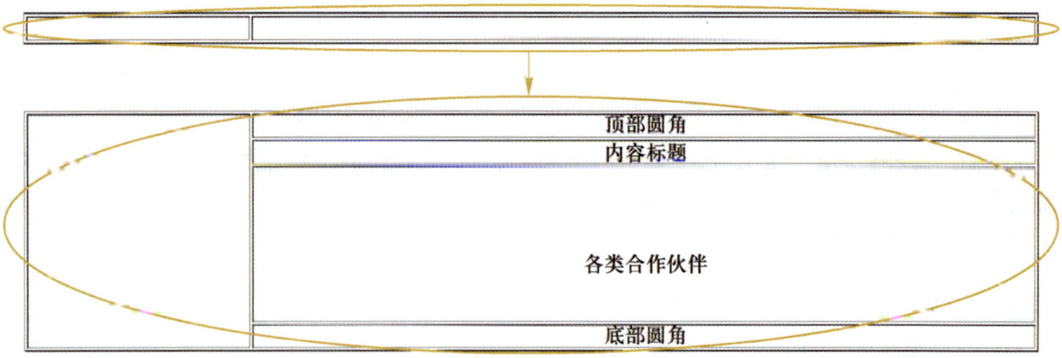

图 7.8 将表格 2 右侧的单元格拆分为 4 行

☞ **将表格 2 右侧的单元格拆分为 4 行，操作步骤如下。**

（1）将插入点置于表格2右侧的单元格中。

（2）在“属性”面板中单击“拆分”按钮，打开“拆分单元格”对话框，如图7.9所示。

（3）在“行数”微调框中输入“4”，单击“确定”按钮。

（4）将鼠标指针移至第3行的下边框线上，当鼠标指针变为形状时，按住鼠标左键拖动，适当调整第3行的行高。

（5）保存文件，预览网页。

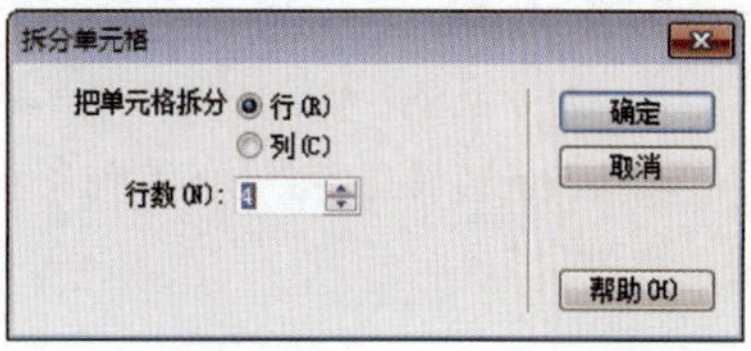

图7.9 “拆分单元格”对话框

操作提示

（1）在Dreamweaver中还可以通过菜单“修改→表格”命令或快捷菜单等方式来合并与拆分单元格，请读者自行练习。

（2）选中表格、行、列和单元格的方法类似于Word中的操作，此处不再赘述。

（3）根据需要可以对选中的多个连续单元格进行合并，效果如图7.10所示。操作步骤为，选中多个连续单元格，在“属性”面板上单击“合并单元格”按钮。

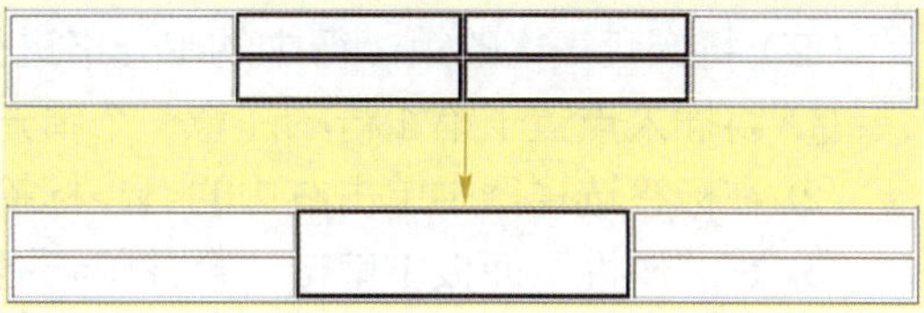

图7.10 合并单元格

3. 插入嵌套表格

在单元格中插入的表格称为嵌套表格。利用嵌套表格可以对局部区域进一步细化，从而灵活调整页面布局。

从图7.2所示的设计效果看，中间左侧区域包含“Magento-A建网”、“网站技术和营销专题”和“慧衡专业服务”3个栏目列表，右侧区域需要罗列“技术”、“专业服务”及“网络营销”3类合作伙伴的详细内容，为此需要对表格2的局部进一步细分，页面效果如图7.11所示。

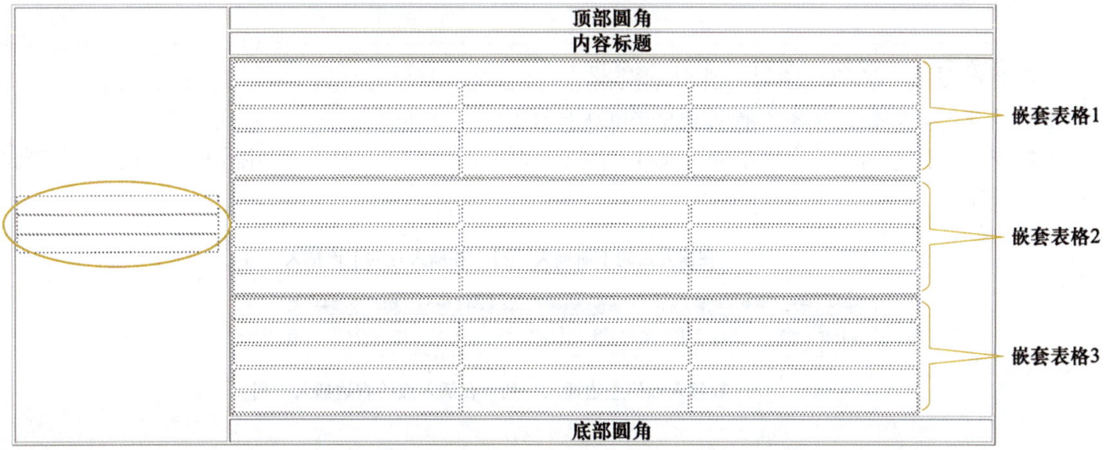

图7.11 插入了嵌套表格的表格2

☞ 在表格2的左侧单元格中插入1个3行1列的表格，要求表格的宽度为212像素，边框粗细、单元格边距及单元格间距均为0操作步骤略。

说明

对于嵌套表格，可以根据需要独立设置其属性值，而其他表格的属性值不会影响嵌套表格，如右侧单元格行高的调整不会影响左侧嵌套表格单元格的行高，从而可以通过插入嵌套表格来灵活调整页面的布局结构。

☞ 在表格 2 右侧的第 3 行中分别插入 3 个嵌套表格，操作步骤如下。

（1）将插入点置于表格的第 3 行中，插入一个 5 行 3 列的表格，要求宽度为 700 像素、边框粗细为 0，单元格边距及单元格间距均不做设置（取默认值）。

（2）将嵌套表格的第 1 行中的单元格进行合并。

① 将插入点置于第 1 行的任意一个单元格中。

② 在标签选择器中单击右边的<tr>标签，选中第 1 行。

③ 在“属性”面板中单击“合并单元格”按钮。

（3）由于“技术”、“专业服务”及“网络营销”3 个区域的结构一样，因此将刚插入的嵌套表格复制两份。

① 选中嵌套表格，按 Ctrl+C 组合键。

② 将插入点置于嵌套表格的右侧，按两次 Ctrl+V 组合键。

此时，表格 2 右侧的第 3 行中已经插入了 3 个的嵌套表格。

4. 插入/删除行或列

关于页面的布局，应尽量在设计之初考虑周全。如果以后需要修改表格结构，除了上述方法外，还可以通过插入/删除行或列来进行。

1）插入行或列

由于“网络营销”区域需要一个 7 行 3 列的表格布局，为此应将嵌套表格 3 再增加两行。

☞ 在嵌套表格 3 中插入两行，操作步骤如下。

（1）将插入点置于第 3 个嵌套表格的最后一行。

（2）在“插入”面板的“布局”类中连续两次单击“在插入点的下面插入行”按钮，如图 7.12 所示。

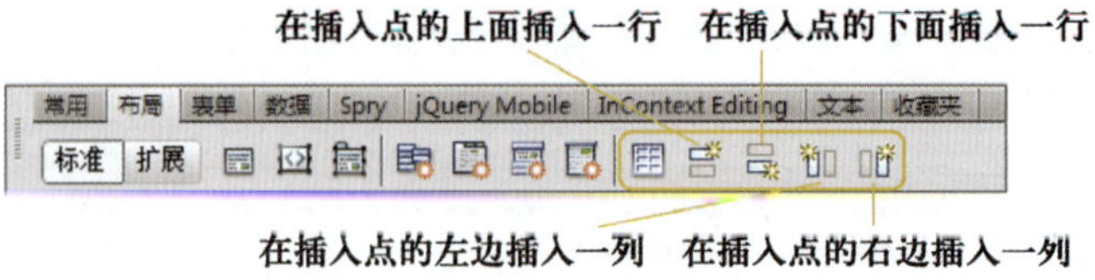

图 7.12 插入行或列的按钮

（3）保存文件，预览网页，页面效果如图 7.13 所示。

☞ 为便于以后增加栏目列表之间的行距，将左侧嵌套表格修改为 5 行，如图 7.13 左侧所示，操作步骤如下。

（1）选中左侧的嵌套表格。

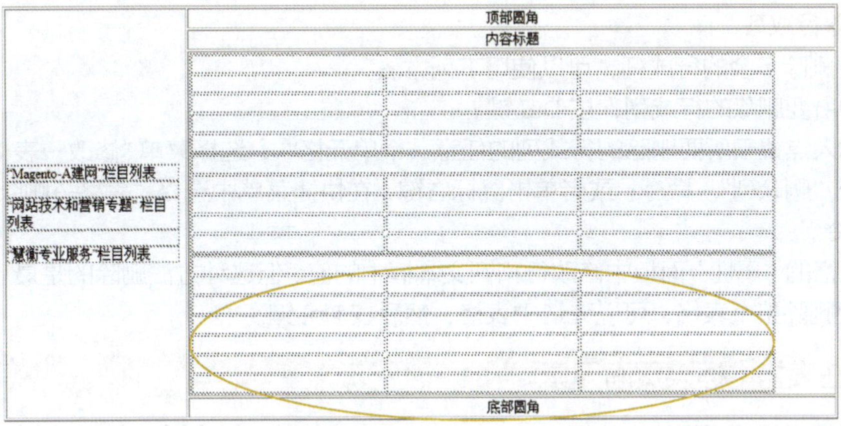

图 7.13 在表格 3 插入两行后的效果

（2）在“属性”面板的“行”文本框中输入“5”，表格由原来的 3 行增加到 5 行。

操作提示

（1）如果在插入行或列时，表格对象的行高或列宽发生了变化，当难以调整时，可以先清除行高或列宽，然后重新调整或设置。清除行高或列宽的常用方法如下。

- 单击“属性”面板上的“清除列宽”按钮或“清除行高”按钮。
- 在表格标题菜单和列标题菜单中选择相应的命令。

（2）当选中表格或将插入点置于表格中时，Dreamweaver 会显示表格和列的宽度及访问表格标题菜单和列标题菜单的下拉按钮。单击下拉按钮，可以打开列标题菜单和表格标题菜单，如图 7.14 和图 7.15 所示。

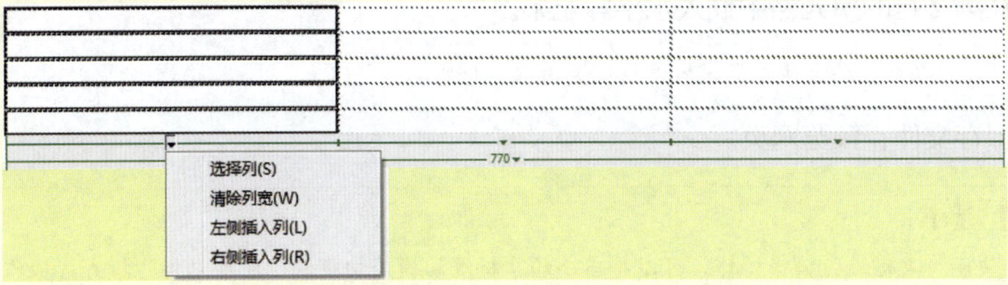

图 7.14 列标题菜单

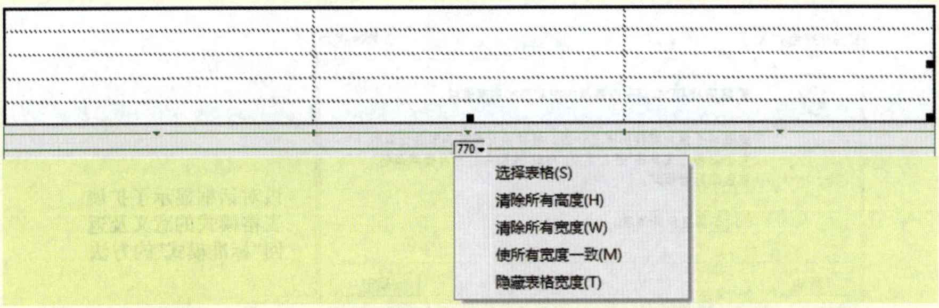

图 7.15 表格标题菜单

2）删除行或列

如果要删除多余的行或列，可以使用下列方法。

- 选中所要删除的行或列，按 Del 键。
- 将插入点置于所要删除的行或列的任意一个单元格中，选择菜单“修改→表格→删除行”（或“删除列”）命令；或者单击鼠标右键，在快捷菜单中选择“表格→删除行（或列）”命令。
- 在表格的“属性”面板中修改行和列文本框中的值。但这种方法删除的是最后的行或列。

如果要删除整个表格，可以先选中表格，然后按 Del 键。

7.3.2 在表格中插入页面元素

利用表格搭建起页面的主体框架后，便可以在表格的单元格中插入文本、图像或 Flash 等页面元素了。下面按图 7.2 所示页面的设计要求，插入各种页面元素。

1. 在表格 1 中插入页面元素

☞ 在表格 1 中插入页面元素，效果如图 7.16 所示。操作步骤如下。

图 7.16 在表格 1 中插入页面元素的效果

（1）将插入点置于第 1 行的单元格中，插入 hui heng web/images/banner.gif 图像。可以看到，当图像的大小超过单元格的大小时，单元格会自动调整以适应其中的图像大小。

（2）在第 2 行的单元格中插入水平导航条。

提示： 导航条的制作方法参见第 6 章的相关内容，此处不再赘述。

（3）保存文件，预览网页。

操作提示

为了便于对表格进行编辑操作，可以将当前的“标准”模式切换到“扩展表格”模式。操作方法为，在“插入”面板的“布局”类中单击“扩展表格模式”按钮 扩展，打开“扩展表格模式入门”对话框，如图 7.17 所示，单击“确定”按钮。

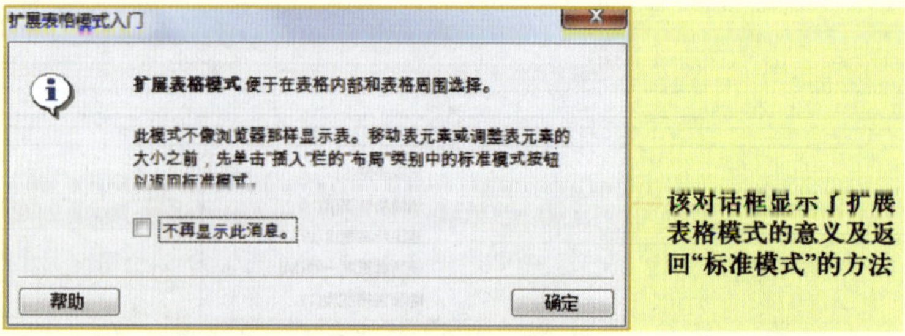

图 7.17 “扩展表格模式入门”对话框

如图 7.18 所示，在“扩展表格”模式下，单元格边距和间距变得粗大明显，用户可以方便地选择较小单元格及其内容，或者精确放置插入点。

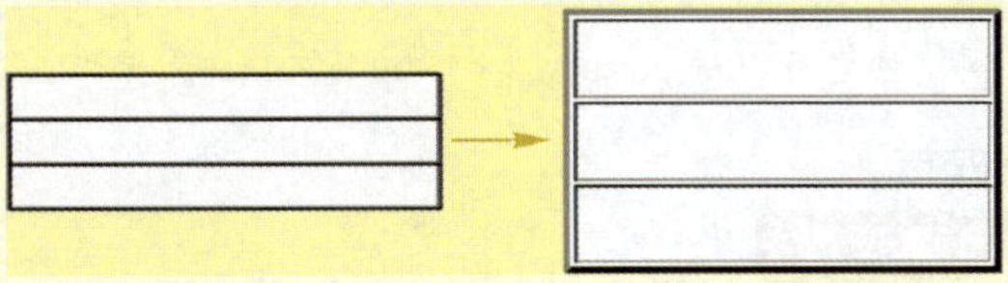

图 7.18　表格由“标准”模式切换到“扩展表格”模式下的显示效果

2. 在表格 2 中插入页面元素

☞ 制作左侧栏目，效果如图 7.19 左侧所示，操作步骤如下。

（1）制作“网站技术和营销专题”栏目。

① 将插入点置于左侧嵌套表格的第 3 个单元格中。

② 输入标题文本“网站技术和营销专题”，按 Enter 键，并将其设置为“标题 2”。

③ 输入“网站技术和营销专题”的文字列表。

（2）用相同的方法，完成“Magento–A 建网”和“慧衡专业服务”栏目的制作。

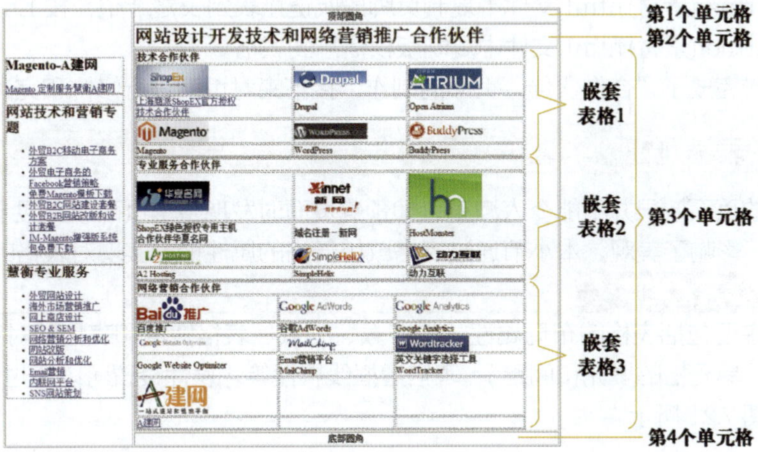

图 7.19　主体内容区域

提示： 由于制作方法相同，读者可以从 partner(素材).html 文件中复制相应的内容。

☞ 制作主体内容“合作伙伴”区域，操作步骤如下。

（1）将插入点置于表格 2 右侧的第 2 个单元格中，输入内容标题“网站设计开发技术和网络营销推广合作伙伴”，并将其样式设置为“标题 1”。

（2）制作“技术合作伙伴”区域。

① 将插入点置于嵌套表格 1 的第 1 个单元格中，输入标题“技术合作伙伴”，并将其样式设置为“标题 3”。

② 接着在第 2 行和第 4 行的各单元格中分别插入相应技术合作伙伴的 Logo 图像。

③ 在第 3 行和第 5 行的各单元格中分别输入相应技术合作伙伴的名称。

（3）用相同的方法在表格 2 右侧嵌套表格 2、3 中制作“专业服务合作伙伴”和“网络营销合作伙伴”区域。

提示：由于制作方法相同，读者可以从 partner(素材).html 文件中复制相应的内容。

（4）保存文件，预览网页。

3. 在表格 3 中插入页面元素

☞ 在表格 3 中插入页脚信息，效果如图 7.20 所示，操作步骤如下。

Drupal	Magento	ShopEx	网络营销	网站分析和优化	慧衡社区
Drupal专题	Magento专题	ShopEx专题	网络营销专题	Google Analytics专题	慧衡观点
Drupal网站管理系统	Magento电子商务平台	ShopEx网上商店系统	网络营销闭环流程	网站分析	慧衡博客
Drupal主题	Magento主题	ShopEx模版	搜索引擎优化	网页测试和优化	外贸社区
外贸网站设计	外贸电子商务	网上商店设计	百度推广优化	网络营销分析和优化	关于慧衡
网站改版	多语言网上商店设计	ShopEx主机	谷歌AdWords优化	网站设计趋势	Email订阅
Open Atrium		ShopEx定制服务	Email营销	标签云	常见问题解答(FAQ)
			Web 2.0营销		联系我们

Copyright© 2008-2014 InteMatrix 慧衡 All Right Reserved. 粤ICP备09069737号-1

列标题

图 7.20 插入了页面元素的表格 3 效果

（1）从 partner(素材).html 文件中复制页脚导航链接表到表格 3 中，按 Enter 键。

（2）从 partner(素材).html 文件中复制版权信息到表格 3 中。

至此，初步完成了“合作伙伴”页面的制作，接下来对页面进行修饰和完善。

7.3.3 设置表格属性

初步制作的页面效果并不能令人满意，如预览页面时发现整个页面居左显示，表格的边框线也突出显示，影响了美观。本小节通过表格或单元格的属性设置实现对表格的外观调整。

1. 设置整个表格的属性

表格属性主要包括表格的布局属性（如行数、列数、表格宽度和表格的对齐方式）、单元格的布局属性（单元格的填充和间距）、表格边框线属性等。属性设置可以通过表格的“属性”面板实现，如图 7.21 所示。

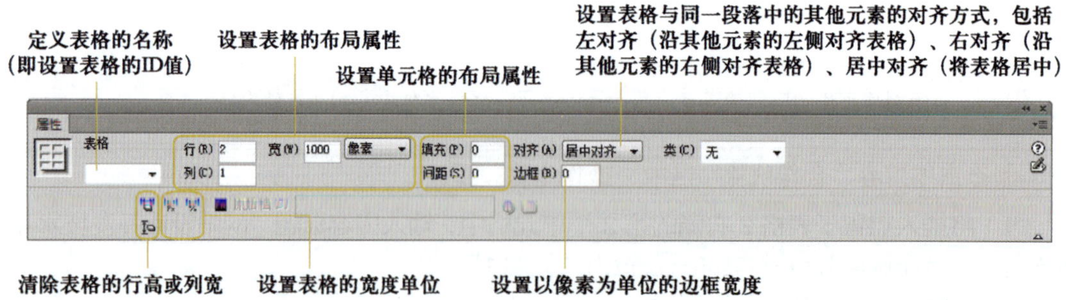

图 7.21 表格的“属性”面板

☞ 设置表格 1、表格 2 和表格 3 的对齐方式为“居中对齐”，将填充、间距和边框设置为 0，操作步骤如下。

（1）单击表格 1 的任意边框，选中表格 1。

（2）在“属性”面板的“对齐”下拉列表框中选择“居中对齐”。

（3）在“属性”面板的“填充”、“间距”和“边框”文本框中分别输入“0”。

（4）保存文件，预览网页，第 1 个表格的位置由原来浏览器的左侧移到了中间，同时，原来表格中页面元素之间的间距和边框线消失了。

（5）用相同的方法设置表格 2 和表格 3 的属性。

（6）保存文件，预览网页。

说明

在表格的“属性”面板中没有“高”属性设置项。如果需要设置整个表格的高度，可以通过对各行或单元格高度的设置来实现。

2. 设置表格行、列及单元格属性

除可设置整个表格的属性外，还可根据需要单独设置指定的行、列或单元格的属性。其属性设置可以通过相应的“属性”面板实现，如图 7.22 所示。

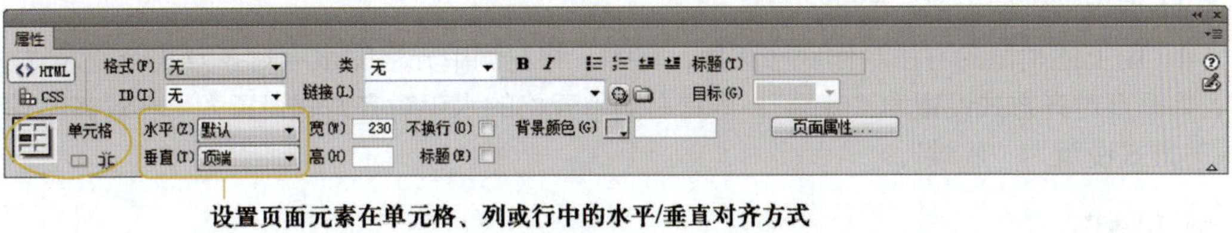

图 7.22 单元格“属性”面板

说明

在 Dreamweaver 中，根据选中对象（行、列和单元格）的不同，“属性”面板而略有不同，其主要区别在于“属性”面板的右下角，请读者仔细观察。

☞ **将表格 2 左侧单元格的宽度设置为 230 px，并将其嵌套表格置于单元格的左上方，操作步骤如下。**

（1）在表格 2 左侧单元格的空白处单击，将插入点置于单元格中。

（2）在单元格“属性”面板的“宽”文本框中输入“230”，在“水平”下拉列表框中选择“左对齐”、在“垂直”下拉列表框中选择“顶端”。

（3）保存文件，预览网页，栏目列表由原来所在单元格的中间移至单元格的左上方。

☞ **用相同的方法将右侧所有嵌套表格第 1 行的行高设置为 60。操作步骤略。**

为了使页面布局更加合理，对其他表格的宽与高进行适当的调整。

☞ **利用 1 px 的透明 space.gif 图像制作表格细线，操作步骤如下。**

（1）在表格 2 左侧的第 2 行和第 4 行单元格中分别插入 space.gif 图像。

（2）将表格 2 左侧的第 2 行和第 4 行的行高分别设置为 6。

3. 制作圆角表格

直接使用直角表格会显得过于呆板，利用圆角小图像和单元格的对齐方式可以在表格的四

周加上圆角。

☞ 将主体内容区域制作为圆角矩形，效果如图 7.2 中部右侧所示，操作步骤如下。

（1）将当前的“标准”模式切换到“扩展表格”模式下。

（2）制作顶部圆角。

① 将表格 2 右侧的第 1 行拆分为两列。

② 在第 1 行的左侧单元格中插入 node-title-left.gif 顶部圆角图像，并将其单元格的水平对齐方式设置为“左对齐”，将垂直对齐方式设置为“顶端”。

③ 在第 1 行的右侧单元格中插入 node-title-right.gif 顶部圆角图像，并将其单元格的水平对齐方式设置为“右对齐”，将垂直对齐方式设置为“顶端”。

④ 将第 1 行的高度设置为 9 px（即顶部圆角图像的高度）。

⑤ 同时选中第 1 行和第 2 行，在单元格“属性”面板的“背景颜色”文本框中，将第 1 行和第 2 行的背景颜色设置为顶部圆角图像的颜色。

（3）退出“扩展表格”模式。

（4）用上述类似的方法制作底部圆角，其中，将左侧单元格的水平对齐方式设置为“左对齐”，将垂直对齐方式设置为“底端”；将其右侧单元格的水平对齐方式设置为“右对齐”，将垂直对齐方式设置为“底端”。

小技巧

（1）制作圆角表格可以采用下列方法。

直接制作一条完整的左右顶端为圆角的矩形图像，插入到表格的第 1 行中，用于制作表格的顶部圆角；同样，直接制作一条完整的左右底端为圆角的矩形图像，插入到表格的最后一行中，用于制作表格的底部圆角，如图 7.23 所示。

图 7.23 左右底端为圆角的矩形图像

这种做法受到表格列宽的限制。当表格的列宽发生改变时，需要重新制作等宽图像。

（2）本案例的制作方法虽然较为复杂，但其优点是，圆角形状不受表格列宽的影响。

7.3.4 利用 CSS 样式美化表格

利用“属性”面板修饰页面效果是有限的。要想进一步美化利用表格布局的页面，还需要使用 CSS 样式。

首先将公共样式表文件 huihengweb/css/hh.css 附加到 partner.html 中，以使 partner.html 和站点内其他网页的风格保持一致。接下来，将“合作伙伴”网页用到的样式定义在 w07 文件夹的样式表文件 table.css 中。

1. 美化表格中的元素

☞ 美化标题 3 的操作步骤如下。

（1）重新定义 HTML 标签< h3>，并将 h3 定义在新建样式表文件 table.css 中。

（2）标签< h3>的各项属性设置如下。

```
h3 {
```

```
    font-family: "宋体"; font-size: 14px; color: #FF6F00;
}
```

☞ 设置左侧栏目的链接文本颜色，操作步骤如下。

（1）将左侧栏目列表所在的嵌套表格命名为 left。

（2）在样式表文件 table.css 中新建复合样式#left a，并设置#left a 样式的各项属性如下。

```
#left a{
    color: #282727;font-weight: normal;
}
```

☞ 美化“网站技术和营销专题”文字列表，操作步骤如下。

（1）将“网站技术和营销专题”文字列表 ul 的 ID 定义为 tlist。

（2）为了控制列表文字在单元格中的左右边距，在样式表文件 table.css 中新建下列样式。

① 新建样式#tlist，并设置#tlist 样式的各项属性如下。

```
#tlist{
    padding-left: 10px;padding-right: 26px;
}
```

② 新建复合样式#tlist li，并将#tlist li 的样式属性设置为以下内容。

```
#tlist li {
    line-height: 15px;
    background: url(images/arrow.png) no-repeat left center;
    list-style-type: none;
    padding-left: 25px;margin-bottom: 8px;
}
```

说明

通过背景图像的设置，可以灵活控制列表小图标的上/下及左/右的位置。而通过列表图像的设置为项目列表添加的小图标的位置是固定的。

☞ 美化“慧衡专业服务”文字列表，操作步骤如下。

（1）将“慧衡专业服务”文字列表 ul 的 ID 定义为 slist。

（2）为了控制列表文字在单元格中的左右边距，在样式表文件 table.css 中新建下列样式。

① 新建样式#slist，并设置#slist 样式的各项属性如下。

```
#slist {
    padding-left: 20px;padding-right: 26px;
}
```

② 新建复合样式#slist li，并设置#slist li 样式的各项属性如下。

```
#slist li {
    line-height: 32px; font-weight: bold;
```

```
        background: url(images/bg-line.png) no-repeat left bottom;
        margin: 0;padding: 0px;
        list-style-type: none;list-style-image: none;
}
```

③ 新建复合样式#slist li a，并设置#slist li a 样式的各项属性如下。

```
#slist li a {
        font-weight: bold;
        background: url(images/a1.png) no-repeat 0px center;
        display: block;
        padding-left: 33px;
}
```

④ 新建复合样式#slist li a:hover，并设置#slist li a:hover 样式的各项属性如下。

```
#slist li a:hover{
        text-decoration:none; color:#FF6600;
}
```

2. 美化表格背景

将栏目列表区域制作为圆角矩形形状，效果如图 7.24 所示。

☞ 修饰栏目列表中标题 2 的背景，操作步骤如下。

（1）由于标题 2 是站点内所有网页的共同元素，为此在公共样式表 hh.css 中新建类样式.bg_h2，并设置.bg_h2 样式的各项属性如下。

```
.bg_h2 {/*定义圆角矩形上半部分的格式*/
        background:#6083AB url(../images/bg_con_titile.jpg) no-repeat left top;
        text-indent: 2em;
        height: 40px;width: 212px;
        padding: 10px 0px 0px 0px;
}
```

图 7.24 圆角矩形的栏目列表

（2）依次将设置为标题 2 的栏目列表标题分别应用样式.bg_h2。

☞ 利用 CSS 样式美化左侧栏目所在表格的单元格背景，操作步骤如下。

（1）在样式表文件 table.css 中新建样式.bg_td，并设置.bg_td 样式的各项属性如下。

```
.bg_td {
        background: #8DB0D8 url(../images/bg_con_bot.jpg) no-repeat left bottom;
        padding-bottom: 20px;
}
```

（2）为栏目列表所在的单元格应用.bg_td 样式。

① 选中“网站技术和营销专题”栏目列表所在的单元格。

② 在“属性”面板的“类”下拉列表框中选择“.bg_td”。

③ 用相同的方法为其他栏目列表所在的单元格应用.bg_td 样式。

3. 美化表格边框

☞ 将表格 1 与表格 2 的间距设置为 10 px，操作步骤如下。

（1）将表格 1 的 ID 定义为 table1。

（2）在样式表文件 table.css 中新建样式#table1，并设置#table1 样式的属性如下。

```
#table1 {
    margin-bottom: 10px;
}
```

表格 1 下方和表格 2 之间有了距离。

☞ 将表格 3 的上边框设置为宽度为 5 px 的橘红色边框，操作步骤如下。

（1）将表格 3 的 ID 定义为 table3，将宽度设置为 100%。

（2）将表格 3 单元格的水平对齐方式设置为居中，将行高设置为 329 px。

（3）在样式表文件 table.css 中，新建样式#table3，并设置#table3 样式的各项属性如下。

```
#table3{
    background-color: #334254; margin-top: 30px; border-top: 5px solid #F15F00;
}
```

☞ 美化页脚的版权信息，操作步骤如下。

（1）选中版权信息所在的段落。

（2）在“属性”面板的“美”下拉列表框中选择“copyright”。

☞ 美化页脚导航链接表，操作步骤如下。

（1）将页脚导航链接表（即表格 3 中的嵌套表格）的 ID 定义为 ftable。

（2）由于页脚导航链接表是站点内所有网页的共同元素，为此在公共样式表 hh.css 中定义下列样式。

① 新建样式#ftable th，用于设置表格的标题。#ftable th 样式的各项属性设置如下。

```
#ftable th {
    color: #DB8A3B;font-size: 14px; font-weight: bold;
    text-align: left;
    border: 0px;
}
```

② 新建样式#ftable a，用于设置表格中的各项链接文本。#ftable a 样式的各项属性设置如下。

```
#ftable a {color:#C9E2FF; }
```

7.4 项目总结

本章以深圳慧衡科技有限公司网站的二级页面“网站设计开发技术和网络营销推广合作伙伴”的设计与制作为例，详细介绍了表格的基本操作方法，以及利用表格布局页面的思路与实现方法。本项目涵盖的主要内容如图 7.25 所示。

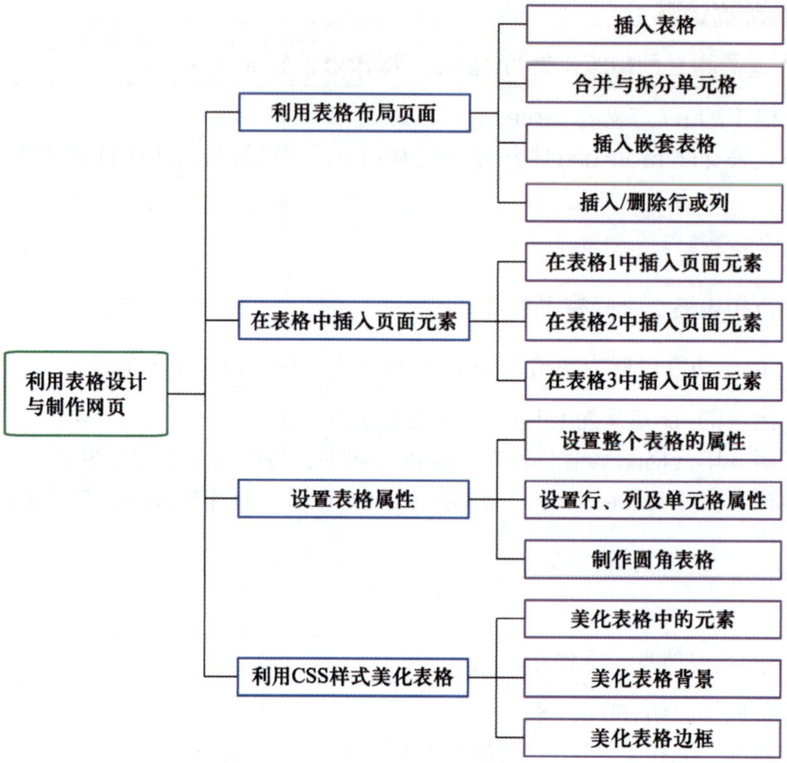

图 7.25 本项目涵盖的主要内容

7.5 扩展技能

1. 表格数据的导入和导出

在 Dreamweaver 中，利用“文件”菜单的“导入”“导出”命令可以将在另一个应用程序中创建并以分隔文本的格式（其中的项以制表符、逗号、冒号、分号或其他分隔符隔开）保存的表格式数据进行导入和导出。特别是可以直接导入 Word、Excel 表格，避免了在 Dreamweaver 中需要显示这些数据时重新输入。

2. 制作各行变色表格

导入 Dreamweaver 中的 Excel 表格的漂亮样式消失了，解决的办法是利用 CSS 样式美化表格，操作步骤如下。

（1）定义一个类样式，专门用于改变奇数行（或偶数行）的背景色，实现隔行变色效果。

（2）在设置表格的样式中添加一项 border-collapse 属性，并将 border-collapse 属性值设置为 collapse（其作用是将表格的边框合并为单一的边框），否则，表格的中间边框粗于四周边框。

CSS 表格属性还包括内容。

- border-spacing：设置分隔单元格边框的距离。
- caption-side：设置表格标题的位置。

- empty-cells：设置是否显示表格中的空单元格。
- table-layout：设置显示单元格、行和列的算法。

了解并充分利用 CSS 表格属性可以极大地改善表格的外观，请读者自行练习。

7.6 课后练习

7.6.1 配套实训

利用配套实训文件夹下的素材文件，根据所学的表格及前面的知识，设计与制作一个介绍八音琴的网页，要求如下。

1. 利用表格设计与制作页面。
2. 使用 CSS 样式适当美化页面。

7.6.2 同步测试

1. (　　) 不是组成表格的最基本元素。

   A. 行　　B. 列　　C. 边框　　D. 单元格

2. 要选中某个单元格，可以将光标先定位在该单元格，然后将鼠标指针移到标签选择器的 (　　)，单击该标签即可。

   A. <tr>　　B. <table>　　C. <td>　　D. <tm>

3. 在“属性”面板的 (　　) 下方设置表格的名称。

   A. 表格 ID　　B. 表格名称　　C. 表格边框　　D. 表格内容

4. 在表格属性设置中，间距指的是 (　　)，间距默认是两个像素。

   A. 单元格内的文字距离单元格内部边框的距离
   B. 单元格内的图像距离单元格内部边框的距离
   C. 单元格内的文字距离单元格左部边框的距离
   D. 单元格与单元格之间的宽度

5. 下面说法错误的是 (　　)。

   A. 单元格可以相互合并　　B. 在表格中可以插入行
   C. 可以拆分单元格　　D. 在单元格中不可以设置背景图像

6. 要使表格的边框不显示，应设置 border 的值为 (　　)。

   A. 1　　B. 0　　C. 2　　D. 3

第 8 章

利用 Div+CSS 设计与制作网页

——制作网站主页

Div 是一种可用于进行网页布局的块元素，利用 Div+CSS 制作网页就是利用 CSS 对 Div 进行属性设置来实现网页布局、制作网页，这是目前普遍使用的一种网页设计方法。它可以将网页的内容与表现相分离，满足网页制作需遵循的 Web 标准。本章将通过深圳慧衡科技有限公司网站主页的设计与制作，详细介绍利用 Div+CSS 设计与制作网页的布局思路及实现方法。

学习目标

- 掌握利用 Div+CSS 设计与制作网页的整体思路
- 掌握利用 CSS 对 Div 进行定位的方法
- 掌握利用 CSS 设置 Div 属性的方法

8.1　项目分析

8.1.1　设计思路

深圳慧衡科技有限公司为了扩展业务需要制作一个公司网站，介绍公司概况、公司文化，进行产品展示等。网页设计师小高首先进行需求分析，了解公司所要表达的理念、界面需要显示的内容和栏目的要求，然后收集相关文字素材和图片，最后确定了网站主页的设计思路。

页面元素：网站 banner、导航条（从“方案、技术、服务、设计、案例、培训、合作、慧衡”这 8 项来介绍公司）、介绍公司业务的一些文字元素、图像等，如表 8.1 所示。

表 8.1　页 面 元 素

页面元素
网站 banner
网站导航（首页、方案、技术、服务、设计、案例、培训、合作、慧衡）
制作一个 Flash，展示公司优秀产品
“Magento-A 建网”“设计营销优化”栏目列表
公司业务简介
“在线联系”“最新博文”“A 建网服务”栏目
页脚信息（页脚导航链接、版权信息）

版面布局：采用企业网站常用的“国”字形结构，顶部区域用于装载网站的 banner、导航条及横幅广告条；接下来就是主体内容区域，分为 3 列，左侧用于装载栏目列表，中间用于装载公司业务信息，右侧用于装载最新博文、联系方式；底部区域装载页脚信息。页面布局简单示意图如图 8.1 所示。

配色方案：因为是公司网站，所以色彩采用了深蓝色，蓝色可以给人“信任、安全、崇高”等的心理联想，也符合一般人的视觉感官。

经过上述分析，结合网页制作技术，小高顺利完成了任务，页面效果如图 8.2 所示。

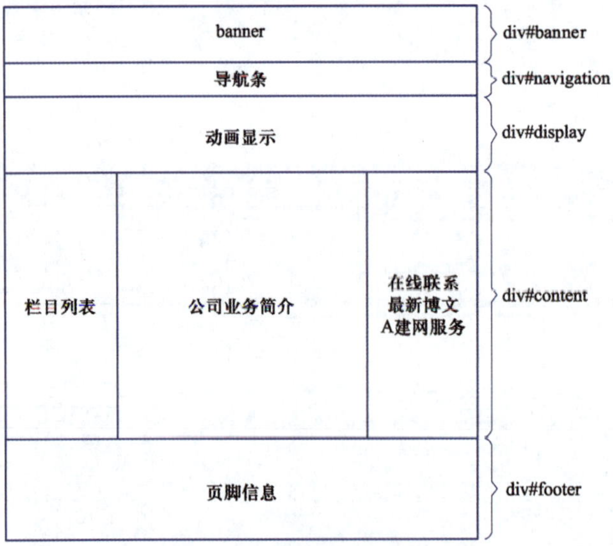

图 8.1　页面布局简单示意图

图 8.2　“主页”的页面效果图

8.1.2 制作流程

在具体制作之前，小高将收集的页面素材分类存放到本地站点相应的文件夹下，然后基于“先整体→后局部→再细节”的工作过程，开始了他的网页制作。

首先插入 Div，构建页面的整体框架，在每一个 Div 中插入页面元素，然后利用 CSS 定位 Div，最后利用 CSS 样式对内容进行美化（包括 Div、网页元素等）。具体制作流程如图 8.3 所示。

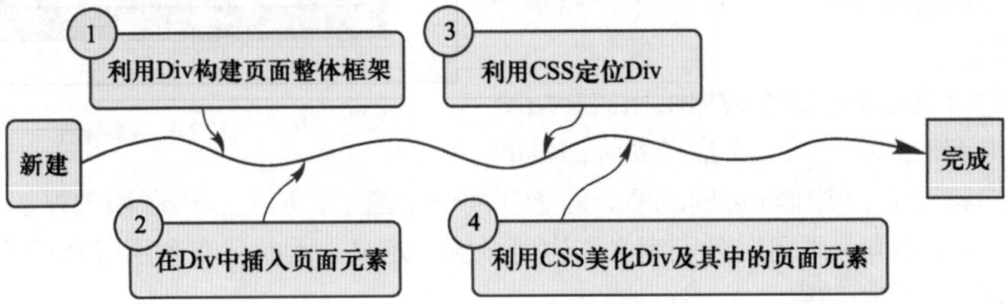

图 8.3 “主页”的制作流程

8.2 预备知识

1. Web 标准

说到 Div+CSS，就不得不说网页标准（Web 标准）。Web 标准提出，网页主要由 3 部分组成，即结构、表现和行为。相对应的结构标准语言为结构化语言，如 XHTML 和 XML；表现标准语言，如 CSS；行为标准，包括对象模型、ECMAScript 等。其中，Web 标准最显著的特征就是将网页的内容与表现相分离，这就要求网页有良好的文档结构，而利用 Div+CSS 制作网页正可以达到这种效果，利用 Div 构建网页的文档结构以装载网页内容，利用 CSS 对每个 Div 定位及美化，从而实现网页的内容与表现相分离。

2. 认识 Div

Div（Division）即片段，并无实际的意义，只是一个定位标志，是块元素的一种。在 HTML 规范中，元素可分为内联元素（Inline element）和块元素（Block element）两种。块元素是其他元素的容器元素，它可以容纳内联元素和其他块元素。在默认情况下，块元素总是从新行开始，高度、宽度及顶和底边的距离可控制。

Div 是一种块元素，可以容纳段落、标题、表格、图片等各种 HTML 元素。因此，可以把<div>与</div>中的内容视为一个独立的对象。利用 CSS 美化时，只需要对 Div 进行相应的控制，其中的各 HTML 元素就会因此而改变。

利用 Div 与 CSS 进行布局，就是指将网页的内容装载到一个个 Div 中，然后利用 CSS 样式对 Div 进行定位并美化网页。

3. 认识盒模型

利用 CSS 编辑 Div 的属性，并对其进行定位，就需要了解盒模型。只有掌握了盒模型，才能利用 CSS 编辑 Div 的各种属性，控制它的位置。之前说到，Div 就像装载着东西的容器一样置于网页上，我们可以将它看作一个装了东西的盒子，这个盒子由内容、填充、边框和边界组成，如图 8.4 所示。

填充（Padding）：盒子里面的内容到盒子边框的距离。

边框（Border）：盒子本身的边框。边框可以有多种样式，如实线、虚线或点线等。

边界（Margin）：盒子边框外和其他盒子之间的距离。边界边是透明的，一般可用它控制元素之间的间隔。

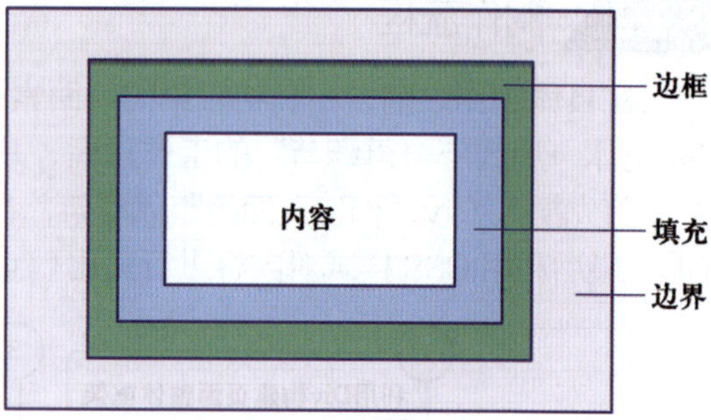

图 8.4 盒模型

在 CSS 中可以通过设定 Width 和 Height 的值来控制内容的大小，而一个盒子实际占据的空间则等于内容+填充+边框+边界的值。对于任何一个盒子，填充、边框和边界都分为“上、右、下、左”4 个方向，既可以分别定义，也可以统一定义。因此只有利用好盒子的这些属性，才能够实现各样的排版效果。

8.3 项目实施

首先新建站点“慧衡科技”，定义站点文件夹 huihengweb，将与主页相关的素材分类复制到 huihengweb 文件夹中。在站点文件夹下新建文件 index.html，页面标题为“深圳慧衡科技有限公司”。下面将详细介绍利用 Div+CSS 制作网页的基本流程和操作方法。

8.3.1 利用 Div 构建页面的整体框架

在设计网页时，首先应该构思整个页面的组成，并且在 HTML 中搭好框架，然后才是排版及美化元素。本小节将利用 Div 构建页面的整体框架，包括整个页面内容分为哪些模块，并用 ID 来标识各个模块。

从页面分析来看，整个网页由 banner（包含网站的 Logo）、导航条、display（展示动画）、页面主体内容（公司业务等）、页脚信息等组成。

首先插入 5 个 Div 并定义 ID，使其自上而下对应一个模块。根据内容需要，用户还可以在 Div 块中插入子 Div。在本网页中，需要在#display 区域和#content 区域中嵌入子 Div，如图 8.5 所示。

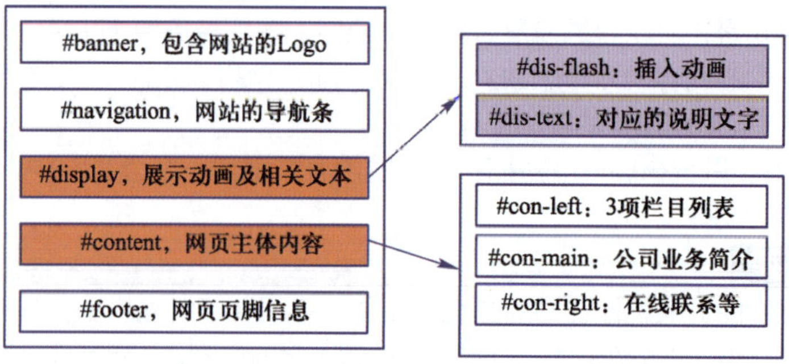

图 8.5 插入 Div 及子 Div

1. 创建 Div

☞ 插入 Div，并将其 ID 定义为 banner，操作步骤如下。

（1）将插入点置于页面的左上角（起始处）。

（2）在“插入”面板的“布局”类中单击“插入 Div 标签”按钮，打开“插入 Div 标签”对话框，如图 8.6 所示。

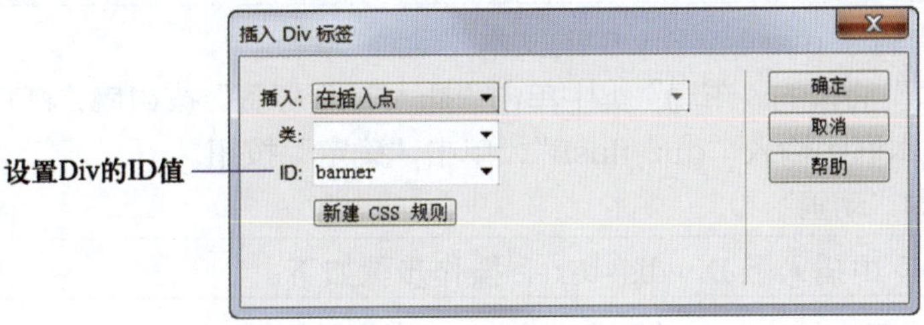

图 8.6 “插入 Div 标签”对话框

① 在 ID 文本框中输入“banner”。

② 单击“确定”按钮，效果如图 8.7 所示。

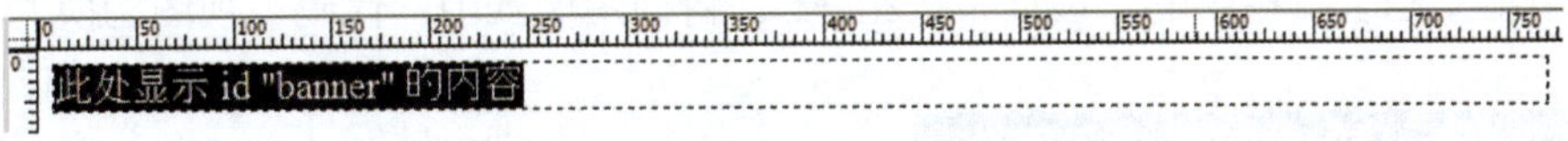

图 8.7 在页面中插入的 Div 效果

小技巧

要插入 Div 标签，还可以在“代码”视图下完成，代码如下。

```
<body>
<div id="banner">此处显示 id "banner" 的内容</div>
</body>
```

☞ 依次创建 Div，即 navigation、display、content、footer。

（1）单击文档工具栏中的“代码”按钮代码，将视图模式由“设计”视图切换为“代码”视图。

（2）在“<div id="banner">此处显示 id "banner" 的内容</div>”后按 Enter 键，另起一行，输入代码“<div id="navigation">导航条</div>”。

（3）继续输入代码，创建其他 Div，即 display、content、footer，如图 8.8 所示。

```
<body>
<div id="banner">此处显示 id "banner" 的内容</div>
<div id="navigation">导航条</div>
<div id="display">动画</div>
<div id="content">主要内容</div>
<div id="footer">页脚信息</div>
</body>
</html>
```

图 8.8 网页代码

（4）单击文档工具栏的“设计”按钮，将视图模式由“代码”视图切换为“设计”视图。

2. 在 display Div 中嵌套插入子 Div

Display Div 用于装载动画及相应的说明文字，所以需要在 display Div 中嵌套插入两个子 Div，一个用于装载动画，一个用于装载动画相应的说明文字。

☞ 在 display Div 中插入子 Div，并将其 ID 定义为 dis-flash，操作步骤如下。

（1）将插入点置于 display Div 中的文本“动画”后。

（2）在“插入”面板的“布局”类中单击“插入 Div 标签”按钮，打开“插入 Div 标签”对话框，在 ID 文本框中输入“dis-flash”，单击“确定”按钮。

（3）删除文本“动画”。

☞ 在 display Div 中插入子 Div dis-text，操作步骤如下。

（1）单击文档工具栏中的“代码”按钮，将视图模式由“设计”视图切换为“代码”视图。

（2）将插入点移至代码“<div id="dis-flash">此处显示 id"dis-flash"的内容</div>”后按 Enter 键，另起一行，输入代码“<div id="dis-text">动画文本</div>”。

（3）单击文档工具栏中的“设计”按钮，将视图模式由“代码”视图切换为“设计”视图。

3. 在 content Div 中嵌套插入子 Div

content Div 用于装载页面主体内容，内容为栏目列表、公司业务简介和在线支持技术文档 3 部分，所以需要在 content Div 中嵌套插入 3 个子 Div，分别装载相应的内容。

☞ 在 content Div 中插入 3 个子 Div，并分别将其 ID 定义为 con-left、con-main、con-right，代码如图 8.9 所示，操作步骤略。

```
<div id="content">主要内容
  <div id="con-left">栏目列表</div>
  <div id="con-main">公司业务简介</div>
  <div id="con-right">在线支持技术文档</div>
</div>
```

图 8.9 网页代码

8.3.2 在 Div 中插入页面元素

搭建好网页的框架后，就可以在每个 Div 中插入页面元素了。Div 中的页面元素可以是文本、图像甚至 Div。下面按图 8.2 所示页面的设计要求，插入各种页面元素。

1. 在 banner Div 中插入图像

☞ 在 banner Div 中插入 banner.gif 图像，效果如图 8.10 所示，操作步骤如下。

图 8.10 banner Div 中的页面元素

（1）将插入点置于 banner Div 中的文本“此处显示 id"banner"的内容”后，插入 banner.gif 图像。

（2）删除文本“此处显示 id "banner" 的内容”。

2. 在 navigation Div 中插入导航条列表

☞ 在 navigation Div 中插入导航条列表元素，效果如图 8.11 所示，操作步骤如下。

图 8.11　navigation Div 中的页面元素

（1）将插入点置于 navigation Div 中的文本“导航条”后，从“index（素材）.html”文件中把导航条列表复制过来。

（2）删除文本“导航条”。

（3）为各列表项文本“首页”“方案”“技术”“服务”“设计”“案例”“培训”“合作”“慧衡”创建空链接。

3. 在 display Div 中插入页面元素

☞ 在 dis-flash Div 中插入 Flash 动画，效果如图 8.12 所示，操作步骤如下。

（1）将插入点置于 dis-flash Div 中的文本“此处显示 id "dis-flash" 的内容”后，插入 Flash 动画 display.swf。

（2）删除文本“此处显示 id "dis-flash" 的内容”。

☞ 在 dis-text Div 中输入文本，效果如图 8.12 所示，操作步骤如下。

（1）将插入点置于 dis-text Div 中的文本“动画文本”后，从“index(素材).html”文件中复制相关文本，效果如图 8.12 所示。

（2）删除文本“动画文本”。

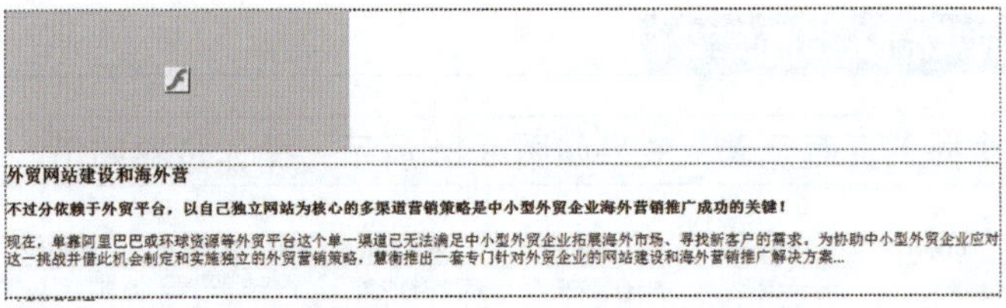

图 8.12　display Div 中的页面元素

4. 在 content Div 中插入页面元素

☞ 在 con-left Div 中插入页面元素，效果如图 8.13 所示，操作步骤如下。

（1）单击文档工具栏中的“代码”按钮 代码 ，将视图模式切换为“代码”视图。

（2）将插入点移至代码“<div id="con-left">栏目列表”后，删除文本“栏目列表”，然后按两次 Enter 键，多出一个空白行。

（3）在空白行处，输入如下代码。

```
<div id="con-leftone">第 1 个</div>
<div id="con-lefttwo">第 2 个</div>
```

（4）单击文档工具栏中的“设计”按钮 设计 ，将视图模式切换为“设计”视图。

（5）从“index(素材).html”文件中复制相关文本到 con-leftone Div 中。

（6）从“index(素材).html”文件中复制相关文本到 con-lefttwo Div 中，并插入 con_left.jpg 图像。

☞ **在 con-main Div 中插入页面元素，效果如图 8.13 所示，操作步骤如下。**

（1）将插入点置于 con-main Div 中的文本“公司业务简介”后，从“index(素材).html”文件中复制相关文字。

（2）插入 con_main.jpg 图像。

☞ **在 con-right Div 中插入页面元素，效果如图 8.13 所示，操作步骤如下。**

（1）将插入点置于 con-right Div 中，删除文本“在线支持技术文档”。

（2）在 con-right Div 中插入 3 个内嵌 Div con-rightone、con-righttwo 和 con-rightthree。

（3）分别在 con-rightone、con-righttwo、con-rightthree Div 中输入文本和插入图像。

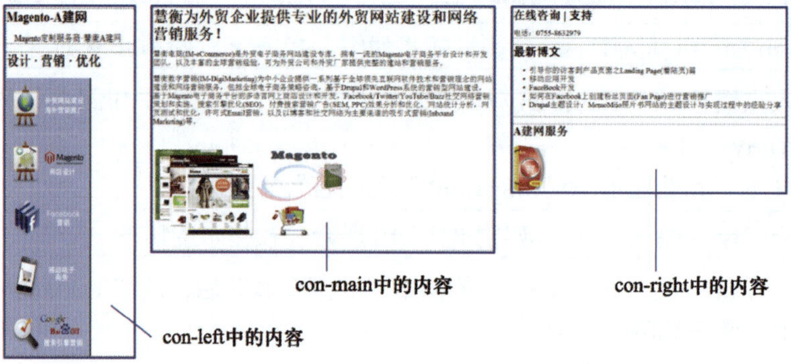

图 8.13 content Div 中的页面元素

5. 在 footer Div 中插入页面元素

☞ **在 footer Div 中插入页面元素，效果如图 8.14 所示，操作步骤如下。**

Drupal	Magento	ShopEx	网络营销	网站分析和优化	慧衡社区
Drupal专题	Magento专题	ShopEx专题	网络营销专题	Google Analytics专题	慧衡观点
Drupal网站管理系统	Magento电子商务平台	ShopEx网上商店系统	网络营销闭环流程	网站分析	慧衡博客
Drupal主题	Magento主题	ShopEx模版	搜索引擎优化	网页测试和优化	外贸社区
外贸网站设计	外贸电子商务	网上商店设计	百度推广优化	网络营销分析和优化	关于慧衡
网站改版	多语言网上商店设计	ShopEx主机	谷歌AdWords优化	网站设计趋势	E-mail订阅
Open Atrium		ShopEx定制服务	E-mail营销	标签云	常见问题解答(FAQ)
			Web 2.0营销		联系我们

Copyright© 2008-2014 InteMatrix 慧衡 All Right Reserved. 粤ICP备09069737号-1

图 8.14 footer Div 中的页面元素

（1）从“index（素材）.html”文件中复制页脚导航链接表到 footer Div 中，按 Enter 键。

（2）从“index（素材）.html”文件中复制版权信息到 footer Div 中。

至此，完成了“主页”页面元素的插入，接下来对 Div 进行定位美化。

8.3.3 利用 CSS 定位 Div

Div 创建好后，默认情况下是从上到下依次排列的，本小节将利用 CSS 来定位 Div。设置各 Div 的大小及位置，效果如图 8.15 所示。

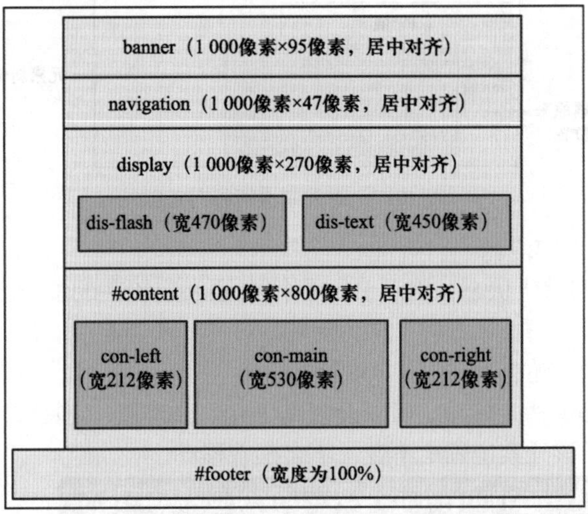

图 8.15　各个 Div 的大小及位置

利用 CSS 定位 Div，可以通过设置 Div 的宽度、高度、垂直及水平位置等属性值来实现。首先认识一下 CSS 中的几种定位模式。

1）float（浮动）定位

准确来说，浮动并不是一种用作定位的选项。浮动定位可为元素分配一定的空间，然后让文档中的其他部分自动环绕在其周围。在实现两列布局时，可以通过设置两个 Div 浮动左对齐和浮动右对齐来实现。图 8.15 中的#dis-flash Div 和#dis-text Div 就可以利用浮动定位来实现左右两列排列。

2）position 的 4 种定位模式

（1）absolute（绝对）定位。

如果要设置一个 Div 绝对定位，可以设置该元素的 Top、Left 值，使其移至坐标（Left，Top）处，坐标原点是页面的左上角，那么该元素原来占据的空间将消失，如图 8.16 所示。绝对定位的元素不会对其旁边的元素带来任何影响，就像页面中根本不存在这个元素一样。

如果某个绝对定位的 Div 位于父层 Div 中，且父层 Div 也被定位过，那么此时的坐标原点就不是页面的左上角，而是这个父层 Div 的左上角。

（2）relative（相对）定位。

如果要设置一个 Div 相对定位，可以设置其 Top、Left 值，使其相对于原来所在的位置向下、向右移动，移动的距离就是设置的 Top、Left 值，如图 8.17 所示。页面中其他的元素不会占据其偏移后留下的空白空间，就像该元素仍在原位置一样。

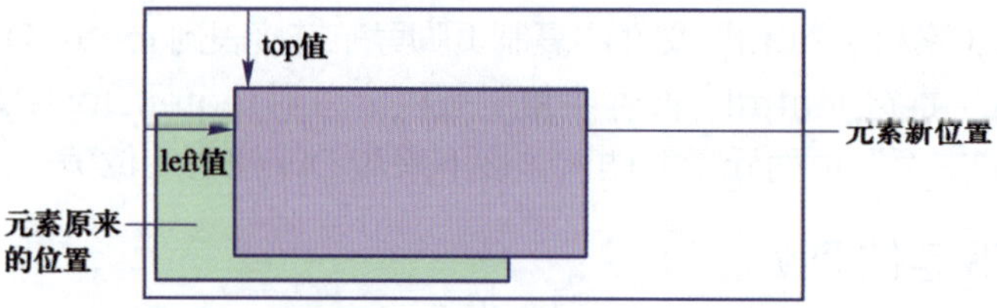

图 8.16 对元素进行绝对定位

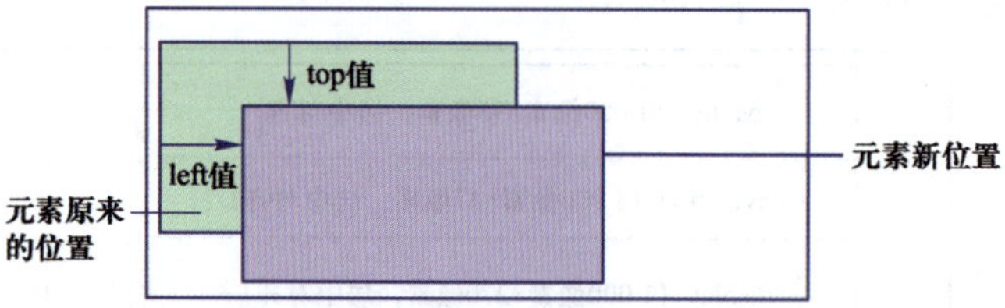

图 8.17 对元素进行相对定位

（3）static（静态）定位。

静态定位是 Div 的默认状态，表示 Div 保持在原来应该在的位置上，即没有任何移动的效果。

（4）fixed（固定）定位。

如果要设置一个 Div 固定定位，可以设置其 Top、Left 值，使其固定在显示屏的某个位置上，即使滚动浏览器，该元素也固定不变，不会跟着移动。

1. 定位 banner、navigation、display 及 content Div 居中对齐

如图 8.15 所示，需要设置 banner、navigation、display 及 content Div 居中对齐。要设置 Div 居中对齐，可以通过使用自动边界的方法完成，即设置 Div 的 Margin 的左、右值为 auto，这样浏览器就会自动平均分配 Div 的左、右边界，使得 Div 水平居中。

☞ 设置 banner Div 的方框属性，使其居中对齐，操作步骤如下。

（1）新建 ID 样式#banner，并将其定义在新建的样式表文件 index.css 中。

（2）在“#banner 的 CSS 规则定义（在 index.css 中）”对话框的“分类”列表框中选择“方框”，如图 8.18 所示，设置各项属性值。

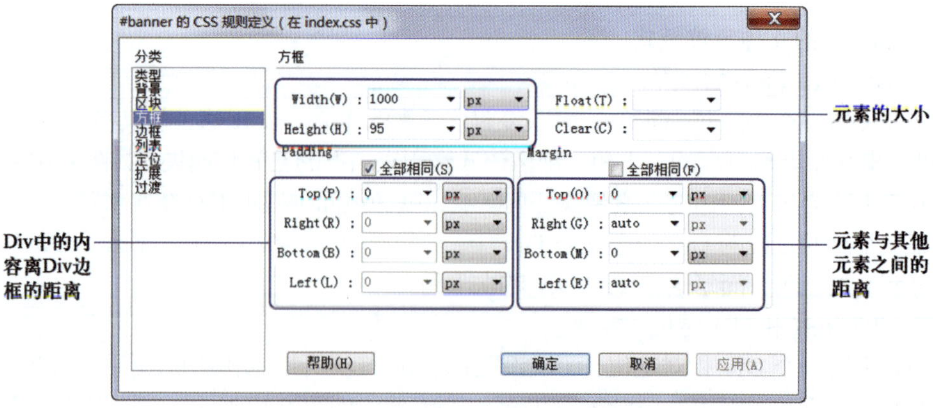

图 8.18 定义#banner 的方框属性

① 设置 Width 为 1 000 px、Height 为 95 px。

② 选择 Padding 选项区域的“全部相同”复选框，在 Top 组合框中输入“0”。

③ 取消勾选 Margin 选项区域的“全部相同”复选框，在 Right 组合框中选择 auto，在 Left 组合框中选择 auto。

④ 单击“确定”按钮。

效果如图 8.19 所示。

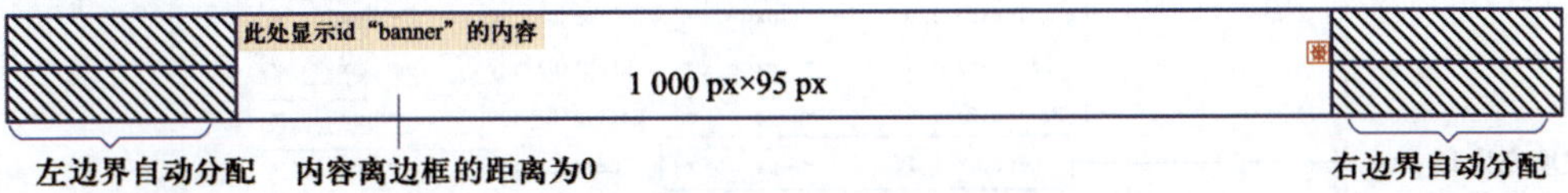

图 8.19 banner Div 居中显示的页面效果

☞ 设置 navigation Div 的方框属性，使其居中对齐，操作步骤如下。

（1）新建 ID 样式#navigation，并将其定义在样式表文件 index.css 中。

（2）设置#navigation 样式的各项属性如下。

```
width: 1000px; height: 47px; padding: 0px;
margin: 0px auto 0px auto;          /*分别是上、右、下、左的边界值 */
```

☞ 设置 display Div 的方框属性，使其居中对齐，操作步骤如下。

（1）新建 ID 样式#display，并将其定义在样式表文件 index.css 中。

（2）设置#display 样式的各项属性如下。

```
width: 1000px; height: 240px;
padding:30px 0px 0px 0px;           /*设置上填充为 30px*/
margin: 0px auto 0px auto;
```

☞ 设置 content Div 的方框属性，使其居中对齐，操作步骤如下。

（1）新建 ID 样式#content，并将其定义在样式表文件 index.css 中。

（2）设置#content 样式的各项属性如下。

```
width: 1000px; height: 800px; padding: 20px 0px 0px 0px; margin: 0px auto 0px auto;
```

2. 定位 footer Div，设置其宽度值为 100%

☞ 设置 footer Div 的 Width 值为 100%，操作步骤如下。

（1）新建 ID 样式#footer，并将其定义在样式表文件 index.css 中。

（2）设置#footer 样式的属性为 Width：100%。

3. 定位 display Div 中的 dis-flash Div 与 dis-text Div 两列布局

如图 8.15 所示，dis-flash Div 与 dis-text Div 在 display Div 中呈两列布局。要设置两个 Div 两列布局，可以采取浮动定位模式，具体做法是先设置一个 Div 向左浮动，再设置另一个 Div 向右浮动。

☞ 设置 dis-flash Div 的属性值，使其浮动左对齐，操作步骤如下。

（1）新建复合样式#display #dis-flash，并将其定义在样式表文件 index.css 中。

（2）在“#display #dis-flash 的 CSS 规则定义（在 index.css 中）”对话框的“分类”列

表框中选择“方框”，如图 8.20 所示，设置各项属性值。

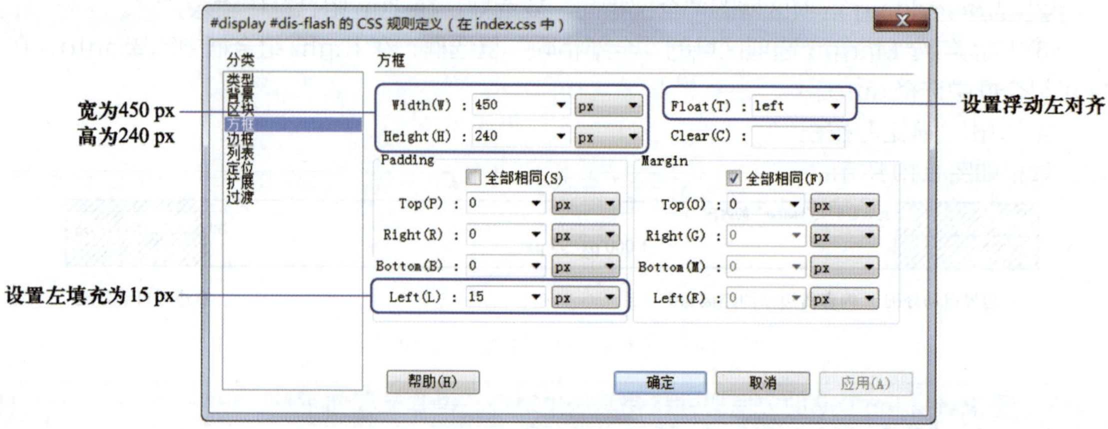

图 8.20 定义#display #dis-flash 的方框属性

☞ 设置 dis-text Div 的属性值，使其浮动右对齐，操作步骤如下。

（1）新建复合样式#display #dis-text，并将其定义在样式表文件 index.css 中。

（2）设置#display #dis-text 样式的属性如下。

```
width: 450px; height: 240px;
float: right;                              /*设置浮动右对齐*/
padding: 0px 15px 0px 0px; margin: 0px;
```

（3）在标签选择器中单击<div#dis-flash>标签，以选中 dis-flash Div。观察页面，效果如图 8.21 所示。

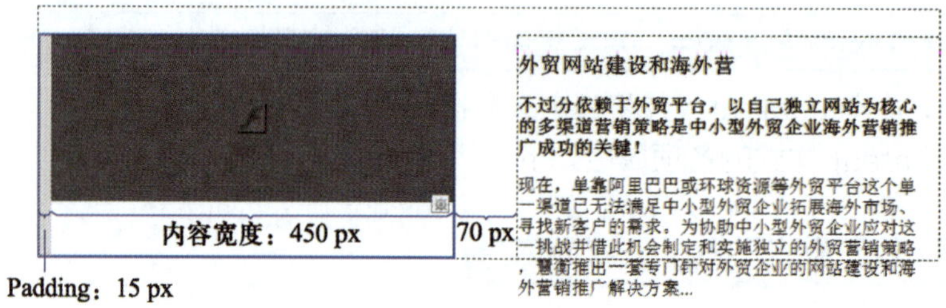

图 8.21 选中 dis-flash Div 的页面效果图

☞ 设置 content Div 的 Clear 属性值，操作步骤如下。

（1）在“CSS 样式”面板中双击#content 样式，打开“#content 的 CSS 规则定义”对话框。

（2）在“分类”列表框中选择“方框”，在 Clear 下拉列表框中选择 both，单击“确定”按钮。

说明

（1）根据盒模型，Padding 值是指内容和边框之间的距离，所以这里为两个元素分别设置了 Padding-Left 值和 Padding-Right 值，使得 Div 中的内容和边框之间存在一定的空白，如图 8.21 所示。

（2）根据盒模型，Div 实际所占宽度为内容+填充+边框+边界之和，所以设置宽度（Width）的值时需要考虑到这一点。这里设置 dis-flash Div 的宽度值为 450 px，是因为插入的 Flash 宽度值为 450 px。而设置 dis-text Div 的宽度值为 450 px，则是考虑到两元素之间需要留有一定的空白，这个空白的宽度值就等于 1 000-（450+15）-（450+15），如图 8.21 所示。

（3）对 dis-text Div 设置了浮动定位后，它下面的 content 元素会上移，因此需对 content 元素设置 Clear 属性来清除浮动。

小技巧

（1）设置两列布局，也可以用绝对定位的方法完成。在本页面中，可以将 dis-flash Div 的 Top 值和 Left 值设置为 0；将 dis-text Div 的 Top 值设置为 0，将 Left 值设置为 535 px。这样也可以实现两元素左右排列。

（2）因为绝对定位的位置是固定的，所以会出现元素相互覆盖的问题。为了解决这个问题，必须知道绝对定位的元素高度以定位下一个元素。在实际制作网页时，如果无法确定元素的高度值，就只能用浮动方法来布局。

4. 定位 content Div 中的 3 个 Div 子元素呈 3 列布局

如图 8.15 所示，con-left Div、con-main Div 及 con-right Div 在 content Div 中呈 3 列布局。要定位 3 个 Div 呈 3 列布局，可以先设置 Div 为相对定位模式，然后通过控制其相对原来位置的偏移值来精确定位 Div 的位置，Div 的移动如图 8.22 所示。

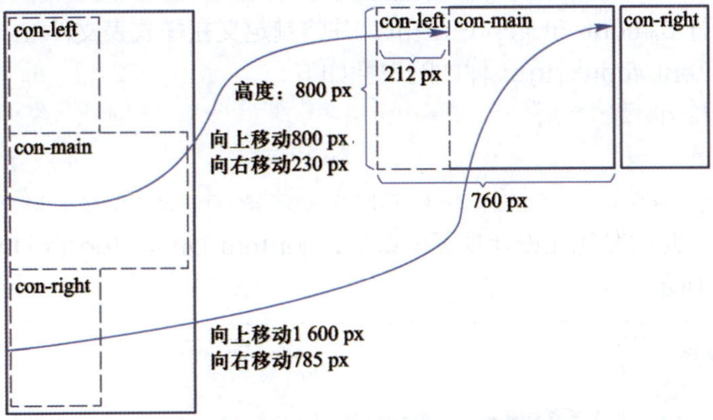

图 8.22　Div 的移动

☞ 设置 con-left Div 的 Width、Height、Padding 及 Margin 值，操作步骤如下。

（1）新建复合样式#content #con-left，并将其定义在样式表文件 index.css 中。

（2）设置#content #con-left 样式的属性如下。

```
width: 212px; height: 800px;
padding: 0px; margin: 0px;
```

☞ 设置 con-main Div 为相对定位，使其定位在 con-left Div 的右侧，操作步骤如下。

（1）新建复合样式#content #con-main，并将其定义在样式表文件 index.css 中。

（2）在“#content #con-main 的 CSS 规则定义（在 index.css 中）”对话框的“分类”

列表框中选择“定位”，如图 8.23 所示，设置各项属性值。

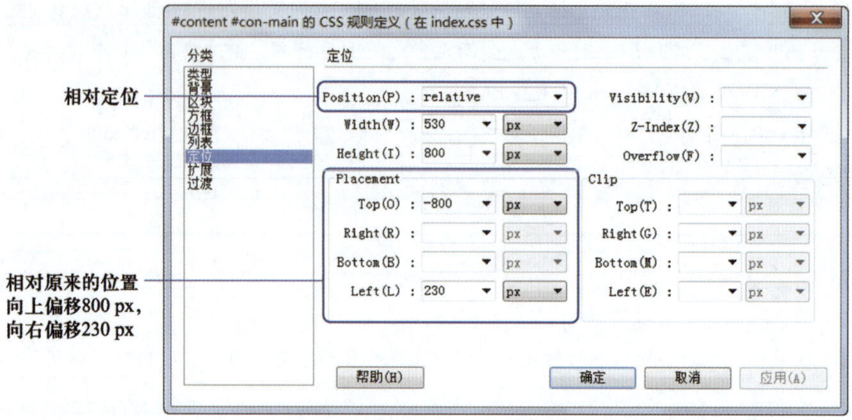

图 8.23 定义#content #con-main 的方框属性

① 在 Position 组合框中输入“relative”。

② 在 Width 组合框中输入“530”，在 Height 组合框中输入“800”，设置单位均为 px。

③ 在 Placement 选项区域的 Top 组合框中输入“-800”，在 Left 组合框中输入“230”，设置单位均为 px。

④ 单击“确定”按钮。

☞ 设置 con-right Div 为相对定位，使其定位在 con-main Div 的右侧，操作步骤如下。

（1）新建复合样式#content #con-right，并将其定义在样式表文件 index.css 中。

（2）设置#content #con-right 样式的属性如下。

```
width: 212px; height: 800px;
position: relative;
left:785px; top: -1600px; /*相对原来的位置向右偏移 785 px，向上偏移 1 600 px*/
```

（3）保存文件，此时发现在设计视图窗口中，content Div 与 footer Div 之间存在一段空白，效果如图 8.24 所示。

图 8.24 对 Div 设置相对定位后的页面效果

这是因为，在使用相对定位时，con-main Div 和 con-right Div 虽然移至新的位置，但它们原来所在的空间仍然被占据，其他元素不会占据它们移动后留下的空间，就像它们仍在原位置一样。

（4）按 F12 键，预览页面，发现这段空白并不会出现在浏览器窗口中。

说明

（1）设置 con-right Div 上移 1 600 px，是基于它原来所在位置需要移动的距离。

（2）创建 3 列布局还可以用浮动定位的方法，具体做法为，先利用两个 Div 设置两列布局，然后在已浮动的一个 Div 中嵌套插入两个 Div，使其中一个向左浮动，另一个向右浮动，如图 8.25 所示。

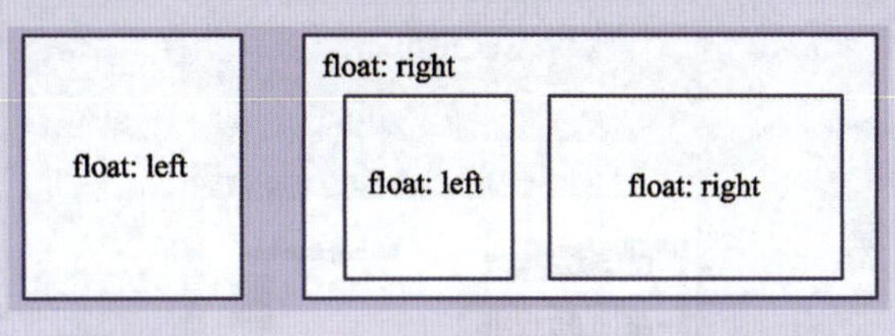

图 8.25　3 列布局示意图

8.3.4 利用 CSS 美化 Div 及其中的页面元素

利用 CSS 定位 Div 后，还需要利用 CSS 对每个 Div 及其中的页面元素进行属性设置，以美化页面。

首先将公共样式表文件 hh.css 附加到 index.html 中。

1. 在 navigation Div 中制作水平导航条

☞ 为 navigation Div 设置背景，操作步骤如下。

（1）在“CSS 样式”面板中双击#navigation 样式，打开“#navigation 的 CSS 规则定义”对话框。

（2）在“分类”列表框中选择“背景”，设置背景图像为 bg_navigation.jpg、no repeat、背景图像位置为 top 和 left。

☞ 制作水平导航条，操作步骤如下。

（1）将导航条列表的 ID 定义为 nav。

（2）利用 CSS 对 nav 进行属性设置。hh.css 公共样式表文件中已给出了#nav、#nav li、#nav li a 等样式。

2. 为 display Div 设置背景

☞ 为 display Div 设置背景，操作步骤如下。

（1）在“CSS 样式”面板中双击#display 样式，打开“#display 的 CSS 规则定义”对话框。

（2）在“分类”列表框中选择“背景”，设置背景图像为 bg_display.jpg、repeat-x、背景图像位置为 top 和 left。

说明

bg_display.jpg 图像的高度为 270 px，与 display Div 的实际高度值一致，即 Height 的值（240 px）+Padding-Top 的值（30 px）。在使用 Photoshop 制作背景图像时就应考虑到这一点。

3. 美化 content Div 中的页面元素

☞ 设置 con-leftone Div 的圆角背景，效果如图 8.26 所示，操作步骤如下。

（1）选中文本“Magento-A 建网”，并为文本应用.bg_h2 样式。

（2）新建样式#content #con-left #con-leftone，并设置样式的各项属性如下。

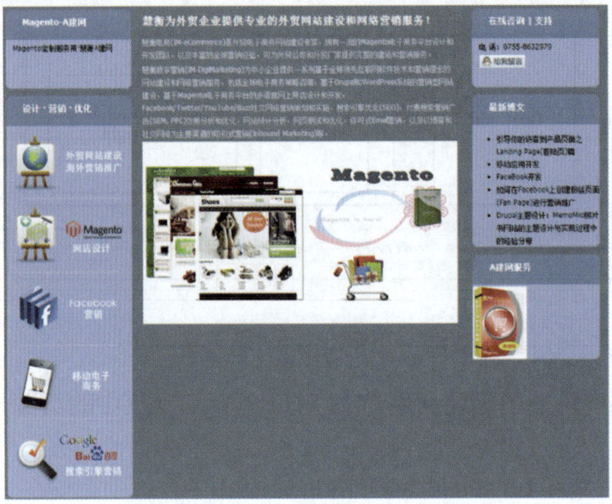

图 8.26 美化 content Div 中页面元素后的效果

```
#content #con-left #con-leftone{
  background-color:#8DB0D8;background-image:url(../images/bg-con-bot.jpg);
  background-repeat:no-repeat;background-position:left  bottom;
  height:130px;width:100%;margin:0px;padding:0px;
}
```

☞ 设置 con-lefttwo 的圆角背景，效果如图 8.26 所示，操作步骤如下。

（1）选中文本“设计・营销・优化”，并为文本应用.bg_h2 样式。

（2）新建样式#content #con-left #con-lefttwo，并设置样式的各项属性如下。

```
#content #con-left #con-lefttwo {
     background-color:#8DB0D8;background-image:url(../images/bg-con-bot.jpg);
     background-repeat:no-repeat;background-position:left bottom;
     width:100%;height:660px;padding:0px;margin:12px 0px 0px 0px;
}
```

☞ 美化 con-main Div 中的文本，效果如图 8.26 所示，操作如下。

为 con-main Div 的段落文本应用.color_blue 样式。

☞ 用相同的方法设置 con-rightone、con-righttwo、con-rightthree Div 的圆角背景，效果如图 8.26 所示。操作步骤略。

说明

（1）为 Div 制作圆角背景的方法是，首先在 Photoshop 中制作上、下圆角图像，然后对元素中首行文本设置上圆角的背景，对整个 Div 设置下圆角的背景，并用底端方式对齐，将背景颜色设置成与同圆角图像颜色一致。

（2）要制作圆角效果，在 CSS3.0 中还可以直接编写 CSS 代码来实现，先设置边框属性，然后添加代码 border-radius:20 px（20 px 为圆角半径）。但是，这种方法有的浏览器并不支持，例如，IE6/7/8 这 3 个 IE 浏览器版本就不支持。

4. 为 footer Div 设置上边框及背景颜色

☞ 为 footer Div 设置上边框及背景颜色，设置如下，操作步骤略。

修改#footer 的各项属性如下：

```
#footer {
    background-color: #304153;
    width: 100%; margin: 30px 0px 0px 0px; padding: 30px 0px 50px 0px;
    border-top: 5px solid #F15F00;
}
```

8.4 项目总结

本章以深圳慧衡科技有限公司网站主页的设计与制作为例，详细介绍了利用 Div+CSS 制作网页的方法。本项目涵盖的主要内容如图 8.27 所示。

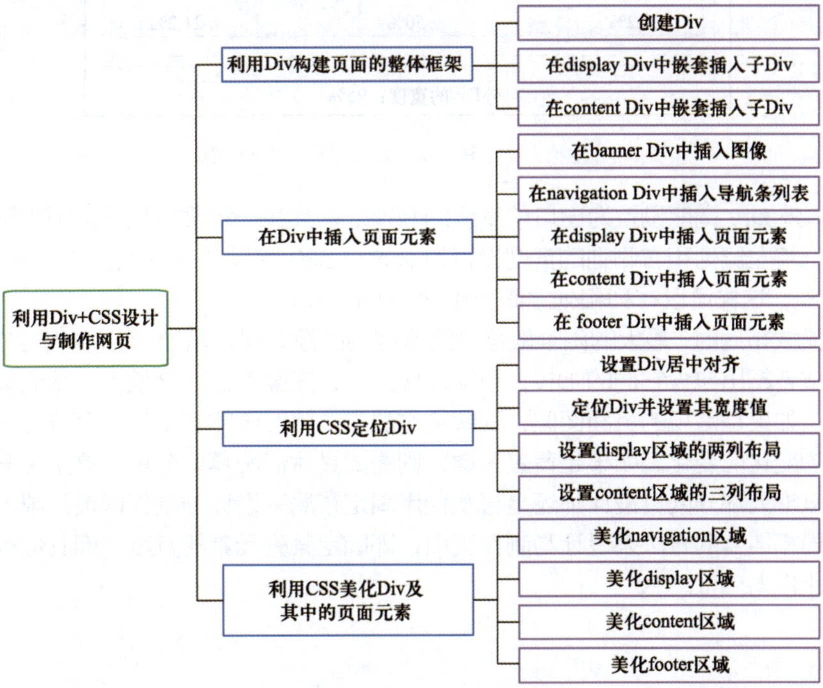

图 8.27 本项目涵盖的主要内容

8.5 扩展技能

固定布局与流式布局

Web 页面的布局可以分为两类：固定布局和流式布局。

本章所用的布局方法是固定布局。固定布局是指页面有着固定的宽度，可居左、居右或居中对齐，这种方法也是迄今最常用的布局方法。固定布局的缺陷是页面内容的宽度不会随着浏览器窗口的宽度变化而变化，所以如果是为 1 280×800 分辨率的屏幕制作的网页，在 1 920×1 080 分辨率的屏幕上显示的效果就会不一样。

流式布局是指页面的宽度用百分比来指定，页面的内容会随着浏览器窗口的大小变化而变化。这种布局则可以解决上述问题。但是它也有缺陷，就是无法精确控制行长、页面布局及元素的位置。

如果采用流式布局来产生一个最适合 1 024×768 分辨率的网页，同时还可以在更大和更小分辨率的屏幕上阅读起来也比较舒服，如何设计呢？这里以本章 content 区域的 3 列布局为例，示意图如图 8.28 所示。

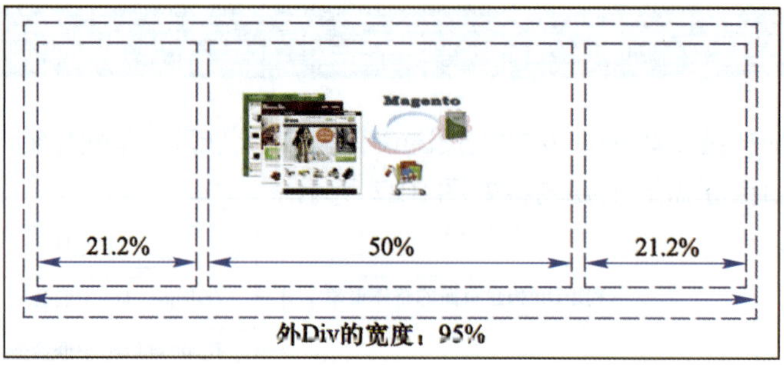

图 8.28　使用流式布局的 3 列布局示意图

首先，将外 Div 宽度设置为窗口总宽度的 95%，这会在一定屏幕尺寸范围中得到比较好的效果。然后，将左侧列和右侧列的宽度设置为 22%（220 除以 1 000 得到），将中间一列的宽度设置为 50%，这样可以在列和列之间留出 2×3%的空白。

在进行流式布局时，最大的困难就是固定宽度的图像如何正常显示。例如，当窗口减小时，图像会移动或者超出包含它们的 Div；当窗口放大时，图像不会随之放大，从而破坏整体页面的设计效果。如果是常规的页面图像，则解决方法是，将图像的宽度也以百分比作为单位，使之随着窗口的变化而变化。如果是背景图像，则需要具体情况具体分析，这也是流式布局的一大弊端，所以绝大部分网页设计师还是喜欢使用固定布局来设计与制作网页，或者采取固定布局和流式布局相结合的方法来设计与制作页面，即固定某列元素的宽度，而其他列元素的宽度则使用百分比作为单位。

8.6 课后练习

8.6.1 配套实训

利用配套实训文件夹下的素材文件，根据所学的 Div、CSS 及前面介绍的知识，设计与制作一个介绍动画“全职猎人”的网页，要求如下。

1. 利用 Div 对页面进行布局。
2. 使用 CSS 样式美化 Div 及页面元素。

8.6.2 同步测试

1. Web 标准的制定者是（　　）。

A. 微软　　B. 万维网联盟　　C. 网景公司　　D. SUN 公司

2. 合理的页面布局是将结构与表现相分离，那么结构是（　　），表现是（　　）。

A. HTML　　B. XHTML　　C. CSS　　D. Div

3. 在 HTML 中，元素分为内联元素和块元素两种，以下选项中属于块元素的是（　　）。

A. span　　B. h1　　C. div　　D. img

4. 在 CSS 中，盒模型的属性不包括（　　）。

A. font　　B. margin　　C. padding　　D. border

5. 下列（　　）可以设置这样一个 Div 元素的填充：上填充为 10 像素、下填充为 5 像素、左填充为 20 像素、右填充为 15 像素。

A. padding:10 px 5 px 20 px 15 px　　B. margin:10 px 5 px 20 px 15 px

C. padding:10 px 15 px 5 px 20 px　　D. margin:10 px 15 px 5 px 20 px

6. 如果一个 Div 实际所占的位置是 300 px，其 Margin-Left 和 Margin-Right 值均为 5 px，Border 值为 1 px，Padding-Left 值为 15 px，Padding-Right 值为 5 px，那么此 Div 的 Width 应设置为（　　）。

A. 298 px　　B. 300 px　　C. 268 px　　D. 288 px

第 9 章 利用框架设计与制作网页
——制作“技术”页面

框架可以将浏览器窗口划分为若干个区域，每个区域可以显示不同的网页，实现在同一浏览器窗口中同时浏览多个网页的功能。利用框架这一特性可以设计出版面清晰、导航结构灵活的页面。本章将通过深圳慧衡科技有限公司网站的二级页面“网站设计与开发技术”（简称“技术”页面）的设计与制作，详细介绍框架的基本操作方法，以及利用框架进行页面布局的思路与实现方法。

学习目标

- 了解框架的基本概念
- 掌握创建框架结构的方法
- 掌握编辑框架页面的方法
- 掌握框架页面导航的链接方法
- 掌握设置框架和框架集属性的方法
- 了解 iframe 框架的使用方法

9.1 项目分析

9.1.1 设计思路

为了展示公司的技术实力，深圳慧衡科技有限公司需要设计一个二级页面“网站设计与开发技术”，用于详细介绍“Drupal 网站管理系统”“Magento 电子商务平台”“Open Atrium 社交网络平台”和“ShopEx 网上商店系统”等相关内容。要求页面具有明显的分区结构和灵活的导航作用。

网页设计师小刘围绕“技术”这一主题，收集了上述 4 个栏目的相关文字素材和图片。通过对页面的设计要求与技术分析，小刘确定了设计思路。

页面元素：网站 banner、网站导航条、技术栏目分类、对技术介绍的一些文字元素、宣传图像等。该页面包含的页面元素如表 9.1 所示。

表 9.1 页 面 元 素

页 面 元 素
网站 banner
网站导航（首页、方案、技术、服务、设计、案例、培训、合作、慧衡）
技术分类栏目列表（“Drupal 网站管理系统”“Magento 电子商务平台”“Open Atrium 社交网络平台”和“ShopEx 网上商店系统”等）
主要内容（技术栏目相关的宣传图像及文章）
版权信息

版面布局：采取常用的“厂”字形结构。顶部区域用于装载网站的 banner 和导航条；左侧区域用于装载技术栏目分类列表；占据页面最大空间的右侧区域，用于装载主体内容。页面布局简单示意图如图 9.1 所示。根据页面要求，本页面可以使用框架来搭建网页布局。

配色方案：由于本页面为二级页面，从设计角度上来说，最好和整体网站风格保持一致，为此，色彩仍然以蓝白色为基调。

经过上述页面分析，结合网页制作技术，小刘完成了任务，页面效果如图 9.2 所示。在左侧区域选择栏目标题，在右侧主要内容区域同步显示所选栏目的内容。

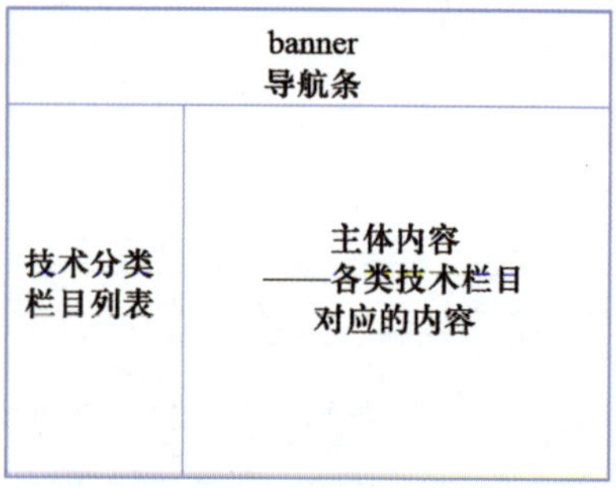

图 9.1 页面布局简单示意图

9.1.2 制作流程

在具体制作之前，小刘将收集的页面素材分类存放到本地站点相应的文件夹下，然后基于“先整体→后局部→再细节”的工作过程，开始了他的网页制作。

图 9.2 页面效果图

首先在网页中创建框架，利用框架将页面划分为 3 个区域，并对页面布局进行适当的调整；保存框架集文件和框架文件；分别在 3 个区域中编辑相应的网页；然后通过导航标题设置框架页面的导航链接，对链接的目标框架进行设置，使所有的链接内容显示在正确区域；最后通过框架和框架集属性的设置对框架页的外观进行修饰。具体制作流程如图 9.3 所示。

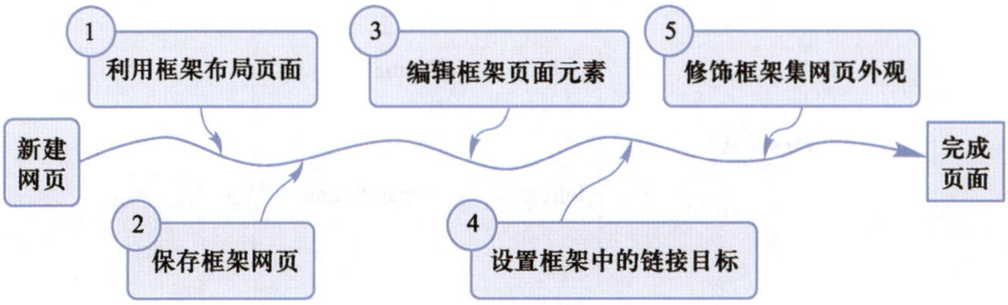

图 9.3 “技术”页面的制作流程

9.2 预备知识

1. 网页中框架的概念

框架实际上是由框架（Frame）和框架集（Frameset）两部分组成。一个框架（Frame）是一个区域，可以显示与其他区域内容无关的网页文件。框架集是多个框架的集合，是一个特殊的 HTML 文件，是用于存储框架的容器。框架集定义几个框架的布局和属性，包括框架的数目、大小和位置等信息。

Dreamweaver 提供了一些常用的框架类型。在 Dreamweaver 中，选择菜单“插入→HTML→框架”命令，打开的子菜单中列出了预定义的框架类型，如图 9.4 所示。

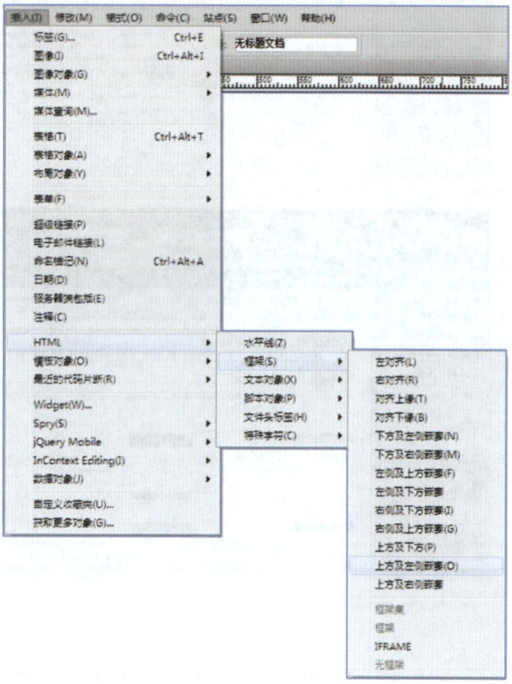

图 9.4 框架类型

其中，“上方及左侧嵌套”框架类型是较为常用的。如图 9.1 所示，本案例的网页就是一个应用“上方及左侧嵌套”框架类型的网页。这种框架结构的页面被分成了 3 个区域，每一个区域都是一个框架，每个框架都包含一个网页，因此文档窗口虽然被分成了 3 个区域（如图 9.5 所示），但却用到了 4 个网页，即 3 个框架网页和一个框架集网页。4 个网页文件如下。

- 框架集网页。
- 顶端 topFrame 框架中包含的网页文件。
- 左侧 leftFrame 框架中包含的网页文件。
- 右侧 mainFrame 框架中包含的网页文件。

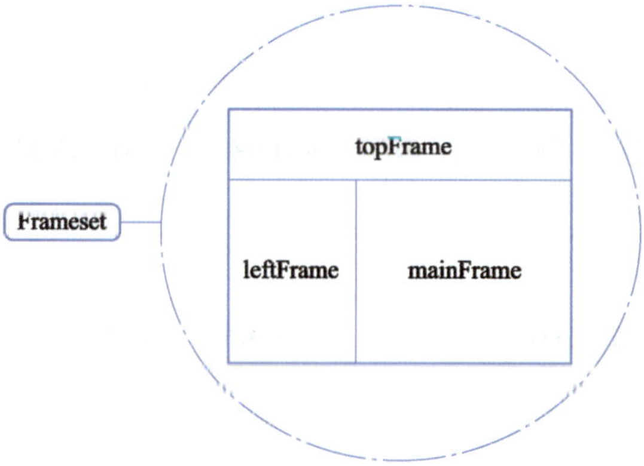

图 9.5 框架结构简易图

试一试

☞ 插入一个图 9.4 所示的预定义的框架集，操作步骤如下。

（1）选择菜单“插入→HTML→框架”命令，在打开的子菜单中选择“上方及左侧嵌套”框架类型。

（2）将插入点置于顶部区域，打开“页面属性”对话框，将背景颜色设置为黄色；将插入点置于左侧区域，打开“页面属性”对话框，将背景颜色设置为绿色；将插入点置于右侧区域，打开“页面属性”对话框，将背景颜色设置为蓝色。

（3）选择菜单“文件→保存全部”命令，在接下来打开的“另存为”对话框中，依次保存，使用默认文件名。这个过程一共需要保存 4 个文件。这 4 个网页文件分别对应框架集文件、右侧框架的网页文件、左侧框架的网页文件、顶端框架的网页文件。由此可见，一个框架网页文件是由多个独立的网页文件组成的。

小技巧

如何知道上述保存的文件属于哪个框架呢？这就要观察文档窗口中同时出现的虚线框。当前正在保存的网页文件，正是被虚线框包围的框架文件，请读者自行练习。

2. 框架的优缺点

使用框架时最常见的情况是，页面包含多个区域，其中一个框架用于定义页面的导航区域，另一个框架用于定义页面的内容区域。利用导航区域灵活选择兴趣栏目，利用内容区域同步显示所选栏目的内容。按这种方式使用框架具有以下优点。

（1）灵活布局网页：框架可以将浏览器窗口划分成不同的区域，每一个区域可以独立显示不同的网页。

（2）简化网页的编写：网页之间相同的内容只需要编写一次。

（3）加快网页的浏览：网页每次只更新需要变化的框架内容，而不需要重新加载其他框架网页。

采用框架结构会给网页布局带来很大的便利，但 Adobe 不建议使用框架进行页面布局，因为使用框架具有以下缺点。

（1）兼容性较差：低版本的浏览器和一些特定的浏览器可能不支持框架结构。

（2）下载速度较慢：对导航进行测试可能要耗费一定的时间。

（3）页面排版不够精确：对不同框架中的各页面元素难以实现精确对齐。

9.3 项目实施

新建站点“慧衡科技”，定义站点文件夹 huihengweb，将“技术”网页的相关素材复制到 huihengweb 文件夹下的 w02 子文件夹中。本章创建的网页均保存在 w02 子文件夹中。下面将详细介绍利用框架制作网页的基本流程和操作方法。

9.3.1 利用框架布局页面

Dreamweaver 提供了两种创建框架网页的方法，一种是随意建立框架集，另一种是使用预定义框架集。在 Dreamweaver 中创建框架最简单的方法就是插入预定义的框架集，本小节将采用“上方及左侧嵌套”框架类型来搭建页面主体框架，效果如图 9.6 右侧所示。

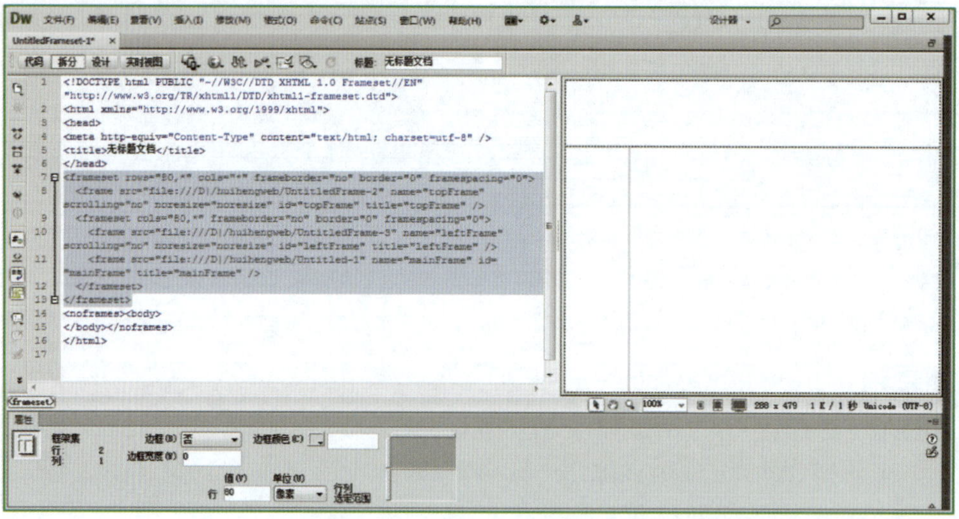

图 9.6 “上方及左侧嵌套”框架类型的框架集页面及其 HTML 代码

☞ **插入预定义的“上方及左侧嵌套”类型的框架集，操作步骤如下。**

（1）新建一个文件，选择菜单“插入→HTML→框架→上方及左侧嵌套”命令，打开“框架标签辅助功能属性”对话框，如图 9.7 所示。从中可为每一个框架指定一个标题，本例使用默认值，单击“确定”按钮。此时，在文档窗口中插入了“上方及左侧嵌套”类型的框架集，在代码窗口中可以查看该框架集对应的 HTML 代码，如图 9.6 所示。

（2）此时的文档窗口由灰色的实线划分成了 3 个区域。将鼠标指针移至框架边框处，当鼠标指针变成上下⇕形状或左右双箭头⇔形状时，按住鼠标左键拖动，适当调整各个框架的大小。

（3）选择菜单“窗口→框架”命令（或按 Shift+F2 组合键），打开“框架”面板，如图 9.8 所示。

“框架”面板显示了当前框架集的结构，其中立体的灰色边框为框架集的边框，而没有立体效果的细边框为框架边框，每一个框架都有自己的名称。默认的框架名分别为 topFrame、leftFrame、mainFrame，如图 9.8 所示。

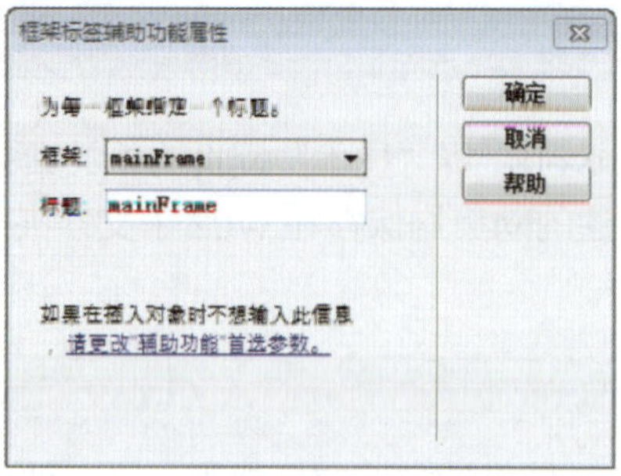

图 9.7 “框架标签辅助功能属性”对话框

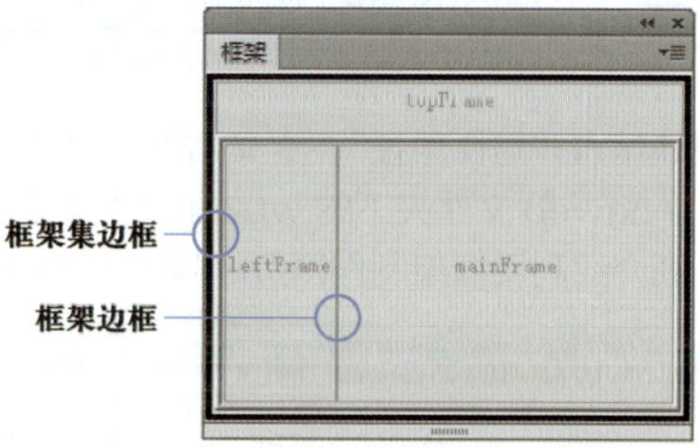

图 9.8 “框架”面板

操作提示

（1）如果插入框架集后，文档窗口没有显示立体的灰色框架边框，可以选择菜单“查看→可视化助理→框架边框”命令，选择“框架边框”选项。

（2）除了采用系统提供的“预定义的框架集”创建框架集外，还可以自定义框架集。前提是框架边框是可见的，如创建一个“上方及左侧嵌套”的框架集，操作步骤如下。

① 新建一个网页文档，将鼠标指针移至文档窗口框架的上边框处，待鼠标指针变为双箭头的形状后，按住鼠标左键向下拖动到适当的位置，便建立了一个上下结构的框架集。

② 在“框架”面板中单击下面的区域，然后在文档窗口的下方区域中，按住 Alt 键的同时，按住鼠标左键向右拖动左下边框到适当的位置，完成“上方及左侧嵌套”框架集的创建。

（3）如果要在框架集中删除因误操作而产生的多余框架，只需使用鼠标将欲删除的框架边框向文档窗口的边缘拖去，直到离开页面为止。或通过拖动欲删除的框架边框到父框架的边框上，也可删除框架。也可以选择菜单“修改→框架集”命令，根据需要在“框架集”的子菜单中选择相应的命令。

注意

自定义框架集的框架名称均为“没有名称”。由于框架名称将被作为超链接的目标和脚本的引用，故需要为框架命名。利用“属性”面板可以为框架命名。

9.3.2 保存框架网页

正确保存框架集网页和各框架对应的网页非常重要。由于与框架网页相关的网页文件不止一个，为了使初学者不混淆各个框架对应的网页文件，本小节将采用单独保存文件的方法逐一对各个区域的网页进行保存。

☞ **分别保存框架集网页和各个框架中的网页文件，操作步骤如下。**

（1）保存框架集网页。

① 在文档窗口中单击顶端框架边框，选中整个框架集。

提示：观察标签选择器，确保只有一个 frameset。

② 选择菜单“文件→框架集另存为”命令，打开“另存为”对话框，将默认文件名 UntitledFrameset-1.html 改为 technology.html，并保存到本地站点的 w02 文件夹下。

（2）保存顶端框架中的网页。

① 将插入点置于顶端框架中。

② 选择菜单“文件→保存框架”命令，打开“另存为”对话框，将默认文件名 UntitledFrame-2.html 改为 w2_top.html，并保存到本地站点的 w02 文件夹下。

（3）保存左侧框架中的网页。

① 将插入点置于左侧框架中。

② 选择菜单“文件→保存框架”命令，打开“另存为”对话框，将默认文件名 UntitledFrame-3.html 改为 w2_left.html，并保存到本地站点的 w02 文件夹下。

（4）参照前面步骤，将右侧框架中默认的网页 Untitled-1.html 改为 w2_main.html，并保存到 w02 文件夹下。

至此，与框架相关的所有文件全部保存完毕。

9.3.3 编辑框架页面元素

利用框架搭建起页面的主体框架后，便可以在各个区域单独编辑页面元素了。下面按图 9.2 所示页面的设计要求，分别编辑各区域内容。在框架中编辑内容有下列两种方法。

- 直接在框架中插入页面元素。
- 在框架中打开事先创建好的网页文件。

本小节将在顶端框架、左侧框架和右侧框架中分别采用以上两种方法编辑页面内容，效果如图 9.9 所示。

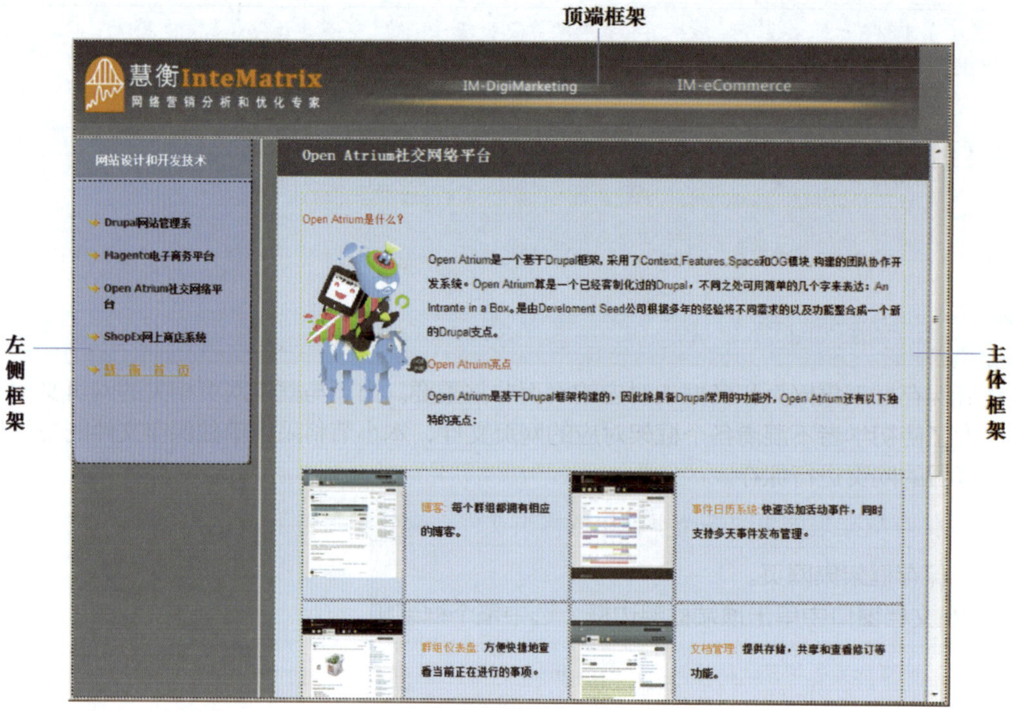

图 9.9 编辑页面内容后的效果

☞ 直接在顶端框架和左侧框架中分别插入相应的页面内容，操作步骤如下。

（1）选择菜单“查看→可视化助理→框架边框”命令，显示 3 个区域的分界线。

（2）将插入点置于顶端框架中，插入 huihengweb/images/banner.gif 图像。链接 w02\css 文件夹下的 technology.css 外部样式文件，美化页面。

观察文档窗口，只有顶端区域的背景色发生了改变。

（3）将插入点置于左侧框架中，采用前面所学方法制作“技术分类栏目列表”。链接 w02\css 文件夹下的 technology.css 外部样式文件，美化页面，效果如图 9.9 所示。

提示：读者可以直接从 w2_left（素材）.html 网页文件中复制相应的内容。

☞ 在右侧框架中插入页面内容，操作步骤如下。

（1）将插入点置于右侧框架中。

（2）选择菜单"文件→在框架中打开"命令，打开"选择 HTML 文件"对话框。在"选择 HTML 文件"对话框中，选择 w02 文件夹下的 t3_Open.html 网页文件，单击"确定"按钮。

此时，右侧框架中显示了 t3_Open.html 网页文件的内容。

（3）适当调整框架大小，使顶端框架和左侧框架中的内容能够完全显示出来。

（4）按 F12 键，打开 Dreamweaver 对话框，如图 9.10 所示，单击"确定"按钮，保存并预览网页。

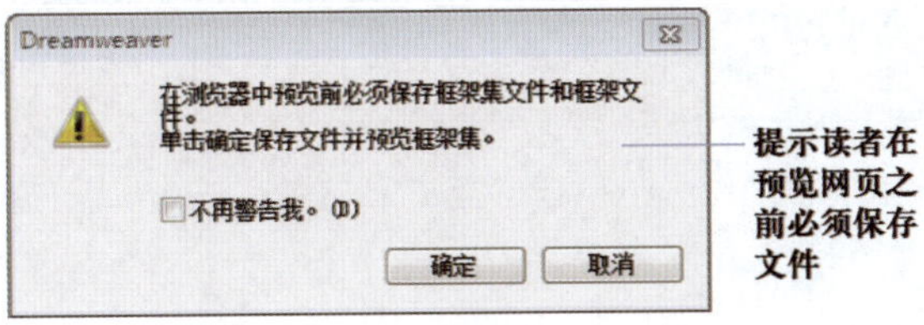

图 9.10 Dreamweaver 对话框

9.3.4 设置框架中的链接目标

如果希望单击左侧框架中的超链接后，在右侧主体框架中显示对应导航标题的网页内容，则必须将主体框架的名称指定为每个导航标题的链接目标。在 Dreamweaver 中，target 属性用于指定打开所链接文件的目标框架。

☞ 为左侧各导航标题创建超链接，要求当单击某个标题时，在右侧主体框架中显示对应标题的网页内容，操作步骤如下。

（1）在左侧框架选中文本"Drupal 网站管理系"，打开文本的"属性"面板，如图 9.11 所示。

① 单击"浏览文件"按钮，选取对应的链接文件 t1_Drupal.htm。

② 在"目标"下拉列表框中选择框架名称"mainFrame"，即主体框架名称。

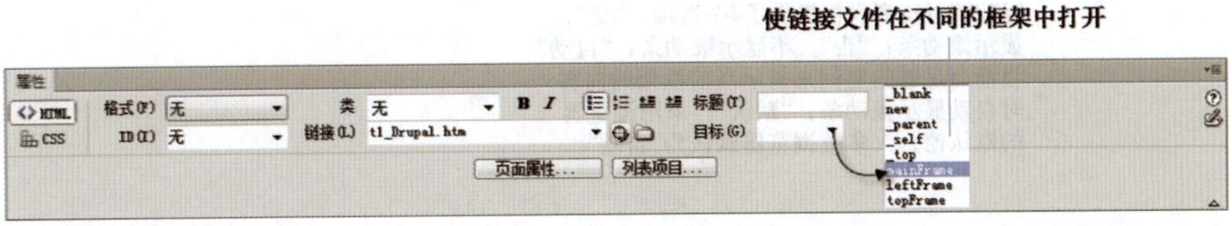

图 9.11 文本"属性"面板

（2）保存文件，浏览网页，单击标题"Drupal 网站管理系"，"Drupal 网站管理系"网页内容已正确出现在了右侧主体框架中。

（3）用相同的方法为其他栏目文本创建相应的超链接。

☞ 为左侧栏目标题"慧衡首页"创建超链接，要求当单击标题"慧衡首页"时，关闭所有框架网页，打开 index.html 慧衡首页，操作步骤如下。

（1）选择文本“慧衡首页”，将其链接到根文件夹下的 index.html 主页文件。

（2）在“属性”面板的“目标”下拉列表框中选择框架名称“_parent”。

说明

选择不同的框架名称，链接文件将在不同的框架中打开。

（1）“目标”下拉列表框中的后 3 项 mainFrame、leftFrame 和 topFrame 分别指定链接文件在右侧框架、左侧框架和顶端框架中打开。

（2）“目标”下拉列表框中的前 5 个选项是由 Dreamweaver 给出的，这些选项以下画线“_”开头，以区分自定义的框架名称。

- _blank（空白窗口）和 new：在新的窗口中打开链接文件，同时保留原有窗口。
- _parent（父窗口）：在上一层的 Frameset 中打开链接文件，该选项必须在 Frameset 中还包含另一个 Frameset 的情况下，才能产生效果。
- _self（当前窗口）：在当前框架中打开链接文件，该选项是默认值。
- _top：将链接文件载入到整个浏览器窗口中。

9.3.5 修饰框架集网页外观

初步创建好框架集网页后，还需要对框架集网页的外观进行适当修饰。框架集网页外观的修饰可以通过框架和框架集的“属性”面板来实现。

1. 设置框架属性

框架属性包括框架的名称、源文件、边界、滚动和边框等。利用框架“属性”面板可以查看和设置框架属性，如图 9.12 所示。

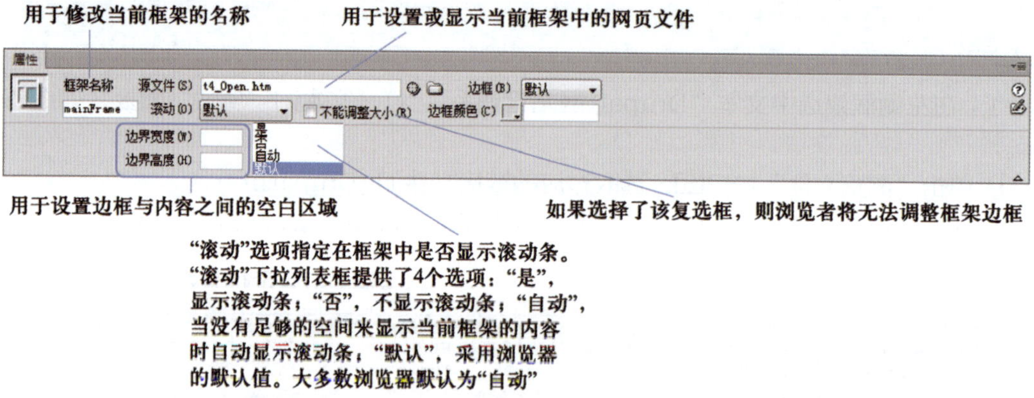

图 9.12 框架的“属性”面板

例如，如果左侧框架中的“技术分类栏目列表”的高度超过了浏览器窗口的大小，则其内容只能显示一部分。要使被遮挡的内容完全显示出来，可以在“属性”面板的“滚动”下拉列表框中选择“自动”，这样浏览器会自动根据窗口的大小来判断是否需要出现滚动条，通过滚动条的下上拖动可浏览“技术分类栏目列表”的所有内容。

☞ 根据需要对各框架属性进行设置。操作步骤略。

如果希望为框架集添加精细的区域分割线，可以通过设置框架集和框架的边框来实现。

2. 设置框架集属性

框架集属性包括框架的大小和框架之间边框的颜色及宽度等。利用框架集“属性”面板可以方便查看和设置框架集的属性。

☞ 精确调整框架大小，使顶端框架的行高为 99 像素、左侧框架的列宽为 212 像素，操作步骤如下。

（1）在“框架”面板中单击外围的立体边框，选择外框架集，如图 9.13 所示。被选中的框架集边框在“框架”面板中被加黑显示。

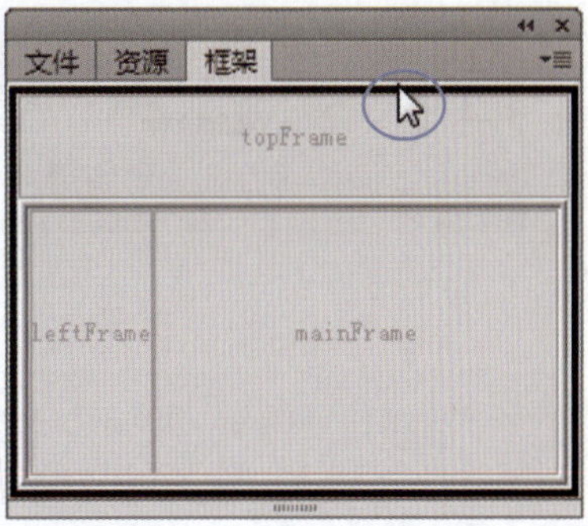

图 9.13 选中外框架集的“框架”面板

（2）此时，“属性”面板显示了整个框架集的属性，如图 9.14 所示。在“值”文本框中输入“99”，在“单位”下拉列表框中选择“像素”，使顶端框架中的图像显示出来。

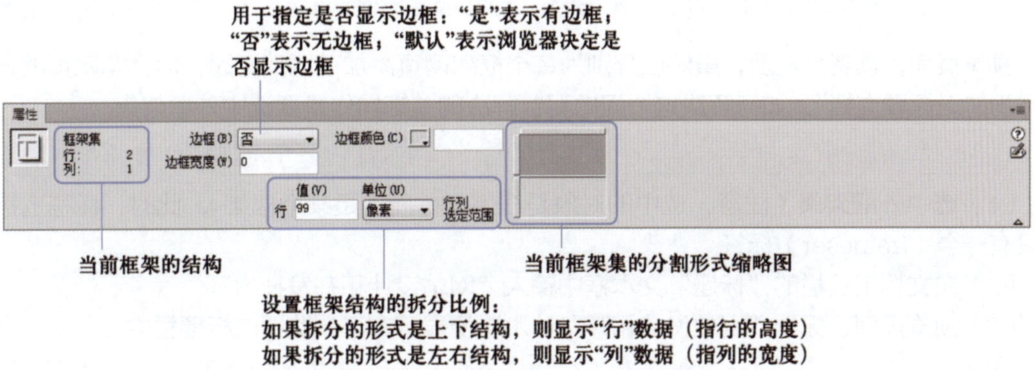

图 9.14 整个框架集的“属性”面板

（3）在“框架”面板中单击上下之间的立体边框，选中内框架集，如图 9.15 所示。被选中的内框架集边框在“框架”面板中被加黑显示。

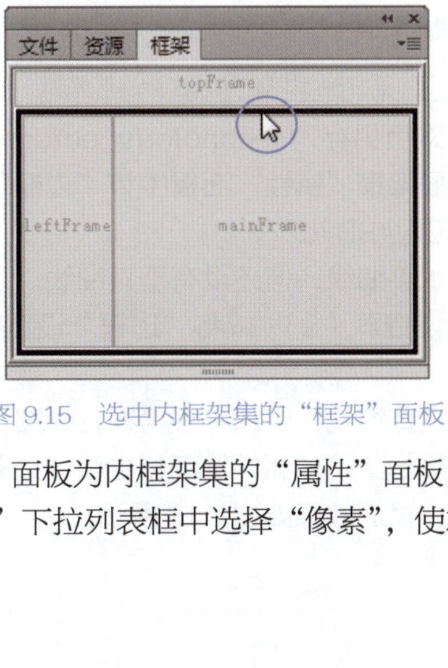

图 9.15 选中内框架集的“框架”面板

（4）此时，打开的“属性”面板为内框架集的“属性”面板，如图 9.16 所示。在“值”文本框中输入“212”，在“单位”下拉列表框中选择“像素”，使左侧框架中的“技术分类栏目列表”完全显示出来。

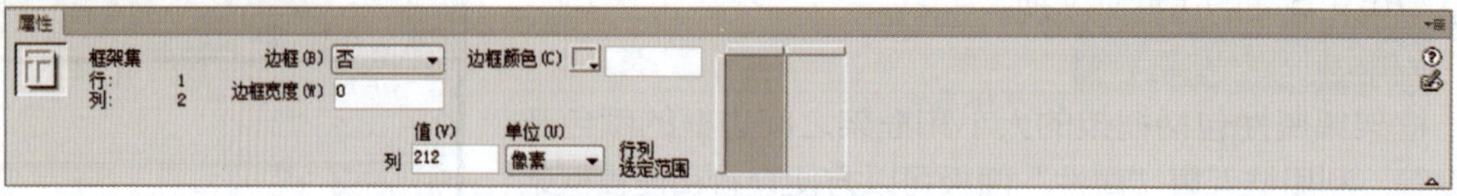

图 9.16 内框架集的“属性”面板

说明

框架集“属性”面板的“单位”下拉列表框提供了 3 个选项。“像素”用于将选中列或行的大小设置为一个绝对值。对于应始终保持相同大小的框架（如顶部区域）而言，此选项是最佳选择。“百分比”指定选中框架行（或列）占所属框架集高度（或宽度）的百分数。“相对值”指定在为使用“像素”和“百分比”的框架分配空间后，为选中框架行（或列）分配其余可用空间。设置框架大小的最常用方法是，将左侧框架设置为固定像素宽度，将右侧框架设置为相对大小，这样在分配像素宽度后，能够使右侧框架伸展以占据所有剩余空间。

预览页面，读者会发现，虽然已分别为每个框架网页添加了网页标题，但预览网页的标题仍然为“无标题文档”，如何解决这个问题呢？解决的关键操作是要选中外框架集。

☞ **为 technology.html 框架集网页设置文档标题为“网站设计和开发技术”，操作步骤如下。**

（1）选中外框架集（注意，选中的对象是框架集，而不是某个框架），此时，标签选择器中只有一个〈frameset〉标签。

（2）在文档工具栏的“标题”文本框中输入“网站设计和开发技术”。

（3）预览页面，标题“网站设计和开发技术”便显示在了浏览器的标题栏中。

操作提示

选择菜单“查看→可视化助理→框架边框”命令，显示框架边框。在文档窗口的“设计”视图中单击上下框架边框，可以选中外框架集；单击中间的左右框架边框，可以选中内框架集。

☞ **在 technology.html 框架集网页的基础上设置边框的宽度为 2，其边框颜色自定，并将设置后的框架网页另存为 technology_border.html，操作步骤如下。**

（1）将 technology.html 网页另存为 technology_border.html。

（2）选中整个框架集，在框架集“属性”面板中将“边框”设置为“是”，将“边框宽度”设置为 2，将“边框颜色”设置为#ED7627。

预览网页，页面上出现了水平细线，但还没有垂直细线。

（3）选中内框架集，属性设置同（2）（或将“边框”设置为“默认”，对“边框宽度”和“边框颜色”不进行设置）。

预览网页，页面上出现了垂直细线，但却不够精细，如图 9.17 所示。

（4）依次选中各个框架，在框架的“属性”面板中将“边框”设置为“否”。

（5）保存文件，预览网页，页面效果如图 9.18 所示。

图 9.17 较粗的框架集边框

图 9.18 精细的框架集边框

9.4 项目总结

本章以深圳慧衡科技有限公司网站的二级页面“网站设计与开发技术”的设计与制作为例，详细介绍了框架的基本操作方法及利用框架进行页面布局的思路与实现方法。本项目涵盖的主要内容如图 9.19 所示。

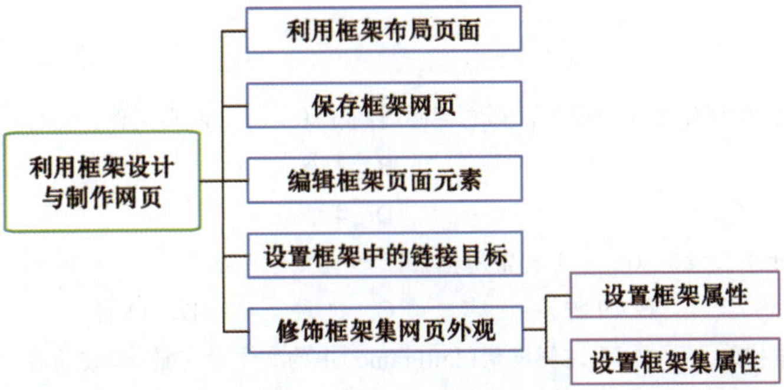

图 9.19 本项目涵盖的主要内容

9.5 扩展技能

iframe 框架页面

iframe 框架即浮动框架，是一种特殊的框架，在一些大型门户网站上经常可以见到其踪影，如广告位等。与普通框架不同，一个 iframe 框架是作为一个内置对象置于页面中的。通过 iframe 框架可以将外部页面插入到当前页面中的指定位置，它比框架更容易控制页面的内容。

在 Dreamweaver 中，选择菜单“插入→HTML→框架→IFRAME”命令，可以轻易地在指定位置插入 iframe 框架页面。选择菜单“窗口→标签检查器”命令，打开“标签检查器”面板，可以方便地设置<iframe>标签的相关属性及其值。需要注意的是，浮动框架页面的链接设置目标应和浮动框架名称一致，否则会出现链接错误。

9.6 课后练习

9.6.1 配套实训

利用配套实训文件夹下的素材文件，根据所学的框架方面的知识，制作一个关于杭州西湖的网页，要求如下。

1. 选择一种合适的框架集，将页面 top.html、left.html、main.html 分别装载在相应的框架中。其中，至少有一个框架用于定义页面的导航区域，有一个框架用于定义页面的内容区域。利用导航区域灵活选择兴趣栏目，利用内容区域同步显示所选栏目的内容（网页文件 main.html、sudi.html、quyuan.html）。
2. 为框架集网页设置网页标题。
3. 使用 CSS 样式适当美化页面。

9.6.2 同步测试

1. 如果某个页面被划分为 3 个框架，那它实际用到了（　　）网页文件。

A. 1 个　　B. 2 个

C. 3 个　　D. 4 个

2. Dreamweaver 中预设有（　　）种常用框架。

A. 8 种　　B. 9 种　　C. 11 种　　D. 13 种

3. 在应用框架结构的页面中，为左侧框架（leftFrame）中的文本设定链接，使得在右侧框架（mainFrame）中显示对应的链接内容，此时链接目标应设置为（　　）。

A. _blank　　B. _leftFrame

C. _self　　D. _mainFrame

4. 在 Dreamweaver 中，设置框架属性时，选择“滚动”下拉列表框中的“自动”选项，表示（　　）。

A. 在内容可以完全显示时不出现滚动条，在内容不能被完全显示时自动出现滚动条

B. 不管内容如何都不出现滚动条

C. 不管内容如何都出现滚动条

D. 由浏览器来自行处理

5. 若要在新浏览器窗口中打开一个页面，应在“属性”面板的“目标”下拉列表框中选择（　　）。

A. _blank　　B. _parent　　C. _self　　D. _top

6. 在 Dreamweaver 中，“框架”面板的主要作用是（　　）。

A. 用来拆分框架页面结构　　B. 用来给框架页面命名

C. 用来给框架页面制作链接　　D. 用来选择框架中的不同框架

第10章 利用模板与库制作系列网页

——制作“方案”栏目系列页面

专业网站通常包含一系列风格相似的网页，这些网页具有相同的页面元素（站标 Logo、版权信息等）、页面布局、配色方案等。如果用前面常规的网页编辑方法逐一制作和修改，将是一项非常枯燥乏味的工作。Dreamweaver 提供了模板和库技术，能够轻松、迅速地解决这个问题。本章将通过深圳慧衡科技有限公司网站的“方案”栏目系列页面的设计与制作，详细介绍利用模板与库高效创建和维护风格相似系列网页的思路与实现方法。

学习目标

- 了解库及其在网页制作中的作用
- 掌握创建和应用库项目的方法
- 掌握利用库项目成批更新网页的方法
- 了解模板及其在网页制作中的作用
- 掌握创建和应用模板的方法
- 掌握利用模板创建系列页面的方法
- 深刻体会库和模板对网页制作效率的影响

10.1 项目分析

10.1.1 设计思路

深圳慧衡科技有限公司需要为二级页面“方案”栏目制作系列子页面，内容是各类网站建设和网络营销的解决方案。

网页设计师小刘首先进行需求分析，了解系列页面所要传递的信息，收集相关文字素材和图片，归纳出系列页面的共同特点，经过技术分析，确定了系列网页的设计思路。

页面元素：这些页面无论主体内容有何不同，都具有相同的元素，如表 10.1 所示。

表 10.1 页 面 元 素

页面元素
网站 banner
网站导航条（首页、方案、技术、服务、设计、案例、培训、合作、慧衡）
各类方案的相关文字素材和图片
页脚信息（页脚导航链接、版权信息）

版面布局：对于“方案”栏目系列页面来说，为保持整体风格的一致性，均采取常用的“匡”字形结构。顶端区域用于装载网站的 banner 和导航条；左侧区域用于装载主要栏目列表；占据页面最大空间的右侧区域，用于装载主体内容（方案）；底部区域装载页脚信息。页面布局简单示意图如图 10.1 所示。

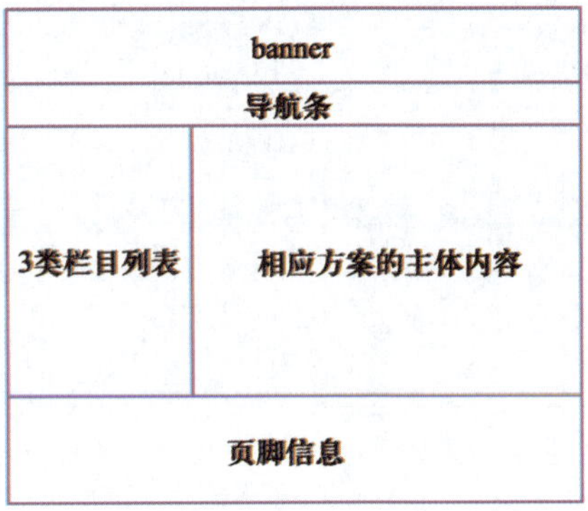

图 10.1 页面布局简单示意图

配色方案：色彩搭配和公司网站主页保持一致，采用蓝色主题。

为了提高网页的设计与制作效率，同时要保证这些网页风格的统一性，网页设计师小刘经过上述页面分析，利用模板与库迅速完成了这一任务，系列网页的效果如图 10.2、图 10.3、图 10.4 所示。

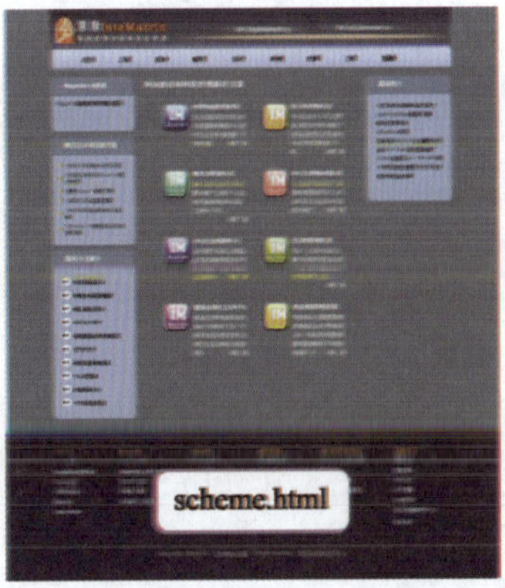

图 10.2 应用库项目的 scheme.html 网页

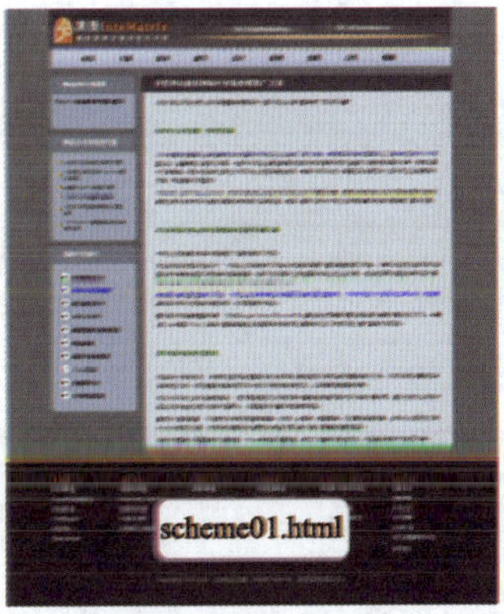

图 10.3 用于创建模板的 scheme01.html 页面

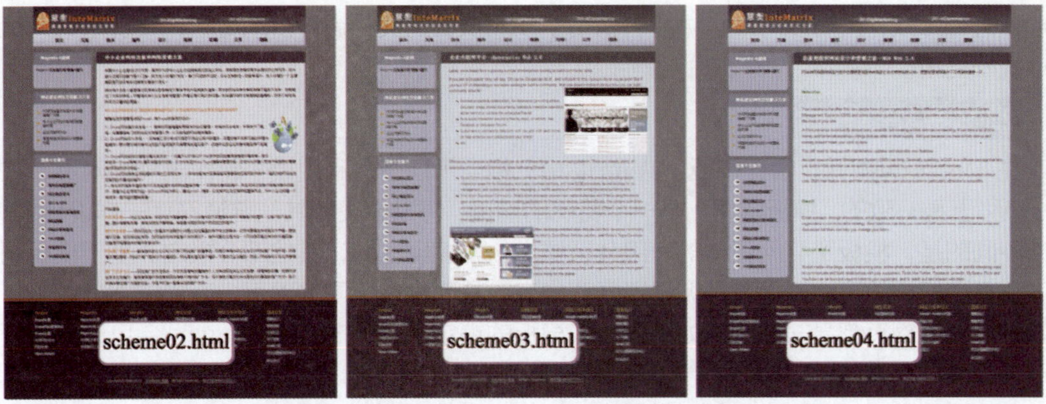

图 10.4 3 个基于模板创建的风格相同的系列页面

10.1.2 制作流程

在具体制作之前，小刘将收集的页面素材分类存放到本地站点相应的文件夹下，然后开始了系列网页的制作。

首先将站点内系列网页中的相同元素制作成库项目，并将库项目应用到系列网页中；然后通过更新库项目，实现对系列网页的快速更新；接下来制作模板，并设置模板的可编辑区域，创建基于模板的其他页面；最后通过更新模板，批量更新基于模板创建的系列网页。具体制作流程如图 10.5 所示。

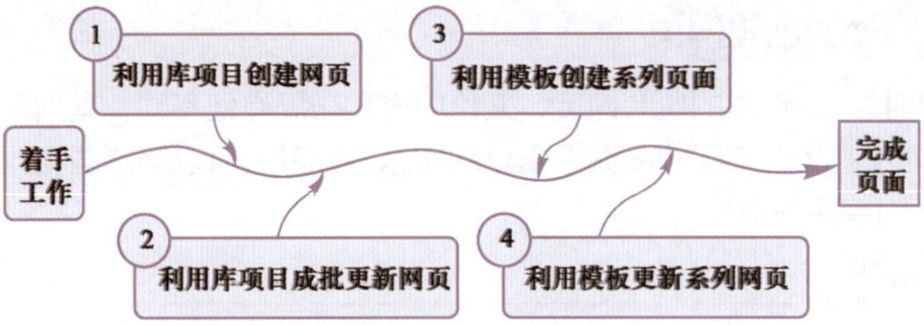

图 10.5 利用库与模板制作系列页面的工作流程

10.2 预备知识

1. 库和库项目及其作用

站点内的网页内容千变万化，但其中的网页总会有某些相同的地方，如在网页的顶部有相同的网站标志、导航条、广告图片等，在网页底部有相同的公司地址、版权声明、联络方法等。这类相同的页面元素称为公共元素。

Dreamweaver 中的库是用来存放和管理公共元素的。被添加到库中的网页元素称为库项目。库项目由单个网页元素或多个网页元素组成，如文本、图像、导航条、表格、表单、Java 程序及 ActiveX 控件等。

使用库项目的重要意义在于可以在多个网页中共享网页元素，避免重复操作。只要对某个库项目进行修改，就可以对站点中所有引用了该库项目的文档进行自动更新，实现系列网页的快速统一更新。

2. 模板及其作用

在 Dreamweaver 中，模板（Template）相当于模子，利用模子制作出来的网页，在外观、风格上是一致的。模板实质上是一个特殊的网页，可以像设计其他普通网页一样设计模板。与库不同的是，模板是将网页上的一部分区域作为可编辑区域，其他部分锁定。基于模板制作网页，是在模板的可编辑区域中编辑不同的内容，从而生成不同的网页，而锁定部分对于每一个基于模板的网页都是一样的。如果改变了模板的锁定部分，Dreamweaver 会自动更新所有基于模板生成网页的锁定部分。

使用模板的重要意义在于可以批量生成风格一致的系列页面。如果要改变网站的风格，只要修改模板，所有基于模板生成的网页就会自动更新，从而实现系列网页风格的统一更新。

在应用模板和库制作网页时，模板主要从整体上控制文档的风格，库项目则从局部上维护文档的风格。利用模板和库，不仅可以快速创建风格一致的系列网页，而且可以使维护站点更轻松，更容易。

10.3 项目实施

新建站点“慧衡科技”，定义站点文件夹 huihengweb，将“方案”栏目系列子网页的相关素材复制到 huihengweb 文件夹下的 w01 子文件夹中。本章所创建的系列网页文件均保存在 w01 子文件夹下。下面将详细介绍利用库与模板制作网页的基本流程和操作方法。

10.3.1 利用库项目创建网页

对于“慧衡科技”站点内的所有网页，无论内容和布局有何不同，其顶部和底部都具有相同的页面元素。为了避免在不同的网页中重复制作这些元素，可以将这些相同的部分定义成库项目，然后在网页中直接引用。

1. 创建库项目

库项目实质上是网页内容的一部分，因此创建库项目既可以像创建网页一样，从无到有地创建，也可以将已有网页的内容转换为库项目。

本案例将利用主页的内容创建 3 个库项目，分别为顶部的 banner、导航条及底部的页脚信息（相关链接及版权声明），效果如图 10.6 所示。

图 10.6 用于制作库项目的系列网页中的相同元素

☞ 将主页中的 banner 创建为 banner.lbi 库项目，操作步骤如下。

（1）打开 index.html 文件，另存为 w01 子文件夹下的 index(lib).html。

（2）在“文件”面板组中单击“资源”标签，打开“资源”面板，然后单击左侧下方的“库”类别按钮📖，切换到“库”类，如图 10.7 所示。

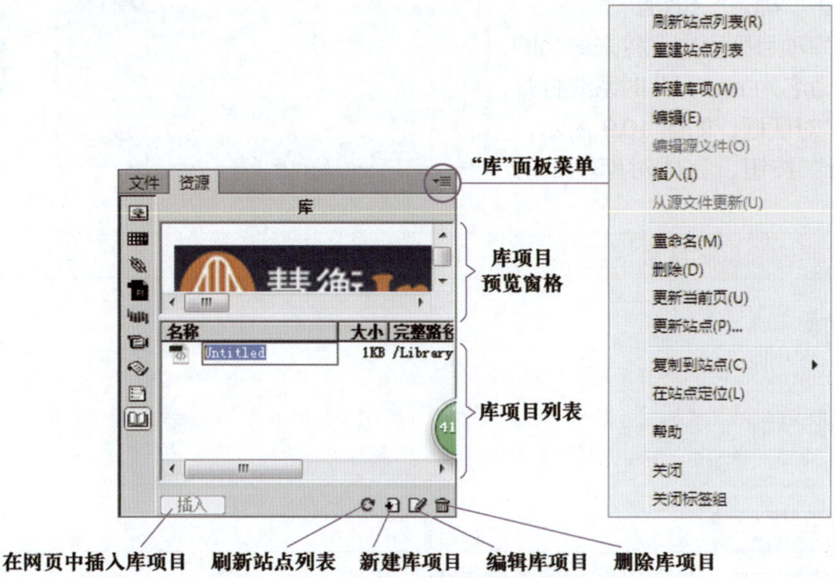

图 10.7 “资源”面板的“库”类

（3）单击顶部的 banner.gif 图像，在标签选择器中单击<div#banner>标签，以选中 banner.gif 图像所在的<div>。

（4）在“资源”面板的“库”类中，单击下方的“新建库项目”按钮，在接下来打开的 Dreamweaver 对话框中单击“确定”按钮，如图 10.8 所示。

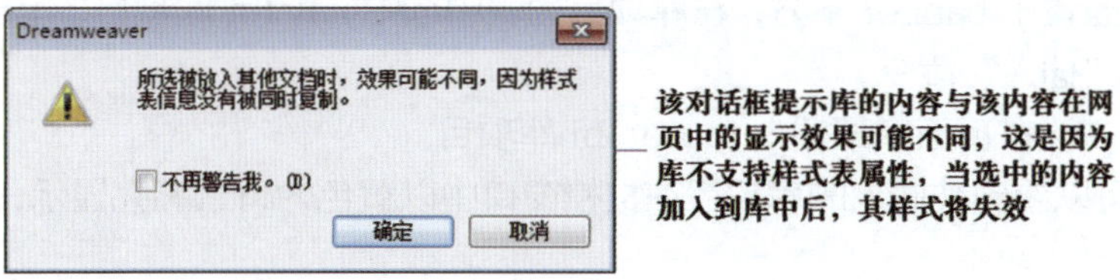

图 10.8 Dreamweaver 对话框

（5）在库项目列表中将新出现的未命名的库项目重新命名为 banner。

观察“文件”面板，可以看到，Dreamweaver 在本地站点的根文件夹下自动创建了 Library 文件夹，并将创建的库项目保存为一个单独的 banner.lbi 文件。

操作提示

在“资源”面板的“库”类中（或利用“库”面板菜单），可以方便地对库项目进行插入、编辑、删除和重命名等操作。

☞ 将主页中的导航条创建为 nav.lib 库项目，操作步骤如下。

（1）在标签选择器中单击<div# navigation>标签，以选中导航条所在的<div>。

（2）选择菜单“修改→库→增加对象到库”命令，在打开的 Dreamweaver 对话框中单击“确定”按钮。

（3）在库项目列表中，将未命名的库项目重新命名为 nav，此时系统打开“更新文件”对话框，如图 10.9 所示，单击“更新”按钮，完成对库项目的更新。

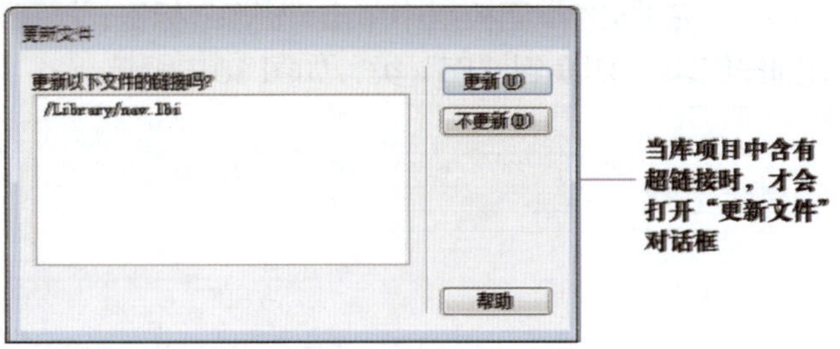

图 10.9　“更新文件”对话框

☞ 将主页底部的页脚区域创建为 footer.lbi 库项目，操作步骤略。

说明

在 Dreamweaver 中，每个库项目都对应一个单独的文件，文件扩展名为.lbi。站点文件夹下的 Library 文件夹是 Dreamweaver 专门用于存放库项目文件的，因此，最好不要将其他文件移至 Library 文件夹中，也不要将库项目文件移出 Library 文件夹。

2. 应用库项目

创建了库项目后，就可以在需要的网页中应用了。

☞ 将 banner.lbi、nav.lbi 及 footer.lbi 库项目分别应用到方案栏目 scheme.html 页面中，操作步骤如下。

（1）打开 scheme.html 网页。

（2）将插入点置于页面顶部，打开“资源”面板，并切换到“库”类别。

（3）在库项目列表中选中 banner.lbi 库项目，单击“资源”面板右下角的“插入”按钮 插入 。

（4）将插入点置于 banner 下方，在库项目列表中选中 nav.lbi 库项目，单击鼠标右键，在快捷菜单中选择“插入”命令。

（5）用上述方法在页面底部插入 footer.lbi 库项目。

观察页面，可以看到被插入的库项目在文档窗口中以黄色为背景高亮显示，效果如图 10.10 所示。

图 10.10　在网页中应用库项目

（6）保存文件，预览网页。

☞ 将 banner.lbi、nav.lbi 及 footer.lbi 库项目分别应用到“外贸网站建设和海外市场营销推广”方案 scheme01.html 页面中，操作步骤如下。

（1）打开 scheme01.html 文件。

（2）用上述方法将 banner.lbi、nav.lbi 及 footer.lbi 库项目应用到 scheme01.html 页面中。

操作提示

（1）如果要修改库项目在文档窗口中的高亮显示颜色，可以在“首选参数”对话框中的“标记色彩”类中设置。

（2）用鼠标拖动库项目到页面指定的位置处释放，也可以插入库项目。

10.3.2 利用库项目成批更新网页

网页一旦应用了库项目，就可以随库项目的更改而自动更新了。本小节将通过修改库项目实现自动更新所有引用库项目的网页。

1. 编辑库项目和更新网页

由于库项目实质上是网页内容的一部分，因此可以像编辑普通网页一样对库项目进行编辑。

☞ 修改 nav.lbi 库项目中的版权信息，操作步骤如下。

（1）将“资源”面板切换到“库”类，在库项目列表中选中 nav.lbi 库项目。

（2）在“资源”面板的右下角单击“编辑库项目”按钮，Dreamweaver 打开了一个用于编辑库项目的新窗口。该窗口类似于文档窗口，还原窗口，其标题栏显示为“<<库项目>>（nav.lbi）”，库项目编辑窗口如图 10.11 所示。

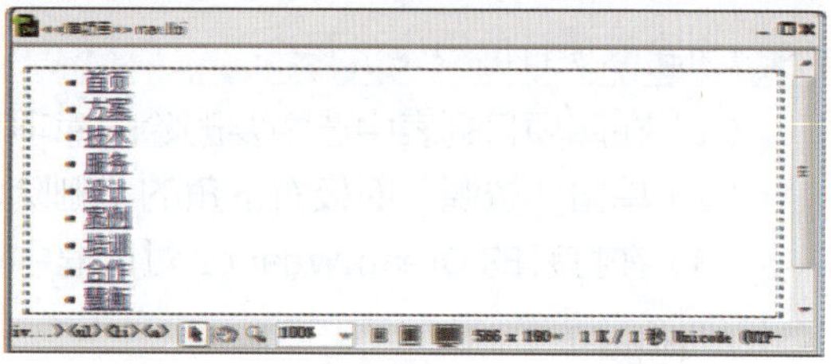

图 10.11 库项目编辑窗口

（3）依次将原来文本（栏目名称）的空链接修改为对应的网页文件，如将“技术”文本超链接到 w02 下的 technology.htm 网页，将“服务”文本超链接到 w03 下的 service.html 网页。

（4）保存文件，打开“更新库项目”对话框，如图 10.12 所示，单击“更新”按钮，在接着打开的“更新页面”对话框中单击“关闭”按钮，如图 10.13 所示。

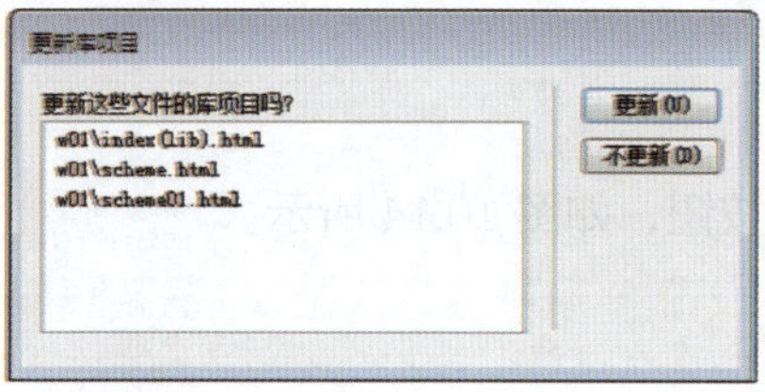

图 10.12 “更新库项目”对话框

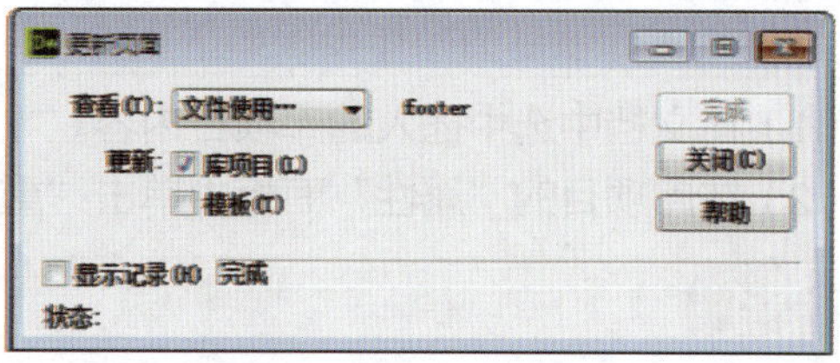

图 10.13 “更新页面”对话框

（5）依次预览 index(lib).html、scheme.html 和 scheme01.html 网页，可以看到，这 3 个页面中的导航条全部实现了修改。

至此，完成了通过更新库项目实现对所有应用该库项目的网页的快速更新。

操作提示

在“更新库项目”对话框中，如果单击“不更新”按钮，将不更改任何文档。如果以后要对某个应用该库项目的文档进行更新，可以使用下列方法。

- 打开要更新的包含该库项目的文档，选择菜单“修改→库→更新当前页”命令。
- 如果要更新整个网站，可以选择菜单“修改→库→更新页面”命令。

2. 管理库项目

对库项目的管理，主要包括重命名库项目、删除库项目、重建库项目及解除库项目内容与原始库项目的关联等操作。

☞ 对库项目重新命名的操作步骤如下。

（1）将“资源”面板切换到“库”类，在库项目列表中选中需重新命名的库项目，单击鼠标右键，在快捷菜单中选择“重命名”命令。

（2）输入新的名称，按 Enter 键，完成库项目的重命名。

说明

库项目被重命名后，系统会打开“更新库项目”对话框，提示是否同时更新引用了该库项目的文档。如果要立即更新站点中所有引用该库项目的文档，可以单击“更新”按钮；如果避免更新站点中引用该库项目的文档，可以单击“不更新”按钮。

☞ 删除库项目的操作步骤如下。

（1）在库项目列表中选中要删除的库项目。

（2）单击“资源”面板右下角的“删除库项目”按钮🗑。

（3）在打开的 Dreamweaver 对话框中单击“是”按钮。

说明

（1）库项目一旦被删除，对应的库项目文件也被删除了。

（2）从库中删除库项目，不会影响引用该库项目的文档。

如果不小心误删除了库项目，还可以根据已插入到文档中的库项目内容来重新创建。

☞ 重新创建库项目的操作步骤如下。

（1）在文档中选中插入的库项目内容。

（2）在库项目的“属性”面板中单击“重新创建”按钮，如图 10.14 所示。

说明

如果库项目不存在，就会重建对应的库项目。如果这个库项目已经存在，则会出现一个 Dreamweaver 对话框，提示是否覆盖它。

图 10.14 “库项目”的“属性”面板

插入到文档中的库项目是作为一个整体存在的，无法在文档中直接对它进行编辑。如果要在文档中编辑库项目的内容，可以解除库项目内容与原始库项目之间的关联，变成普通的文档内容。

☞ 解除库项目内容与原始库项目之间的关联，操作步骤如下。

（1）在文档中选中库项目内容；

（2）在库项目的“属性”面板中单击“从源件中分离”按钮 从源件中分离 。

（3）这时会打开如图 10.15 所示的 Dreamweaver 对话框，单击“确定”按钮，即可解除文档与该库项目的关联。

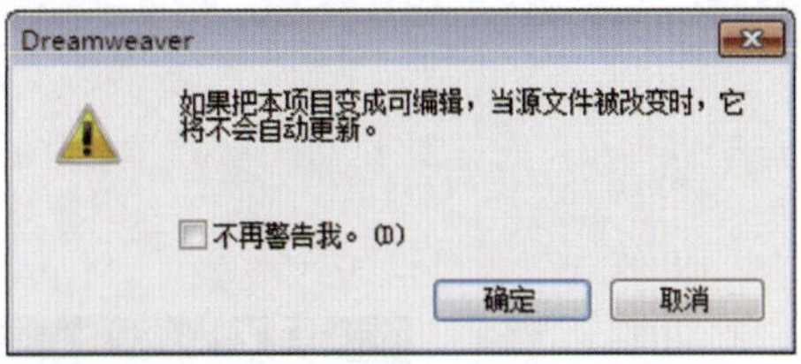

图 10.15 Dreamweaver 对话框

这样，库项目的内容就变成了普通的文档内容，以后可以任意编辑，但再也不能随库项目自动更新了。

10.3.3 利用模板创建系列页面

模板（Template）的作用是帮助设计者批量生成具有固定格式的页面。利用模板创建系列页面，首先要创建模板，然后在模板中定义可编辑区域，最后利用模板批量生成网页。

1. 创建模板

模板实质上是一个特殊的网页，因此创建模板可以像创建普通网页一样，从无到有地创建，也可以将事先设计好的网页另存为模板。本案例将利用 scheme01.html 网页创建模板。

☞ 将设计好的 scheme01.html 网页另存为 scheme.dwt 模板，操作步骤如下。

（1）打开本地站点 w01 文件夹下的 scheme01.html 网页。

（2）在“插入”面板的“常用”类中单击“模板”按钮右侧的下拉按钮，打开“模板”下拉菜单，选择“创建模板”命令，如图 10.16 所示。

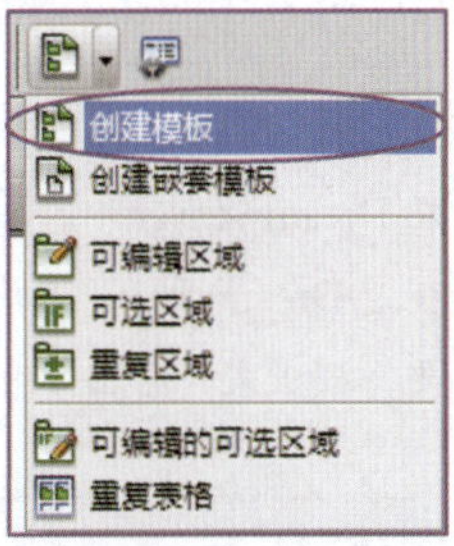

图 10.16 在“插入”面板的“模板”下拉菜单中选择命令

（3）此时，打开“另存模板”对话框，如图 10.17 所示。在“站点”下拉列表框中选择“慧衡科技”，在“另存为”文本框中输入模板名称“scheme”，单击“保存”按钮。接下来，在打开的 Dreamweaver 对话框中单击“是”按钮，如图 10.18 所示。

（4）保存并关闭模板文件 scheme.dwt。

（5）打开“资源”面板，单击左侧下方的“模板”类别按钮，切换到“模板”类，则模板列表框中新增了 scheme 一项，如图 10.19 所示。

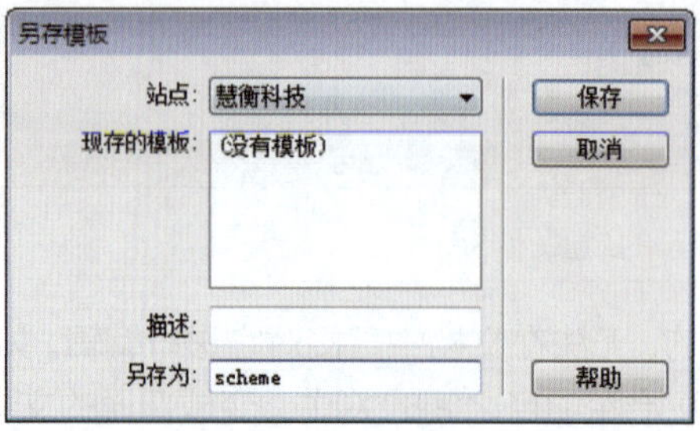

图 10.17　“另存模板”对话框

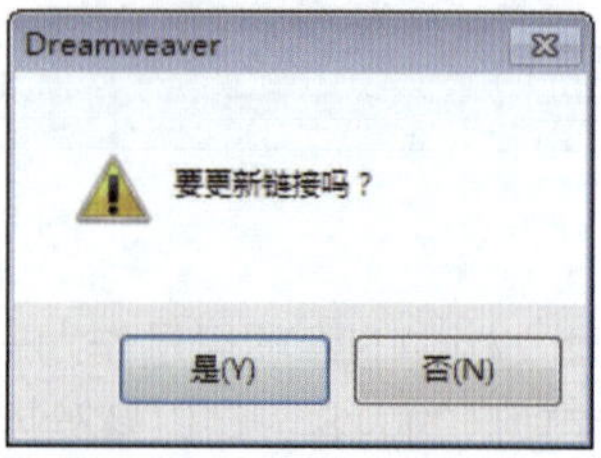

图 10.18　Dreamweaver 对话框

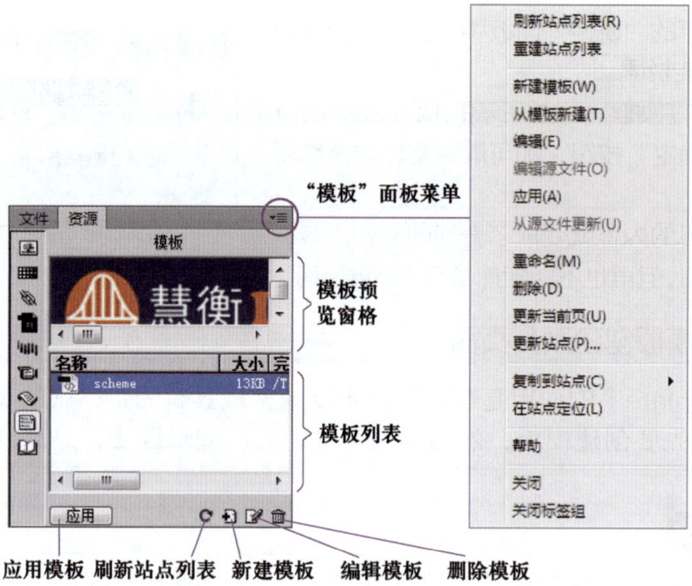

图 10.19　“资源”面板的“模板”类

观察“文件”面板，可以看到，Dreamweaver 在本地站点的根文件夹下自动创建 Templates 文件夹，并将创建的 scheme.dwt 模板文件保存在该文件夹中。

说明

在 Dreamweaver 中，每个模板都对应一个单独的文件，文件扩展名为.dwt。站点文件夹下的 Templates 文件夹是 Dreamweaver 专门用于存放模板文件的。因此，不要将其他非模板文件移至 Templates 文件夹中，也不要将模板文件移出 Templates 文件夹。

操作提示

（1）在“资源”面板的“模板”类中（或利用“模板”面板菜单），可以方便地对模板文件进行应用、新建、编辑、删除和重命名等操作，如图 10.19 所示。

（2）利用已有网页创建模板，还可以通过菜单“文件→另存为模板”命令来完成。

2. 定义可编辑区域

模板被分为可编辑区域和锁定区域。顾名思义，可编辑区域是指模板的页面中可以更改的区域。由于网页的内容是各不相同的，当需要修改基于模板创建的网页时，只能修改模板所定义的可编辑区域。而模板的页面中不可更改的区域称为锁定区域或不可编辑区域。锁定区域一般是用来体现网站风格的部分，在整个网站中，这些区域是相对固定和独立的，如导航条、网站标志等内容。

默认情况下，新创建模板的所有区域都是锁定区域。为了在以后制作页面时能添加不同的内容，必须将模板中的某些区域定义为可编辑区域，从而实现相同模板下不同的页面效果。

☞ **将 scheme.dwt 方案模板中的页面右侧的内容区域定义为可编辑区域，效果如图 10.20 所示，操作步骤如下。**

图 10.20 定义为可编辑区域后的效果

（1）在“scheme.dwt”模板中，单击页面右侧内容区域的任意位置，然后在标签选择器中单击标签<div#main>，选中内容区域。

（2）选择菜单“插入→模板对象→可编辑区域”命令，打开“新建可编辑区域”对话框，如图 10.21 所示。

（3）在“名称”文本框中输入可编辑区域的名称“main”，单击“确定”按钮。在模板文档中即建立了一个可编辑区域。

如图 10.20 所示，可编辑区域在模板页面中由高亮显示的浅蓝色矩形边框围绕，区域左上角显示了可编辑区域的名称。

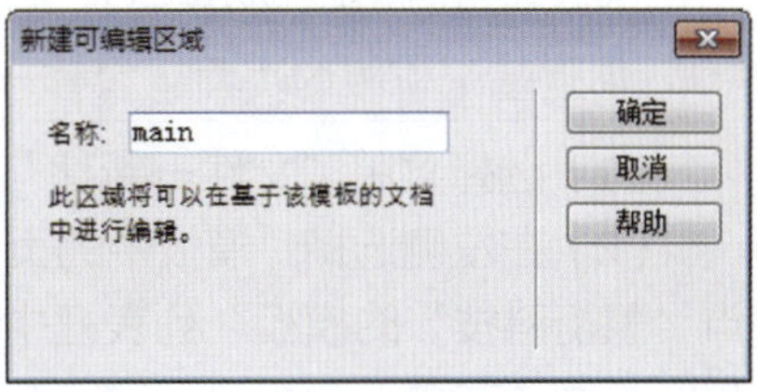

图 10.21 “新建可编辑区域”对话框

说明

（1）如果要修改可编辑区域呈高亮显示的边框颜色，可以在“首选参数”对话框的“标记色彩”类中设置。

（2）如果在模板中还没有定义任何可编辑区域就试图退出编辑环境，系统会打开如图 10.22 所示的 Dreamweaver 警告对话框，单击“确定”按钮，退出编辑环境，则此模版不含任何可编辑区域；单击“取消”按钮，系统继续打开如图 10.23 所示的对话框，单击“确定”按钮，定义可编辑区域。

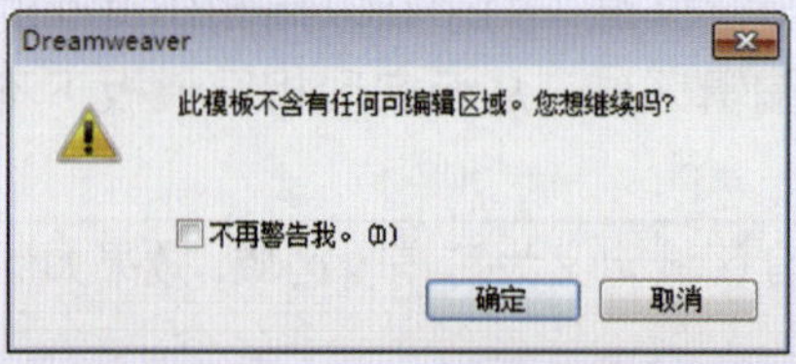

图 10.22　Dreamweaver 警告对话框

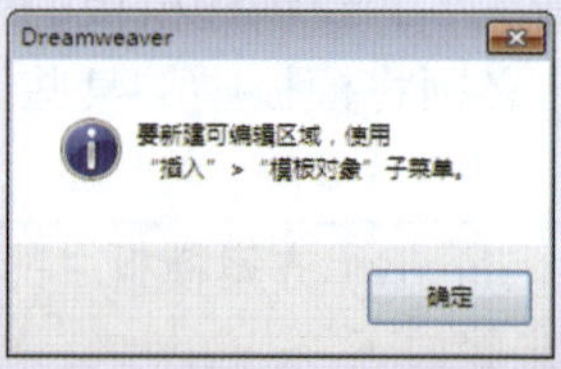

图 10.23　Dreamweaver 对话框

操作提示

（1）如果需要将某个可编辑区域恢复为锁定区域，使其在基于模板的文档中不可编辑，可以使用下列方法之一来删除可编辑区域。

- 将插入点置于可编辑区域中，选择菜单“修改→模板→删除模板标记”命令。
- 在标签选择器中选中 <mmtemplate:editable> 标签，单击鼠标右键，在快捷菜单中选择“删除标签”命令。

（2）选中可编辑区域，在“属性”面板中可以修改其名称，如图 10.24 所示。

图 10.24　可编辑区域的“属性”面板

（3）定义可编辑区域，还可以通过快捷菜单或“插入”面板等方式来完成。

3. 创建基于模板的新页面

模板的可编辑区域定义后，就可以开始创建基于模板的页面了。

☞ 创建基于模板的页面，操作步骤如下。

（1）选择菜单“文件→新建”命令，打开 “新建文档”对话框，如图 10.25 所示。

（2）在左侧选择“模板中的页”选项，在“站点”列表框中选择“慧衡科技”，然后在“站点‘慧衡科技’的模板”列表框中选择 scheme，单击“创建”按钮，这时将打开一个新的文档，如图 10.26 所示。

在新文档的右上方显示为“模板：scheme”，表示当前文档是基于模板 scheme 建立的。文档中凡是属于锁定区域的地方，将鼠标指针移进时将变成⊘形状，表示不可编辑。标有 main 名称的地方是可编辑区域，鼠标指针移进时将变成 I 形状。

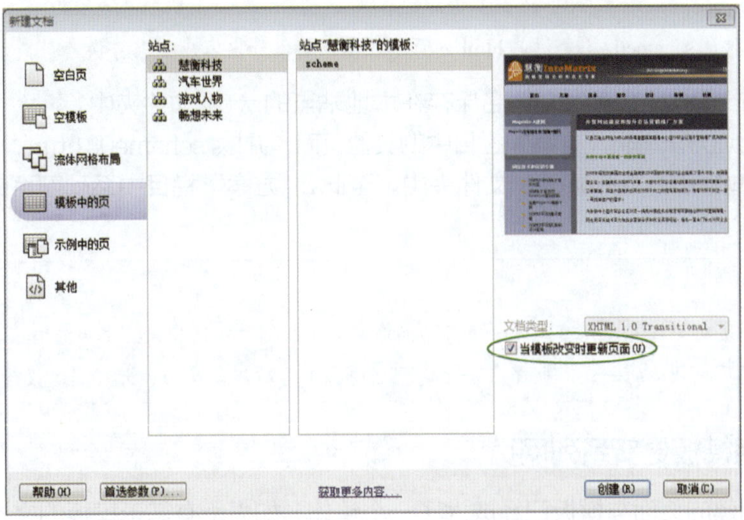

图 10.25 “新建文档”对话框

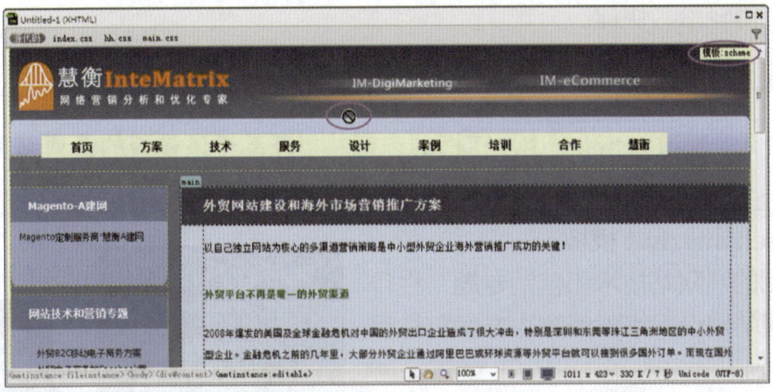

图 10.26 基于模板的新文档

（3）在 main 可编辑区域中将原内容替换为“中小企业网站改版和网络营销方案”的内容，替换后的页面效果如图 10.27 所示。

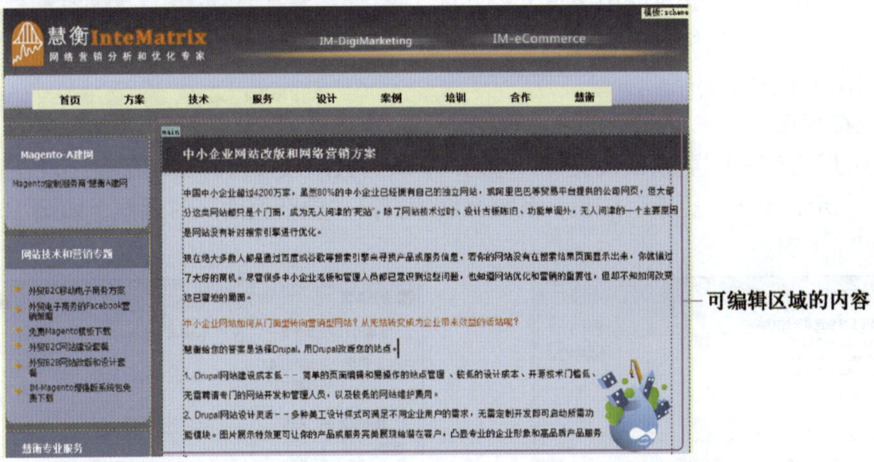

图 10.27 替换可编辑区域内容后的效果

提示： 素材取自 scheme02（素材）.html 网页。注意，标题和内容应分别替换。

（4）以 scheme02.html 为文件名保存在本地站点的 w01 文件夹中。

（5）采用上述方法编辑“方案”栏目中的其他页面，并以 scheme03.html、scheme04.html 为名保存到本地站点的 webpages 文件夹中。至此，“方案”栏目中系列网页的创建工作就全部完成了。

> **说明**
>
> 编辑基于模板的文档，只需替换可编辑区域的内容即可，锁定区域的内容不用修改，也不能修改，这不但保证了系列页面风格的一致，也保证了锁定区域内容不受破坏，从而大大提高了设计效率。

10.3.4 利用模板更新系列网页

基于模板创建的页面与模板已经成为了一个整体，如果所有基于模板的文档要做同样的修改，则只需修改这些文档所应用的模板，然后用新的模板更新所有基于模板的页面即可，使网站的维护工作变得轻松、快捷。

1. 修改模板和更新网页

> ☞ **如图 10.28 示，修改 scheme.dwt 模板的内容并更新基于该模板的系列网页文件，操作步骤如下。**

（1）打开 scheme.dwt 模板。

（2）将左侧的“网站技术和营销专题”栏目内容更改为“网站建设网络营销解决方案”栏目内容。

（3）为左侧导航栏目中的标题依次建立对应的超链接，即栏目标题的链接文件自上而下分别为 scheme01.html、scheme02.html、scheme03.html 和 scheme04.htm 网页，例如，“企业内联网平台”栏目标题的链接目标文件为 scheme03.html 网页等。

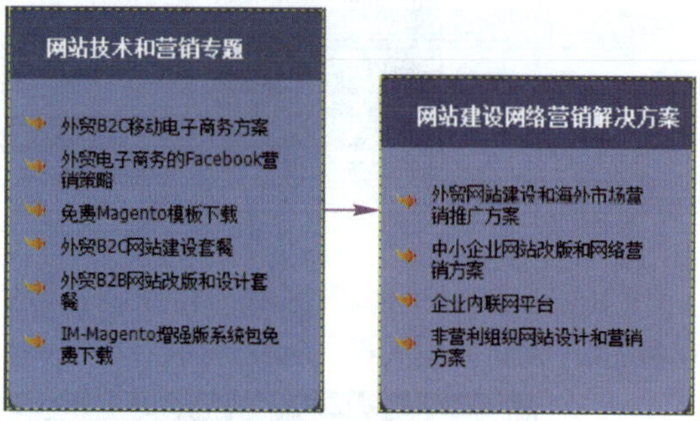

图 10.28 将“网站技术和营销专题”栏目更改为“网站建设网络营销解决方案”栏目

（4）保存模板。

（5）这时系统打开“更新模板文件”对话框，所有套用该模板的文件都会出现在列表框中，如图 10.29 所示，单击“更新”按钮，系统会继续打开“更新页面”对话框，如图 10.30 所示，单击“关闭”按钮。

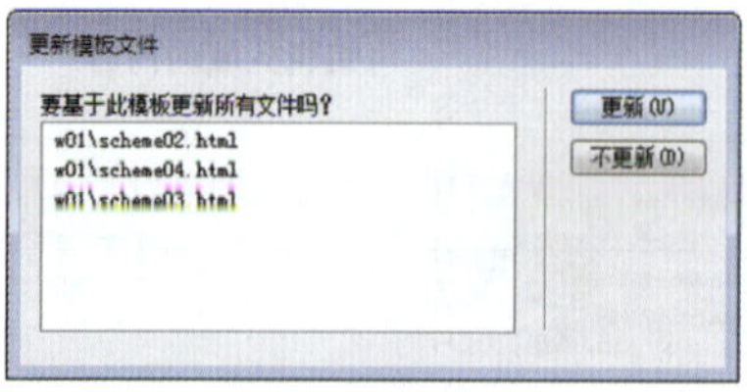

图 10.29 “更新模板文件”对话框

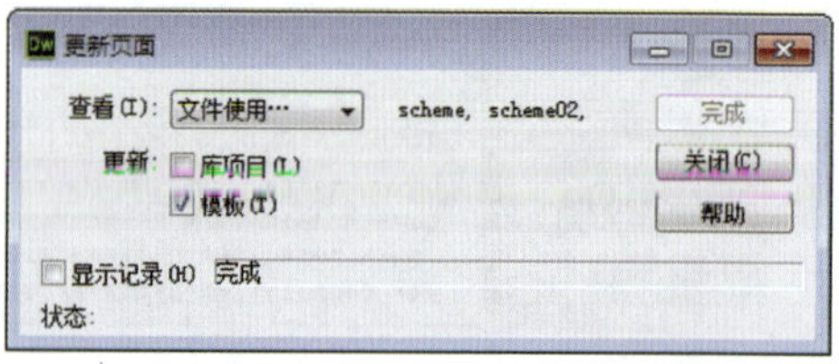

图 10.30 “更新页面”对话框

（6）预览 scheme02.html、scheme03.html 和 scheme04.htm 网页，检查各个网页的更新情况，此时左侧的“网站技术和营销专题”栏目内容已更改为“网站建设网络营销解决方案”栏目内容。

说明

如果在“更新模板文件”对话框中单击“不更新”按钮，则只会保存模板，不会立即更新文档。如果以后想用修改后的模板更新文档，可以使用下列方法。

（1）要更新某个文档，可以执行以下操作之一。

- 选择菜单“修改→模板→更新当前页”命令。
- 在“资源”面板的“模板”类中选中当前文档所应用的模板，单击鼠标右键，在快捷菜单中选择“更新当前页”命令。

（2）要更新整个站点，可以执行以下操作之一。

- 在文档编辑窗口中选择菜单“修改→模板→更新页面”命令。
- 在“资源”面板的“模板”类中选中当前文档所应用的模板，单击鼠标右键，在快捷菜单中选择“更新站点”命令。

2. 将模板应用到已经存在的网页文件

通过预览上面的效果，细心的读者不难发现，scheme01.html 页面的左侧导航栏目标题没有发生变化。这是因为 scheme01.html 网页不是由 scheme.dwt 模板创建的。解决的方法是，将 scheme.dwt 模板应用到 scheme01.html 网页中。

☞ **将 scheme.dwt 模板应用到 scheme01.html 网页中，操作步骤如下。**

（1）打开 scheme01.html 网页文件。

（2）选择菜单“修改→模板→应用模板到页”命令，打开“选择模板”对话框，如图 10.31 所示，选择要应用的 scheme 模板，单击“选定”按钮。

（3）此时，打开“不一致的区域名称”对话框，如图 10.32 所示，分别为 Document body 和 Document head 选择要放置现有文档内容的可编辑区域名称，这里选择“不在任何地方”选项，然后单击“确定”按钮，效果如图 10.33 所示。

图 10.31 “选择模板”对话框

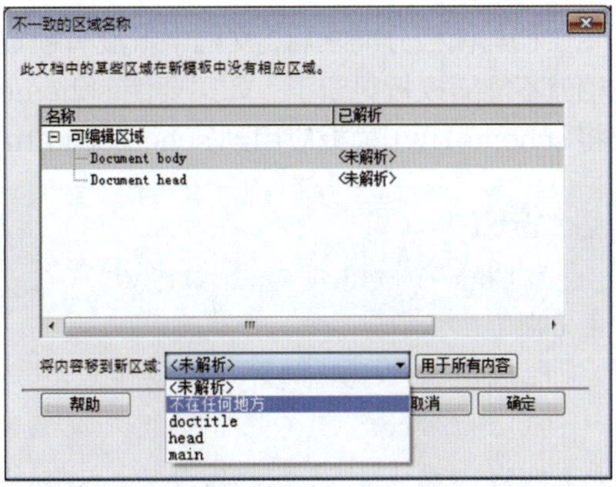

图 10.32 “不一致的区域名称”对话框

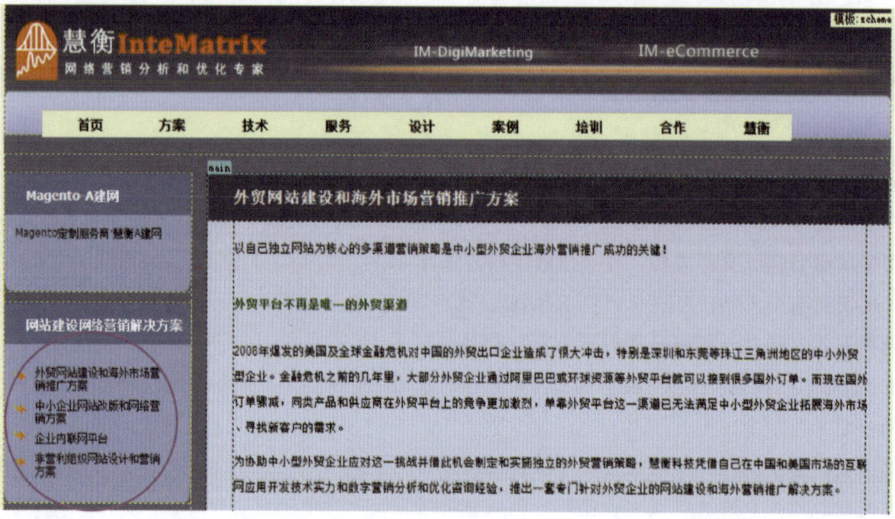

图 10.33 应用 scheme.dwt 模板后的 scheme01.html 网页效果

> **操作提示**
>
> 将模板应用到网页文件中，还可以使用下列方法。
>
> - 在“资源”面板的“模板”类中单击“应用”按钮 应用 。
> - 直接从“资源”面板的“模板”类中将所需应用的模板拖到当前文档中。
> - 在“资源”面板的“模板”类中选中所需应用的模板，单击鼠标右键，在快捷菜单中选择“应用”命令。

3. 管理模板

对模板的管理主要包括重新命名模板、删除模板及将文档与模板分离等操作。

如果希望将基于模板的文档转换成为普通的文档，可以将文档与模板分离。

☞ 将 scheme04.html 网页与 scheme.dwt 模板分离的操作步骤如下。

（1）打开 scheme04.html 网页。

（2）选择菜单“修改→模板→从模板中分离”命令，将 scheme04.html 网页与 scheme.dwt 模板分离开来。

文档与模板分离之后，文档中就没有锁定区域了，所有的地方都是可编辑的。但分离之后，文档就不能随模板更新了。如果要使 scheme04.html 网页随 scheme.dwt 模板更新，需要重新将 scheme.dwt 模板应用到 scheme01.html 网页中。

> **说明**
>
> （1）模板的管理操作可以通过“资源”面板的“模板”类、快捷菜单或者“模板”面板的菜单等方式来完成。
>
> （2）由于模板的重新命名、删除方法类似于库项目的操作，这里不再赘述。
>
> （3）删除模板后，并不会删除该模板与应用该模板的文档之间的关联关系。在基于该模板的文档中，所有的可编辑区域和锁定区域都会保持原来的结构。
>
> （4）模板文件被删除后将无法恢复，因此这种删除操作应该非常慎重。

10.4 项目总结

本章以深圳慧衡科技有限公司网站“方案”栏目中系列网页的设计与制作为例，详细介绍了利用库和模板高效设计与制作系列网页的方法。本项目涵盖的主要内容如图 10.34 所示。

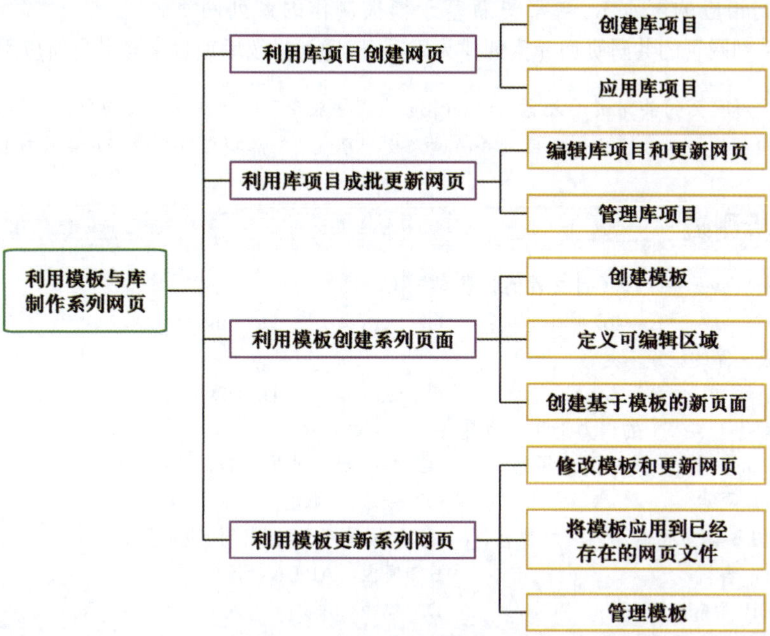

图 10.34　本项目涵盖的主要内容

10.5 扩展技能

创建空白模板并添加内容

本章介绍了将现有文档保存为模板的方法，此外，也可以先创建一个空白模板，然后在空白模板中添加模板内容。操作方法为，首先选择菜单“文件→新建”命令，打开“新建文档”对话框，然后在左侧选择“空模板”选项，从“模板类别”列表框中选择“HTML 模板”，单击“创建”按钮，最后在空白模板中添加相应的内容即可。在 Dreamweaver 中从无到有地创建模板，还可以通过“插入”面板和“模板”面板菜单的“新建模板”命令等方式来完成。

10.6 课后练习

10.6.1 配套实训

利用配套实训文件夹下的素材文件，根据所学的模板和库方面的知识，完善游戏人物介绍网站，要求如下。

1. 利用模板制作系列网页，分别用于介绍人物 Sweet、Cesar、Big Smoke 和 Tenpenny。

提示：打开 ex1_1.htm 素材文件，将其存储为 temp.dwt 模板文件，然后将顶端区域和底部区域定义为不可编辑区域，将中间区域根据需要定义为若干可编辑区域。

2. 通过修改 temp.dwt 模板文件的页面底部链接（为“首页 | [1][2][3][4][5] | 尾页”分别设置链接，链接到相应的网页），自动更新基于模板制作的系列网页。

3. 尽量将系列网页的共同页面元素创建为库项目，通过修改库项目来自动更新应用库项目的网页。

提示：将系列网页的共同页面元素 banner.jpg 及“导航条”（“首页　人物介绍　游戏攻略　图片欣赏　游戏地图”设置链接）创建为库项目，并通过修改“导航条”库项目自动更新应用库项目的网页。

10.6.2 同步测试

1. 在 Dreamweaver 中，库项目文件的扩展名是（　　）。

A. .htm　　B. .lbi　　C. .scr　　D. .jpg

2. 默认模板文件的扩展名是（　　）。

A. .dwt　　B. .doc　　C. .txt　　D. .dwo

3. 模板和库是（　　）的得力助手，也是（　　）的悍将。

A. 批量制作网页，统一网站风格　　B. 单一制作网页，统一网站风格

C. 表格，网站　　D. 表单，网站

4.（　　）从整体上控制了网页的风格，（　　）从局部上维护了网页的风格。

A. 模板，表格　　B. 模板，AP Div 元素

C. AP Div 元素，库　　D. 模板，库

5. 下列关于库的错误说法是（　　）。

A. 库可用来存储整个网站上经常被重复使用或更新的页面元素

B. 库实际上是一段 HTML 源代码

C. 在 Dreamweaver 中，只有文字、数字可以作为库项目，而图片、脚本不可以作为库项目

D. 库可以是 E-mail 地址、表格或版权信息等

6. 下面说法错误的是（　　）。

A. 必须为模板创建可编辑区域，否则在使用模板时无法达到预期效果

B. 为了达到最佳的网页兼容性，可编辑区的命名应用中文

C. 在模板中，蓝色为可编辑区，黄色为非编辑区

D. 模板是一种特殊的网页

第 11 章

利用 AP Div 设计与制作网页

——制作“设计”页面

AP Div 是 Dreamweaver 中的一种特殊的 Div 标签元素，可以放置在页面中的任意位置。利用 AP Div 设计与制作页面，可以实现灵动而丰富的页面效果。本章将通过深圳慧衡科技有限公司网站的二级页面“专业网站设计”（简称“设计”）的设计与制作，详细介绍 AP Div 的基本操作方法及利用 AP Div 布局页面的思路与实现方法。

学习目标

- 了解 AP Div 在网页制作中的作用
- 掌握 AP Div 的基本操作方法
- 掌握利用 AP Div 布局网页的方法
- 了解 AP Div 与表格之间的相互转换方法

11.1 项目分析

11.1.1 设计思路

为了宣传公司的设计理念、展示成功案例，深圳慧衡科技有限公司需要设计一个二级页面“专业网站设计”，要求页面能展示丰富多彩的优秀作品。

网页设计师小刘围绕“专业网站设计”这一主题，首先进行需求分析，了解页面所要传递的信息，收集相关文字素材和图片，经过技术分析，小刘确定了设计思路。

页面元素：网站 banner、导航条、页脚信息，主体内容除了必要的文字元素外，还应包含用于展示优秀产品的图片。该页面包含的页面元素如表 11.1 所示。

表 11.1 页 面 元 素

页面元素
网站 banner
网站导航（首页、方案、技术、服务、设计、案例、培训、合作、慧衡）
用于展示公司优秀产品的图片
“专业网站设计”的主要内容
页脚信息（页脚导航链接、版权信息）

版面布局：采取自上而下的 3 栏式结构。顶部区域用于装载网站的 banner 和导航条，中间区域用于装载“专业网站设计”主体内容，底部用于装载网站的页脚信息。页面布局简单示意图如图 11.1 所示。由于产品的图像要层叠式展示，同时考虑到以后能为网页增添网页特效，因此本页面使用 AP Div 搭建网页布局。

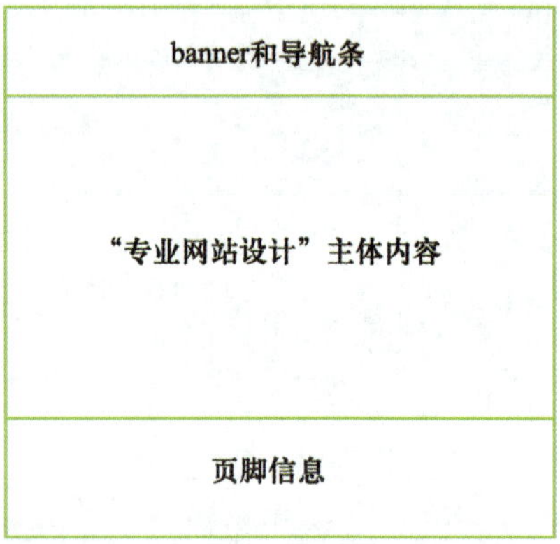

图 11.1 页面布局简单示意图

配色方案：由于本页面为二级页面，从设计角度上来说，最好和整体网站风格保持一致，为此，色彩搭配仍然以蓝白色为基调。

经过上述页面分析，结合网页制作技术，小刘完成了任务，页面效果如图 11.2 所示。

11.1.2 制作流程

在具体制作之前，小刘将收集的页面素材分类存放到本地站点相应的文件夹下，然后基于“先整体→后局部→再细节”的工作过程，开始了他的网页制作。

首先利用 AP Div 对页面进行初步布局，通过在 AP Div 中插入页面元素，对页面元素进行定位；接下来对 AP Div 进行更改名称、改变层叠次序和改变可见性等有效管理；然后通过调整 AP Div 大小、调整 AP Div 的位置、制作溢出效果等方式调整 AP Div 布局的页面，最后对 AP Div 页面进行美化。具体制作流程如图 11.3 所示。

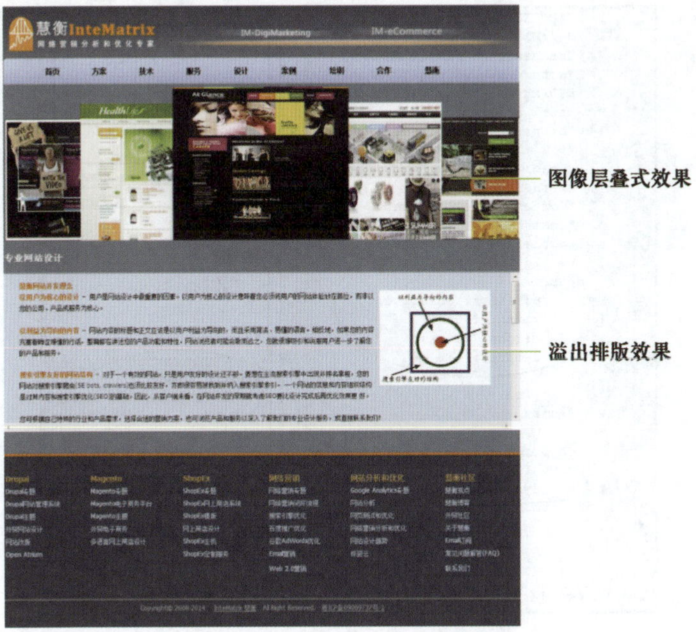

图 11.2 “专业网站设计”的页面效果

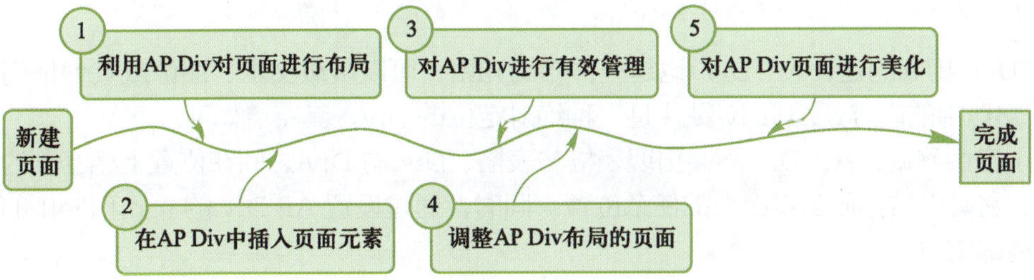

图 11.3 “专业网站设计”页面的制作流程

11.2 预备知识

1. AP Div 在网页中的作用

AP Div 是一种页面元素，其位置不受网页中其他元素的限制，可以定位在页面上的任意位置，如同悬浮在页面上方一样，体现了 AP Div 的真正魅力，即可以自由移动。利用 AP Div 可以实现各种灵活而复杂的页面布局，尤其是 AP Div 与行为的综合运用，还可以创造出灵动而丰富的页面效果。

2. AP Div 的概念

AP Div 是 Dreamweaver 中的一种特殊的 Div 标签元素。每当插入一个 AP Div，Dreamweaver 就会自动新建一个与之对应的样式，用于单独控制 AP Div。如图 11.4 所示为在“拆分”视图下插入一个默认大小的 AP Div 时对应的 HTML 及其 CSS 样式。

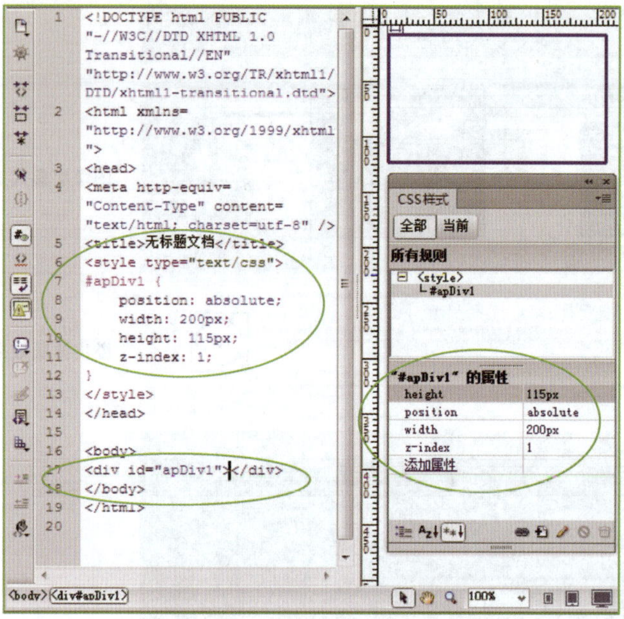

图 11.4 AP Div 对应的 HTML 及其 CSS 样式

提示： 选择菜单“插入→布局对象→AP Div”命令，可以插入一个默认大小的 AP Div。

与 Div 相同的是，AP Div 也是一种布局元素，可以装载文本、图像或其他任何可放入 HTML 文档中的内容。AP Div 默认是一种绝对定位的 Div。其特点如下。

（1）自由移动：AP Div 不会出现表格与表格、Div 与 Div 之间在位置上相互制约与影响的问题，它可以被拖放到页面上的任意位置。同时，通过设置 AP Div 的 top 和 left 的属性值可实现精确定位。

（2）层叠摆放页面元素：多个 AP Div 在页面上可以层叠摆放，如图 11.2 所示的展示图像。通过修改 AP Div 的 z-index 属性值，可以随意改变 AP Div 在页面上的层叠顺序。

（3）显示/隐藏 AP Div：通过设置 AP Div 的 visibility 属性值，可以指定 AP Div 在实际浏览时是否显示。

正是因为 AP Div 具有这样的特性，再加上将 AP Div 与行为结合使用，可以设计出丰富效果的网页。

当然，AP Div 的不足之处在于，如果设置过程复杂或设置不当，将造成 AP Div 的实际位置与设计要求的位置有较大的偏差。同时，旧版本浏览器对其的支持性较差。因此，是否使用 AP Div 布局，应根据具体情况做出正确的选择。

11.3 项目实施

新建站点“慧衡科技”，定义站点文件夹 huihengweb，将“设计”网页的相关素材复制到 huihengweb 文件夹下的 w04 子文件夹中，在 w04 子文件夹下新建一个文件 design.html，页面标题为“专业网站设计”。下面将详细介绍利用 AP Div 制作网页的基本流程和操作方法。

11.3.1 利用 AP Div 对页面进行布局

利用 AP Div 进行页面布局，实质上是通过多个 AP Div 将页面划分为不同的内容区域，以便对页面元素进行合理的组织与定位。本小节将利用 AP Div 灵活构建页面的整体框架，页面效果如图 11.5 所示。

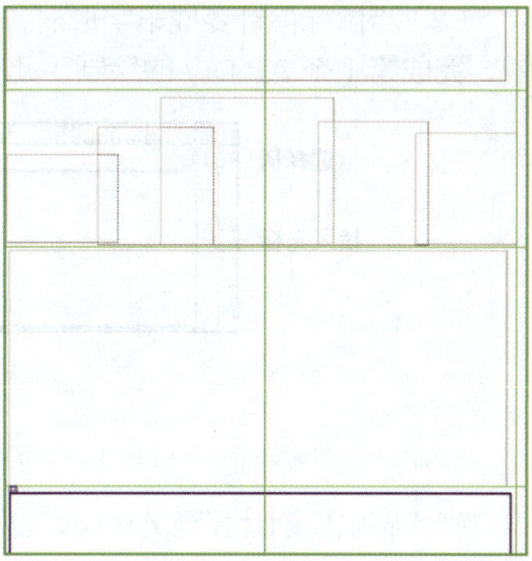

图 11.5 利用 AP Div 构建的页面整体框架效果

为了便于在文档窗口中更精确地绘制 AP Div，首先打开标尺，绘制辅助线。

☞ **利用标尺在页面中绘制辅助线，操作步骤如下。**

（1）选择菜单“查看→标尺→显示”命令，在页面的左边框和上边框便会显示标尺。

（2）按住鼠标左键向下拖动水平标尺，直到编辑距离显示为 155.00 像素时释放鼠标左键，此时便在页面上绘制了一条与文档顶部距离 155 像素的水平辅助线。用相同的方法绘制一条编辑距离为 450 像素的水平辅助线。其他水平辅助线根据需要自行绘制。

提示： 编辑距离可以参考主页布局。

（3）从页面左侧的垂直标尺上分别拖出编辑距离为 500 像素和 1 000 像素的辅助线。最终效果如图 11.6 所示。

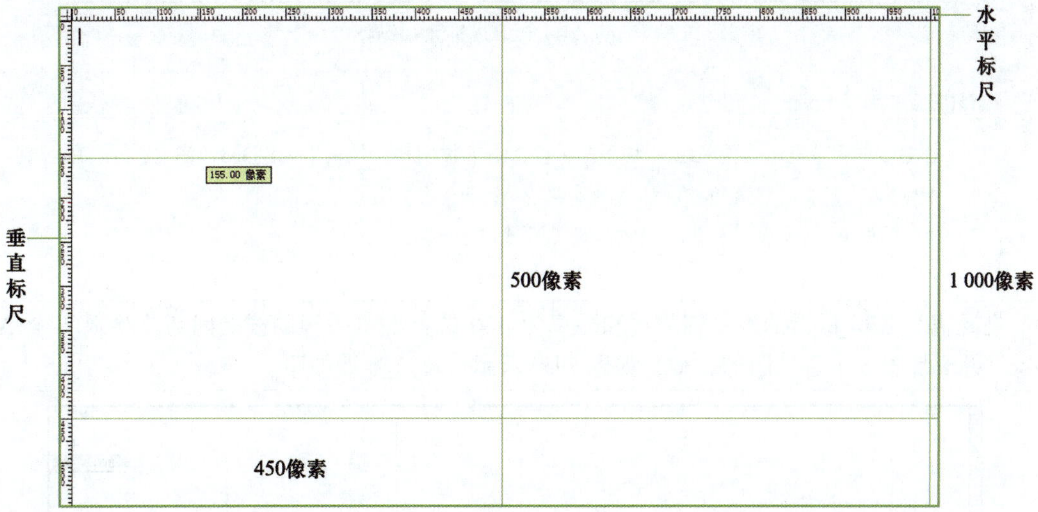

图 11.6 文档窗口中的标尺和辅助线

小技巧

（1）双击辅助线，打开“移动辅助线”对话框，可以精确设置辅助线的编辑距离。

（2）将鼠标指针移至两条辅助线之间，按住 Ctrl 键，可以查看辅助线之间的距离。

☞ 在页面顶端绘制第 1 个 AP Div，用于装载 banner 和导航条，操作步骤如下。

（1）在“插入”面板的“布局”类中单击“绘制 AP Div”按钮。

（2）当鼠标指针变成十字形时，按住鼠标左键拖出一个矩形，直到大小合适后释放鼠标左键，完成第 1 个 AP Div 的绘制。此时，AP Div 处于选中状态，如图 11.7 所示。

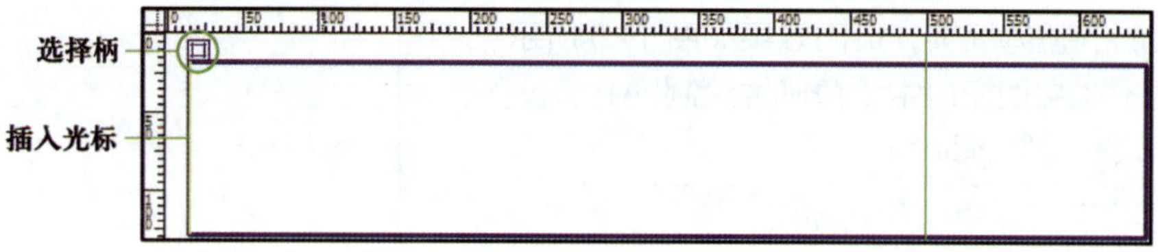

图 11.7 处于选中状态的 AP Div

提示：绘制的第 1 个 AP Div 位于距离为 155 像素的水平辅助线之上和距离为 1 000 像素的垂直辅助线之内。

（3）将鼠标指针移至 AP Div 边框上，当变为✥形状时，按住鼠标左键拖动，调整 AP Div 的大致位置。

（4）将鼠标指针移至 AP Div 的控制柄处，按住鼠标左键拖动，初步调整 AP Div 大小，如图 11.8 所示。

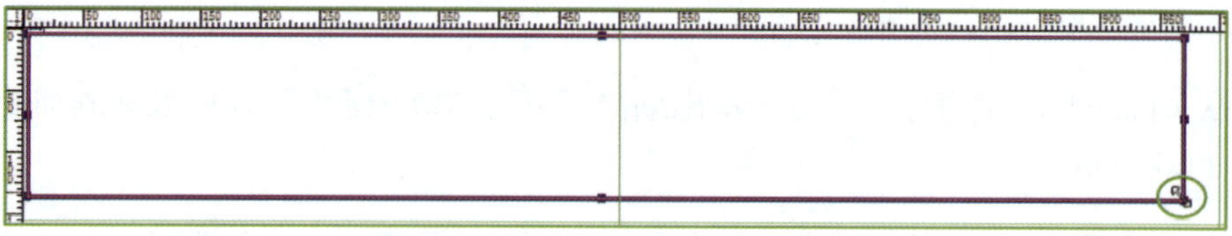

图 11.8 拖动 AP Div 的控制柄来调整大小

说明

（1）AP Div 四周共有 8 个黑色控制柄。其中，上、下控制柄只能调整 AP Div 的高度，左、右控制柄只能调整 AP Div 的宽度，四角的控制柄能同时调整 AP Div 的高度和宽度。

（2）精确调整 AP Div 大小和位置的方法详见后续内容。

☞ 在距离为 155 像素的水平辅助线和距离为 450 像素的水平辅助线之间连续绘制 5 个 AP Div，用于装载 5 个宣传图像，效果如图 11.9 所示，操作步骤如下。

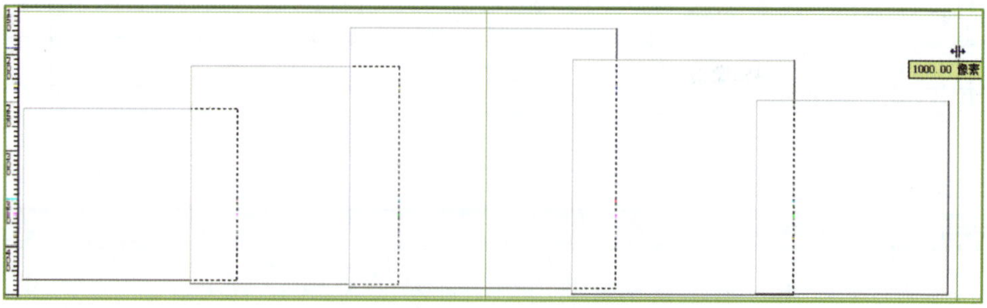

图 11.9 5 个用于装载宣传图像的 AP Div

（1）单击“绘制 AP Div”按钮。

（2）按Ctrl键，在页面上绘制第1个AP Div后不要释放Ctrl键，连续绘制其他4个AP Div。

（3）按Esc键，恢复鼠标指针的正常形状。

（4）将5个AP Div移至距离为155像素的水平辅助线和距离为450像素的水平辅助线之间，并初步调整大小。

（5）保存文件。

☞ **在距离为450像素的水平辅助线下方绘制一个用于装载主要内容的AP Div和一个用于装载页脚信息的AP Div。操作步骤略。**

☞ **观察“AP元素”面板，操作如下。**

选择菜单“窗口→AP元素”命令，打开“AP元素”面板，如图11.10所示。在“AP元素”面板中显示了上述所建立的8个AP Div，名称默认为apDiv1 ~ apDiv8。至此，用于构建页面框架的AP Div已全部创建完毕。

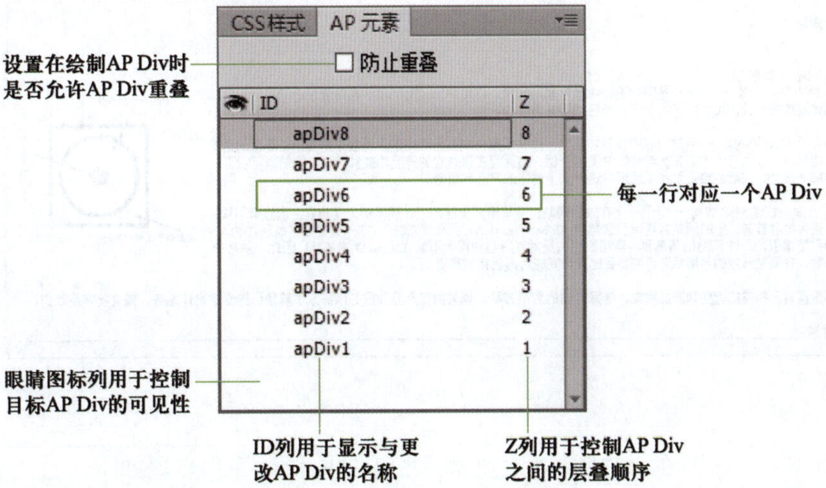

图11.10 “AP元素”面板

操作提示

（1）创建AP Div还可以使用以下方法。

- 选择菜单“插入→布局对象→AP Div”命令。
- 在“插入”面板的“布局”类中，拖动“绘制AP Div”按钮到文档窗口后放开。

（2）使用以上两种方法创建的AP Div大小是默认的（宽度为200像素、高度为115像素）。如果要修改AP Div的默认大小，可以选择菜单“编辑→首选参数”命令，打开“首选参数”对话框，在左侧“分类”列表框中选择“AP元素”，在“宽”和“高”文本框中输入相应的值。

（3）利用“AP元素”面板可以方便地对AP Div进行选中、重命名、改变可见性和改变层叠顺序等操作。

- 单击AP Div的名称可以选中页面上对应的AP Div。
- 双击AP Div的名称可以重命名AP Div。
- 单击眼睛图标可以改变AP Div的可见性。
- 双击Z列数字可以改变AP Div层叠顺序。

11.3.2 在 AP Div 中插入页面元素

初步搭建起网页的框架后，就可以在每个 AP Div 中插入页面元素了。AP Div 可以装载各种页面元素，如文本、图像甚至 AP Div 元素。本小节以页面中间的主体内容为例在 AP Div 中插入各种页面元素，页面效果如图 11.11 所示。

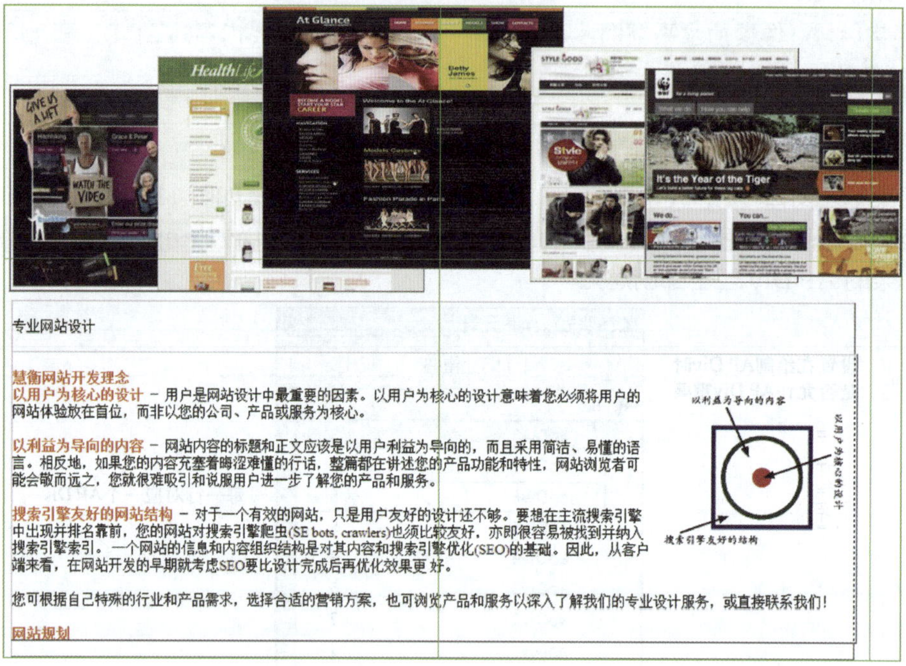

图 11.11 插入各种页面元素后的效果

☞ **在 apDiv2～apDiv6 的 AP Div 中分别插入相应的图像，操作步骤如下。**

（1）在“AP 元素”面板中单击 apDiv2，选中 apDiv2 AP Div。

（2）单击 AP Div 内部的任意位置，插入 WWF1.jpg 图像。

（3）用相同的方法，分别在 apDiv3～apDiv6 AP Div 中插入 magento_meckey.jpg、drupal.jpg、ShopEx.jpg 和 WWF2.jpg 图像。

☞ **在 apDiv7 AP Div 中插入“专业网站设计”的所有内容，操作步骤如下。**

（1）将插入点置于 apDiv7 AP Div 中，输入标题文本“专业网站设计”，并按 Enter 键。

（2）从“design(素材).html”网页文件中将文章内容复制过来。

此时，“专业网站设计”内容超过了 apDiv7 AP Div 本身的大小，apDiv7 AP Div 被延伸并覆盖了 apDiv8 AP Div。如何在固定大小的 AP Div 中容纳更多的内容呢？这就需要设置 AP Div 的“溢出”属性。

☞ **设置“溢出”属性，以便在固定大小的 apDiv7 AP Div 中装载所有内容，操作步骤如下：**

（1）在“AP 元素”面板中单击 apDiv7，以选中 apDiv7 AP Div。

（2）在“属性”面板的“溢出”下拉列表框中选择“auto”，如图 11.12 所示。

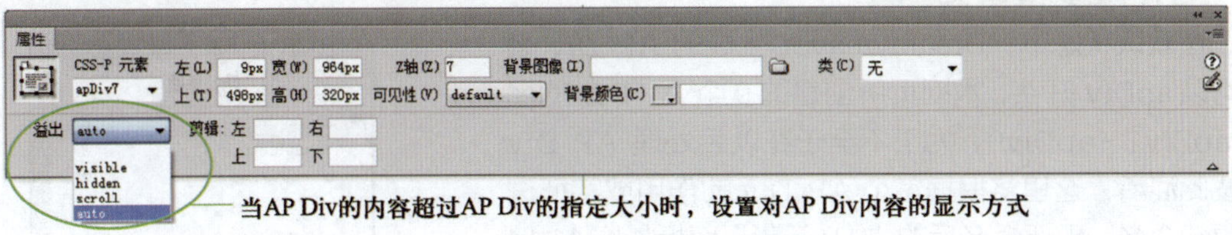

图 11.12 在“属性”面板中设置“溢出”属性

（3）保存文件。在实时视图下查看文档，apDiv7 AP Div 的右侧出现了垂直滚动条，通过滚动条可以浏览到 apDiv7 AP Div 装载的所有内容。

然而，仔细观察发现，内容标题“专业网站设计”会随滚动条向下滚动，为了使“专业网站设计”文本固定于 apDiv7 AP Div 的顶端，需要通过嵌套 AP DIV 来实现。

☞ **在 apDiv7 AP Div 中插入内容标题“专业网站设计”及嵌套 AP DIV，操作步骤如下。**

（1）删除 apDiv7 AP Div 中的内容，取消“溢出”属性设置。

（2）在 apDiv7 AP Div 中输入内容标题“专业网站设计”，并按 Enter 键。

（3）选择菜单“插入→布局对象→AP Div”命令，在 apDiv7 AP Div 中嵌套一个 apDiv9 AP Div。如图 11.13 所示，“AP 元素”面板显示了 apDiv7 AP Div 与 apDiv9 AP Div 之间存在的嵌套关系。

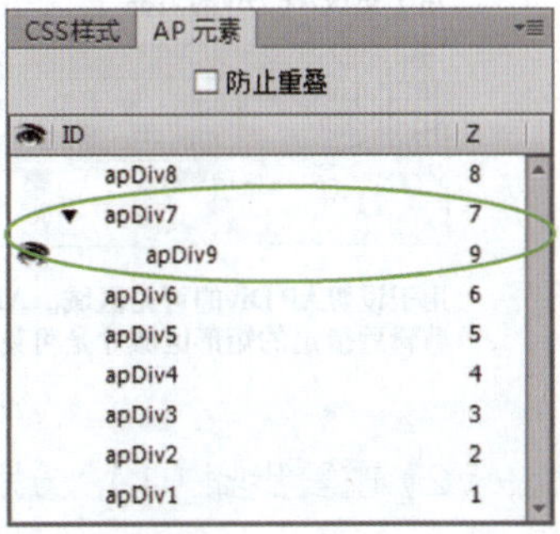

图 11.13 apDiv9 AP Div 嵌套于 apDiv7 AP Div 中

（4）在 apDiv7 AP Div 的大小范围内将 apDiv9 AP Div 的空间调整到最大。

（5）在 apDiv9 AP Div 中插入“专业网站设计”相应的内容，并将其“溢出”属性设置为 auto。

（6）保存文件。

说明

“溢出”下拉列表框中各选项的含义如下。

- Visible 表示当 AP Div 中的内容超出 AP Div 范围时，AP Div 的边界会自动延伸以容纳这些内容。
- hidden 表示当 AP Div 中的内容超出 AP Div 范围时，保持 AP Div 大小，不显示超出的内容。
- scroll 表示无论 AP Div 中的内容是否超出 AP Div 范围，浏览器都会在 AP Div 上自动添加滚动条。
- auto 表示只有当 AP Div 中的内容超过其边界时，浏览器才会在 AP Div 上添加滚动条。

11.3.3 有效管理 AP Div

对 AP Div 进行管理主要包括更改 AP Div 的名称、改变 AP Div 的层叠次序、改变 AP Div 的可见性等。在 Dreamweaver 中利用 AP Div 的“属性”面板和“AP 元素”面板，可以对 AP Div 进行有效管理。

1. 更改 AP Div 的名称

在默认状态下，Dreamweaver 生成的 AP Div 名称均以 apDiv 开头，本网页所创建的 9 个 AP Div 的名为 apDiv1～apDiv9。为了不至于在以后处理 AP Div 时彼此混淆，这里将根据每个 AP Div 的作用或特征进行重新命名，重新命名后的“AP 元素”面板如图 11.14 所示。

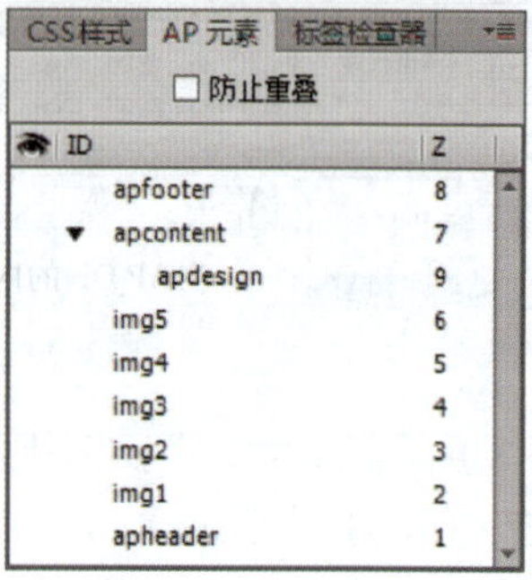

图 11.14 重新命名后的“AP 元素”面板

☞ 利用“属性”面板，自左向右分别将装载图像的 apDiv2～apDiv6 的名称改为 img1～img5，操作步骤如下。

（1）选中 apDiv2 AP Div，在“属性”面板的“CSS-P 元素”文本框中输入“img1”，如图 11.15 所示。

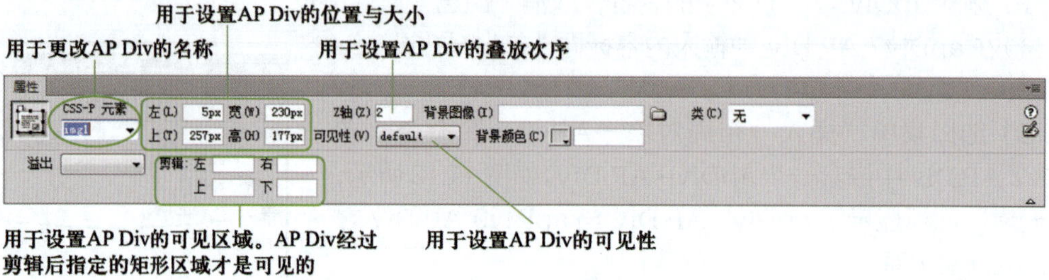

图 11.15 在“属性”面板中更改 AP Div 名称

（2）重复步骤（1），分别将 apDiv3～apDiv6 命名为 img2、img3、img4 和 img5。

☞ 将 apDiv1 AP Div 重命名为 apheader，分别将 apDiv7～apDiv9 AP Div 重命名为 apcontent、apfooter 和 apdesign。操作步骤略。

提示：参照 AP Div 所装载的内容更改 AP Div 的名称。

操作提示

（1）在“AP 元素”面板中双击 AP Div 的名称，也可以更改 AP Div 的名称。

（2）如果要对 AP Div 进行操作，应事先选中 AP Div。选中 AP Div 的主要方法如下。

- 单击 AP Div 的任意边框线。
- 在“AP 元素”面板中单击 AP Div 的名称，这种方法可以方便地选中指定名称的 AP Div，特别是被隐藏或被遮挡的 AP Div。

注意

在“AP 元素”面板中更改名称时，只能输入以字母开头的字母数字串，否则系统将会打开相应的 Dreamweaver 对话框，要求重新命名。

2. 改变 AP Div 的层叠次序

AP Div 与其他布局元素相比，最大的特点在于多个 AP Div 可以重叠。AP Div 的层叠次序是由 Z 值所来决定的，Z 值越大，AP Div 叠放的次序越靠上。因此，如果要将初始的层叠次序（如图 11.11 所示）改变为设计要求的效果，需要修改右侧 AP Div 的 Z 值。

☞ 改变 img3、img4 和 img5 AP Div 的层叠次序，将 img4 AP Div 置于 img3 AP Div 的下面，将 img5 AP Div 置于 img4 AP Div 的下面，如图 11.16 所示，操作步骤如下。

图 11.16　改变 AP Div 的层叠次序

（1）选中 img5 AP Div，在“属性”面板的 Z 文本框中输入数值“2”，将其调整为与 img1 AP Div 的层次相同。

（2）用相同的方法，将 img4 AP Div 的 Z 值改为 3。如图 11.17 所示，“AP 元素”面板显示了更改后的 AP Div 层叠次序。

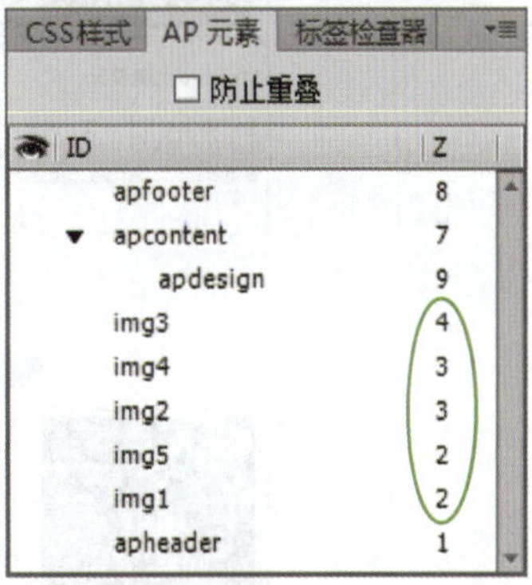

图 11.17　更改后的 AP Div 层叠次序

说明

AP Div 的 Z 值可正可负，也可以是 0。如果需要将某个 AP Div 上移，可以增大其 Z 值；如果需要下移，可以减小其 Z 值。如果需要移到页面的最上层，可以将其 Z 值设置为所有 AP Div 中的最大值；反之，要设置为最小值可以将该 AP Div 移至最底层。

3. 改变 AP Div 的可见性

所谓 AP Div 的可见性，是指该 AP Div 在实际浏览时是否显示的属性。通过改变 AP Div 的可见性，并配合相应的行为可以实现一些网页特效，如当将鼠标指针移动到某个展示图像上时，页面上显示该图像相应的说明文字；当鼠标指针离开图像时，说明文字消失。

为了突出局部操作，暂时将不处理的 apcontent AP Div 进行隐藏。

☞ 将 apcontent AP Div 的可见性设置为“隐藏”，操作步骤如下。

（1）打开“AP 元素”面板。

（2）在左侧单击 apcontent 所在行的眼睛区域，出现图标，此时 apcontent AP Div 及其嵌套的 apdesign AP Div 从页面上消失了。这是因为 apdesign AP Div 继承了父 apcontent AP Div 的可见性。

☞ 分别为 magento_meckey.jpg、drupal.jpg 和 ShopEx.jpg 这 3 幅图像添加相应的说明文字 AP Div，并将其可见性设置为“隐藏”，效果如图 11.18 所示，操作步骤如下。

（1）在 magento_meckey.jpg 图像下方创建一个 AP Div。

（2）在 AP Div 中插入相应的说明文字，并将 AP Div 重新命名为 text_Magento。

提示：相应的说明文字可以从“design(素材).html”网页文件中复制过来。

（3）用相同的方法在 drupal.jpg 图像下方创建一个名为 text_Drupal 的说明文字 AP Div，在 ShopEx.jpg 图像下方创建一个名为 text_ShopEx 说明文字 AP Div。此时，页面效果如图 11.18 所示的上图。

（4）分别将 text_Magento、text_Drupal 和 text_ShopEx AP Div 的可见性设置为“隐藏”，设置效果如图 11.18 所示的下图。

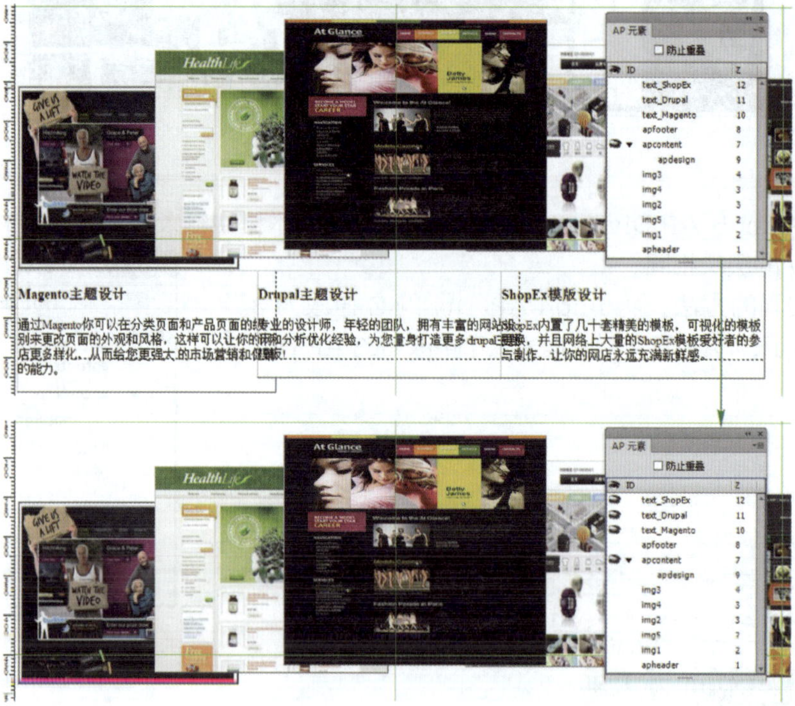

图 11.18 改变 AP Div 的可见性

（5）保存文件。

操作提示

如图 11.19 所示，利用“属性”面板也可以方便地改变 AP Div 的可见性。

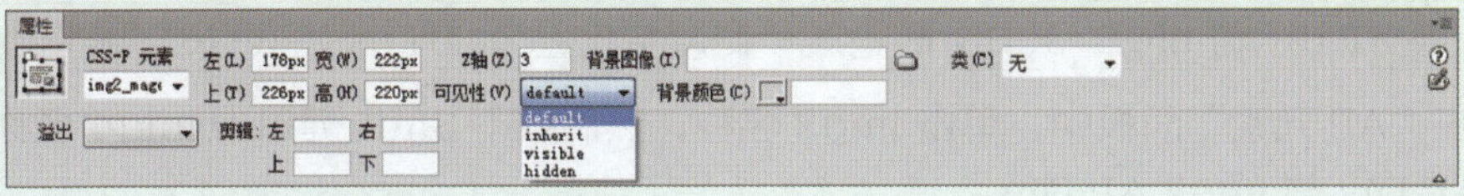

图 11.19 利用“属性”面板设置 AP Div 的可见性

“可见性”下拉列表框中各选项的含义如下。

- default 表示不指定可见性属性，但一般被浏览器解释为 inherit。
- inherit 用来继承父 AP Div 的可见性。
- visible 表示不考虑父 AP Div 的可见性，显示 AP Div 内容，对应“AP 元素”面板中的图标。
- hidden 表示不考虑父 AP Div 的可见性，隐藏 AP Div 内容，对应“属性”面板中的图标。

11.3.4 调整 AP Div 布局的页面

利用 AP Div 初步搭建的页面布局并不能满足页面设计要求，需要进行进一步的调整。在 Dreamweaver 中调整 AP Div 布局的页面可以通过调整 AP Div 大小、移动 AP Div 和对齐 AP Div 等方式来实现。

1. 调整 AP Div 大小

除通过手工拖动控制柄调整大小外，还可以利用“属性”面板精确调整。

☞ **调整 img3 AP Div 的大小，使其与所装载的图像大小相同，效果如图 11.20 所示，操作步骤如下。**

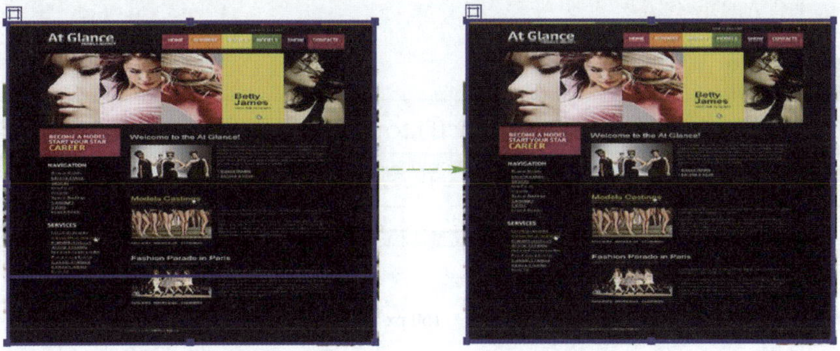

图 11.20 AP Div 大小调整的前后效果

（1）单击 img3 AP Div 中的 drupal.jpg 图像，从“属性”面板中查看图像的宽度和高度，分别为 340 px 和 290 px。

（2）在标签选择器中单击<div#img3>标签，选中 img3 AP Div，在“属性”面板的“宽”文本框中输入“340 px”，在“高”文本框中输入“290 px”，如图 11.21 所示。此时，img3 AP Div 四周的边框线正好将图像包裹住，效果如图 11.20 所示。

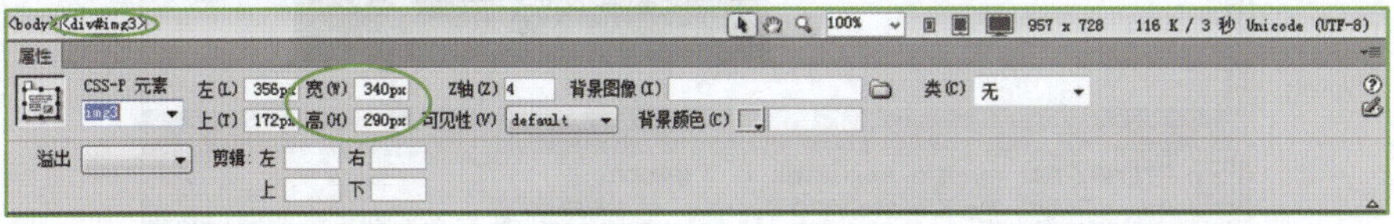

图 11.21 利用“属性”面板精确设置 AP Div 的大小

☞ 将 img4 AP Div 与 img2 AP Div 的宽度和高度均设置为 304 px、260 px，操作步骤如下。

（1）在“AP 元素”面板中，单击 img2 名称，然后按下 Shift 键单击 img4 名称，同时选中 img4 AP Div 与 img2 AP Div。

（2）在“属性”面板的“宽”文本框中输入“304”，在“高”文本框中输入“260”，如图 11.22 所示。此时，img4 AP Div 与 img2 AP Div 的大小同时被修改了。

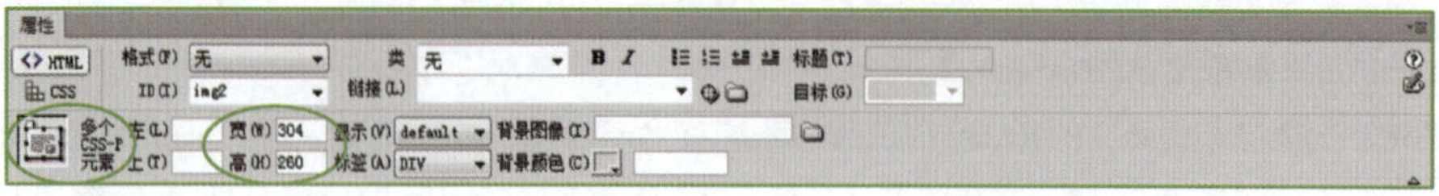

图 11.22 设置多个 AP Div 的宽和高

☞ 将 img5 AP Div 与 img1 AP Div 的宽度和高度均设置为 290 px、230 px，将父 apcontent AP Div 的宽度和高度均设置为 1 000 px、400 px，将其中的 apdesign AP Div 的宽度和高度分别设置为 960 px、330 px。操作步骤略。

操作提示

（1）按 Ctrl+箭头键，一次可以对当前的 AP Div 调整一个像素的大小。不过，此方法只能移动 AP Div 的右边框和下边框，不能使用上边框和左边框来调整大小。

（2）要统一调整多个 AP Div 的大小，可以选择菜单“修改→排列顺序→设成宽度相同（设成高度相同）”命令。需要注意的是，这种方法是以最后选中的 AP Div 大小为标准的，因此选中多个 AP Div 时，应该以最后选中的 AP Div 作为标准。

2. 移动 AP Div

移动 AP Div 实际上是通过改变 AP Div 的 top 和 left 属性值来实现的。

☞ 利用“属性”面板精确设置 img3 AP Div 的位置，页面效果如图 11.23 所示，操作步骤如下。

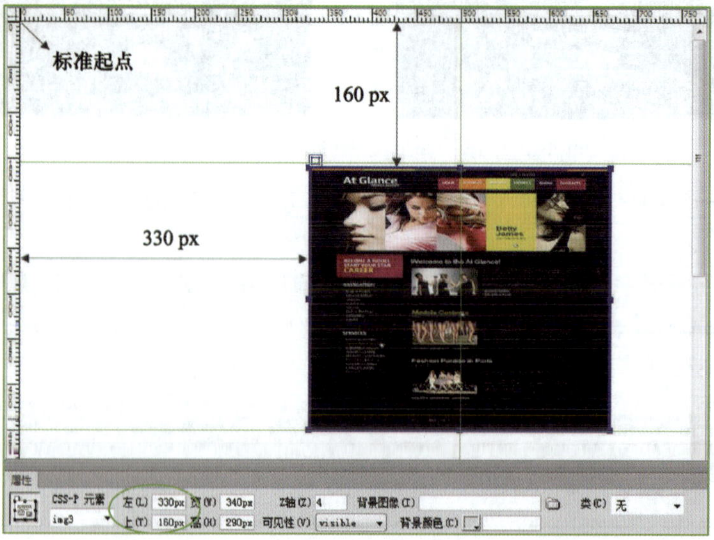

图 11.23 在属性面板中设置 AP DivapDiv1 的位置

（1）选中 img3 AP Div。

（2）在“属性”面板的“左”文本框中输入“330 px”，在“上”文本框中输入“160 px”，使 img3 AP Div 精确定位到指定的位置。

☞ **将父 apcontent AP Div 位置的“左”值设置为 0 px，将“上”值设置为 450 px，将其中的 apdesign AP Div 位置的“左”值设置为 0 px，将“上”值设置为 70 px，页面效果如图 11.24 所示，操作步骤如下。**

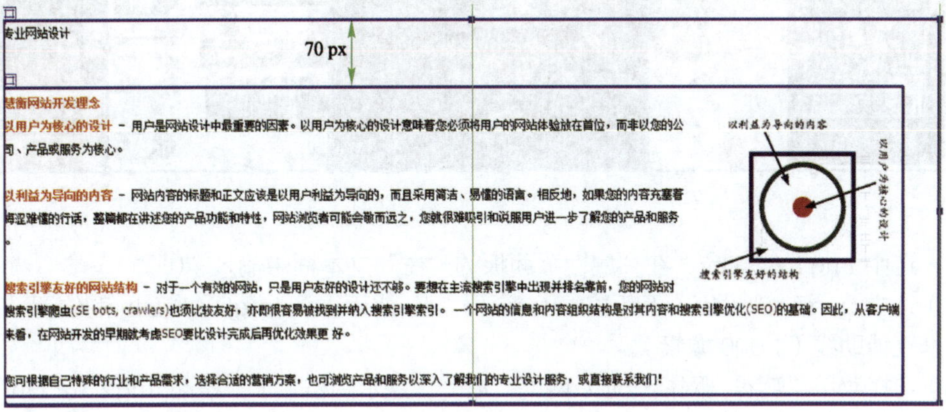

图 11.24　嵌套 AP Div 的页面效果

（1）选中 apcontent AP Div，并将其设置为可见。

（2）分别将父 apcontent AP Div 和 apdesign AP Div 定位到指定位置。

说明

“属性”面板中的“左”、“上”是以页面或者其父 AP Div（嵌套 AP Div）左边和顶部的位置（0，0）为标准起点的，如图 11.23、图 11.24 所示。

操作提示

（1）按下键盘方向键，一次可以移动 AP Div 一个像素。如果在按下方向键的同时按下 Shift 键，一次可以移动 AP Div 10 个像素。

（2）如果要同时移动多个 AP Div，可以先选择多个 AP Div，然后移动其中的任意一个 AP Div。

3. 对齐 AP Div

在 Dreamweaver 中，利用 AP Div 的对齐命令可以使所有选中的 AP Div 与最后选中的 AP Div 在某个方向上对齐。AP Div 的对齐方式包括“左对齐”、“右对齐”、“上对齐”和“对齐下缘”4 种方式。

☞ **将 img1、img2、img4 和 img5 AP Div 与 img3 AP Div 下缘对齐，并适当地水平移动位置，直至效果满意，操作步骤如下。**

（1）在“AP 元素”面板中，按下 Shift 键的同时依次选中 img1、img2、img4、img5 和 img3 AP Div。

注意： 应最后选中 img3 AP Div。

（2）选择菜单“修改→排列顺序→对齐下缘”命令，使其他展示图像的 AP Div 与 img3 AP Div 下缘对齐，页面效果如图 11.25 所示。

图 11.25 下缘对齐效果

（3）选中 img1 AP Div，在“属性”面板的“左”文本框中输入“0”。

（4）选中 img5 AP Div，不断按←（或→）键，水平微调 img5 AP Div 的位置，直到其右对齐垂直辅助线（1 000 像素）。

（5）选择菜单“查看→网格→显示网格”命令，显示网格。水平移动 img2 AP Div，使其左边缘距文档窗口左边缘 3 格（即“左”值为 150 px）；水平移动 img4 AP Div，使其右边缘距垂直辅助线（1 000 像素）为 3 格（即“左”值为 546 px）。页面效果如图 11.26 所示。

图 11.26 图像展示效果

（6）保存文件。

说明

本案例中作为目标的 img3 AP Div 一定要在最后选择。这里所说的对齐都是与最后选择的 AP Div 的左、右或上、下边框对齐。最后选择的 AP Div 标记高亮度显示，同时控制柄显示为实心，其他 AP Div 的控制柄显示为空心。

11.3.5 美化 AP Div 页面

本小节将利用 AP Div“属性”面板和 CSS 样式美化 design.html 页面。

将 hh.css 公共样式表文件附加到 design.html 网页文件中，使 design.html 网页和站点内其他网页的风格保持一致。

☞ **美化页面中间的主体内容，即美化 apcontent AP Div，页面效果如图 11.27 所示，操作步骤如下。**

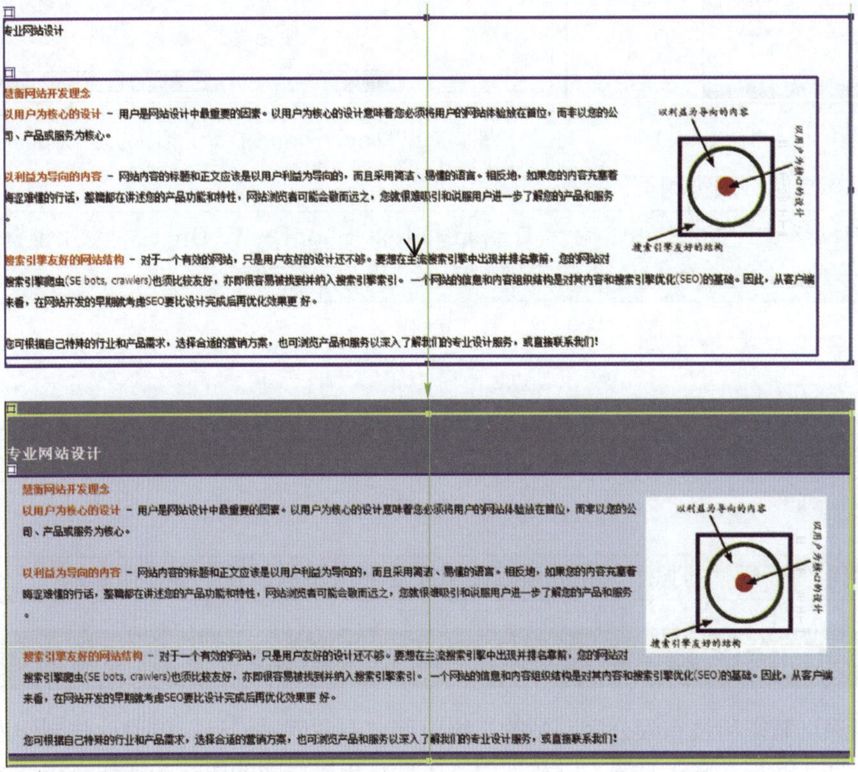

图 11.27 美化后的 apdesign AP Div 效果

（1）为 apcontent AP Div 中的内容标题“专业网站设计”应用标题 1。

（2）利用“属性”面板，将 apdesign AP Div 的背景色设置为#C7D9ED。

① 选中 apdesign AP Div。

② 在“属性”面板的“背景颜色”文本框中输入颜色代码“#C7D9ED”。

（3）利用 CSS 样式将 apdesign AP Div 的左、右填充设置为 20 px。

① 打开“CSS 样式”面板，单击“全部”按钮，“所有规则”列表框中显示了当前文档中使用的所有样式，如图 11.28 所示。

② 选择#apdesign，在下方单击“编辑样式”按钮，打开“#apdesign 的 CSS 规则定义”对话框，如图 11.29 所示，在“分类”列表框中选择“方框”，设置 apdesign AP Div 的左、右填充为 20 px。

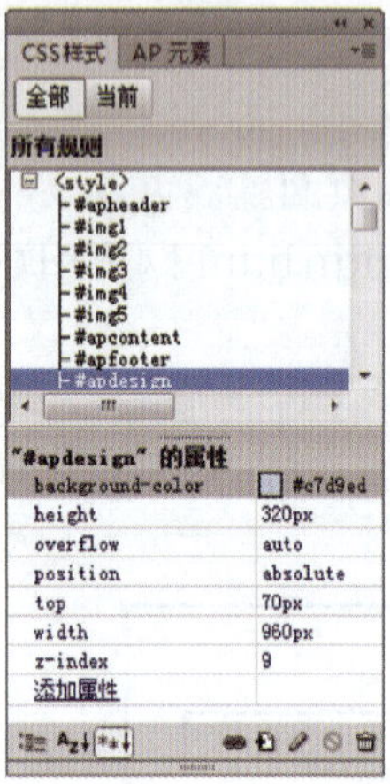

图 11.28 AP Div 的 CSS 样式

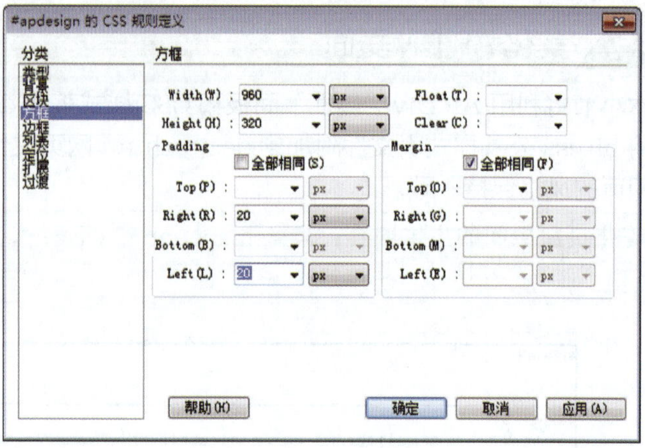

图 11.29 “#apdesign 的 CSS 规则定义”对话框

（4）保存文件，预览网页。

☞ **适当地调整 text_Magento、text_Drupal 和 text_ShopEx AP Div 的大小及位置，并自定义一个类样式，对这 3 个 AP Div 进行统一美化。操作步骤略。**

说明

每插入一个 AP Div，就会在样式表中新建一个针对这个 AP Div 的样式。“CSS 样式”面板显示了所有 AP Div 对应的样式。利用 CSS 样式可以实现在“属性”面板中无法实现的属性设置，如填充、边框的颜色、粗细、线形等。

☞ **综合利用前面所学的技术，完成顶端区域和底部区域的制作。操作步骤略。**

11.4 项目总结

本章以深圳慧衡科技有限公司网站的二级页面“专业网站设计”的设计与制作为例，详细介绍了 AP Div 的基本操作方法，以及利用 AP Div 布局页面的思路与实现方法。本项目涵盖的主要内容如图 11.30 所示。

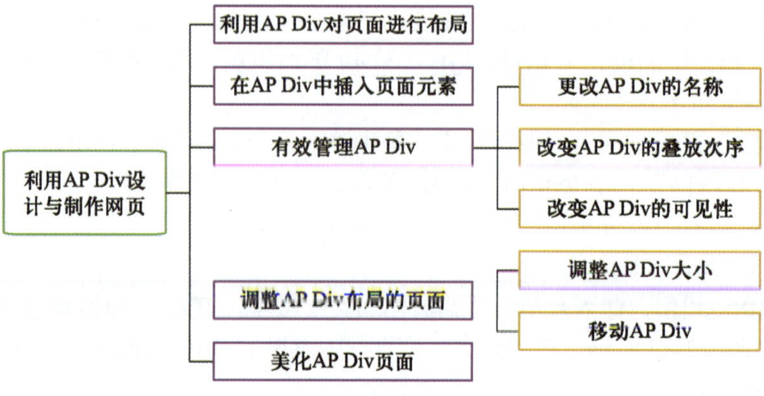

图 11.30 本项目涵盖的主要内容

11.5 扩展技能

AP Div 与表格之间的相互转换

AP Div 和表格都可用于页面布局。由于用 AP Div 布局的页面存在一些不足之处，因此可以先利用 AP Div 快速、灵活地进行页面设计，然后将 AP Div 布局转换成表格布局。在 Dreamweaver 中，选择菜单“修改→转换→将 AP Div 转换为表格（或将表格转换为 AP Div）”命令，可以使 AP Div 和表格互相转换。需要注意的是，对页面中的表格或 AP Div 只能同时进行转换，不能单独转换某个特定的表格或 AP Div。另外，重叠或嵌套的 AP Div 是不能转换为表格的。AP Div 与表格之间的转换方法很简单，请读者自行练习。

11.6 课后练习

11.6.1 配套实训

利用配套实训文件夹下的素材文件，根据所学的 AP Div 方面的知识，制作一个个人主页，要求如下。

1. 设置页面背景图像和网页标题。
2. 利用多个 AP Div 进行页面布局并装载页面元素。
3. 对 AP Div 进行更改名称、改变层叠次序和改变可见性等有效管理。
4. 对 AP Div 页面进行美化。
5. 根据需要将 AP Div 转换成表格。

11.6.2 同步测试

1. 下面可以建立 AP Div 元素的 HTML 标签的是（　　）。

   A. <div>　　B. <span>　　C. <layer>　　D. <table>

2. 在 Dreamweaver 中，可以通过（　　）来实现对页面元素的精确定位。

   A. 表格　　B. AP Div　　C. 框架　　D. 图像

3. 使用（　　）和（　　）可以直观、精确地将 AP Div 元素定位。

   A. 标尺，网格　　B. 标尺，表单　　C. 网格，表单　　D. 表单，表格

4. 在（　　）中选中 AP Div 是最准确的，特别是在页面中有很多的 AP Div 或嵌套的 AP Div 时。

   A. 工作区　　B. 编辑区

   C. “库”面板　　D. “AP 元素”面板

5. 下列说法中正确的是（　　）。

   A. AP Div 元素的 Z 值越小，AP Div 元素的叠放位置就越靠近顶部

   B. AP Div 元素的 Z 值越大，AP Div 元素的叠放位置就越靠近底部

   C. 所有 AP Div 元素的 Z 值的大小不能重复

   D. 在“AP 元素”面板中，有睁眼图标的表示显示 AP Div，闭眼图标的表示隐藏 AP Div

6. （　　）不是 AP Div 的优点。

   A. 能定位精确　　B. 插入自如

   C. 实现网页更好的兼容性　　D. 可叠加性

第12章 为页面元素添加行为

——添加“设计”页面动感效果

网页有一个非常重要的特点，就是交互性。交互性可以根据访问者的需要提供相应的内容，并产生不同的反馈。行为是 Dreamweaver 中极为重要的一个部分，是创建互动网页效果的利器，它功能强大，被网页设计者们所喜爱。利用行为，无须编写复杂的代码就可以为页面制作出各种各样的特殊效果。本章将通过深圳慧衡科技有限公司网站的二级页面“设计”的动态效果的设计与制作，详细介绍为页面元素添加 Dreamweaver 行为的基本流程和操作方法。

学习目标

- 了解脚本语言的基本用途
- 了解行为的基本概念和构成
- 了解动作和事件的含义
- 掌握“行为”面板的使用方法
- 掌握常用内置行为的操作方法

12.1　项目分析

12.1.1　设计思路

为了让公司网站的二级页面“设计”更富有动感效果，需要对该页面进行有针对性的处理，这里要求页面中的文本和图像之间能有一些丰富的交互式动态效果。此外，公司会定期组织各种网站设计方面的培训、交流和比赛等活动，需要在网站上发布活动通知。

网页设计师小王围绕如何让已初步制作完成的“设计”页面更具交互与动态的效果，通过对页面的设计要求与技术进行分析，确定了设计思路。

本页面的功能是让页面和其中的文本及图像具有动感效果，因而，已完成的版面布局、配色方案无须改变，这里的主要工作是针对不同的页面对象（如图 12.1 所示），利用系统提供的多种内置行为设计出丰富、和谐、动感的效果。

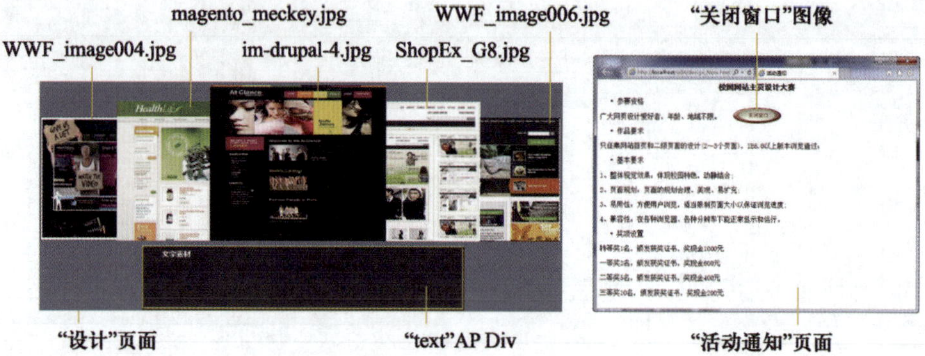

图 12.1　页面对象

经过上述页面分析，结合网页制作技术，小王完成了任务，页面效果的说明如表 12.1 所示。

表 12.1　页面效果说明

页面	页面对象	效果要求	内置行为
活动通知 design_note.html	“关闭窗口”图像	单击之后，会关闭所在页面	调用 JavaScript
设计 design_behavior.html	页面	打开页面的同时，弹出“活动通知”页面	打开浏览器窗口
	“im-drupal-4.jpg”等 5 个图像	将鼠标指针移至某个图像上时，text AP DIV 就显示出来，并显示与图像相对应的文本，图像本身大小恢复，并逐渐清晰	显示元素 设置容器的文本 显示、遮帘效果
		将鼠标指针移出某个图像时，text AP DIV 就会隐藏，图像本身缩短，并逐渐模糊	隐藏元素 渐隐、遮帘效果
		使用鼠标单击某个图像时，text AP DIV 中显示的文本的字形、字号会改变；双击时，文本的字形、字号恢复。	改变属性

12.1.2 制作流程

在具体制作之前，小王将收集的页面素材存放到本地站点相应的文件夹下，之后根据页面对象的效果分析，开始为页面元素逐一添加行为。

首先，选中需要设置动态效果的页面元素；接着，为该元素添加指定的 Dreamweaver 内置行为，包括动作的设置及事件的选择；然后，通过预览查看实际的效果，如有需要可以对动作更改以达到预期目标。具体制作流程如图 12.2 所示。

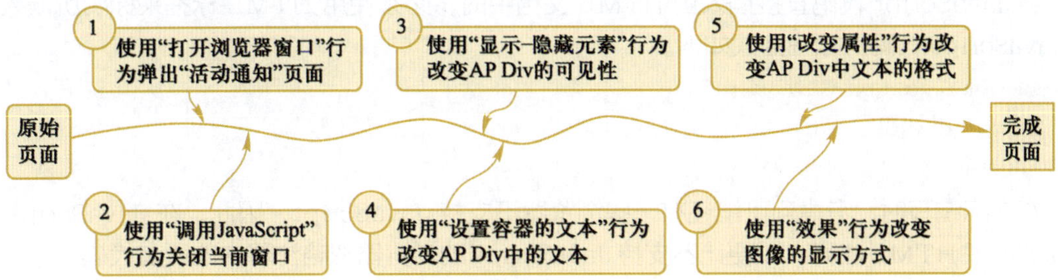

图 12.2 “设计”页面的制作流程

12.2 预备知识

1. 脚本语言简介

脚本语言（Script languages）是为了缩短传统的“编写—编译—连接—运行”过程而创建的计算机编程语言。脚本通常是解释运行而非编译，并以文本形式（如 ASCII）保存，具有简单、易学、易用的特性。

1）基本特点

脚本语言介于 HTML 与 C、Java 及 C#等编程语言之间，它也是一种由程序代码组成的语言。HTML 是一种标签语言，不是编程语言，使用其设计的目的是为页面元素加上标签以进行说明。编程语言的核心是控制，例如，依不同的条件执行不同的操作等，而这是 HTML 语言所无法做到的，需要在 HTML 文件中插入一段小程序来实现，这段小程序就是脚本。

脚本语言与编程语言有很多相似地方，如涉及的变量、函数等；它们之间最大的区别是，编程语言的语法和规则更为严格和复杂一些。

脚本语言是一种解释性的语言，无须编译，可以直接使用，由解释器来负责解释，并且可以被 Java 或 COM 这样的组件技术所包围，因此，能够有效地利用代码。常用的脚本语言包括 Python、VBScript、JavaScript、及 ActionScript 等。

2）JavaScript

JavaScript 是于 1995 年由 Netscape 公司的 Brendan Eich 首次设计并实现的，由于当时 Netscape 公司正与 Sun 公司合作，Netscape 的高层希望它看上去能够像 Java，因此取名为 JavaScript。

JavaScript 是一种内置支持类型的解释型脚本语言，其解释器（称为 JavaScript 引擎）

为浏览器的一部分，能给客户提供更流畅的浏览效果。JavaScript 的主要用途是向 HTML 页面添加动态功能和交互行为，如响应用户的各种操作，它广泛地应用于客户端的 Web 开发。

JavaScript 的主要任务包括嵌入动态文本于 HTML 页面、对浏览器事件做出响应、读写 HTML 元素、在数据被提交到服务器之前验证数据、检测访客的浏览器信息，以及控制 Cookies（包括创建和修改）等。

在 Dreamweaver 中，向页面的 HTML 插入脚本的方法包括使用 Dreamweaver 命令、直接将脚本插入到 HTML 文档中，以及写成单独的 js 文件以利于结构和行为的分离。

将 JavaScript 代码直接插入到 HTML 文档中时，必须使用 HTML 标签来标明所嵌入的是 JavaScript 代码。标签格式如下。

```
<script language="JavaScript">
JavaScript 代码
</script>
```

在实际编写时，考虑到可能还有一些浏览器不支持 JavaScript，因此，在 JavaScript 代码间加上了 HTML 注释，以便让不支持 JavaScript 的浏览器忽略注释内的所有代码。

```
<script language="JavaScript">
<!--
JavaScript 代码
// -->
</script>
```

对于一些短小的脚本，采用直接插入到 HTML 文档中的方法是非常实用的。但对于一些复杂的脚本，为了维护方便，可以将它们单独放在一个源文件中，其扩展名为.js。在 HTML 文档中可以通过以下方法来调用.js 文件。

```
<script language="JavaScript" src="*.js"></script>
```

2. 行为

行为（Behaviors）是 Dreamweaver 的一个很重要的概念。它集成在 Dreamweaver 中，用来自动实现网页的动态效果和交互的 JavaScript 脚本程序。它使得人们不必去学习复杂的 JavaScript 程序也能方便迅速地实现一些网页的特殊效果。

下面以一个简单的示例——“欢迎光临”弹出信息框的制作来介绍行为的基本构成。

（1）新建一个文件，并保存到站点下。

说明： 这时预览网页，就出现一个空白页面。

（2）选择菜单“窗口→行为”命令，打开“行为”面板，单击面板上部的“添加行为”按钮 +，弹出的菜单中包括了 Dreamweaver 提供的各种内置行为，如图 12.3 所示。

（3）在其中选择“弹出信息”，打开“弹出信息”对话框，如图 12.4 所示，在“消息”文本框中输入“欢迎光临!”，单击“确定”按钮，完成该行为的添加。同时，“行为”面板中就显示出该行为。

这时预览网页，便会在空白页面显示的同时弹出“来自网页的消息”对话框，如图 12.5 所示，单击“确定”按钮之后，该对话框关闭。

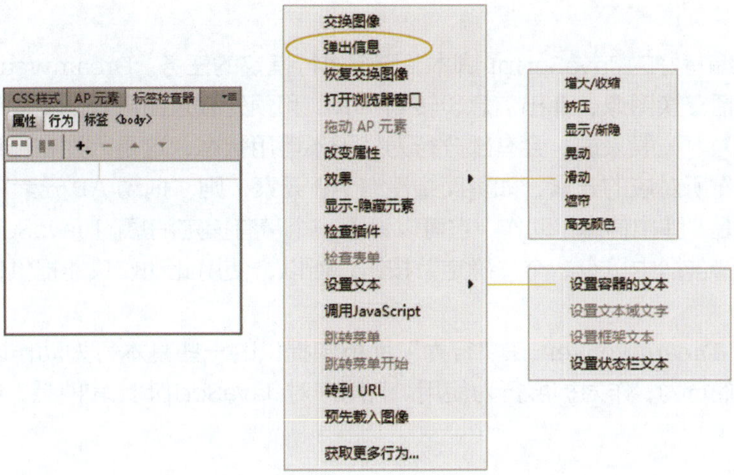

图 12.3 “行为”面板及 Dreamweave 提供的内置行为

从这个简单的例子可以看出，行为是实现网页上交互的一种捷径，以允许访问者与 Web 页进行交互，从而以多种方式更改页面动作或执行某些任务。

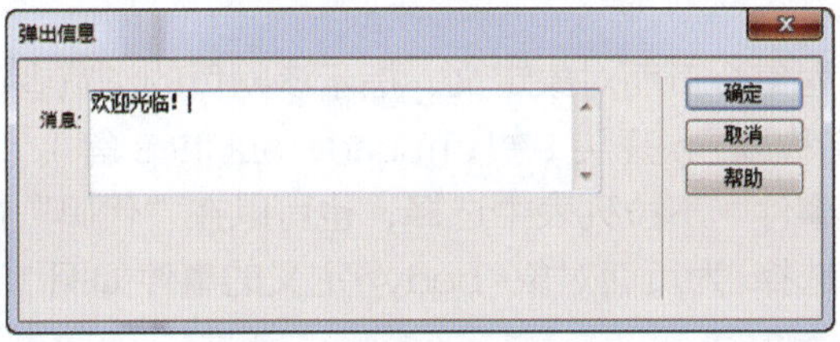

图 12.4 “弹出信息”对话框

图 12.5 “弹出信息”行为的预览效果

行为是用来动态响应用户操作、改变当前页面效果或是执行特定任务的一种方法，它由对象、事件和动作组成。对象是产生行为的主体，网页中的很多元素都可以成为对象，如整个 HTML 文档、文本和图像等；事件是触发动态效果的条件；而动作则是预先编写的一段运行在浏览器中的 JavaScript 脚本。

如图 12.6 所示，<body>是对象、onLoad 是事件、“弹出信息”是动作，相应的代码是<body onload="MM_popupMsg('欢迎光临！')">，而<script></script>标签之间嵌入的就是 JavaScript 脚本，其功能是完成“弹出信息”这个动作，如图 12.7 所示。

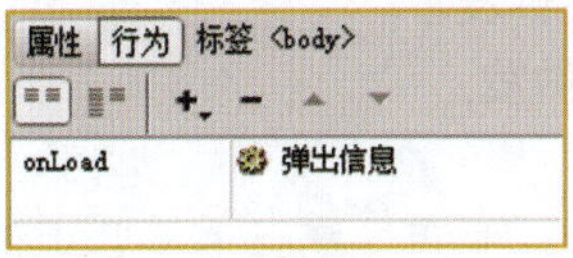

图 12.6 “弹出信息”行为

```
<head>
<meta http-equiv="Content-Type"
content="text/html; charset=utf-8" />
<title>无标题文档</title>
<script type="text/javascript">
function MM_popupMsg(msg) { //v1.0
  alert(msg);
}
</script>
</head>

<body onload="MM_popupMsg('欢迎光临！')">
</body>
```

图 12.7 “弹出信息”行为的代码

1）动作

动作是预先编写好的 JavaScript 脚本，用于执行指定的任务。Dreamweaver 中内置了一些行为动作，包括交换图像、弹出信息、转到 URL 和预先载入图像等。不同的页面元素会有相对应的内置行为。一般来说，会有部分行为处于不可用状态，这是因为在当前页面上没有或没有选择这些动作所对应的元素，如页面中没有 AP 元素，则“拖动 AP 元素”动作不可用。

这里用到的是“弹出信息”动作，它可以设置一个带有指定消息的 JavaScript 警告框，因为 JavaScript 警告框中只有一个“确定”按钮，所以，使用此动作只能提供信息，而不能使用户做出选择。

当然，除了 Dreamweaver 在“行为”面板中提供的一些基本行为动作以外，也可以从 Internet 下载其他行为，作为扩展行为使用。若用户对 JavaScript 比较熟悉，还可以自己编写行为动作。

2）事件

事件是可以被 JavaScript 侦测到的用户操作，网页中的每个元素都可以产生某些可以触发 JavaScript 函数的事件。在之前的示例中，当用户打开或刷新网页时，浏览器会为该页面生成一个 onLoad 事件，浏览器会查看是否存在为 onLoad 事件设置的可调用的 JavaScript 代码，找到后就执行该代码。

事件是浏览器生成的消息，由浏览器为每个页面对象定义、指示该网页的浏览者执行了某种操作。事件在 HTML 页面中有定义，名称以 on 开头（如 onLoad、onClick 等）。事件可以在“行为”面板中某个具体行为左侧的“事件”下拉列表中选择，也可以在“代码”视图下的某标签内部按空格键后出现的系统提示中选择，为页面对象<body>定义的事件如图 12.8 所示。

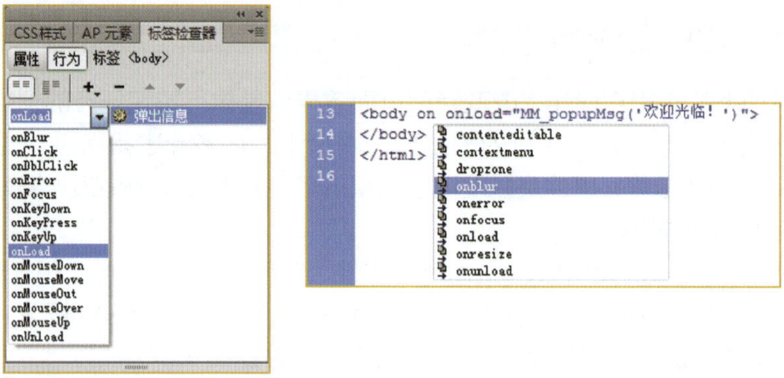

图 12.8 为页面对象<body>定义的事件

下面介绍一些常用的事件。

（1）Window 事件是指 window 对象触发的事件，主要包括以下事件。

onLoad、onUnload 事件：当用户进入或离开页面时会触发。

onFocus、OnBlur 事件：当窗口获得或失去焦点时会触发。

onError 事件：当错误发生时会触发。

（2）鼠标事件是指由鼠标或相似的用户动作触发的事件，主要包括以下一些事件。

onClick、onDblclick 事件：当单击或双击鼠标时会触发。

onMouseMove、onMouseOver、onMouseOut 事件：当鼠标指针移动、移至元素之上或移出元素时会触发。

onMouseUp、onMouseDown 事件：当松开或按下鼠标按钮时会触发。

12.3 项目实施

新建站点“慧衡科技”，定义站点文件夹 huihengweb，将初步制作完成的“设计”页面（design_behavior.html）及其他素材复制到 huihengweb 文件夹下的 w04_behavior 子文件夹中。下面将详细介绍为网页元素添加行为的操作方法。

12.3.1 使用“打开浏览器窗口”行为弹出“活动通知”页面

有这样一些网站，一进入某页面就会立刻弹出一个窗口，显示一些重要通知、广告之类的内容，这样的效果可以通过“打开浏览器窗口”行为来完成。该行为可以在一个新窗口中打开 URL，并指定新窗口的属性，包括窗口大小、是否具有菜单栏及名称等。

☞ 在打开“设计”页面的同时弹出“活动通知”页面，效果如图 12.9 所示，操作步骤如下。

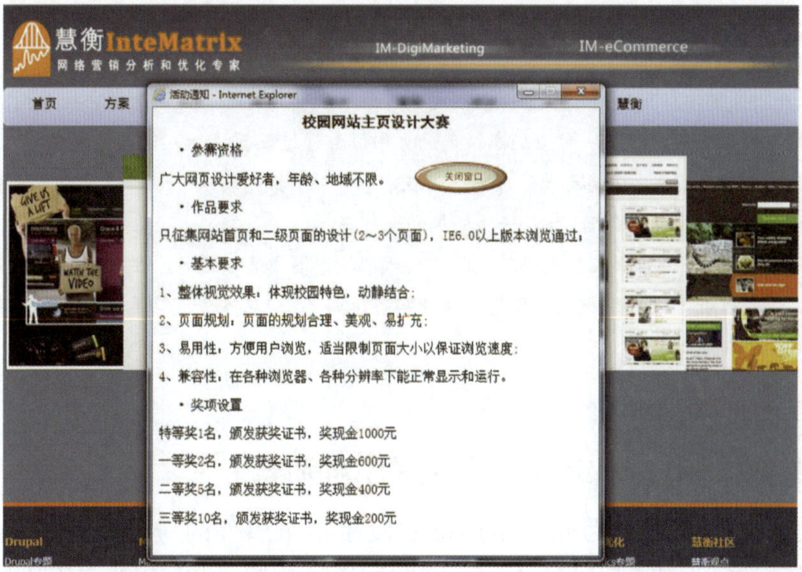

图 12.9 “打开浏览器窗口”行为的预览效果

（1）打开 design_behavior.html 文件，单击文档状态栏左下角的<body>标签，选中页面。

（2）单击“行为”面板中的“添加行为”按钮，在弹出的菜单中选择“打开浏览器窗口”行为，打开“打开浏览器窗口”对话框，如图 12.10 所示。

① 单击“要显示的 URL”文本框右侧的“浏览”按钮，在打开的“选择文件”对话框中选择“活动通知”页面文件（design_note.html）。也可以在文本框中直接输入文件名称。

② 在“窗口宽度”和“窗口高度”文本框中分别输入“550”和“540”。

③ 单击“确定”按钮，完成该行为的添加。

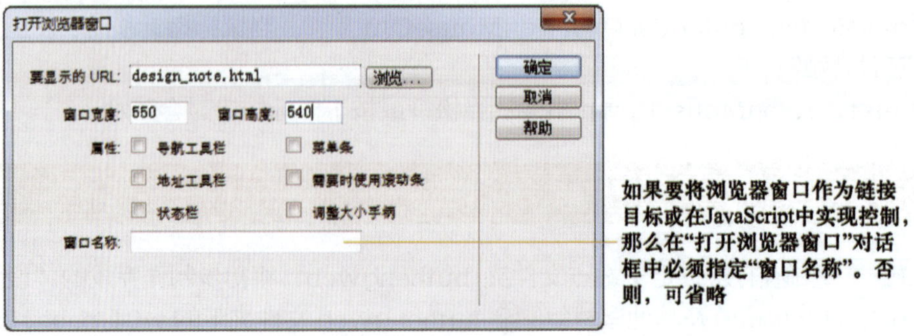

图 12.10 “打开浏览器窗口”对话框

这样，在“行为”面板中就添加了一条记录（<body>对象、onLoad 事件、“打开浏览器窗口”动作），在“代码”视图下就增加了相应的内容，如图 12.11 所示。

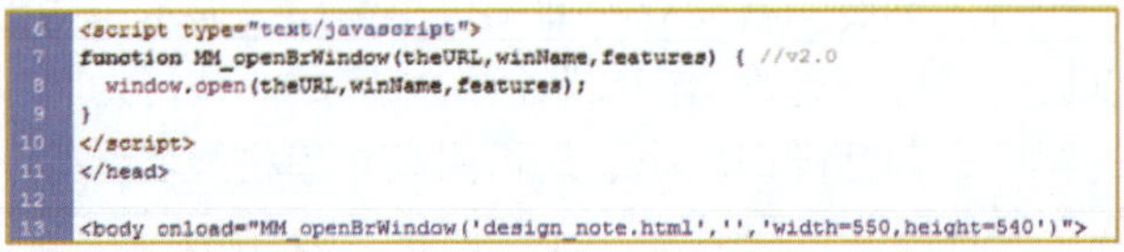

```
<script type="text/javascript">
function MM_openBrWindow(theURL,winName,features) { //v2.0
  window.open(theURL,winName,features);
}
</script>
</head>

<body onload="MM_openBrWindow('design_note.html','','width=550,height=540')">
```

图 12.11 “打开浏览器窗口”行为的代码

> **说明**
>
> （1）“打开浏览器窗口”行为可以应用于放大查看缩略图的情况：当访问者单击缩略图时，就会在一个单独的新窗口中打开该缩略图所对应的高精度的大图像，通过设置使新窗口与大图像的尺寸相同即可。
>
> （2）在“行为”面板中选中某行为，可以通过在“事件”下拉列表框中选择不同的选项来修改该行为的事件；同样，通过双击“动作”，可以修改相应的动作属性。
>
> （3）编辑 HTML 代码可以在“代码”视图下或代码检查器中直接进行，但如需针对某个标签来编辑其属性内容，则可以在“设计”视图中使用“快速标签编辑器”，这样就可以迅速查看和编辑单个标签的 HTML 源代码，而不需切换到“代码”视图。

（3）保存文件，预览网页。

12.3.2 使用“调用 JavaScript”行为关闭当前窗口

“调用 JavaScript”行为允许用户指定发生某个事件时应该执行的自定义函数或 JavaScript 代码行。设计者可以自己编写 JavaScript，或使用 Internet 上免费的 JavaScript 库中提供的代码。

☞ 在“活动通知”页面中，单击“关闭窗口”图像，可以将该页面关闭，操作步骤如下。

（1）打开 design_note.html 文件，选中“关闭窗口”图像（im_designIE_close.gif）。

（2）单击“行为”面板中的“添加行为”按钮 ，在弹出的菜单中选择“调用 JavaScript”行为，打开“调用 JavaScript”对话框，如图 12.12 所示。

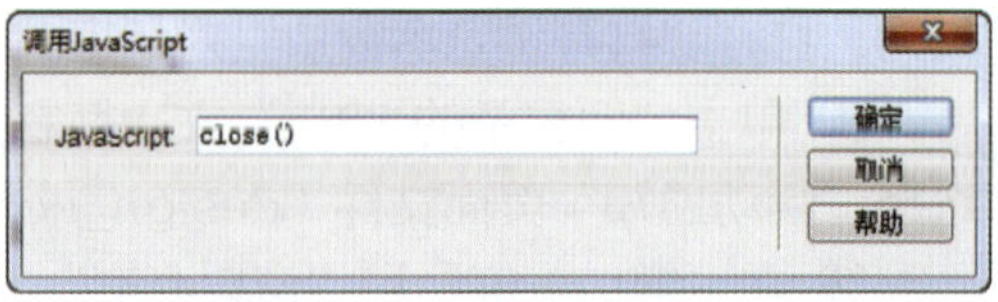

图 12.12 “调用 JavaScript”对话框

① 在 JavaScript 文本框中输入“close()”，这

是关闭当前窗口的 JavaScript 代码。

② 单击“确定”按钮，完成该行为的添加。

这样，在“行为”面板中就添加了一条记录（<img>对象、onClick 事件、“调用 JavaScript”动作），也相应增加了代码。

（3）保存文件，预览网页。

12.3.3 使用“显示-隐藏元素”行为改变 AP Div 的可见性

“显示-隐藏元素”行为可显示、隐藏、恢复一个或多个元素的默认可见性，可在用户与页面进行交互时显示信息。

☞ 在“设计”页面中，当将鼠标指针移至 im-drupal-4.jpg 图像上时，text AP Div（“文字素材”）就显示出来；而当将鼠标指针移出该图像时，text AP Div 就会隐藏，效果如图 12.13 所示，操作步骤如下。

图 12.13 “显示-隐藏元素”行为的预览效果

（1）打开 design_behavior.html 文件，选中 im-drupal-4.jpg 图像。

（2）单击“行为”面板中的“添加行为”按钮，在弹出的菜单中选择“显示-隐藏元素”行为，打开“显示-隐藏元素”对话框，如图 12.14 所示。

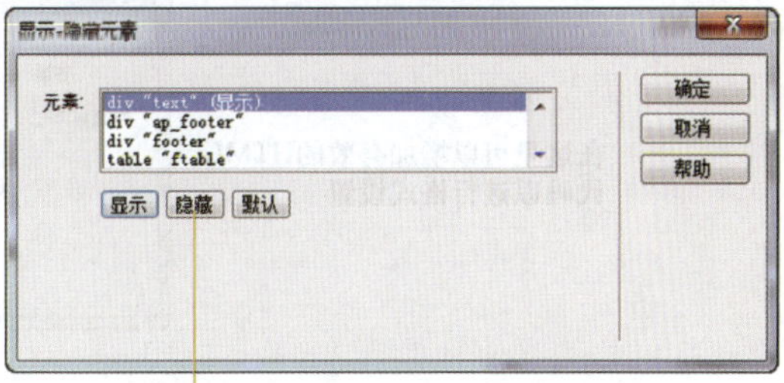

图 12.14 “显示-隐藏元素”对话框

① 在“元素”列表框中选择 div "text"后，单击“显示”按钮，将该元素设置为“显示”状态。

② 单击“确定”按钮，完成该行为的添加。

注：该行为默认的事件是 onClick。

（3）在“行为”面板中选中新添加的行为，在“事件”下拉列表框中选择 onMouseOver。

这样，在“行为”面板中就添加了一条记录（<img>对象、onMouseOver 事件、“显示-隐藏元素”动作）。

（4）参照前面的步骤，为该图像再添加一个“显示-隐藏元素”行为，事件为 onMouseOut，动作为隐藏元素 div "text"。

（5）保存文件，预览网页。

☞ **用相同的方法为 WWF_image004.jpg、magento_meckey.jpg、ShopEx_G8.jpg、WWF_image006.jpg 这 4 个图像添加相同的“显示-隐藏元素”行为，达到相同的效果，操作步骤略。**

12.3.4 使用“设置容器的文本”行为改变 AP Div 中的文本

“设置容器的文本”行为可将页面上现有容器中的内容和格式替换为指定内容。容器中的内容可以包括任何有效的 HTML 源代码。

☞ **在“设计”页面中，随着将鼠标指针移至不同的图像上，text AP Div 中会显示与图像相对应的文本，效果如图 12.15 所示，操作步骤如下。**

图 12.15 “设置容器的文本”行为的预览效果

（1）选中“设计”页面中的 im-drupal-4.jpg 图像。

（2）单击“行为”面板中的“添加行为”按钮，在弹出的菜单中选择“设置文本→设置容器的文本”命令，打开“设置容器的文本”对话框，如图 12.16 所示。

图 12.16 “设置容器的文本”对话框

① 在“容器”下拉列表中选择 div "text"。

② 在“新建 HTML”文本框中将文本文件“design(素材).txt”中相应的内容复制过来。

③ 单击“确定”按钮，完成该行为的添加。

（3）在“行为”面板中选中新添加的行为，在“事件”下拉列表框中选择 onMouseOver。这样，在“行为”面板中就添加了一条记录（<img>对象、onMouseOver 事件、“设置容器的文本”动作）。

（4）用相同的方法为其他 4 个图像添加“设置容器的文本”行为。

（5）保存文件，预览网页。

说明

“设置文本”是一组行为，除了“设置容器的文本”外，还包括“设置框架文本”、“设置状态栏文本”及“设置文本域文字”等，可实现动态地设置框架的文本、在浏览器窗口左下角的状态栏中显示消息、用指定的内容替换表单文本域的内容等功能。

12.3.5 使用“改变属性”行为改变 AP Div 中文本的格式

使用“改变属性”行为可更改对象某个属性的值（如样式、颜色、大小、AP 元素的背景颜色或表单的动作等），可以更改的属性由浏览器决定。

☞在“设计”页面中，当单击 im-drupal-4.jpg 图像时，text AP Div 显示的文本变成斜体、大小为 12 pt；而当双击该图像时，显示的文本恢复正常、大小也变为 10 pt；这需要增加 4 个“更改属性”行为，具体设置如表 12.2 所示。操作步骤如下。

表 12.2 im-drupal-4.jpg 图像的“更改属性”行为

事件	元素 ID	属性	值	说明
onClick	Div text	fontStyle	italic	字形：斜体
onClick	Div text	fontSize	12 pt	字号：12 pt
onDblClick	Div text	fontStyle	normal	字形：常规
onDblClick	Div text	fontSize	10 pt	字号：10 pt

（1）选中“设计”页面中的 im-drupal-4.jpg 图像。

（2）单击“行为”面板中的“添加行为”按钮，在弹出的菜单中选择“改变属性”，打开“改变属性”对话框，如图 12.17 所示。

① 在“元素类型”下拉列表框中选择 Div。

② 在“元素 ID”下拉列表框中选择 DIV "text"。

③ 对于“属性”，选择“选择”单选按钮，在其右侧的下拉列表框中选择 fontStyle，表示“字形”属性。

④ 在“新的值”文本框中输入“italic”，表示斜体。

⑤ 单击“确定”按钮，完成该行为的添加。

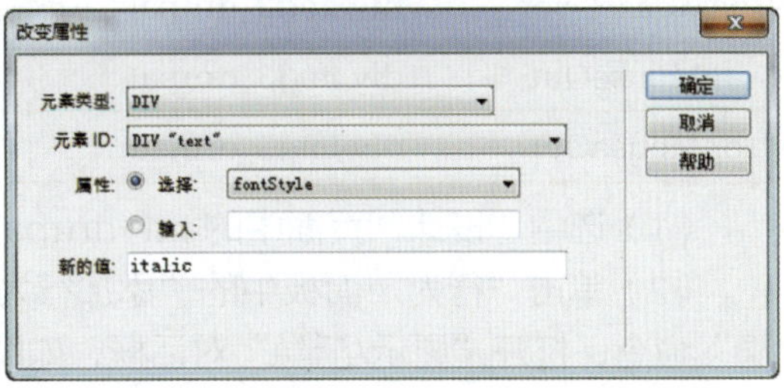

图 12.17 “改变属性”对话框——fontStyle 属性

这样，在“行为”面板中就添加了一条记录（<img>对象、onClick 事件、“改变属性”动作）。

（3）用相同的方法再为该图像添加 3 个“改变属性”行为。

（4）保存文件，预览网页。

说明

在“改变属性”对话框中：

（1）“元素类型”用于选择要改变其属性的页面对象的类型，其下拉列表中包括层、表格、图像、表单及表单元素等多种类型，如图 12.18 所示。

（2）“属性”的设置有“选择”和“输入”两种方法：“选择”下拉列表框中列出了常用的属性，可以直接选择；而对于没有列在其中的属性，则需要自行输入。

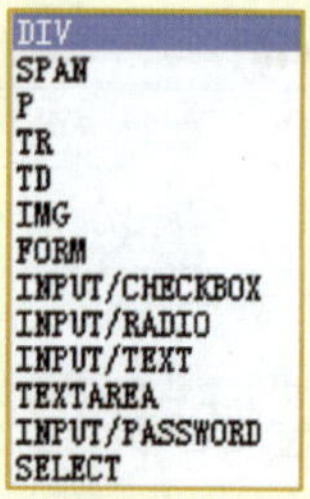

图 12.18 “元素类型”下拉列表

☞ 用相同的方法为其他 4 个图像添加“改变属性”行为，可以自行设计，尝试选择不同的页面对象和相应的需要修改的属性，操作步骤略。

12.3.6 使用“效果”行为改变图像的显示方式

“效果”是一组行为，使用它们可以为对象增加不同的动态效果，如增大/收缩、显示/渐隐、挤压、晃动及遮帘等。

☞ 在“设计”页面中，当将鼠标指针移至 im-drupal-4.jpg 图像上时，图像本身大小恢复，且逐渐清晰；而当将鼠标指针移出该图像时，图像本身缩短，且逐渐模糊。这需要增加 4 个“效果”行为，具体设置如表 12.3 所示，操作步骤如下。

表 12.3 图像 im-drupal-4.jpg 的“效果”行为

事件	目标元素	效果持续时间	效果	详细
onMouseOver	div img3_drupal	500	显示	显示自 30%到 100%
onMouseOver	div img3_drupal	500	向下遮帘	向下遮帘自 70%到 100%
onMouseOut	div img3_drupal	1 500	渐隐	渐隐自 100%到 30%
onMouseOut	div img3_drupal	1 500	向上遮帘	向上遮帘自 100%到 70%

（1）选中“设计”页面中的 im-drupal-4.jpg 图像。

（2）单击“行为”面板中的“添加行为”按钮，在弹出的菜单中选择“效果→显示/渐隐”命令，打开“显示/渐隐”对话框，如图 12.19 所示。

① 在“目标元素”下拉列表框中选择 div "img3_drupal"。

② 在“效果持续时间”文本框中输入“500”。

③ 在“效果”下拉列表框中选择“显示”。

④ 分别在“显示自”和“显示到”文本框中输入“30”和“100”。

⑤ 单击“确定”按钮，完成该行为的添加。

（3）在“行为”面板中选中新添加的行为，在“事件”下拉列表框中选择 onMouseOver。

这样，在“行为”面板中就添加了一条记录（<img>对象、onMouseOver 事件、“显示/渐隐”动作）。

（4）参照前面的步骤，为该图像添加一个“向下遮帘”行为，事件为 onMouseOver，动作为“向下遮帘”，相应的设置如图 12.20 所示。

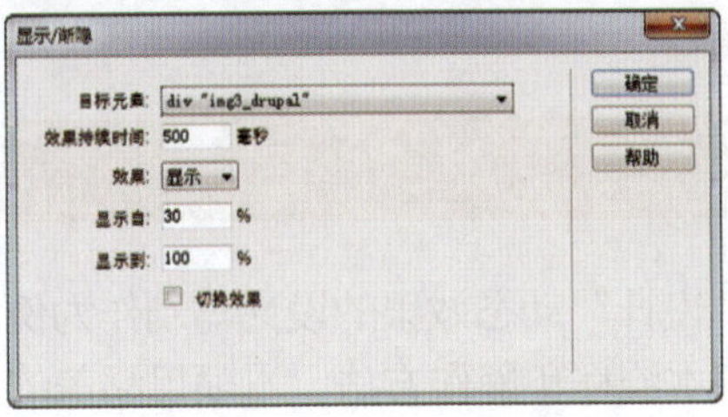

图 12.19 “显示/渐隐”对话框

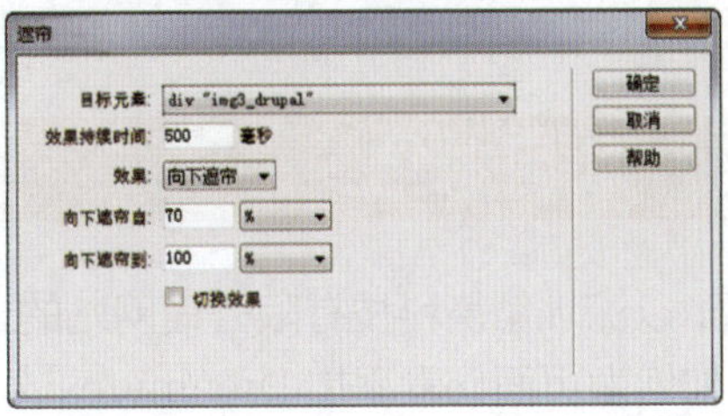

图 12.20 “向下遮帘”参数设置

（5）用相同的方法，再为该图像添加两个“效果”行为。

（6）保存文件时，会弹出“复制相关文件”对话框，如图 12.21 所示，单击“确定”按钮后，在“文件”面板中，站点文件夹下的子文件夹 SpryAssets 里面就有了由系统创建的实现所有效果的 JavaScript 脚本文件 SpryEffects.js，在页面的代码窗口可以看到对该脚本文件的调用，如图 12.22 所示。

注：如果是在网站的页面中首次使用 Spry 框架下的构件，系统就会在站点文件夹下自动增加一个子文件夹 SpryAssets；如果不是首次使用，该文件夹应已存在。

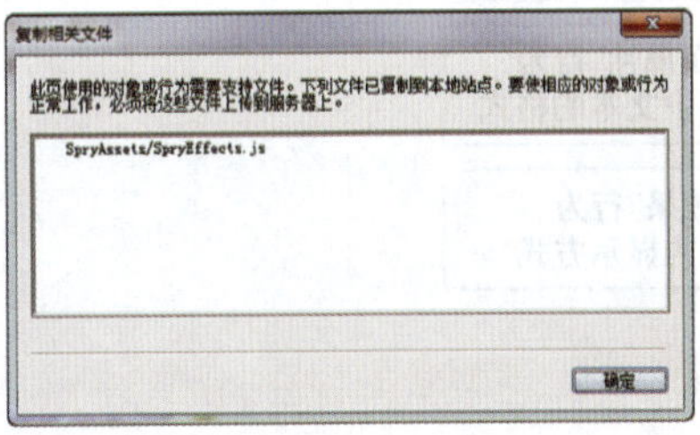

图 12.21 “复制相关文件”对话框

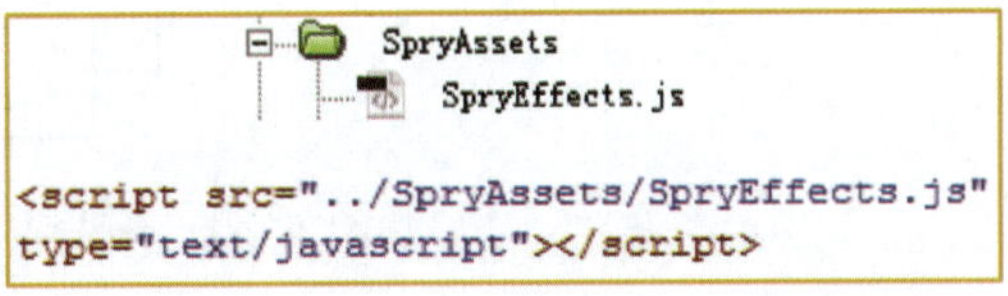

图 12.22 “文件”面板中新增的脚本文件及调用

（7）保存文件，预览网页。

说明

选中 im-drupal-4.jpg 图像，在“行为”面板中能看到所有设置好的行为，如图 12.23 所示，可以进行修改、删除及调整顺序。

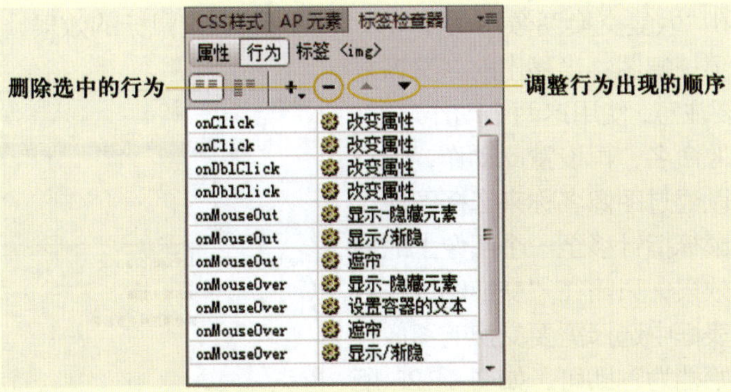

图 12.23 im-drupal-4.jpg 图像的行为

☞ 用相同的方法为其他图像添加“效果”行为，可以自行设计，尝试选择不同的效果和相应的参数，操作步骤略。

12.4 项目总结

本章以深圳慧衡科技有限公司网站的二级页面“设计”动态效果的设计与制作为例，详细介绍了如何为页面元素添加 Dreamweaver 行为的基本流程和操作方法。本项目涵盖的主要内容如图 12.24 所示。

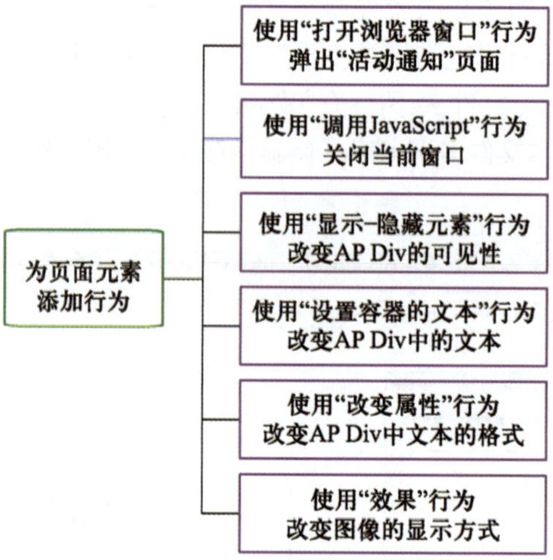

图 12.24 本项目涵盖的主要内容

12.5 扩展技能

1. 与图像有关的内置行为

“交换图像”、“恢复交换图像”和“预先载入图像”这 3 个内置行为通常会在一起使用，通过鼠标的移动灵活地控制图像的转换。

“交换图像”和“恢复交换图像”动作可以实现图像感应鼠标的效果，当将鼠标指针移至图像上时，会变成另一幅图；当移出时，又恢复为原来的图像。需要注意，使用这两个动作之前，应先为要用到的图像命名，再设置此动作，这样在之后的操作中可以通过图像名称来选择图像。此外，若要实现将鼠标指针移至一个图像上时显示多个图像交换的效果，只需在“交换图像”对话框的“图像”列表框中选择需要交换的图像，然后设置“设定原始档为”即可，如图 12.25 所示。也可以选择菜单“插入→图像对象→鼠标经

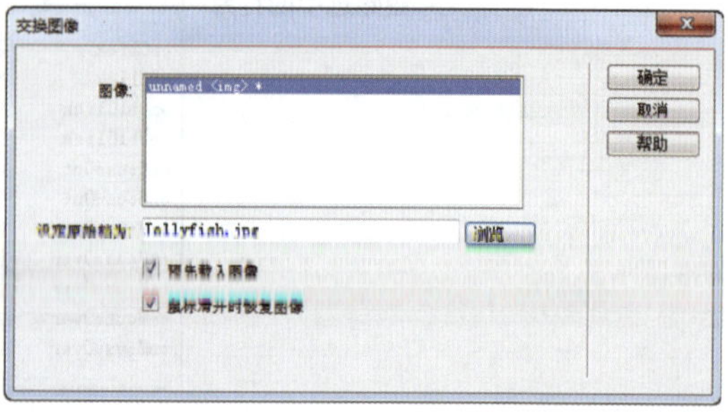

图 12.25 “交换图像”对话框

过图像”命令，自动将这两个行为添加到页面中。

“预先载入图像”动作可让网页预先载入某些图像，当页面需要显示这些图像时，用户不用等待图像下载，从而使得页面的动态效果更加流畅。

2. 关于跳转菜单的行为

“跳转菜单”是文档中的弹出菜单，对站点访问者可见，并且列出了到文档或文件的链接。使用它可以创建到整个 Web 站点内文档的链接、到其他 Web 站点上文档的链接、电子邮件链接、到图形的链接，也可以创建到可在浏览器中打开的任何文件类型的链接。

当创建跳转菜单时，在“插入跳转菜单”对话框中完成设置后，Dreamweaver 会创建一个跳转菜单，并向其附加一个“跳转菜单”行为，如图 12.26 所示。

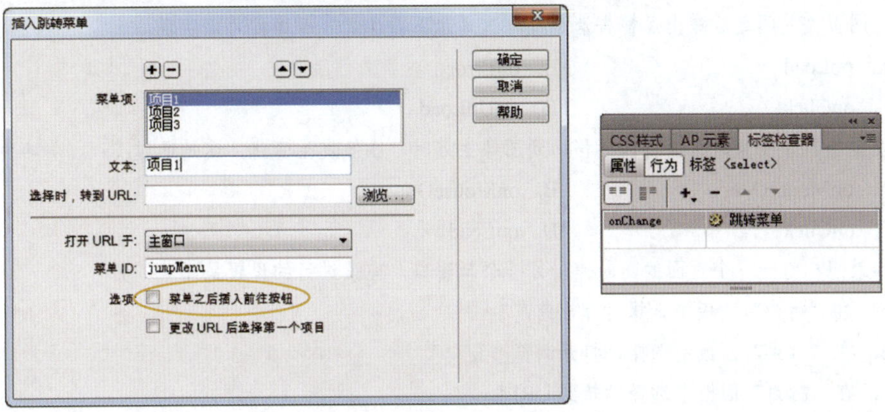

图 12.26 “插入跳转菜单”对话框及“跳转菜单”行为

然而，在“插入跳转菜单”对话框中，一旦选中“菜单之后插入前往按钮”复选框，就会在菜单的右侧出现“前往”按钮，并向其附加一个“跳转菜单开始”行为，如图 12.27 所示。因而，通常不需要手动将“跳转菜单”和“跳转菜单开始”行为附加到对象。“跳转菜单开始”行为会将一个“前往”按钮和一个跳转菜单关联起来，单击该按钮，会打开在该跳转菜单中选择的链接。

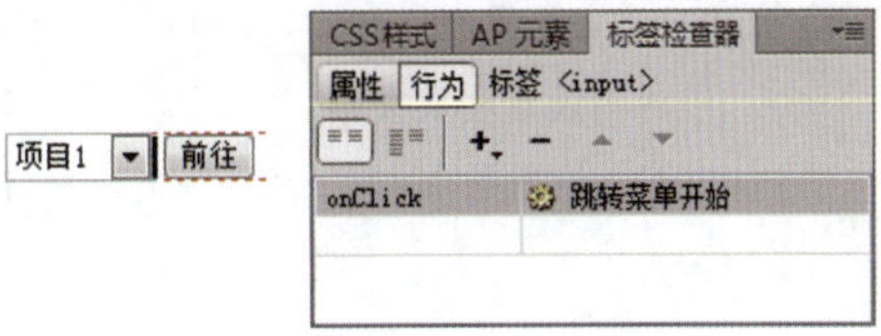

图 12.27 带有“前往”按钮的跳转菜单及“跳转菜单开始”行为

12.6 课后练习

12.6.1 配套实训

利用配套实训文件夹下的素材文件，根据所学的行为方面的知识，为网页设计和制作丰富的动态效果，要求如下。

1. 为页面和其中的页面元素设计相应的动态效果。
2. 使用的内置行为种类应超过 5 种。

12.6.2 同步测试

1. 下面关于行为、事件和动作的说法正确的是（ ）。

A. 动作的发生是在事件的发生以后

B. 事件的发生是在动作的发生以后

C. 事件和动作是同时发生的

D. 以上说法都错

2. 当将鼠标指针移至图像上方时，图像发生变化，这通过（ ）动作可以实现。

A. 交换图像　　B. 恢复交换图像

C. 预先载入图像　　D. 不需要动作实现

3. 在网页被关闭之后弹出了警告消息框，这通过下面（ ）事件可以实现。

A. onLoad　　B. onError

C. onClick　　D. onUnLoad

4. 设置导航条图像时，当将鼠标移动到图像上方时，图像发生变化，这是通过（ ）事件实现的。

A. onMouseOver　　B. onMouseOut

C. onClick　　D. onLoad

5. 如果想在打开一个页面的同时弹出另一个新窗口，应该进行的设置是（ ）。

A. 在“行为”面板中选择“弹出信息”

B. 在“行为”面板中选择“打开浏览器窗口”

C. 在“行为”面板中选择“转到 URL”

D. 在“行为”面板中选择“显示弹出式菜单”

6. 浏览器窗口底部左侧的状态栏中显示的往往是相应链接的 URL 地址，为了屏蔽链接的 URL 地址，应使用（ ）行为。

A. 设置框架文本　　B. 设置状态栏文本

C. 设置层文本　　D. 设置文本域文本

第 13 章

为网页添加特殊效果

——丰富“慧衡科技”网站主页

在前面的章节中介绍了网页制作的常规技术，可以看出，Dreamweaver 是一种“所见即所得”的可视化软件，利用它能方便、快捷地制作出令人满意的网页。但想在页面中实现更为复杂的功能，如折叠面板自动显示图文、倒计时等，则在 Dreamweaver 中无法直接用命令实现。本章将介绍利用 Spry 布局类构件和 JavaScript 脚本语言在页面上实现一些特殊效果。

学习目标

- 了解 Spry 框架的基本构成
- 了解 JavaScript 的基本概念
- 掌握 Spry 菜单栏的基本操作方法
- 掌握 Spry 选项卡式面板的基本操作方法
- 掌握使用 JavaScript 脚本丰富页面功能的基本方法

13.1 项目分析

13.1.1 设计思路

为了让深圳慧衡科技有限公司网站主页的版面更丰富，效果更动感，功能更强大，需要对一部分原有的页面元素进行改造，同时增加一些实用的功能。

网页设计师小王围绕如何让已初步制作完成的网站主页达到要求，通过对页面的设计要求进行技术分析，确定了设计思路。

本页面需要增加动感效果，以及使功能性得以提高，因而，已完成的版面布局、配色方案无须改变，在基本框架保持不变的前提下（如图 13.1 所示），导航条由原来的一组文本变为二级菜单，设计趋势介绍部分由原来的 Flash 和文字变为具有特效的图文，案例图片展示部分由原来的一张图片变为可以自动切换的一组选项卡内的图片。此外，还增加了加入收藏和分时问候语等实用功能。

经过上述页面分析，结合网页制作技术，小王完成了任务，页面效果如图 13.2 所示。

图 13.1 网站主页的原始效果

图 13.2 页面效果

13.1.2 制作流程

在具体制作之前，小王将收集的页面素材存放到本地站点相应的文件夹下，之后根据页面对象的效果分析完成页面的制作。

首先，利用 Spry 水平菜单栏制作导航条，并设置菜单项内容和相应的 CSS 规则；之后，制作 Spry 选项卡式面板，将 5 幅图片存放在紧凑的空间内，并通过快速修改及添加简单的脚本代码来实现图片的灵活展示；接着，利用 JavaScript 脚本实现将主页加入收藏及显示分时问候语的功能；最后，利用 CSS+JavaScript 脚本实现图文并茂和动态显示的效果。具体制作流程如图 13.3 所示。

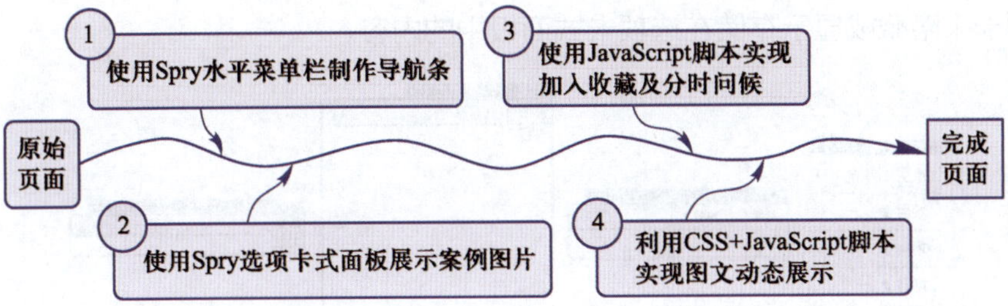

图 13.3 “慧衡网站”主页特效的制作流程

13.2 预备知识

1. Spry 框架概述

Spry 框架是一个 JavaScript 库，使用它可以构建能够向站点访问者提供更丰富体验的网页。在设计上，Spry 框架的标记非常简单，很方便那些具有 HTML、CSS 和 JavaScript 基础知识的用户使用。

有了 Spry，就可以利用 HTML、CSS 和极少量的 JavaScript 将 XML 数据合并到 HTML 文档中以创建构件，以及向各种页面元素中添加不同种类的效果。构件主要包括 3 种类型，即数据类（如 Spry 数据集等）、表单类（如 Spry 验证文本域等）和布局类（如 Spry 菜单栏等），主要应用于数据处理、表单构成和页面布局等方面。本章介绍的是布局类 Spry 构件。

在 Dreamweaver 的“插入”面板中选择 Spry 类，其中就包含了用于创建 Spry 构件的按钮，如图 13.4 所示。

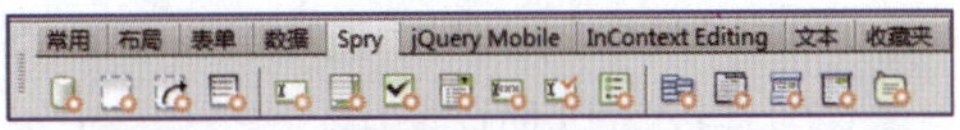

图 13.4 “插入”面板的 Spry 类

1）关于 Spry 构件

Spry 构件是一个页面元素，通过启用交互来提供更丰富的用户体验。Spry 构件由构件结构、构件行为和构件样式等部分组成。构件结构用来定义由其组成的 HTML 代码块，构件行为用来控制构件如何响应用户启动事件的 JavaScript，而构件样式则用来指定构件外观的 CSS。

Spry 框架支持一组用标准 HTML、CSS 和 JavaScript 编写的可重用构件。使用者通过简单的 HTML 和 CSS 代码可以很方便地插入这些构件，然后设置构件的样式。框架行为包括允许用户执行多种类型的操作功能，如显示或隐藏页面上的内容、更改页面的外观、与菜单项交互等。

Spry 框架中的每个构件都与唯一的 CSS 和 JavaScript 文件相关联，CSS 文件中包含设置构件样式所需的全部信息，而 JavaScript 文件则赋予构件功能。在 Dreamweaver 中插入构件时，系统会自动将这些文件链接到页面，以便构件中包含该页面的功能和样式。

2）Spry 布局类构件

Spry 布局类构件包括 Spry 菜单栏、Spry 选项卡式面板、Spry 折叠式及 Spry 可折叠面板，如图 13.5 所示。

Spry 菜单栏构件是一组可导航的菜单按钮。使用它可在紧凑的空间中显示大量的可导航信息，并使访问者无须深入浏览站点即可了解站点上提供的内容。

Spry 选项卡式面板构件是一组面板，可将内容存储到紧凑空间中。访问者可通过选择该面板上的选项卡来隐藏或显示存储在选项卡式面板中的内容。

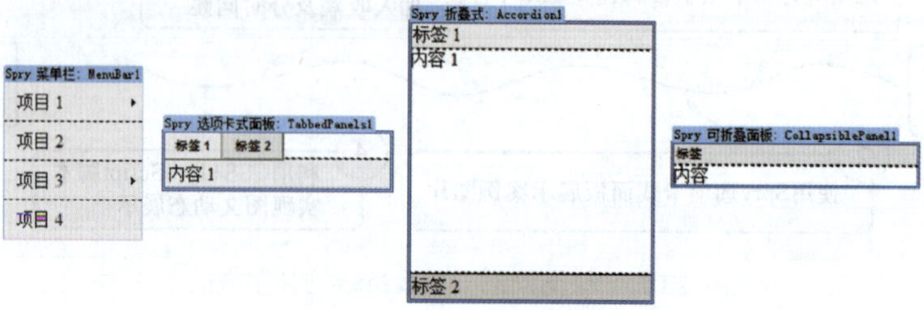

图 13.5　Spry 布局类构件

Spry 折叠式构件是一组可折叠的面板，可以将大量内容存储在一个紧凑的空间中。访问者可通过选择该面板上的选项卡来隐藏或显示存储在折叠构件中的内容；选择不同的选项卡，面板会相应地展开或收缩，每次只能有一个内容面板处于打开且可见的状态。

Spry 可折叠面板构件是一个面板，可将内容存储到紧凑的空间中。访问者选择构件的选项卡即可隐藏或显示存储在可折叠面板中的内容。

2. JavaScript 编程语言初探

JavaScript 是一种基于对象和事件驱动的具有相对安全性的客户端脚本语言。作为一种轻量级的编程语言，可以插入到 HTML 页面中并由浏览器执行，因而广泛地应用于 PC、笔记本电脑、平板电脑和智能手机等设备。

1）基本功能

下面以几个简单的示例来介绍 JavaScript 的基本功能。

（1）写入 HTML 输出。

document.write()可以在页面载入过程中用实时脚本创建页面内容，写入的内容常常包括 HTML 标记语言，示例如图 13.6 所示。

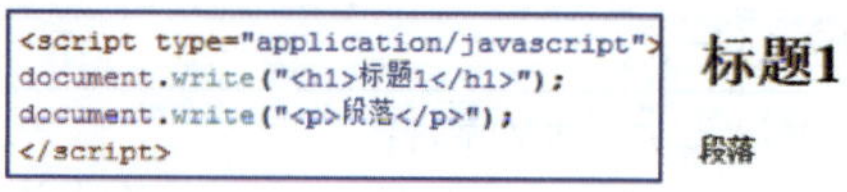

图 13.6　写入 HTML 输出的代码及效果示例

（2）对事件做出反应。

事件是可以被 JavaScript 侦测到的用户行为，网页中的每个元素都可以产生某些可以触发 JavaScript 的事件，示例如图 13.7 所示。

alert() 函数在 JavaScript 中并不常用，但对于代码测试却非常方便。

（3）改变 HTML 内容。

使用 JavaScript 来处理 HTML 内容是非常强大的，示例如图 13.8 所示。

document.getElementByID()可以通过 ID 获取页面元素。

图 13.7　对事件做出反应的代码及效果示例

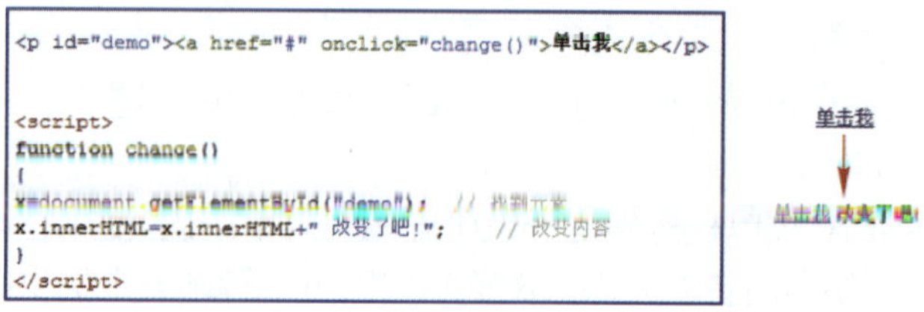

图 13.8　改变 HTML 内容的代码及效果示例

2）基本概念

前面的章节中已经简单地介绍了 JavaScript 在 HTML 中的基本使用方法，这里将对 JavaScript 的一些基本概念进行简要的说明。

（1）对象。

对象是带有属性和方法的特殊数据类型。一组包含数据的属性和对属性中包含的数据进行操作的方法，称为对象。JavaScript 的一个重要功能就是面向对象，通过基于对象的程序设计，可以用更直观、模块化和可重用的方式进行程序开发。

JavaScript 提供多个内建对象，如 String、Array 等。此外，JavaScript 允许自定义对象。

（2）数据。

JavaScript 的数据类型分为原始类型和引用类型两大类。其中，原始类型包括 Undefined、Null、Boolean、Number、String 这 5 种；引用类型包括 Array、Date、Math 等，所有对象都是引用类型。

JavaScript 中的数据有常量和变量两种形式。常量是值不会改变的数据，如 9、"hello"，而变量则是值可以改变的数据。

声明 JavaScript 中的变量时用关键字 var 引导，变量的类型取决于它的声明方式。

声明原始类型的变量：var 变量名 = 值;

声明引用类型的变量：var 变量名 =new 类型名(初值);

（3）运算符。

运算符是一组符号，用于连接数据。JavaScript 中的运算符包括数学、关系、逻辑、位、赋值、条件和字符串连接等类型，下面针对主要的几种类型进行说明。

算术运算符：+（加）、-（减）、*（乘）、/（除）、%（取模）、++（增量）、--（减量）、-（取负）。

字符串连接运算符：+、+=。

逻辑运算符：&&(与)、||（或）、!（非）。

比较运算符：>（大于）、>=（大于等于）、<（小于）、<=（小于等于）、==（等于）、!=（不等于）、===（严格相等）、!==（不严格相等）。

赋值运算符：=（赋值）、op=（运算赋值）。

另外，new 运算符用于创建一个对象。

（4）语句。

JavaScript 语句可向浏览器发出命令，其作用是告诉浏览器该做什么。分号用于分隔 JavaScript 语句，使用分号的另一用处是在一行中编写多条语句。JavaScript 对大小写敏感，这在编写语句时一定要特别注意。

JavaScript 中包括赋值语句、选择控制语句（switch 和 if）、循环控制语句（while、for、for each、do...while、break 和 continue），以及 with 语句、try…catch 语句等。

（5）函数。

JavaScript 函数用关键字 function 来定义，定义格式如下。

```
function 函数名(参数表)
{
函数体
```

```
}
```

函数是通过函数调用来执行的，调用函数的格式如下。

```
函数名(实际参数)
```

函数可以有一个返回值，有返回值的函数可以作为表达式使用，格式如下。

```
return 表达式;
```

13.3 项目实施

新建站点“慧衡科技”，定义站点文件夹 huihengweb，将已初步制作完成的“主页”页面（index_effect.html）及其他素材复制到 huihengweb 文件夹下。下面将详细介绍为网站主页添加和设置 Spry 布局类构件及利用 JavaScript 脚本实现页面动态效果的基本流程和操作方法。

13.3.1 使用 Spry 水平菜单栏制作导航条

Spry 菜单栏构件是一组可导航的菜单按钮，当站点访问者将鼠标指针悬停在其中的某个按钮上时，将显示相应的子菜单。将主页中的导航条制作成有层次结构的菜单栏，这样有助于浏览整个网站的内容架构，效果如图 13.9 所示。

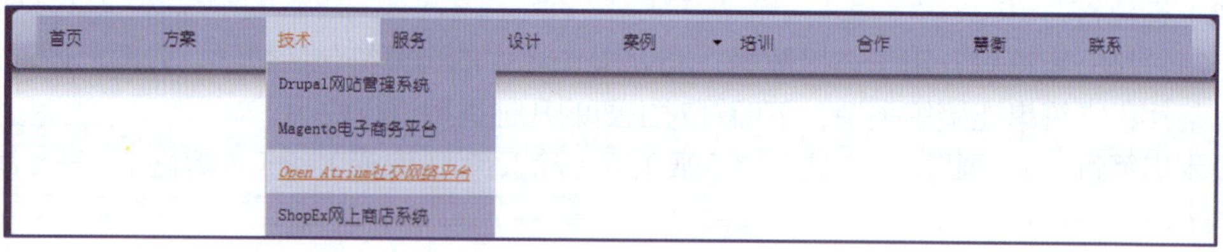

图 13.9 导航条效果

☞ **在“慧衡网站”主页的 navigation Div 中插入一个 Spry 水平菜单栏 MenuBar1，操作步骤如下。**

（1）打开 index_effect.html 文件。

（2）切换到“代码”视图，将插入点置于 navigation Div 中，如图 13.10 所示。

```
<div id="banner"><img src="images/banner.gif" width="1000" height="95" /></div>
<div id="navigation">
</div>
```

图 13.10 将插入点置于 navigation Div 中及此时的效果

（3）在“插入”面板中选择 Spry 类，单击“Spry 菜单栏”按钮，打开“Spry 菜单栏”对话框，如图 13.11 所示。

① 对于“请选择所需的布局”选项，选择“水平”单选按钮。

② 单击“确定”按钮。

这样，在 navigation Div 中就插入了一个名为 MenuBar1 的水平菜单栏，Spry 菜单栏及其“属性”面板如图 13.12 所示。

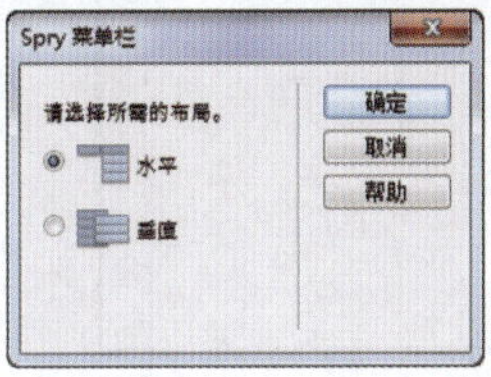

图 13.11 “Spry 菜单栏”对话框

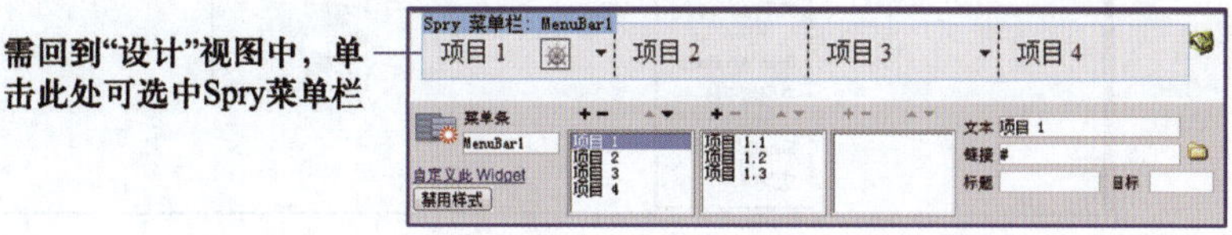

图 13.12 MenuBar1 Spry 菜单栏及“属性”面板

（4）保存文件时，会弹出“复制相关文件”对话框，如图 13.13 所示，单击“确定”按钮，在“文件”面板中，站点文件夹下的子文件夹 SpryAssets 里面就有了由系统创建的 6 个文件，它们是添加 Spry 水平菜单栏所需的脚本、样式表和图像文件。

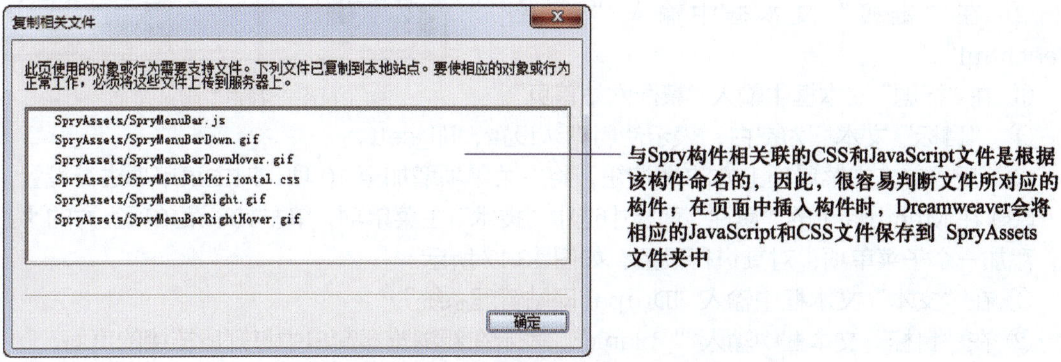

图 13.13 “复制相关文件”对话框

注： 如果是在网站的页面中首次使用 Spry 框架下的构件，系统就会在站点文件夹下自动增加一个子文件夹 SpryAssets；如果不是首次使用，该文件夹应已存在。

说明

Spry 菜单栏构件的 HTML 中包含一个无序项目列表<ul>标签，在该标签中，对于每个顶级菜单项都包含一个<li>标签；而顶级菜单项（<li>标签）又包含用来为每个菜单项定义子菜单的<ul>标签和<li>标签，子菜单中同样可以包含子菜单，如图 13.14 所示。顶级菜单和子菜单可包含任意多个子菜单项。

图 13.14 Spry 菜单栏及 HTML 代码

☞ 根据导航条的具体内容修改 MenuBar1 Spry 菜单栏中的各级菜单项，效果如图 13.15 所示，操作步骤如下。

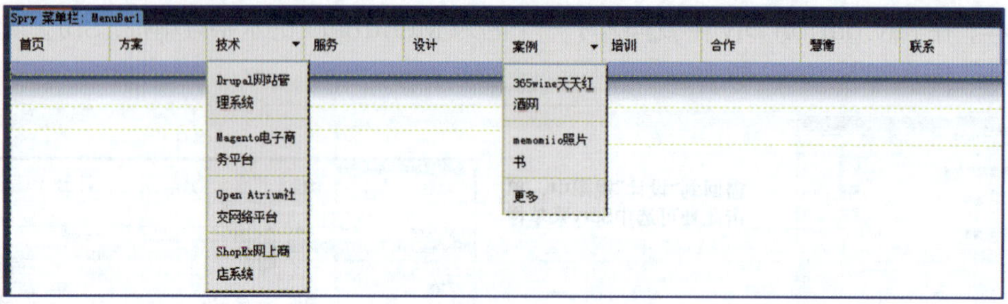

图 13.15　导航条的各级菜单项

注：“index_effect(导航条–素材).txt” 文本文件中有相应的文字素材。

（1）在 MenuBar1 的“属性”面板中选中“项目 1”主菜单项，进行设置，如图 13.16 所示。

① 在“文本”文本框中输入“首页”。

② 在“链接”文本框中输入“index_effect.html”。

③ 在“标题”文本框中输入“慧衡网站首页”。

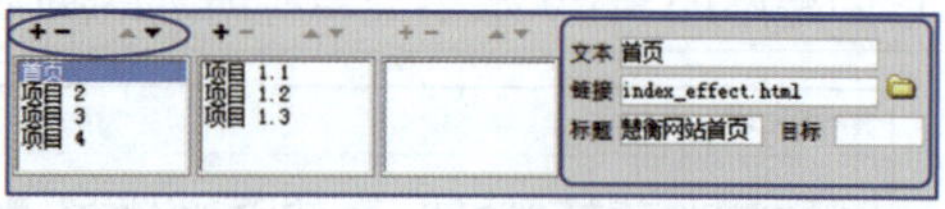

图 13.16　“首页”主菜单项的设置

④ “目标”文本框为空白，表示使用默认设置，即_self。

（2）反复单击主菜单项上方的 + 按钮，将主菜单项增加至 10 项，对主菜单项进行设置。

（3）在 MenuBar1 的“属性”面板中选中“技术”主菜单项，单击其子菜单项上方的 + 按钮，添加一个子菜单项，对其进行设置，如图 13.17 所示。

① 在“文本”文本框中输入“Drupal 网站管理系统”。

② 在“目标”文本框中输入“_blank”，表示在新浏览器窗口中打开所链接的页面。

注：“链接”文本框中需输入相应网页的路径，此处省略。

（4）用相同的方法为“案例”主菜单项添加并设置相应的子菜单项，如图 13.18 所示。

图 13.17　“技术”子菜单项的参数设置

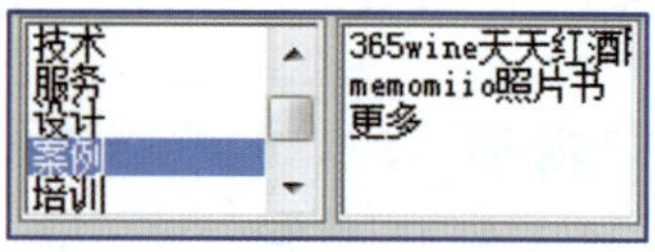

图 13.18　“案例”的子菜单项

（5）选中“首页”主菜单项，其包括 3 个子菜单项，选中第 1 个子菜单项，单击子菜单项上方的 − 按钮将其删除，使用同样的方法删除所有子菜单项，如图 13.19 所示。

图 13.19　删除“首页”的所有子菜单项

注：删除一个菜单项，就会将该菜单项下所有的子菜单项删除。

（6）用相同的方法删除其他主菜单项下需要清除的子菜单项。

（7）保存文件，预览网页。

说明

（1）在“设计”视图下，Spry 菜单栏仅支持两级子菜单，但在“代码”视图下，可以添加任意多个子菜单。

（2）在各级菜单项的上方都有 **+**、**−**、▲和▼这 4 个按钮，通过它们就可以在各级菜单中增加、删除菜单项或调整菜单项之间的顺序。

☞ **通过修改 SpryMenuBarHorizontal.css 样式表文件中相应的 CSS 规则来改变 MenuBar1 Spry 水平菜单栏的效果，具体设置如表 13.1 所示，操作步骤如下。**

表 13.1 MenuBar1 Spry 水平菜单栏的 CSS 规则设置

要求	水平菜单栏的 CSS 规则	相关属性	参考值
菜单栏左侧、顶部填充适当增加	ul.MenuBarHorizontal	padding-left	20px
		padding-top	5px
子菜单项宽度适当增加	ul.MenuBarHorizontal ul li	width	16em
菜单项的背景颜色、字体颜色、字体、字号变化	ul.MenuBarHorizontal a	background-color	#95BDEE
		color	#1C5EAE
		font-family、font-size	"幼圆"、14px
当鼠标指针悬停在链接的文字上时，文字出现下画线，变为斜体	ul.MenuBarHorizontal a:hover	text-decoration	underline
		font-style	italic
当鼠标指针移过菜单项上方时，其背景颜色、字体颜色变化	ul.MenuBarHorizontal a.MenuBarItemHover	background-color	#CFE1F8
		color	#FF9900

（1）打开“CSS 样式”面板，展开 SpryMenuBarHorizontal.css 样式表文件，显示 Spry 水平菜单栏的 CSS 规则，如图 13.20 所示。

（2）选中 ul.MenuBarHorizontal 规则，在其“属性”列表框中添加两个属性 padding-left、padding-top，设置其值分别为 20 px、5 px，如图 13.21 所示。

（3）选中 ul.MenuBarHorizontal ul li 规则，在其“属性”列表框中选中 width 属性，将其值修改为 16em，如图 13.22 所示。

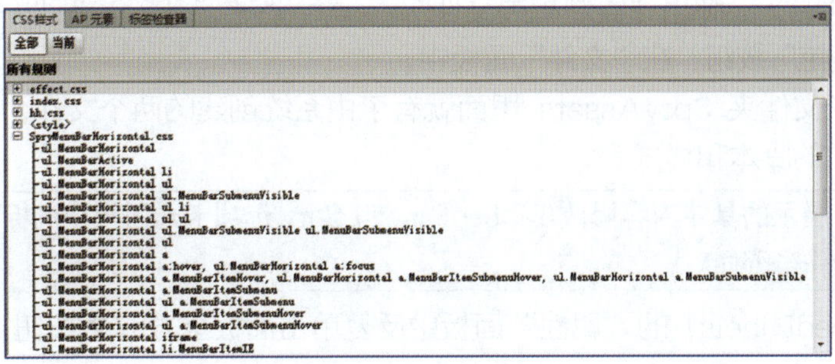

图 13.20 Spry 水平菜单栏的 CSS 规则

（4）用相同的方法，再为该样式表中的其他 CSS 规则增加或修改相应属性的值，具体设置参见表 13.1。

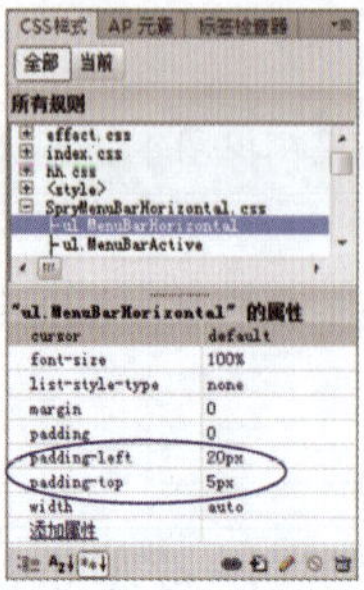

图 13.21　为 ul.MenuBarHorizontal 添加属性并设置

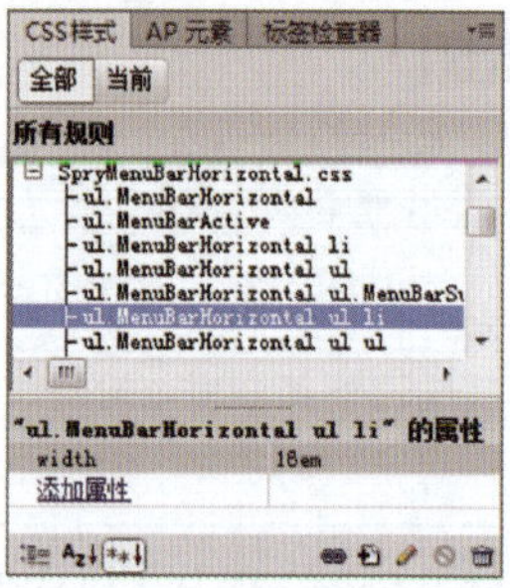

图 13.22　修改 ul.MenuBarHorizontal ul li 的 width 属性

（5）保存全部文件，预览网页。

说明

关于 Spry 水平菜单栏的 CSS 规则的设置，除了在“属性”列表框中直接编辑外，还可以在 CSS 规则定义对话框中进行设置，或者在 SpryMenuBarHorizontal.css 样式表文件中直接修改，这在前面的章节中都已有介绍。

13.3.2 使用 Spry 选项卡式面板展示案例图片

在有限的空间内展示更多的内容，这就是选项卡式面板的主要用途。当访问者单击不同的选项卡时，面板会相应打开，每次只有一个内容面板处于打开状态。案例图片的自动展示效果就是在此基础上设计完成的。

☞ **在“慧衡网站”主页的 con-mid Div 中插入一个 Spry 选项卡式面板 TabbedPanels1，操作步骤如下。**

（1）将插入点置于 con-mid Div 中文本的下方。

（2）在“插入”面板中选择 Spry 类，单击“Spry 选项卡式面板”按钮，在 con-mid Div 中插入了一个名为 TabbedPanels1 的 Spry 选项卡式面板，其“属性”面板如图 13.23 所示。

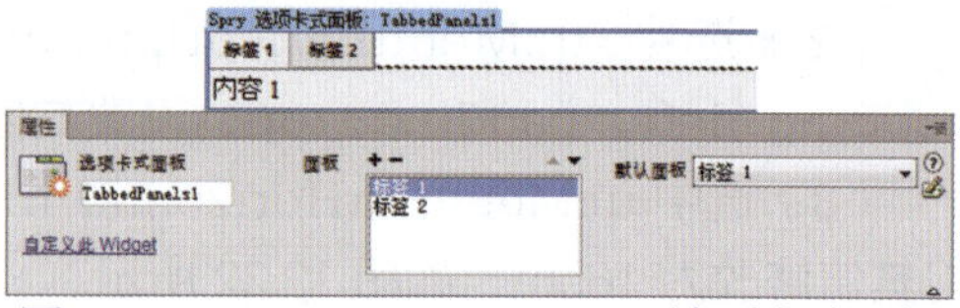

图 13.23　TabbedPanels1 Spry 选项卡式面板及“属性”面板

（3）保存文件时，会弹出“复制相关文件”对话框，单击“确定”按钮，在“文件”面板中，站点文件夹下的子文件夹 SpryAssets 里面就有了由系统创建的两个文件，它们是添加 Spry 选项卡式面板所需的脚本和样式表。

☞ **根据案例图片展示的具体内容修改 TabbedPanels1 Spry 选项卡式面板中的标签和内容，效果如图 13.24 所示，操作步骤如下。**

（1）在 TabbedPanels1 的“属性”面板中反复单击面板上方的 + 按钮，将面板的数量增加至 5 个。

（2）在“设计”视图下选中“标签 1”，将其修改为“红酒网”；将插入点置于“内容 1”，插入图像 365wine.jpg，如图 13.25 所示。

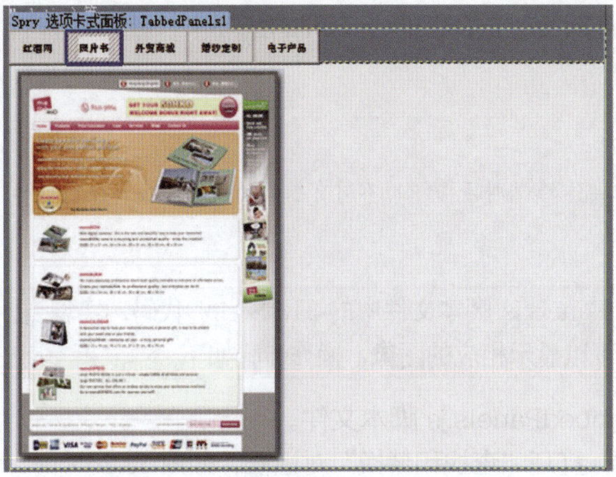

图 13.24 案例图片展示的面板效果

图 13.25 TabbedPanels1 中的“红酒网”标签及图像

注：将内容中的文本清除。

（3）用相同的方法设置其他 4 个面板相应的标签及图像。

说明

在“设计”视图下，Spry 选项卡式面板中各面板之间的切换有以下两种方法。

（1）单击面板标签上的图标。

（2）选择“属性”面板中“面板”列表框中的选项。

☞ **通过修改 SpryTabbedPanels.css 样式表文件中相应的 CSS 规则，改变 TabbedPanels1 Spry 选项卡式面板的效果，具体设置如表 13.2 所示，操作步骤略。**

表 13.2 TabbedPanels1 Spry 选项卡式面板的 CSS 规则设置

要求	水平菜单栏的 CSS 规则	相关属性	参考值
整个构件的填充（顶部、左侧）适当增加、宽度固定	.TabbedPanels	padding	20px 0 0 20px
		Width	460px
选项卡式面板的背景颜色、顶部边界样式、字体颜色、字体、字号、字符间隔变化	.TabbedPanelsTab	background-color	#95BDEE
		border-top	solid 5px #999
		color	#1C5EAE
		font-family、font-size	"楷书"、14px
		letter-spacing	4px
当鼠标指针移过选项卡式面板上方时，选项卡的背景颜色变化	.TabbedPanelsTabHover	background-color	#FFF
选定选项卡的背景颜色、字体颜色发生变化	.TabbedPanelsTabSelected	background-color	#CFE1F8
		color	#CFE1F8
内容面板的背景颜色、高度变化，填充（顶部、左侧）适当增加	.TabbedPanelsContent	background-color	#65768A
		height	400px
		padding	20px 0 0 40px

CSS 规则设置完成后，保存全部文件，预览网页，选择面板上不同的选项卡，就可以查看不同的案例图片。

说明

Spry 构件的 CSS 规则的设置方法基本相同，但具体的规则随构件的不同有很大的区别，在具体设计和操作时要加以注意。

☞ **通过非常简单的方法，直接修改 SpryTabbedPanels.js 脚本文件中的 JavaScript 代码，实现当将鼠标指针移至面板上不同的选项卡上时，同样可以显示相应的图像，操作步骤如下。**

（1）打开 SpryAssets 文件夹下的 SpryTabbedPanels.js 脚本文件。

（2）在“代码”视图下，按 Ctrl+H 组合键，打开“查找和替换”对话框，如图 13.26 所示。

① 在“查找”文本框中输入“click”，表示查找与“单击”动作相关的代码。

② 在“选项”选项区域，取消选择“区分大小写”复选框。

③ 反复单击“查找下一个”按钮，直到全部查找完毕，此时发现，在此脚本文件中 click 出现了 3 次。

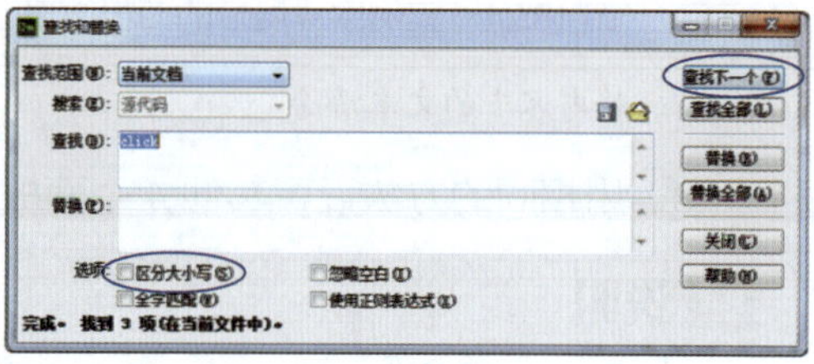

图 13.26 “查找和替换”对话框

④ 用相同的方法查找 mouseover，之后单击“关闭”按钮，退出查找。

可以看到，这两个词出现的位置，一个是函数的定义，另一个是函数的调用。

（3）定位到函数的调用处，如图 13.27 所示，将 self.onTabMouseOver(e, tab)中的 MouseOver 改为 Click，也就是说，“鼠标移至选项卡上”与“鼠标单击选项卡”动作的反应效果是相同的。

```
Spry.Widget.TabbedPanels.prototype.addPanelEventListeners = function(tab, panel)
{
    var self = this;
    Spry.Widget.TabbedPanels.addEventListener(tab, "click", function(e) { return self.onTabClick(e, tab); }, false);
    Spry.Widget.TabbedPanels.addEventListener(tab, "mouseover", function(e) { return self.onTabMouseOver(e, tab); },
false);
    Spry.Widget.TabbedPanels.addEventListener(tab, "mouseout", function(e) { return self.onTabMouseOut(e, tab); },
false);
```

图 13.27 SpryTabbedPanels.js 中相关的函数调用

（4）保存全部文件，预览网页，此时随着鼠标的移动，图像就会进行相应的变化。

说明

在创建 Spry 构件时，系统生成了相应的脚本文件，其中包含了很多的函数，其编写非常规范。因而，通过对照脚本文件中函数之间的关系，在原有基础上只做少量的代码修改就能实现一些实用的功能。

☞ **在现有脚本的基础上，通过在页面的 HTML 代码中添加简单的 JavaScript 脚本，实现选项卡自动循环切换，操作步骤如下。**

（1）打开 index_effect.html 文件。

（2）切换到“代码”视图，将插入点置于新建 TabbedPanels1 的脚本之后，按 Enter 键，插入空行，如图 13.28 所示。

（3）在空行处编写代码，如图 13.29 所示。

```
<script type="text/javascript">
var MenuBar1 = new Spry.Widget.MenuBar("MenuBar1", {imgDown:"SpryAssets/SpryMenuBarDownHover.gif", imgRight:
"SpryAssets/SpryMenuBarRightHover.gif"});
var TabbedPanels1 = new Spry.Widget.TabbedPanels("TabbedPanels1");

</script>
```

图 13.28　插入空行

```
setInterval(switchTabPanel,1000);
function switchTabPanel()
{
    var nextIndex = TabbedPanels1.getCurrentTabIndex() + 1;
    if (nextIndex == TabbedPanels1.getTabbedPanelCount())
    {
        nextIndex = 0;
    }
    TabbedPanels1.showPanel(nextIndex);
}
```

自定义函数：实现自动切换功能

选择控制语句：当前选项卡已是最后一个选项卡的情况

JavaScript函数调用：选项卡自动切换的间隔时间为1 000 ms

赋值语句：当前选项卡编号加 1 后作为下个选项卡的编号

图 13.29　实现自动切换功能的脚本

（4）保存文件，浏览网页。此时发现无须移动鼠标，选项卡就会自动循环切换。

13.3.3 使用 JavaScript 脚本实现加入收藏及分时问候

设计者都希望网站能获得更多的关注，将网站主页加入访问者的收藏夹是一个很好的选择。此外，通过编写脚本，可以在页面上提供一些实用功能和个性化信息，如显示当前时间等，从而为访问者提供便利。

1. 将网站主页加入收藏夹

☞ 利用 JavaScript 函数，通过设置 banner.gif 图像的“链接”属性，实现将网站主页加入收藏的功能，操作步骤如下。

（1）打开 index_effect.html 文件，在“设计”视图下选中主页顶部的 banner.gif 图像，在其“属性”面板中设置“链接”如下。

“javascript:window.external.AddFavorite('http://www.intematrix.cn','慧衡科技')”。

注： 这是调用 AddFavorite()函数的 Java 脚本，函数有两个参数，要加入收藏的页面网址及将在收藏夹中显示的名称。

（2）保存文件，浏览网页。单击 banner.gif 图像，会弹出“添加收藏”对话框，选择“创建位置”后，单击“添加”按钮，在收藏夹中就会增加该项，如图 13.30 所示。

☞ 编写简单的 JavaScript 函数，实现当将鼠标指针移至 banner.gif 图像上时，加入收藏的提示信息就会显示出来，效果如图 13.31 所示；而当将鼠标指针移出该图像时，提示信息就会清除。操作步骤如下。

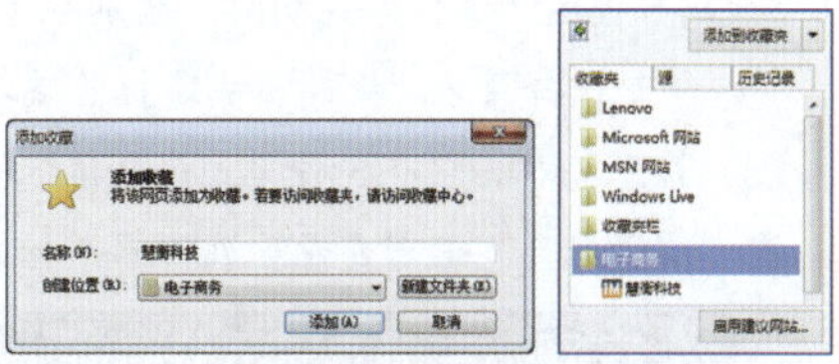

图 13.30　“添加收藏”对话框及收藏夹

（1）在主页的右上方插入一个 AP Div，命名为 info，将“类”设置为 color_blue，效果如图 13.32 所示。

图 13.31　鼠标移至网站 Logo 图像上时显示信息

图 13.32　info AP Div

（2）在“代码”视图下，将插入点置于<head></head>中<script></script>标签之间的有效位置（不要在其他函数的内部），编写 JavaScript 函数 showInfo()和 noInfo()，如图 13.33 所示。

（3）在“设计”视图下选中 banner.gif 图像，按 Ctrl+T 组合键打开“快速标签编辑器”的“编辑标签”模式，在其中编写 onMouseOver 和 onMouseOut 事件代码，分别调用两个 JavaScript 函数，实现显示和清除信息的功能，如图 13.34 所示。

```
<script type="text/javascript">
function showInfo()
{
x=document.getElementById("info");   // 找到元素
x.innerHTML="慧衡科技欢迎您！单击公司logo可将网页添加到您的收藏夹...";    // 改变内容
x.clientLeft=x.clientLeft+200;
}

function noInfo()
{
x=document.getElementById("info");
x.innerHTML="";    // 清除内容
}
```

图 13.33 JavaScript 自定义函数——showInfo()和 noInfo()

```
编辑标签: <img src="images/banner.gif" width="1000"
height="95"  onmouseover="showInfo(); "
onmouseout="noInfo()"/>
```

图 13.34 onMouseOver 和 onMouseOut 事件代码

（4）保存文件，预览网页。如有需要，适当调整 infoAP Div 的位置和大小。此时可以看到，随着鼠标在 Logo 图像上的移入、移出，提示信息就会时隐时现。

☞ **使用“设置状态栏文本”行为，实现当浏览器载入网站主页后，在浏览器的状态栏中显示加入收藏的提示信息，效果如图 13.35 所示。操作步骤略。**

图 13.35 在浏览器的状态栏中显示信息

📖 说明

在 Dreamweaver 中，可以有几种方法查看和编辑 HTML 代码，包括“代码”视图、代码检查器和快速标签编辑器等。

（1）选择菜单“窗口→代码检查器”命令或按 F10 键，可以打开“代码检查器”面板，它实际上和“代码”视图的工作方式相同，区别在于它是一个独立的窗口。

（2）选择菜单“修改→快速标签编辑器”命令或按 Ctrl+T 组合键，可以打开“快速标签编辑器”（按 Esc 键可退出），它有 3 种模式：编辑标签、环绕标签和插入 HTML。模式之间用 Ctrl+T 组合键进行切换，在“编辑标签”下可查看和编辑单个标签的 HTML 源代码。

2. 在网站主页上显示分时问候语

☞ **在主页的右上方插入一个 AP Div，命名为 spec，将“类”设置为 color_blue。操作步骤略。**

📖 说明

spec AP Div 用于显示分时问候语“×好！今天是×年×月×日”。为了整体的协调，将其文本颜色设置为#C7D9ED。

☞ **利用 Dreamweaver 命令在 spec AP Div 中插入 JavaScript 脚本，以实现在主页上显示分时问候语的功能，脚本代码和效果如图 13.36 所示，操作步骤如下。**

（1）在“设计”视图下将插入点置于 spec AP Div 中。

（2）在“插入”面板中选择“常用”类，单击“脚本”按钮，打开“脚本”对话框，如图 13.37 所示。

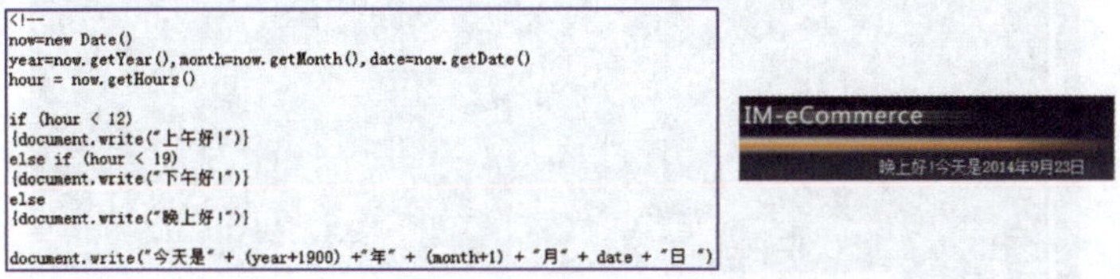

图 13.36　分时问候语的脚本代码与效果

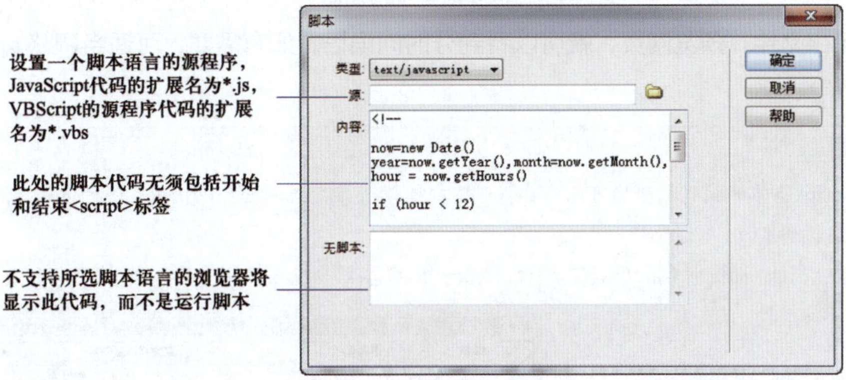

图 13.37　“脚本”对话框

① 在“类型”下拉列表框中选择 text/javascript。

② 在“内容”文本区域中输入 JavaScript 脚本。

③ 单击“确定”按钮。

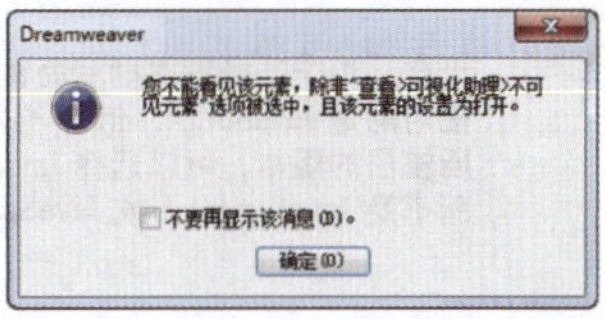

图 13.38　不可见元素提示对话框

这时需要注意的是，由于脚本是不可见元素，因此，在无法显示不可见元素的情况下，系统会弹出不可见元素提示对话框，如图 13.38 所示，单击“确定”按钮后，按照提示的方法设置“不可见元素”即可，“可视化助理”菜单项及不可见元素参数设置如图 13.39 和图 13.40 所示。

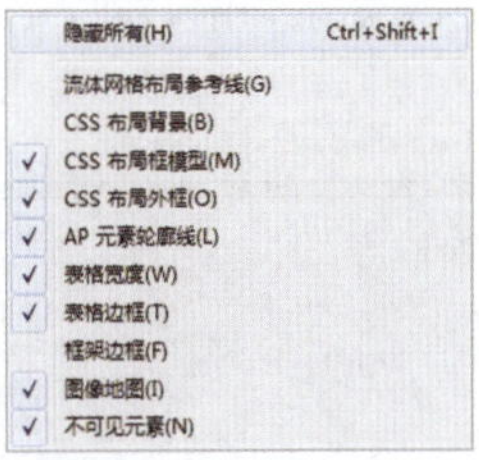

图 13.39　“可视化助理”菜单项

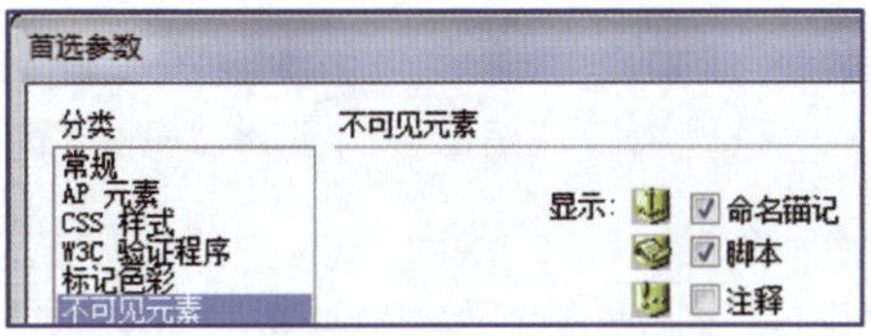

图 13.40　设置不可见元素参数

（3）在不可见元素可以显示的情况下，spec AP Div 中就会出现脚本图标，选中该图标，在“代码”视图下就可以看到相应的代码会反相显示，如图 13.41 所示。

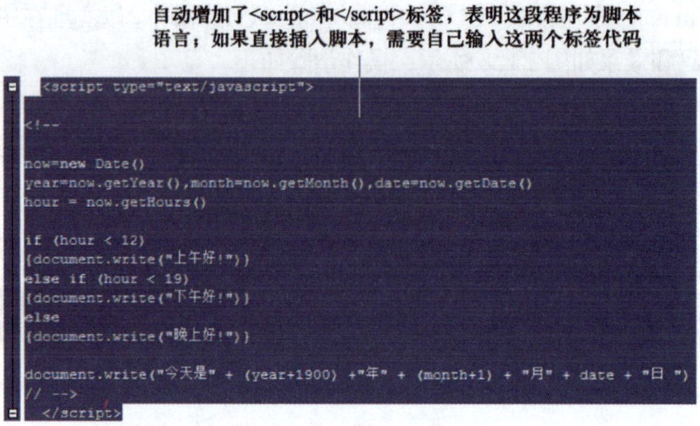

图 13.41 “代码”视图下分时间候语的 JavaScript 脚本

（4）保存文件，预览网页，就可以看到分时间候语。如有需要，可适当调整 spec AP Div 的位置和大小。

说明

JavaScript 脚本的编辑和删除可以在“代码”视图下直接完成，也可以使用其他的方法。

（1）编辑脚本。

在脚本“属性”面板中单击“编辑”按钮，打开“脚本属性”对话框，可在其中进行设置，如图 13.42 所示。

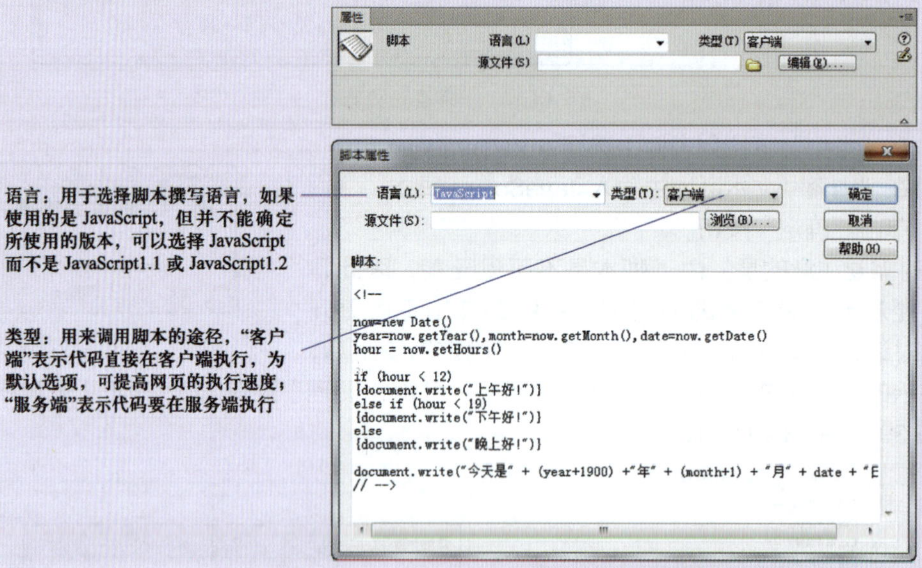

图 13.42 脚本“属性”面板及“脚本属性”对话框

（2）删除脚本。

在“设计”视图中选中脚本图标，按 Del 键即可删除。

13.3.4 利用 CSS+JavaScript 脚本实现图文动态显示

之前介绍的是用简单的 JavaScript 脚本实现的一些实用功能，但在很多时候，希望达到的网页特效要复杂得多，单靠自己从无到有地编写代码往往耗时长，且效果不理想。在网络迅猛发展的今天，很多人提供了大量的开源代码（脚本和样式表等）以供有兴趣的用户分享。有效地使用这些开源代码，可以添加网页特效，更为重要的是，能提高自己的编程水平。

下面仅针对图文动态显示效果的制作流程进行简要的说明，不再详述具体的操作步骤。

☞ 根据网站主页中“设计趋势介绍”的主要特点，确定图文并茂、动态显示的总体设计思路，效果如图 13.43 所示。

图 13.43 “设计趋势介绍”效果

☞ 根据设计思路，找到制作特效所需的图片素材及实现特效的脚本和样式表，将其放在站点文件夹下对应的文件夹中，如图 13.44 所示。

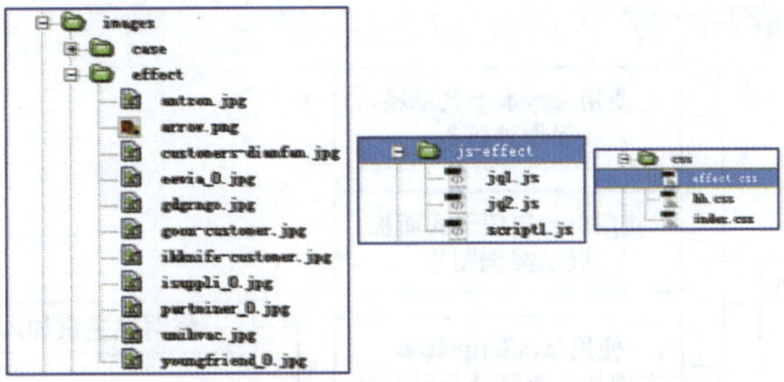

图 13.44 特效所需的图片文件、脚本和样式表文件

大多数情况下，特效的开源代码（脚本和样式表等）是无法在页面中直接使用的，因而，应先将其置于站点框架下，之后随着制作的深入，逐步地进行修改。

☞ 在导航条下方的 display Div 中插入一个 Div，命名为 menu，在其中插入 5 幅图像作为列表元素，并进行属性设置，如图 13.45 所示。

```
<div id="menu">
  <ul>
    <li><a target="_blank" href="http://www.intematrix.cn/design/trend">
    <img src="images\effect\customers-dianfan.jpg"
      alt="最前沿的网页设计趋势与实践，</br>刷新您的观念，开拓视野……" /> </a></li>
    <li><a target="_blank" href="http://www.intematrix.cn/design/drupal-theme">
      <img src="images\effect\isuppli_0.jpg"
      alt="专业的设计师，年轻的团队，拥有丰富的网站设计和分析优化经验，量身打造drupal主题模板……" /> </a></li>
    <li><a target="_blank" href="http://www.intematrix.cn/design/magento-theme">
    <img src="images\effect\unihvac.jpg"
      alt="通过Magento，让您的网店更多样化，给您更强大的市场营销和促销的能力……" /> </a></li>
    <li><a target="_blank" href="http://www.intematrix.cn/design/shopex-moban">
    <img src="images\effect\partminer_0.jpg"
      alt="Shopex内置几十套精美的模板，可视化的模板更换，让您的网店永远充满新鲜感……" /> </a></li>
    <li><a target="_blank" href="http://www.intematrix.cn/design#">
    <img src="images\effect\gdgrngo.jpg"
      alt="用户是网站设计中最重要的因素，以用户为核心的设计意味着必须将用户的网站体验放在首位……" /> </a></li>
  </ul>
</div>
```

图 13.45 特效所用到的图像及 HTML 代码

注意

（1）display Div 中原有的内容需要清除。

（2）5 幅图像的超链接均需设置。

☞ 链接 effect.css 样式表文件，并在“代码”视图下输入代码，实现对脚本文件的调用，如图 13.46 所示。

```
<link rel="stylesheet" type="text/css" href="css/effect.css"/>
<script type="text/javascript" src="js-effect/jq1.js"></script>
<script type="text/javascript" src="js-effect/jq2.js"></script>
<script type="text/javascript" src="js-effect/script1.js"></script>
```

图 13.46 链接样式表文件及调用脚本文件

保存全部文件，预览网页，对照效果进行有针对性修改。

13.4 项目总结

本章以深圳慧衡科技有限公司网站主页中特效的设计与制作为例，详细介绍了如何添加和设置 Spry 布局类构件，以及利用 JavaScript 脚本实现页面动态效果的基本流程和操作方法。本项目涵盖的主要内容如图 13.47 所示。

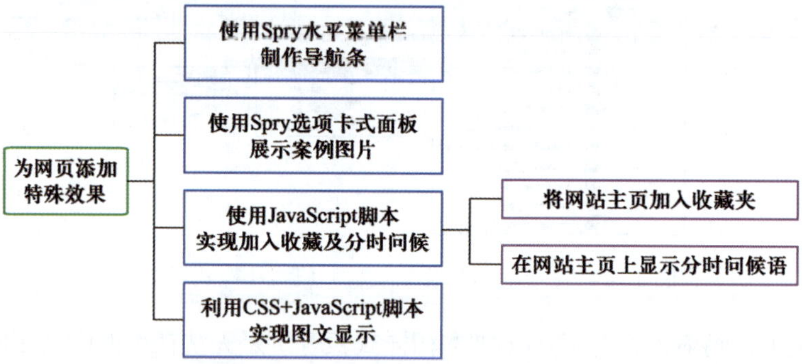

图 13.47 本项目涵盖的主要内容

13.5 扩展技能

1. 移动 APP 网页设计

移动时代已经到来，APP 盛行，移动设备上网预计将很快超过桌面计算机上网。什么样的移动网页更吸引人？在这里介绍一些设计技巧。

首先，移动用户很容易忽视菜单项，因此，尽量将号召性用语放在用户容易看到的位置，例如，在网页主体中突出显示主要号召性用语。其次，菜单要简短而亲切。对于桌面版网站，丰富的菜单可能会有很好的视觉效果，而移动用户可能没有耐心去滚动长长的选项列表并尝试从中找到自己想要的内容。此外，应能够轻松地返回首页、不过早地出现注册门槛、让用户以访客的身份进行参与、简化信息的输入、利用已注册用户的现有信息最大限度地提高便利性、为每项任务选择最简单的输入方法、为复杂的任务提供通话按钮、让网站搜索显而易见、提供过滤器以提高网站搜索的易用性等都是在设计过程中需要加以重视的。

2. 插件

在 Dreamweaver 的页面中，可以使用“插入”面板添加各种网页元素，可以使用“行为”

面板来控制网页事件，可以使用命令执行各种包装好的指令功能。然而，有些效果却无法在 Dreamweaver 中直接实现，如右键菜单的制作等，如何解决这个问题呢？可以使用插件。

Dreamweaver 拥有“无限扩充”的可能性，使软件原本缺少的一些功能可以在日后利用外挂插件来进一步扩展，且插件的安装、使用和删除等操作都非常简便。.mxp 为 Dreamweaver 插件的扩展名，可使用 Adobe Extension Manager 进行安装。

13.6 课后练习

13.6.1 配套实训

利用配套实训下的素材文件，根据所学的 Spry 布局类构件及 JavaScript 脚本等方面的知识，为网页设计和制作较为复杂的特效，要求如下。

1. 使用两种 Spry 布局类构件。
2. 自行设计几个简单的页面动态效果。
3. 参照本书中的示例代码，自行编写简单的 JavaScript 函数来实现倒计时功能。
4. 在网络上查找一个特效的代码，在理解的基础上通过简单修改在页面中实现效果。

13.6.2 同步测试

1. 下面关于 JavaScript 脚本的说法错误的是（　　）。

A. 是 IE 支持的脚本　　B. 是 Navigator 不支持的脚本

C. 一般都出现在<script>标签中　　D. 可以用来制作动态效果

2. Dreamweaver 提供了一些简单易用的 Spry 控件，不必编写代码就可以丰富页面结构，下面的（　　）不是 Spry 构件。

A. Spry 菜单栏　　B. Spry 选项卡式面板　　C. Spry 折叠式　　D. AP Div

3. 下面关于脚本语言的说法错误的是（　　）。

A. 动态 HTML 的脚本语言是指 JavaScript 和 VBScript

B. JavaScript 最早起源于 Netscape 的 LiveScript

C. IE 没有提供对 JavaScript 的支持

D. VBScript 是接近 VB 的一种语句，只能应用于 IE 浏览器

4. JavaScript 脚本必须存在于（　　）标签中。

A. <hand></hand>　　B. <head></head>　　C. <script></script>　　D. <body></body>

5. 下面（　　）是 JavaScript 脚本文件的扩展名。

A. .html　　B. .asp　　C. .js　　D. .css

6. 关于 JavaScript 的说法正确的是（　　）。

A. JavaScript 与 Java 语法完全一样

B. 要运行 JavaScript，必须安装 Java 运行环境

C. JavaScript 一般用于在网页上实现数据验证及特效等

D. JavaScript 可用于开发 Windows 应用程序

第 14 章

发布网站

——发布“慧衡科技”网站

网站的所有网页制作完成后，需要发布到 Web 服务器上，这样，大家才能在 Internet 上进行浏览。本章将通过深圳慧衡科技有限公司网站发布的具体操作介绍网站发布的基本流程和实现方法。

学习目标

- 了解 Web 服务器的基本功能
- 了解 Internet 信息服务的基本特点
- 了解 FTP 协议的基本概念
- 掌握测试站点的基本方法
- 掌握设置 IIS 的基本方法
- 掌握发布网站的基本方法

14.1 项目分析

14.1.1 设计思路

网页设计师们已将深圳慧衡科技有限公司网站的主要网页制作完毕，公司领导希望网站尽快上线，让大家能在 Internet 上浏览公司的主页，从而扩大公司的影响。

于是，网站管理员小王从以下三个方面着手进行：第一，在本地计算机中，基于站点的整体结构对所有页面进行全面的检查，找出错误的内容并进行修改；第二，在 Web 服务器中，对公司网站及 FTP 站点进行设置；第三，通过设置站点服务器，将本地的站点上传到公司的 Web 服务器上。

14.1.2 制作流程

在具体操作之前，小王将网页设计师们制作完成的所有页面和相应的素材整理到本地站点相应的文件夹下，然后完成网站上线的操作。

首先，在 Dreamweaver 环境中对本地站点进行测试，包括检查和修复站点链接、生成站点 HTML 报告，以及清理文档；然后，在 Web 服务器上安装 IIS，添加、设置网站与 FTP 站点；最后，通过 Dreamweaver 自带的工具将本地站点上传到 Web 服务器上以进行网站的发布。具体操作流程如图 14.1 所示。

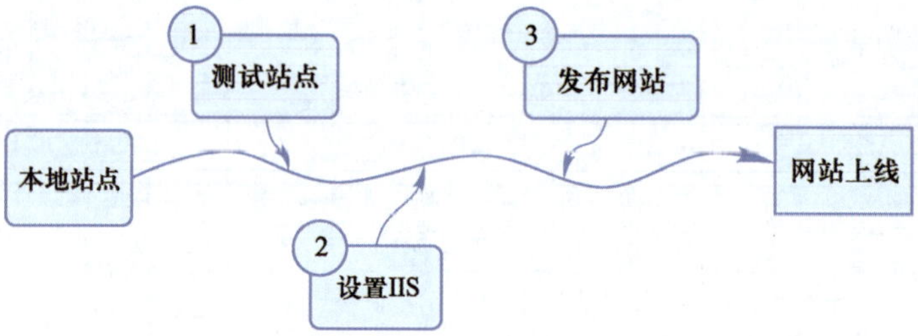

图 14.1 深圳慧衡科技有限公司网站上线的操作流程

14.2 预备知识

1. Web 服务器

Web 服务器是一台在 Internet 上具有独立 IP 地址的计算机，其主要功能是提供网上信息浏览服务。它使用超文本传输协议（HTTP）与客户端浏览器进行信息交流，这就是人们常把它们称为 HTTP 服务器的原因。Web 服务器不仅能够存储信息，还能在用户通过 Web 浏览器提供的信息的基础上运行脚本和程序。

Web 服务器的工作原理并不复杂，一般可分成如下 4 个步骤：连接过程、请求过程、应答过程及关闭连接。当客户端（Web 浏览器）连接到服务器上并请求文件时，服务器将处理该请求，并将文件反馈到该浏览器上，附带的信息会告诉浏览器如何查看该文件（即文件类型），如图 14.2 所示。

Windows、Linux 和 UNIX 是架设 Web 服务器比较常见的操作系统。在 Linux 和 UNIX 平台下，使用最广泛的免费 HTTP 服务器是 Apache 和 Nginx 服务器，而 Windows 平台使用 IIS Web 服务器。

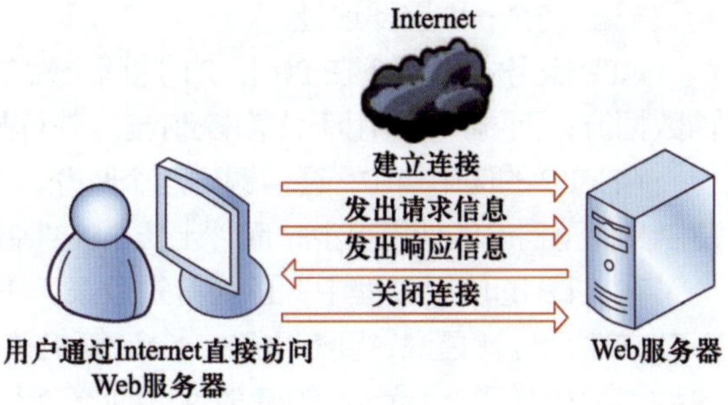

图 14.2 客户端与 Web 服务器的交互

2. Internet 信息服务

Internet 信息服务(Internet Information Services，IIS)，是由微软公司提供的基于运行 Microsoft Windows 的互联网基本服务，IIS 与 Windows 版本的对照如表 14.1 所示。它是一种 Web（ 网页 ）服务组件，其中包括 Web 服务器、FTP 服务器、NNTP 服务器和 SMTP 服务器等，分别用于网页浏览、文件传输、新闻服务和邮件发送等方面，它使得在网络（ 包括互联网和局域网 ）上发布信息成了一件很容易的事。

表 14.1 IIS 与 Windows 版本对照

IIS 版本	Windows 版本	备 注
IIS 1.0	Windows NT 3.51 Service Pack 3s	
IIS 2.0	Windows NT 4.0s	
IIS 3.0	Windows NT 4.0 Service Pack 3	开始支持 ASP 的运行环境
IIS 4.0	Windows NT 4.0 Option Pack	支持 ASP 3.0
IIS 5.0	Windows 2000	在安装相关版本的.NetFrameWork 的 RunTime 之后，可支持 ASP. NET 1.0/1.1/2.0 的运行环境
IIS 6.0	Windows Server 2003 Windows Vista Home Premium Windows XP Professional x64 Editions Windows Vista	
IIS 7.0	Windows Server 2008s Windows 7	

相对于早先的版本，Windows 7 中安装的 IIS 7.0 功能更加强大。例如基于 Microsoft .NET Framework 的全局配置文件，可简单地通过文本编辑器或 Microsoft Visual Studio 编辑；全新的 IIS 管理器，可同时管理 IIS 和 ASP.NET，操作更加方便。此外，还引入了命令行工具 Appcmd.exe，给 Web 服务器的日常管理、监视和配置提供了除图形接口外的另一种方式，更为简单高效。

3. FTP 协议

FTP（ File Transfer Protocol ）是文件传送服务协议，它允许用户在计算机之间传送文件，并且文件的类型不限，可以是文本文件，也可以是二进制可执行文件、声音文件等。

FTP 是在 TCP/IP 网络和 Internet 上最早使用的协议之一，尽管 World Wide Web（ WWW ）已经替代了 FTP 的大部分功能，但 FTP 仍然是通过 Internet 把文件从客户端复制到服务器上的一种重要途径。

FTP 服务一般运行在 20 和 21 这两个端口。其中，端口 20 用于在客户端和服务器之间传输数据流；而端口 21 用于传输控制流，并且是命令通向 FTP 服务器的进口。

在 FTP 的使用当中，经常遇到两个概念：“下载”和“上传”。“下载”文件就是从远程服务器复制文件至自己的计算机上；而“上传”文件就是将文件从自己的计算机中复制至远程服务器上。

在 FTP 的使用过程中，必须首先登录，在远程服务器上获得相应的权限以后，方可上传或下载文件。也就是说，要想同哪一台计算机传送文件，就必须具有那一台计算机的适当授权。这种情况违背了 Internet 的开放性，因此，就衍生出了匿名 FTP，匿名 FTP 通常以 anonymous 作为用户名，以用户的 E-mail 地址作为口令进入。匿名 FTP 对用户的使用有一定的限制，通常只允许用户获取文件，而不允许用户修改现有的文件或向服务器传送文件，对用户获取文件的范围也有一定的限制。

14.3 项目实施

新建站点“慧衡科技”，定义站点文件夹 huihengweb，在该文件夹下是前面章节中已设计并制作完成的内容，包括所有的子文件夹和文件。其中，wTest 子文件夹中的页面包含一系列错误，是为了演示测试效果而制作的。

有一点需要注意，一般来说，Web 服务器应具有独立的 IP 地址，而在本书中使用的是局域网的 IP 地址 10.1.39.42。

下面将详细介绍网站上线的方法。

14.3.1 测试站点

本小节将在 Dreamweaver 环境中对本地站点进行测试，包括检查和修复站点链接、生成站点 HTML 报告和清理文档。实际上，在站点建设过程中，建议经常对站点进行测试并解决所发现的问题，避免重复出错。

1. 检查和修复站点链接

整个网站中会有非常多的链接，发布网页前需要对这些链接进行全面检查，找出有问题的链接以及时进行处理，避免出现链接错误，让用户能顺畅地浏览网页。

☞ **检查整个站点中的链接，操作步骤如下。**

（1）选择菜单“窗口→结果→链接检查器”命令，打开“链接检查器”面板，如图 14.3 所示。

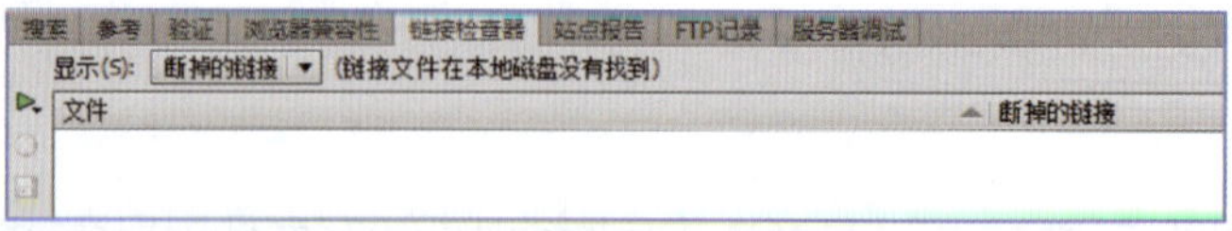

图 14.3 “链接检查器”面板

（2）单击面板左侧的“检查链接”按钮，在下拉菜单中选择“检查整个当前本地站点的链接”命令，检查的结果就显示在面板中，如图 14.4 所示。

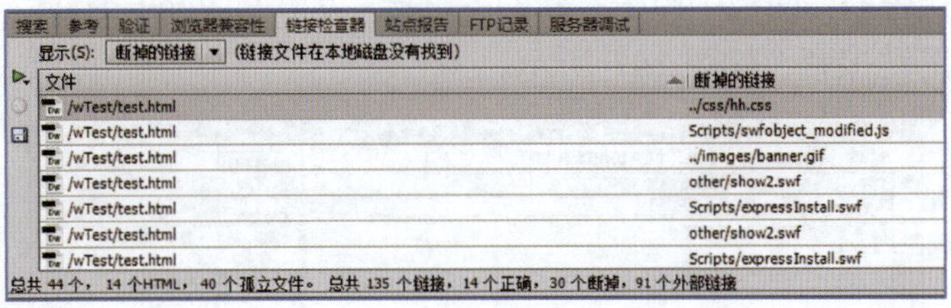

图 14.4 本地站点链接检查结果

操作提示

检查整个站点的链接还可以使用下列几种方法。

- 选择菜单“站点→检查站点范围的链接”命令。
- 在“文件”面板中选中当前站点，单击鼠标右键，在快捷菜单中选择“检查链接→整个本地站点”命令。
- 单击“链接检查器”面板右侧的面板菜单按钮，在弹出菜单中选择“检查整个当前本地站点的链接”命令。

说明

除了检查整个站点的链接情况外，也可以只检查选定的文件或文件夹中所有文件的链接情况。

（1）在“文件”面板中选中需要检查的网页或文件夹。

（2）单击面板左侧的“检查链接”按钮，在下拉菜单中选择“检查当前文档中的链接”或“检查站点中所选文件的链接”命令。

☞ 查看整个站点中断掉的、外部的和孤立的链接，并将检查结果保存在文本文件 rptLink.txt 中，操作步骤如下。

（1）默认情况下，在“链接检查器”面板中显示的检查结果是“断掉的链接”，即链接文件在指定路径中没有找到的情况，如图 14.4 所示。

（2）在“显示”下拉列表框中选择“外部链接”，如图 14.5 所示，在面板中显示的就是链接到站点外的情况。

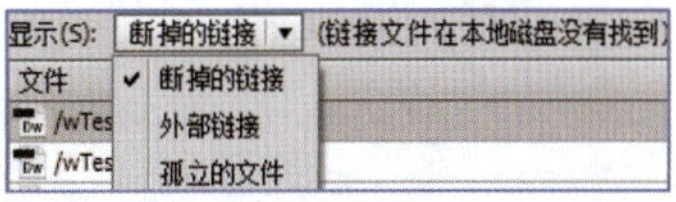

图 14.5 “显示”下拉列表框

（3）用相同的方法查看“孤立的文件”，即没有链接的文件。

（4）单击面板左侧的“保存报告”按钮，打开“另存为”对话框，文件路径选择 wTest，在“文件名”文本框中输入“rptLink”，单击“保存”按钮。

（5）打开文件 rptLink.txt，其内容就是检查链接的结果。

说明

在“链接检查器”面板中显示的站点链接检查结果是临时的，一旦 Dreamweaver 关闭，结果将丢失。将其保存在文件中，有利于进一步检查和修复。

☞ 修复断掉的链接，操作步骤如下。

（1）在“链接检查器”面板中单击“断掉的链接”列中的../css/h.css，这时，文件夹图标就出现在此断掉的链接旁，如图 14.6 所示。

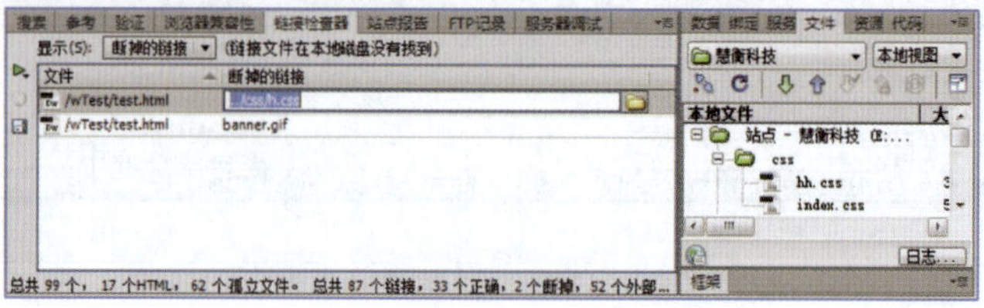

图 14.6 修复断掉的链接

（2）输入正确的路径和文件名“../css/hh.css”，或单击“浏览文件”按钮，找到正确文件。

（3）按 Tab 键或 Enter 键，这时，该链接在“断掉的链接”列表中就不再出现。

（4）用相同的方法完成 banner.gif 的修复。操作步骤略。

说明

（1）修复某个断掉的链接时，如果同一个文件还有其他断掉的链接，就会弹出提示修复这些链接的对话框，如图 14.7 所示，单击“是”按钮，将更新所有引用该文件的链接；单击“否”按钮，只更新当前链接。

（2）链接修复后，该链接在“断掉的链接”列表中不再显示，如果依然显示，就说明找不到新文件，该链接仍然是断掉的。

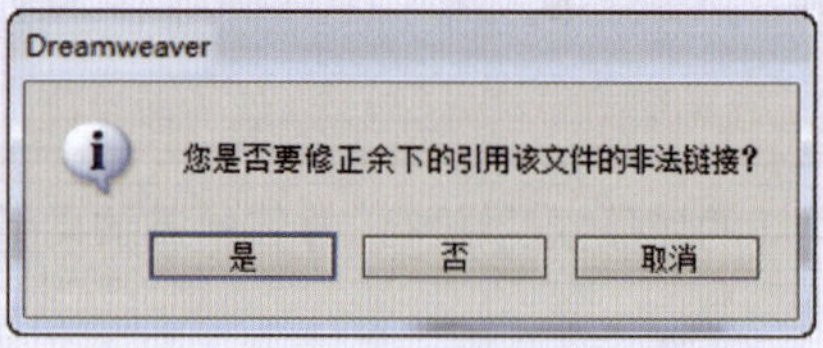

图 14.7 修复提示对话框

操作提示

修复链接的另一种方法如下。

（1）在“链接检查器”面板中双击“文件”列中的某条目，打开该文件，“属性”面板中的“源文件”文本框中会高亮显示路径和文件名。

（2）输入正确的路径和文件名。

（3）重新检查链接。

2. 生成站点 HTML 报告

站点报告能改进工作流程，并对站点中的 HTML 属性进行测试。

☞ 生成整个本地站点的 HTML 报告，操作步骤如下。

（1）打开“站点报告”面板，如图 14.8 所示。

（2）单击面板左侧的“报告”按钮，打开“报告”对话框，在“选择报告”列表框中的

“HTML 报告”下选中所有复选框，单击“运行”按钮，如图 14.9 所示。

（3）站点报告的结果就显示在面板中。

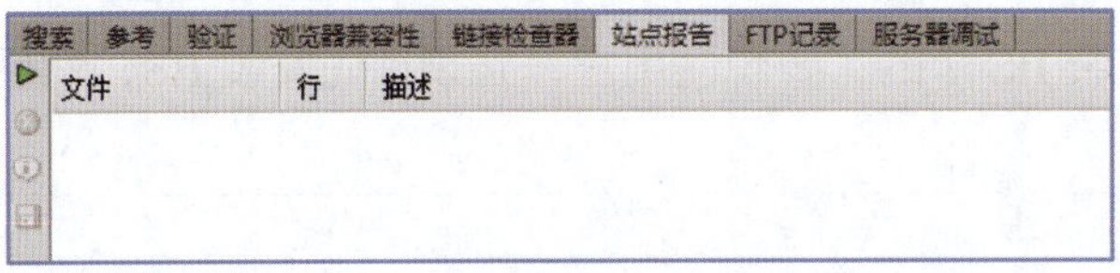

图 14.8 “站点报告”面板

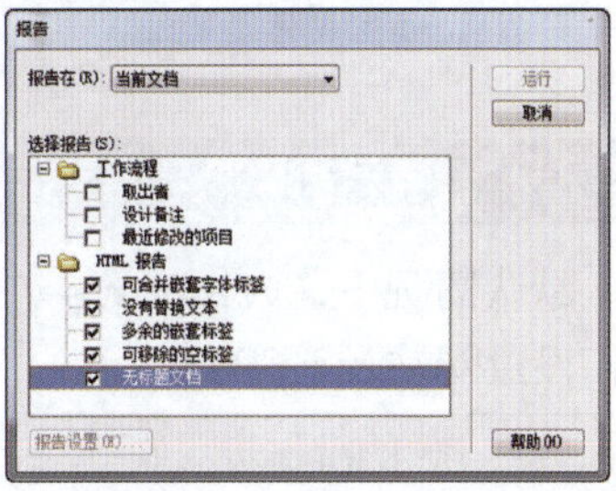

图 14.9 “报告”对话框

说明

（1）工作流程报告包含取出者、最近修改日期和设计备注。如果选择了工作流程报告，需要进行“报告设置”。

（2）HTML 报告包含以下内容。

- 可合并嵌套字体标签：列出所有可以合并的嵌套字体标签，以便清理代码。
- 没有替换文本：列出所有没有替换文本的 img 标签。
- 多余的嵌套标签：详细列出应该清理的嵌套标签。
- 可移除的空标签：详细列出所有可以移除的空标签，以便清理 HTML 代码。
- 无标题文档：列出在选定参数中找到的所有无标题的文档，具体来说，包括所有具有默认标题、多个标题标签或缺少标题标签的文档。

3. 清理文档

根据站点报告对网页文件进行相应的处理，其中，有一些错误需要手动逐个修改，在这里就不再说明；还有一些可以利用相应的命令进行统一的处理。

☞ **清理文档中的空标签区块、多余的嵌套标签，并尽可能合并嵌套的<font>标签，操作步骤如下。**

（1）在“站点报告”面板中双击报告列表中需要清理的条目，打开对应的网页文件。

（2）选择菜单“命令→清理 XHTML”命令，打开“清理 HTML/XHTML”对话框。在“移除”选项区域中，选中“空标签区块（<b></b>，<h1></h1>，…）”、“多余的嵌套标签”复选框；在“选项”选项区域中，选中“尽可能合并嵌套的<font>标签”、“完成时显示动作记录”复选框，如图 14.10 所示，单击“确定”按钮。

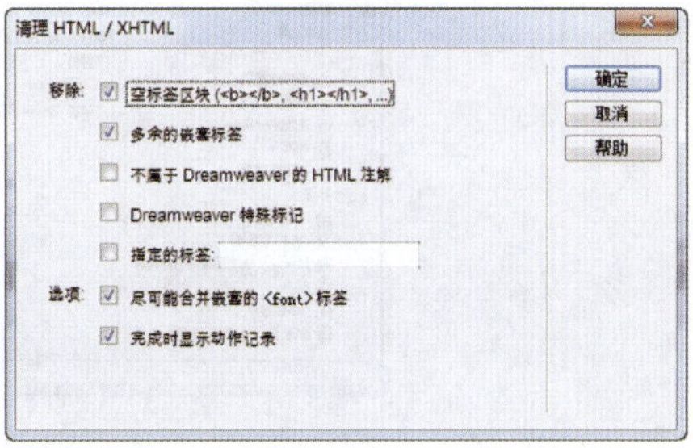

图 14.10 在“清理 HTML/XHTML”对话框中设置参数

（3）显示清理工作的结果。

说明

对于在 Microsoft Word 中保存为 HTML 文件的文档，可以使用“清理 Word 生成的 HTML”命令来删除 Word 生成的无关 HTML 代码。该命令适用于 Word 97 或更高版本。

14.3.2 设置 IIS

默认情况下，Windows 7 是没有安装 IIS 7 的，要想使用它，必须首先安装 IIS，然后添加和设置网站及 FTP 站点。

☞ 安装 IIS 的操作步骤如下。

（1）在 Windows 7 中选择菜单“开始→控制面板”命令，打开“控制面板”窗口，选择“程序”选项，如图 14.11 所示。

（2）在窗口中，选择“打开或关闭 Windows 功能”选项，打开“Windows 功能”窗口，如图 14.12 所示，在“Internet 信息服务”中选中所有复选框，单击“确定”按钮，这样就开启了“FTP 服务器”、“Web 管理工具”和“万维网服务”等功能。

图 14.11 “控制面板”窗口的“程序”项

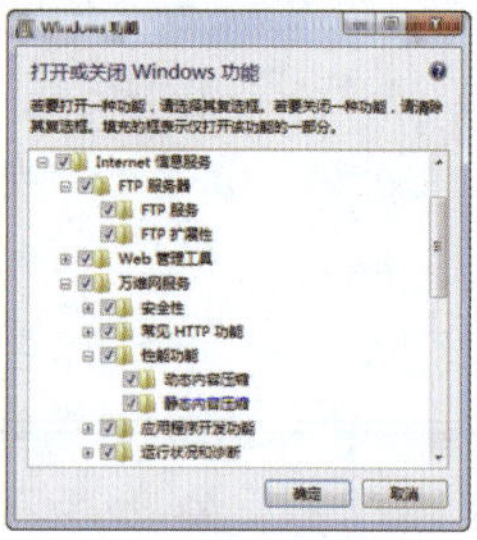

图 14.12 “Windows 功能”窗口

（3）在 Windows 资源管理器中选中“计算机” 计算机，单击鼠标右键，在快捷菜单中选择“管理”命令，打开“计算机管理”窗口，在左窗格中选择“服务和应用程序”选项，在右窗格中就会出现“Internet 信息服务（IIS）管理器”选项，此时的“计算机管理”窗口如图 14.13 所示。

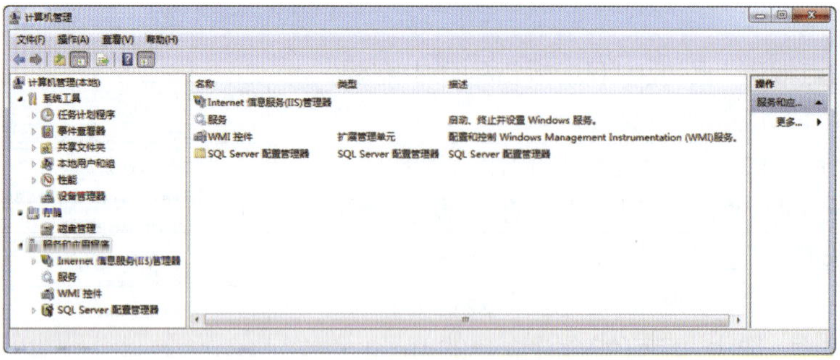

图 14.13 “计算机管理”窗口

☞ 添加和设置网站，操作步骤如下。

（1）在“计算机管理”窗口中，双击“Internet 信息服务（IIS）管理器”选项，打开 IIS

设置窗口，如图 14.14 所示，在左窗格中单击计算机名左侧的 ▷ 按钮，选择“网站”选项。

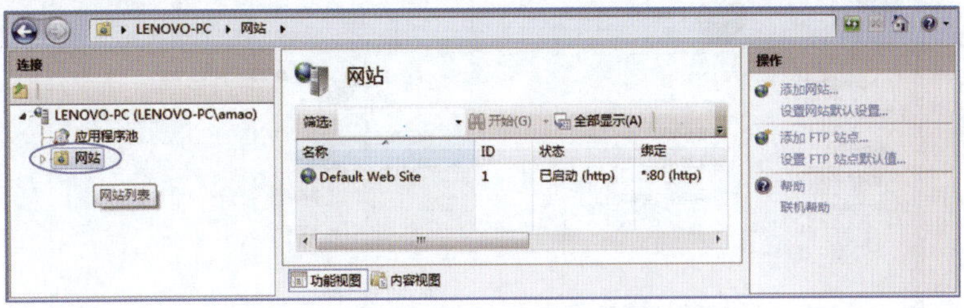

图 14.14 IIS 设置窗口

（2）在 IIS 设置窗口中，选择“操作”下的“添加网站”选项，打开“添加网站”对话框，从中可进行设置，如图 14.15 所示。

① 在“网站名称”文本框中输入“webHhkj”。这里的名称可以自行设定。

② 单击“应用程序池”右侧的“选择”按钮，打开“选择应用程序池”对话框，在下拉列表框中选择 DefaultAppPool，单击“确定”按钮。

③ 单击“物理路径”文本框右侧的“浏览”按钮 ，打开“浏览文件夹”对话框，从中选择网站的根目录（或者新建文件夹），单击“确定”按钮。

④ 在“IP 地址”组合框中输入“10.1.39.42”，单击“确定”按钮，网站就添加完毕。

☞ **添加和设置 FTP 站点，操作步骤如下。**

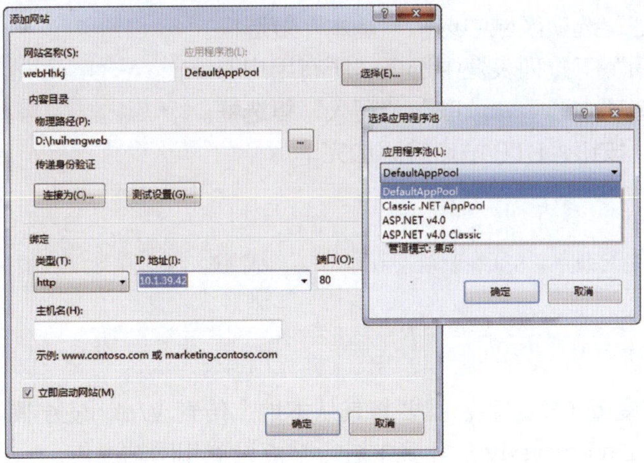

图 14.15 在“添加网站”对话框和“选择应用程序池”对话框中设置参数

（1）在 IIS 设置窗口中，选择“操作”下的“添加 FTP 站点”选项，打开“添加 FTP 站点”对话框，从中添加和设置 FTP 站点，如图 14.16 所示。

（2）在“站点信息”界面中进行如下设置。

① 在“FTP 站点名称”文本框中输入“ftpHhkj”。这里的名称可以自行设定。

② 单击“物理路径”文本框右侧的 按钮，打开“浏览文件夹”对话框，从中选择网站的根目录，单击“确定”按钮。这里的物理路径应与前面设置的网站物理路径一致。

③ 单击“下一步”按钮。

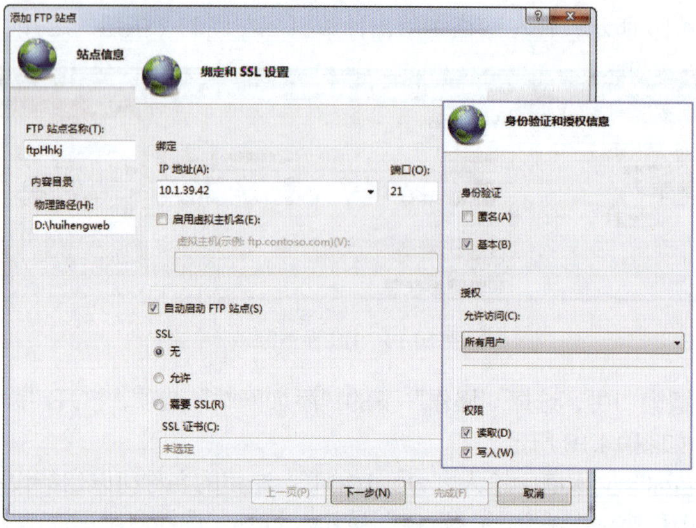

图 14.16　添加和设置 FTP 站点

（3）在“绑定和 SSL 设置”界面中进行如下设置。

① 在“IP 地址”组合框中输入“10.1.39.42”。

② 在 SSL 选项区域中选中“无”单选按钮。

③ 单击“下一步”按钮。

（4）在“身份验证和授权信息”界面中进行如下设置。

① 在“身份验证”选项区域中选中“基本”复选框。

② 在“允许访问”下拉列表框中选择“所有用户”。

③ 在“权限”选项中选中“读取”、“写入”复选框。

④ 单击“完成”按钮，FTP 站点就添加完毕。

说明

在 FTP 站点的设置过程中，SSL、授权和权限的设置以简单、快捷为主，没有过多地考虑安全性。

14.3.3 设置站点及上传网站

完成站点测试和设置 IIS 之后，就要将其从本地上传到 Web 服务器以供大家在 Internet 上浏览。本小节将在 Dreamweaver 环境中进行站点设置和网站上传。

1. 设置站点

Dreamweaver 提供了强大的站点管理功能，能方便地管理本地文件和远程服务器文件。在进行管理之前应先进行站点的设置。

☞ 添加 Web 服务器的操作步骤如下。

（1）选择菜单“站点→管理站点”命令，打开“管理站点”对话框。

（2）在“您的站点”列表框中选择“慧衡科技”，单击“编辑当前选定的站点”按钮，打开“站点设置对象 慧衡科技”对话框，在左窗格中选择“服务器”选项，如图 14.17 所示。

（3）单击“添加新服务器”按钮，弹出服务器设置对话框，从中可进行设置，如图 14.18 所示。

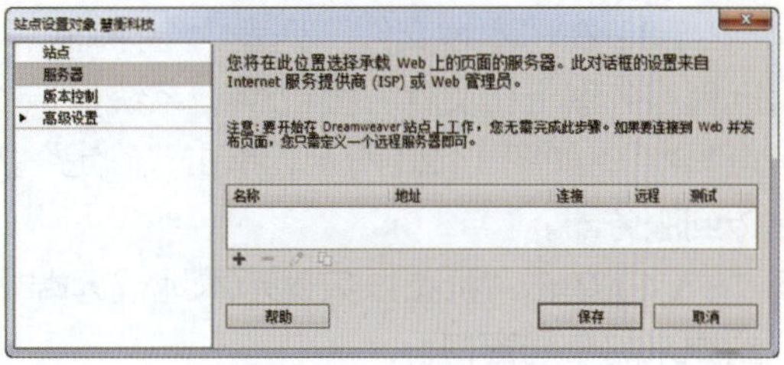

图 14.17 选择“服务器”选项

① 在“服务器名称”文本框中输入“hhkj”。这里的名称可以自行设定。

② 在“连接方法”下拉列表框中选择 FTP，在“FTP 地址”文本框中输入“10.1.39.42”，同时，Web URL 文本框中会显示 http://10.1.39.42/。

③ 在“用户名”和“密码”文本框中输入登录 Web 服务器所需的用户名和密码。

④ 单击“测试”按钮，进行连接测试，系统会返回测试结果。

⑤ 成功连接后，单击“保存”按钮，就返回到“站点设置对象 慧衡科技”对话框。

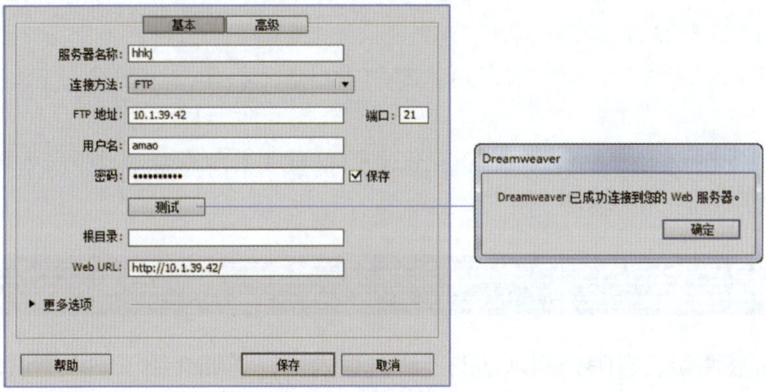

图 14.18 服务器设置对话框

（4）此时，服务器列表框中就新增了一条记录，单击“保存”按钮，返回到“管理站点”对话框，再单击“完成”按钮，就完成 Web 服务器的添加。

2. 上传网站

上传网站就是将网站中的文件夹和文件上传到 Web 服务器对应的 FTP 服务器中，可以使用 Dreamweaver 自带的工具来实现，也可以利用 FTP 软件来实现。

☞ 将整个网站上传到 Web 服务器的操作步骤如下。

（1）在“文件”面板的工具栏中，单击“展开以显示本地和远端站点”按钮，将会切换窗口（在这里进行上传、下载、同步等操作更为直观）。如图 14.19 所示，窗口分为左、右两部分，左侧显示远程服务器的文件信息，右侧显示本地站点的文件信息。

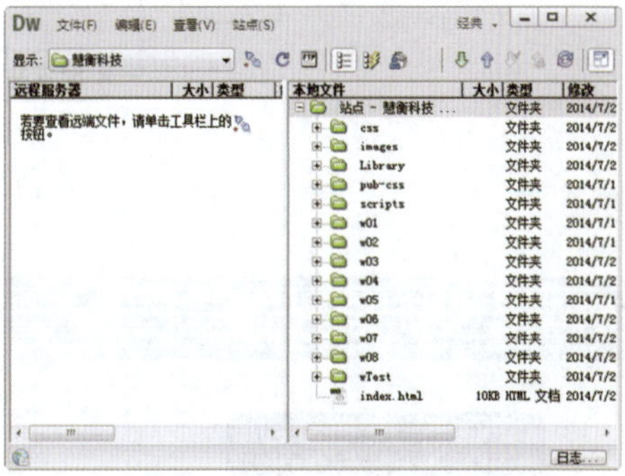

图 14.19 本地和远端站点展开效果

（2）单击工具栏中的“连接到远程服务器”按钮，建立与 Web 服务器的连接，此时，按钮会变为连接状态。

（3）在“本地文件”列表中选择站点，单击工具栏中的“向远程服务器上传文件”按钮，系统提示“您确定要上传整个站点吗？”，如图 14.20 所示，单击“确定”按钮，就将整个站点上传到服务器。

图 14.20 上传整个站点提示框

（4）单击“折叠以只显示本地或远端站点”按钮，将返回到原来的布局窗口。

（5）在浏览器的地址栏中输入“http://10.1.39.42/index.html”，就能浏览网站的主页。

说明

（1）关于上传操作应注意以下几点。

① 可以将整个站点上传到 Web 服务器，也可以将本地站点内指定的文件和文件夹进行上传。

② 上传的文件夹名中含有中文时，可能会出现异常。

③ 如果 FTP 站点中原来已有同名文件或文件夹，将被覆盖。

（2）远程服务器上的文件和文件夹也可以下载到本地以供修改。此外，还可以将本地文件和远端服务器实现同步。

（3）上传网站中的文件和文件夹时，也可以借助其他 FTP 软件来完成，甚至可以在 IE 浏览器或资源管理器中打开 FTP 站点，直接复制、粘贴完成。

14.4 项目总结

本章以深圳慧衡科技有限公司网站的上线流程为例，详细介绍了站点测试、IIS 设置和网站发布的基本方法。本项目涵盖的主要内容如图 14.21 所示。

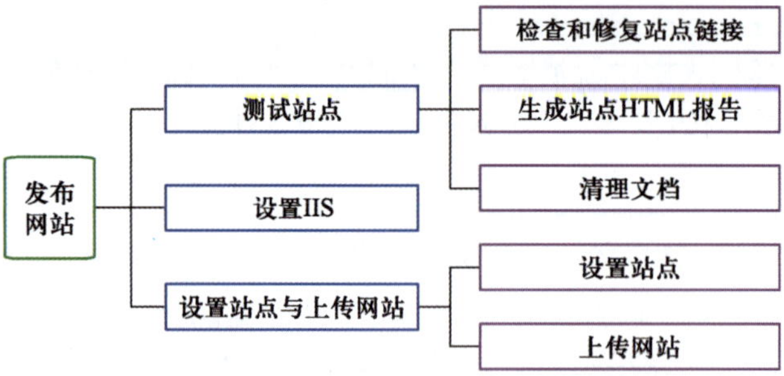

图 14.21 本项目涵盖的主要内容

14.5 扩展技能

1. 网站安全防范

随着互联网的迅猛发展，网站的作用愈发重要，除了网页的设计，网站的发布之外，对网站的安全维护也需要加以重视。

网站安全是指出于防止网站受外来入侵者的挂马、篡改网页等行为而做出一系列的防御工作。大多数网站设计只考虑正常情况下的稳定使用，有些网站也采取了防御措施，但由于过于落后，没有达到真正的防御目的。

一般来说，对网站的攻击主要包括利用 Web 服务器的漏洞进行攻击，例如 CGI 缓冲区溢出、目录遍历漏洞攻击等；还有就是利用网页自身的安全漏洞进行攻击，例如 SQL 注入、跨站脚本攻击等。因而，对网站进行安全检测是很重要的。首先，要进行网站安全漏洞扫描，有一些在线的网站漏洞检测工具，可以免费进行漏洞扫描，对于发现的网站漏洞要及时修补。其次，要进行网站木马的检测，网站被挂马是严重影响网站信誉的。一些杀毒软件有在线安全中心，可以直接提交 URL 进行木马检测，一旦发现，必须及时清理木马或木马链接的页面地址。再次，要对网站环境进行检测，包括网站所在服务器的环境安全和维护网站者的工作环境的安全。要确保操作系统的安全，应选择合适的杀毒软件。还有就是对远程连接的检测，以防止恶意窃取用户资料。

2. 网站推广策略

网站发布以后，为了吸引浏览者、增加访问量，还需要对网站进行宣传推广。主要的推广策略包括搜索引擎加注、搜索引擎优化、雁过留声法、加入友情链接联盟、软文和口碑推广、微信营销等。

有效地加注搜索引擎是推广的必备手段之一，既要注意措辞和选择好引擎（如 Google、百度等知名的搜索引擎），也要注意定期跟踪加注效果，并做出合理的修正或补充。

搜索引擎优化（Search Engine Optimization，SEO）是目前较为流行的网络营销方式，主要目的是增加特定关键字的曝光率以增加网站的能见度，进而增加销售的机会。SEO 的主要工作是通过了解各类搜索引擎如何抓取互联网页面、如何进行索引及如何确定其对某一特定关键词的搜索结果排名等技术，对网页进行相关的优化，提高搜索引擎排名，从而提高网站访问量。搜索引擎可分为 3 种模式，分别是全文搜索引擎、目录索引类搜索引擎和元搜索引擎。

雁过留声法是指通过技术手段大量访问同类网站或人气旺盛的网络平台，并在论坛上发布本网站的精品内容等信息，从而吸引爱好者访问。

加入友情链接联盟可以提高网站在互联网上的曝光率、网站的反向链接数量和 pr 值，同时，根据注册友情链接联盟时留下的网站信息，形成了一个自助化的友情链接系统。

软文可以从用户、行业、媒体等不同的角度有计划地撰写和有针对性地发布，这样，每篇软文都尽可能地被各类网站转载，以达到最好的效果；而口碑推广则是通过免费的服务或者策划促使用户帮网站进行“口口相传”。

微信是当前很流行的手机通信软件，支持发送语音短信、视频、图片和文字，可以群聊。微信营销是网络经济时代的一种创新营销模式。微信不存在距离的限制，用户注册后，可与周围同样注册的“朋友”形成一种联系，用户订阅自己所需的信息，商家通过提供用户需要的信息推广自己的网站。

14.6 课后练习

14.6.1 配套实训

利用所学的知识，从前面章节的实训项目中选择一个网站，进行网站的测试和发布。

14.6.2 同步测试

1. 关于在 Dreamweaver 中测试站点，以下（ ）说法是错误的。
   A. 测试站点主要是检测站点的浏览器兼容性和检测网页中可能有的链接错误
   B. 利用 Dreamweaver 可以检测出网页对浏览器的兼容性
   C. 利用 Dreamweaver 可以快速检测出网页中的链接错误
   D. 在 Dreamweaver 中，必须要打开网页，单击每一个链接来检查网页中是否存在链接错误
2. 网站上传可以通过（ ）方式。
   A. Photoshop 软件　　B. FTP 软件
   C. Flash 软件　　D. Fireworks 软件
3. 下面关于站点上传和发布的说法错误的是（ ）。
   A. 可以通过 Dreamweaver 中自带的上传功能上传站点
   B. 可以使用其他的上传工具上传站点
   C. 上传文件需要 FTP 服务器的支持
   D. Dreamweaver 中自带的上传功能支持断点续传
4. 在 Dreamweaver 的“文件”面板中，表示（ ）。
   A. 将选定文件从远程站点传输至本地文件夹
   B. 断开 FTP 连接
   C. 将远程站点中的选定文件标注为“隔离”
   D. 将选定文件从本地文件夹传输至远程站点

第 15 章

动态网页基础

——制作“在线留言”页面

前面的章节介绍的是设计和制作静态网页，而对于一些更丰富的功能，如收集反馈信息、市场调查、服务客户等，就不能仅仅依靠页面的设计了。在保证页面具有足够的艺术性和创意之外，还需要动态网页技术。本章将通过深圳慧衡科技有限公司网站的“在线留言”页面的设计与制作详细介绍动态网页的基本操作方法。

学习目标

- 了解动态网页技术的基本框架
- 了解数据库的基本概念
- 了解表单的基本作用
- 掌握 Access 数据库的基本操作方法
- 掌握表单和表单对象的基本操作方法
- 掌握设计和制作 ASP 动态网页的基本方法

15.1 项目分析

15.1.1 设计思路

为了提供多样化的沟通交流手段，需要为深圳慧衡科技有限公司网站设计一个二级页面“在线留言”，用户可以在页面中输入自己的邮件地址及需要向公司反馈的信息，这些信息在用户确认之后会在服务器上实时地记录下来，公司的客服就可以有针对性地与用户联系。

网页设计师小王围绕“在线留言”这一主题，通过对页面的设计和功能需求进行分析，确定了设计思路。

数据存储：用户在线输入的留言等信息需要存储在硬盘等位置才能永久保存，数据库技术可以很好地存储和管理数据。基于数据量和安全性的考虑，采用 Office 套件中的 Access 数据库存储数据，如图 15.1 所示。

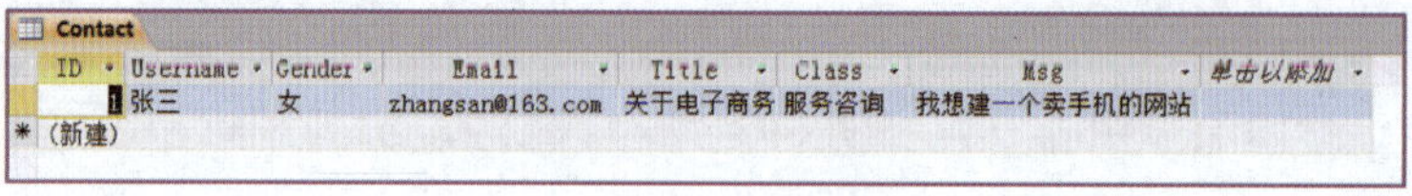

Contact

ID	Username	Gender	Email	Title	Class	Msg	单击以添加
1	张三	女	zhangsan@163.com	关于电子商务	服务咨询	我想建一个卖手机的网站	
(新建)							

图 15.1 数据存储示例

动态网页：在线留言的核心就是动态留言信息的实时存储，HTML 静态网页无法实现此功能，需要引入动态网页技术，这里采用 ASP VBScript 网页。

页面元素：“在线留言”页面的主要功能是实时收集动态信息，除了必要的文字外，还有表单和表单对象，如图 15.2 所示。

版面布局：由于“在线留言”页面包含标题、公司联系方式和在线留言需输入的信息等部分，在表单内使用表格可快速地构建排列简单、规整的网页。

配色方案：“在线留言”页面以功能性为主，风格和色彩搭配以简洁为基调，应和整体网站风格保持基本一致。

经过上述页面分析，结合网页制作技术，小王完成了任务，页面效果如图 15.3 所示。

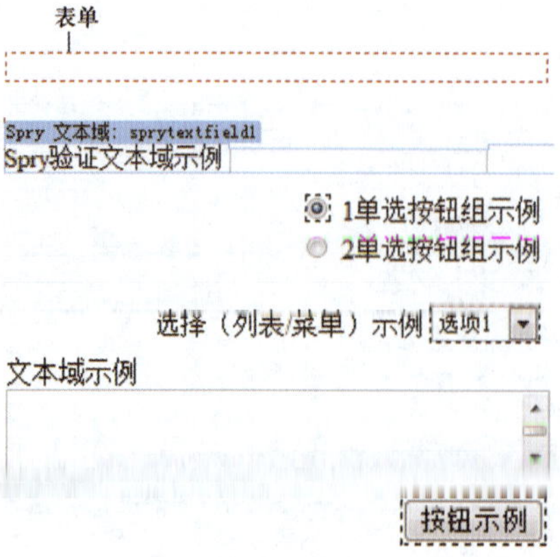

图 15.2 页面元素

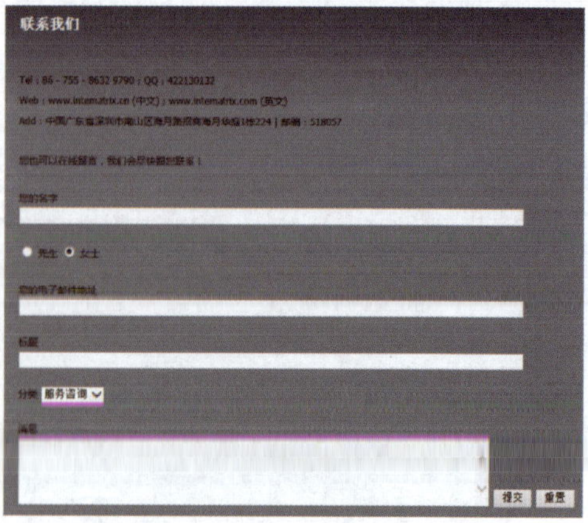

图 15.3 页面效果

15.1.2 制作流程

在具体制作之前，小王根据在线留言的功能分析了页面所需收集的信息，在此基础上，小王开始了他的网页制作。

首先，在 Windows 7 下，设计用于存储留言信息的 Access 数据库，并设置数据源和默认网站，为在网页中使用数据库做好准备工作；接着，在 Dreamweaver 中创建动态网页，包括新建 ASP 页面、建立系统 DSN 连接和定义记录集，这样页面就与数据表有机地结合在一起；然后，在页面中添加表单，并通过在表单中插入表格进行布局，在线留言功能通过不同的表单对象及相应的属性设置来体现；最后，通过添加服务器行为实现在数据表中插入数据记录的功能。具体制作流程如图 15.4 所示。

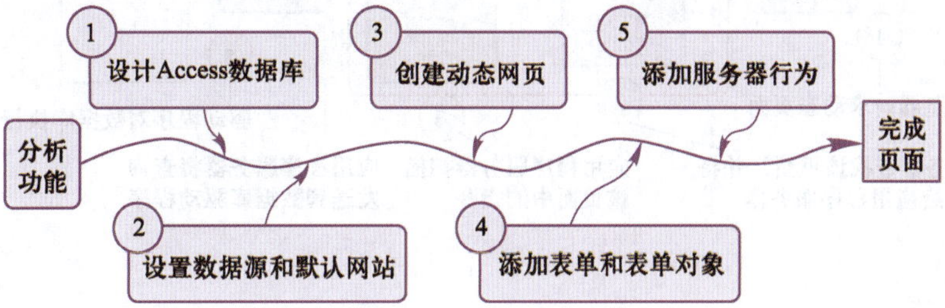

图 15.4 “在线留言”页面的制作流程

15.2 预备知识

1. 动态网页技术

在实际的网站建设中，除了完成精美的页面设计外，还应该考虑信息采集及数据存取等方面的功能设计，例如用户注册/登录、计数器和 BBS 等。它们大都涉及与数据库的交互，而这是用传统的网页设计语言或简单的客户端脚本所不能实现的，此时就需要动态网页技术。

动态网页技术最明显的特点是，网页在用户提出浏览请求后动态地生成，即页面内容动态化。随着时代的发展，许多网页文件已不仅仅只是能提供静态服务的.html 文件，更多的是以.asp、.php、.jsp、.aspx 为扩展名的文件，这些文件对应的网页就是动态网页。

1）动态网页的基本处理流程

所谓“动态”，主要是针对网页构成的原理而言的。在用户显示该页面之前，实际上该页面还不存在或页面的部分内容还没生成，当用户向服务器发出动态需求时，服务器就根据用户的操作动态生成页面代码，并显示到用户的浏览器中。其基本处理流程如图 15.5 所示。

动态网页是服务器端根据客户端（浏览器）的请求产生的页面，它会根据客户端不同的请求，在服务器端运行已经写好的代码，并完成与数据库的交互，处理完成后把具有一定结果的页面发回客户端浏览器。代码的运行实际上是在服务器端进行的，这个代码也叫脚本，称为服务器端脚本。

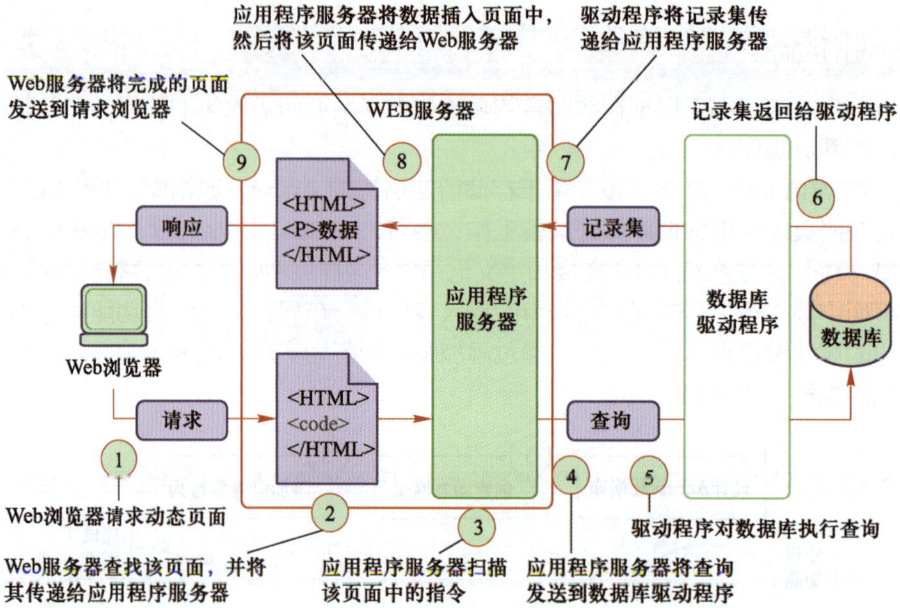

图 15.5 动态网页处理流程

2）ASP 技术

动态网页主要采用 ASP（Active Server Pages）、JSP（Java Server Pages）、PHP（Hypertext Preprocessor）等技术。其中，ASP 是 Microsoft 公司推出的服务器端脚本运行环境，它置于 IIS 之中。ASP 结合 HTML 网页、ASP 指令和 ActiveX 组件，就可以建立动态、交互及高效的 Web 服务器应用程序。

ASP 为标准的 HTML 文件拓展了一些附加特征。ASP 和标准的 HTML 文件一样包含 HTML 对象，并且在一个浏览器上解释和显示，任何可以放在 HTML 中的东西，例如，Java Applets、客户端脚本等都可以放在 ASP 中。ASP 是运行在服务器端的脚本程序，即使浏览器不支持 ASP 所使用的编程语言（VBScript 和 JavaScript），也不会影响 ASP 的运行。在客户端，ASP 将返回标准的 HTML 页面，并正常地在常用的浏览器中显示出来。用户在浏览器中查看页面源文件时，看到的是 ASP 生成的 HTML 代码，而不是 ASP 源程序脚本代码。

ASP 可以和诸如 Access、SQL Server 等数据库进行连接，并可在其中使用 SQL 语言进行数据处理。电子商务及网上聊天室等非常高级的、动态更新的站点都需要数据库的支持，并且需要随数据库内容的更新而自动更新。利用 ASP 的数据库功能就能建立这样的高级网站，这是 ASP 的强大之处之一。

2. 数据库技术

数据库技术产生于 20 世纪 60 年代末，其主要目的是有效地管理和存取大量的数据资源。它是信息系统的核心技术之一，作为一种计算机辅助管理数据的方法，它研究如何组织和存储数据，如何高效地获取和处理数据。近年来，数据库技术和计算机网络技术的发展相互渗透和促进，已成为当今计算机领域发展迅速、应用广泛的两大领域。

目前，数据库软件有很多，常用的包括 Oracle、SQL Server、MySQL、Access 等。其中，Microsoft Office Access 是由微软发布的关系数据库管理系统，它结合了 Microsoft Jet

Database Engine 和图形用户界面两项特点，是 Microsoft Office 中的一个成员。Access 数据库是常用的轻量级数据库，非常适合小型动态网页的开发。

1）数据库结构

数据库（Database），简单来说，可视为电子化的文件柜——存储电子文件的处所，用户可以对文件中的数据进行添加、截取、更新、删除等操作。数据库是相关数据的集合，数据库结构中包含数据表、记录、字段等部分。

（1）数据表（Table）。

简称表，由一组数据记录组成，数据库中的数据是以表为单位进行组织的，一个数据库由一个或一组数据表组成。

一个表是一组相关的按行排列的数据，每个表中都含有相同类型的信息。表实际上是一个二维表格，例如，一个班所有学生的信息可存放在一个表中，表中的一行对应一个学生，这一行包括学生的学号、姓名、性别及手机号码等信息。

（2）记录（Record）。

表中的每一行称为一个记录，它由若干个字段组成。

（3）字段（Field）。

也称域，表中的每一列称为一个字段，每个字段都有相应的描述信息，如数据类型、数据宽度等。

（4）主键（Key）。

在表中，经常有一列或多列的组合，其值能唯一地标识表中的每一行。这样的一列或多列称为表的主键，通过它可强制表的实体完整性。

2）数据库连接

ODBC（Open Database Connectivity，开放数据库互连）是微软公司开放服务结构中有关数据库的一个组成部分，它建立了一组规范，并提供了一组对数据库访问的标准 API（应用程序编程接口）。所有的数据库操作由对应的 DBMS（数据库管理系统）的 ODBC 驱动程序完成，也就是说，不论是 FoxPro、Access 还是 Oracle，均可用 ODBC API 进行访问。由此可见，ODBC 的最大优点是能以统一的方式处理所有的数据库。

DSN（Data Source Name，数据源名称）是包含了有关某个特定数据库信息的数据结构，这个信息是开放式数据库连接驱动能够连接到数据库上必需的信息。DSN 存储在注册表中或作为一个单独的文本文件。DSN 里面包含的信息有名称、目录和数据库驱动器，以及用户 ID 和密码（根据 DSN 的类型）。

有 3 种类型的 DSN：用户 DSN、系统 DSN 和文件 DSN。用户 DSN 和系统 DSN 都会因具体计算机的不同而有所不同，其 DSN 信息存储在注册表中；用户 DSN 允许单个用户在单个计算机上访问数据库，而系统 DSN 允许某个计算机上的多个用户访问数据库。文件 DSN 在一个以.dsn 为扩展名的文本文件中存储相关信息，并且可以被安装了相同驱动器的不同计算机上的多个用户共享。

3. 表单概述

在开发动态网站时，表单及表单对象可以说是必不可少的，它通常用于收集客户端用户输入的信息，并提交到服务器进行处理。表单是实现网页上数据传输的基础，利用它可以收集不同类型的用户输入，使用户可以与网站进行交互。

当用户在浏览器中显示的表单中输入信息，并单击按钮进行提交时，这些信息将被发送到服务器，服务器中的服务器端脚本或应用程序会对这些信息进行处理。服务器向用户（或客户端）发回所处理的信息或基于该表单内容执行某些其他操作，以此进行响应。

表单在网页中主要负责数据采集（示例如图 15.6 所示），一个表单主要包括表单标签、表单域、表单按钮 3 个基本组成部分。表单标签<form></form>，包含了处理表单数据所用程序的 URL 及数据提交到服务器的方法。表单域包含了文本字段、隐藏域、复选框等表单对象。表单按钮包括提交和复位按钮，用于将数据传送到服务器上或者取消输入，还可以用表单按钮来控制其他定义了处理脚本的操作。

```
<body>
<form id="form1" name="form1" method="post" action="">
  <label for="text1">账号</label>
  <input name="text1" type="text" id="text1" size="8" />
  <input type="submit" name="button1" id="button1" value="提交" />
</form>
</body>
```

图 15.6　表单示例

在 Dreamweaver 的“插入”面板中选择“表单”类，其中就包含了用于创建表单和用于插入表单对象的按钮，如图 15.7 所示。通过这些按钮，可以向页面中插入表单及各种表单对象。

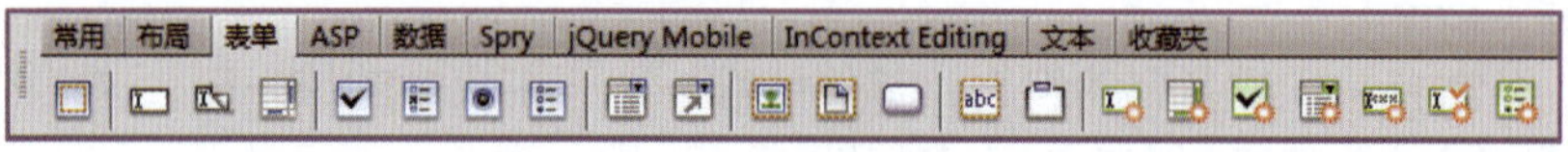

图 15.7　“插入”面板的“表单”类

15.3 项目实施

新建站点“慧衡科技”，定义站点文件夹 huihengweb，将“在线留言”页面的相关素材复制到 huihengweb 文件夹下的 w09 子文件夹中，本章所创建的网页文件均保存在 w09 子文件夹下。下面将详细介绍制作动态网页的基本流程和操作方法。

15.3.1 设计 Access 数据库

要实现网页的在线留言功能，首先需要设计存放留言数据的数据库，这里采用的是 Access 数据库，具体来说包括创建 Access 数据库、设计数据表结构，并通过添加数据记录来了解 Access 中数据处理的基本方法。

1. 新建 Access 数据库

作为动态网页的数据源，每个数据库都以文件的形式存放在磁盘上，即对应于一个物理文件。

☞ 新建 Access 数据库 Hhkj.accdb 的操作步骤如下。

（1）在 Windows 7 下，打开资源管理器，在站点文件夹中新建文件夹 data，用来保存新建的数据库。

（2）打开 data 文件夹，在空白处单击鼠标右键，在快捷菜单中选择“新建→Microsoft Access 数据库”命令，如图 15.8 所示。此时会在 data 文件夹中创建一个 accdb 文件，将其命名为 Hhkj.accdb，这就完成了数据库的创建。

（3）双击此文件，启动 Access 窗口，打开此数据库，界面如图 15.9 所示。

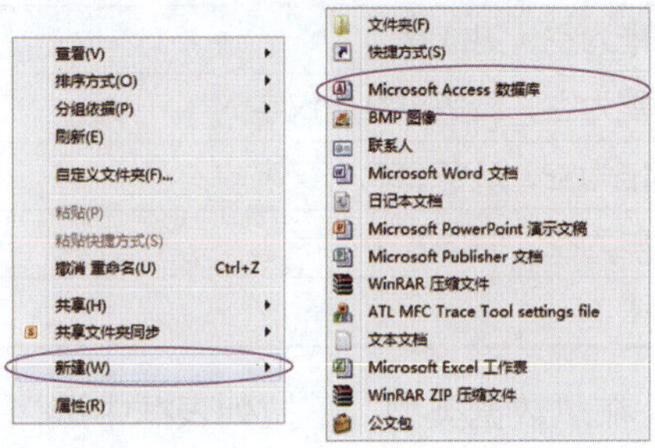

图 15.8 选择“新建→Microsoft Access 数据库”命令

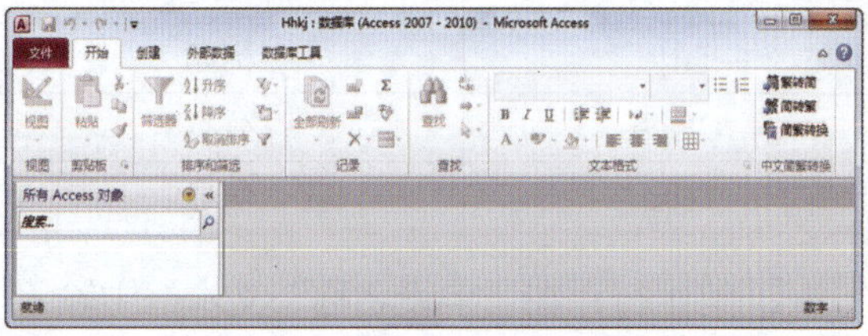

图 15.9 Access 界面

📖 说明

Access 是 Office 套件中的一个应用程序，它的布局和基本操作方法与 Word 等其他 Office 程序类似。

2. 新建数据表

在 Access 数据库文件创建并打开之后，使用设计器新建数据表。

☞ 在 Hhkj.accdb 数据库中新建数据表 Contact 的操作步骤如下。

（1）在 Access 窗口中单击“创建”选项卡下的“表设计”按钮，打开数据表的设计窗口，如图 15.10 所示。

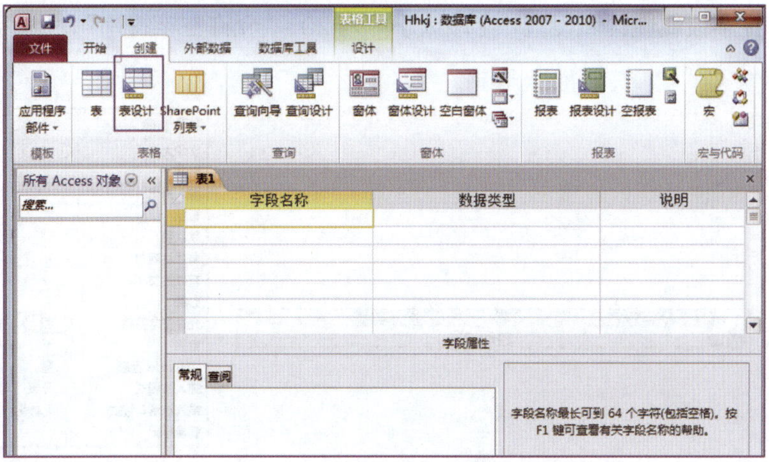

图 15.10 表设计窗口

（2）在设计窗口下，逐行添加字段，具体设置如表 15.1 所示。

表 15.1 表 结 构

字段名称	含 义	说 明
ID	序号	主键，自动增加的数值
Username	姓名	不能为空，最多 20 个汉字
Gender	性别	不能为空，男或女
Email	邮件地址	不能为空，最多 100 个汉字
Title	标题	不能为空，最多 255 个汉字
Class	分类	不能为空，最多 5 个汉字
Msg	信息	不限

① 第 1 行：在“字段名称”文本框中输入“ID”，在“数据类型”下拉列表框中选择“自动编号”，如图 15.11 所示。选中字段 ID，单击鼠标右键，在快捷菜单中选择“主键”命令，将字段 ID 设置为数据表的主键，此时，字段名称的左边将显示主键图标，如图 15.12 所示。

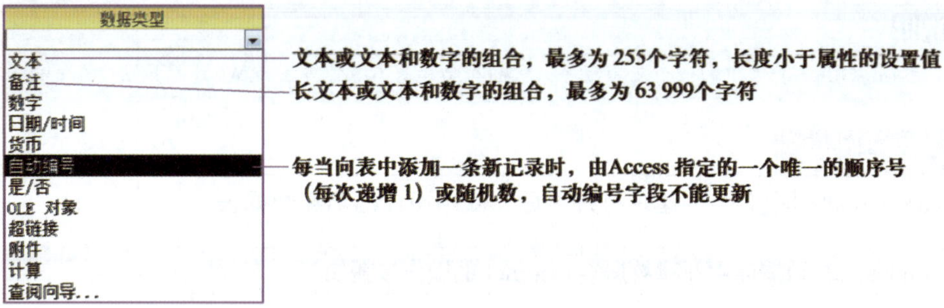

图 15.11 “数据类型”下拉列表框

② 第 2 行：在“字段名称”文本框中输入“Username”，在“数据类型”下拉列表框中选择“文本”，在字段属性区域设置“字段大小”为 20、“允许空字符串”为“否”，如图 15.13 所示。

图 15.12 设置主键

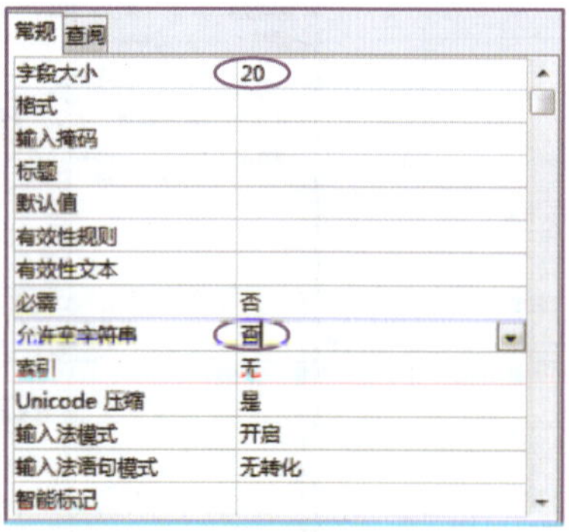

图 15.13 字段属性设置

③ 用相同的方法完成 Gender、E-mail、Title、Class、Msg 等字段的设置，操作步骤略，设置完成的字段列表如图 15.14 所示。

（3）单击快速访问工具栏中的“保存”按钮，弹出“另存为”对话框，在“表名称”文本框中输入“Contact”，单击“确定”按钮，如图 15.15 所示，就将新建的数据表命名为 Contact。

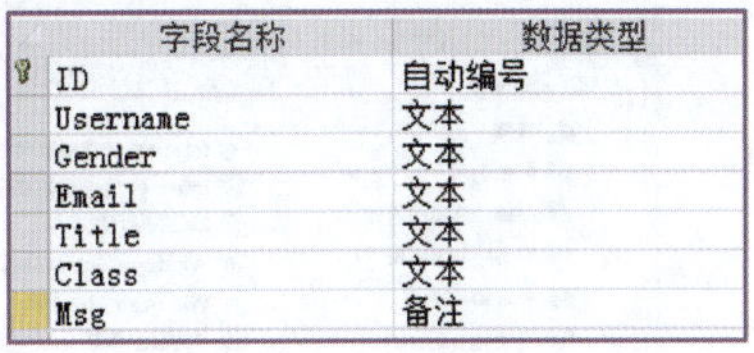

图 15.14　字段列表

图 15.15　在“另存为”对话框中设置参数

说明

为减少数据输入错误，并使数据库高效工作，设计表时应按照一定的原则对信息进行合理的分类，还要对表进行规范化设计，保证一个表只围绕一个主题。此外，还要使表便于维护。

3. 在数据表中添加记录

在 Access 数据表设计完成之后，可以尝试添加数据记录以进一步了解数据表的使用。

☞ **在 Contact 数据表中新增一条数据记录，操作步骤如下。**

（1）单击设计窗口右侧的“关闭 Contact”按钮，关闭 Contact 表的设计窗口。

（2）双击左侧数据表区域中的 Contact 选项，打开数据表的数据窗口。

（3）在数据窗口中，在各个字段文本框中输入数据，就为数据表增加了一条记录，如图 15.16 所示。

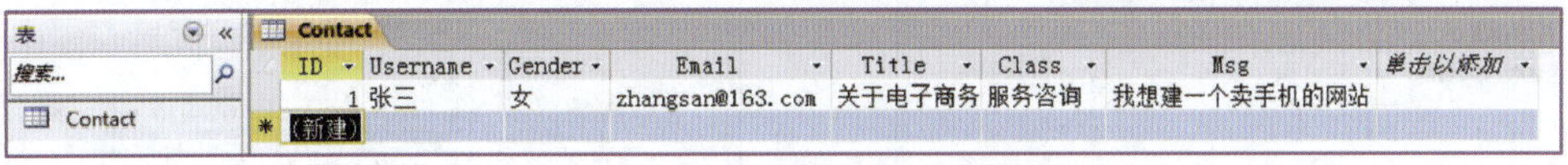

图 15.16　在表数据窗口中增加记录

注：字段 ID 是自动进行编号的数据，无须输入，Access 会自动输入。

（4）单击快速访问工具栏中的“保存”按钮，保存 Contact 数据表中的数据。

15.3.2 设置数据源和默认网站

在使用数据库作为动态网页的数据源之前，必须建立一个数据库连接。此外，为了测试动态网页，还需要配置本地网络，这些可以通过在 Windows 7 中定义系统 DSN 和修改默认网站根目录来实现。

☞ **新建系统 DSN dsnHhkj，用于连接 Hhkj.accdb 数据库，效果如图 15.17 所示，操作步骤如下。**

（1）在 Windows 7 中，打开资源管理器，在左窗格选择“控制面板→系统和安全→管理工具”，右侧就显示相应的内容，包括“Internet 信息服务（IIS）管理器”、“数据源（ODBC）”

等工具，如图 15.18 所示。

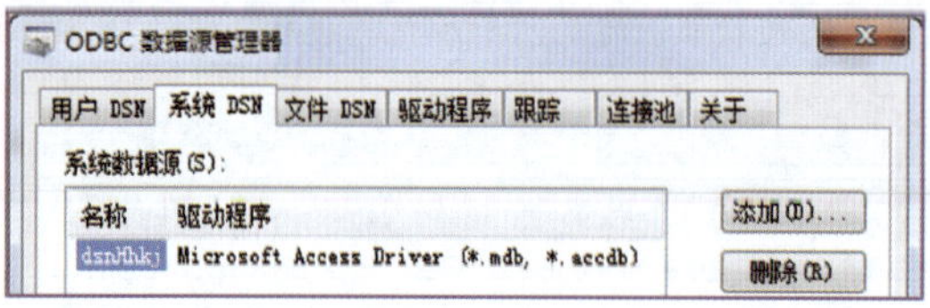

图 15.17 新建的系统 DSN

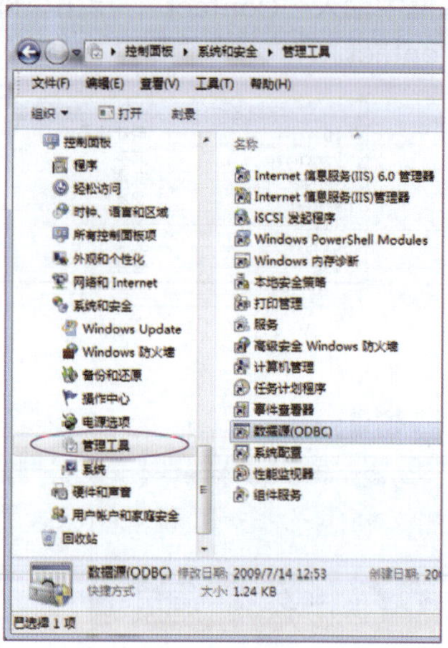

图 15.18 管理工具

（2）双击“数据源（ODBC）”，打开“ODBC 数据源管理器”对话框，选择“系统 DSN”选项卡，如图 15.19 所示。

（3）单击“添加”按钮，打开“创建新数据源”对话框，在“名称”列表框中选择“Microsoft Access Driver (*.mdb，*.accdb)”，如图 15.20 所示。

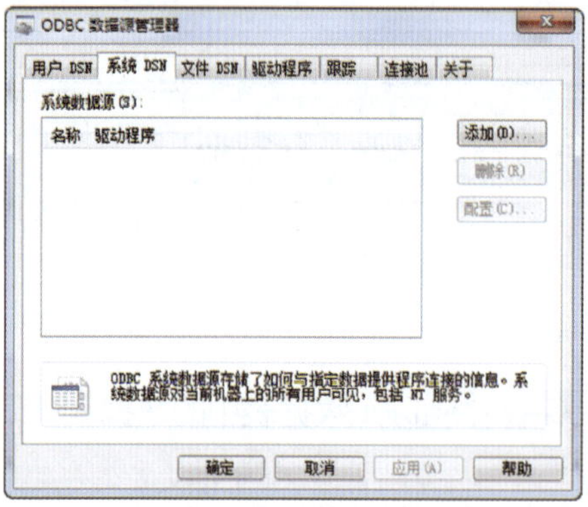

图 15.19 “系统 DSN”选项卡

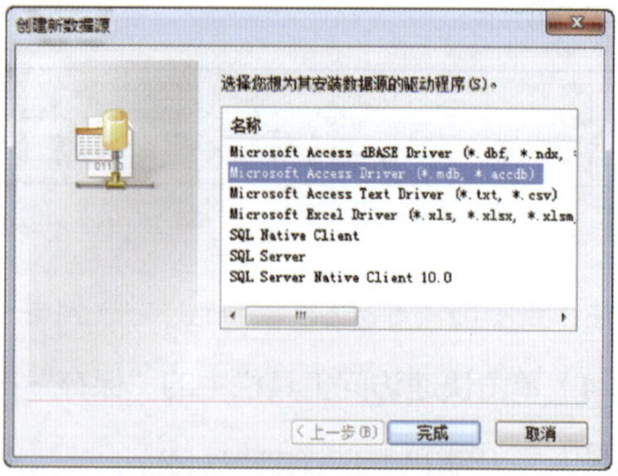

图 15.20 选择驱动程序

（4）单击“完成”按钮，打开“ODBC Microsoft Access 安装”对话框，如图 15.21 所示。

① 在“数据源名”文本框中输入“dsnHhkj”。这里的名称可以自行设定。

② 单击“数据库”选项区域中的“选择”按钮，打开“选择数据库”对话框，如图 15.22 所示，找到之前创建的 Access 数据库 Hhkj.accdb，单击“确定”按钮。

（5）在“ODBC Microsoft Access 安装”对话框中单击“确定”按钮，完成系统 DSN 的创建。

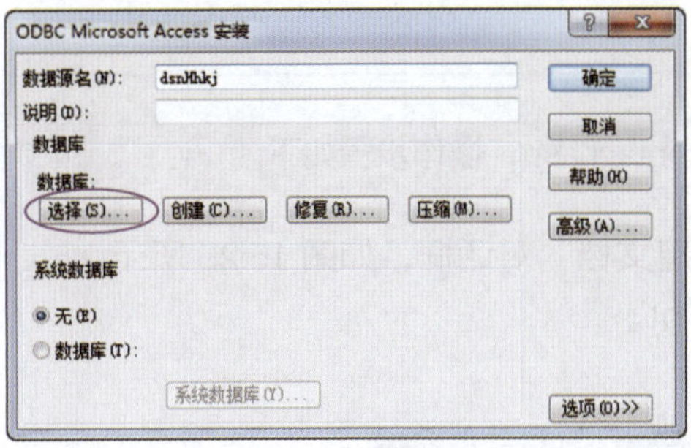

图 15.21 “ODBC Microsoft Access 安装”对话框

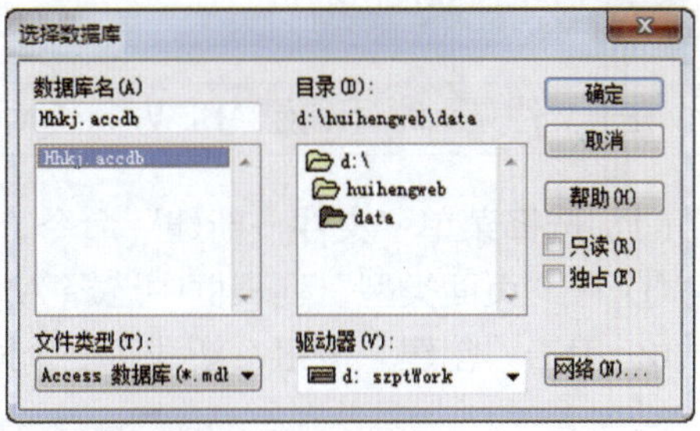

图 15.22 “选择数据库”对话框

☞ **将默认网站（Default Web Site）的物理路径设置为 D:\huihengweb（“慧衡科技”站点的根目录），默认网站的目录结构如图 15.23 所示，操作步骤如下。**

（1）打开“Internet 信息服务（IIS）管理器”窗口。

（2）单击计算机名左侧的“ ▷ ”按钮，选中“网站”下的 Default Web Site，选择“操作”下的“基本设置”选项，打开“编辑网站”对话框，如图 15.24 所示。

① 设置“物理路径”为 D:\huihengweb。这里的物理路径是“慧衡科技”站点的根目录。

② 单击“确定”按钮，默认网站的物理路径就设置完毕。

说明

在 Windows 7 中，要让 IIS 7 支持 ASP 动态网页，需要确认以下几点。

（1）在“打开或关闭 Windows 功能”中，找到 IIS 下的万维网服务，应用程序开发功能中的 ASP 选项应已选择。

（2）在“Internet 信息服务（IIS）管理器”窗口中，IIS 的处理程序映射里面会有 ASP Classic，并且是“已启用”状态。

（3）Users 组用户对文件夹 C:\Users\Default\AppData\Local\Temp 有操作权限。

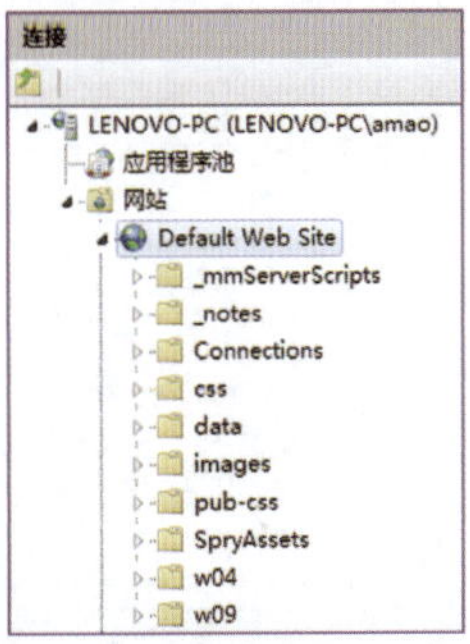

图 15.23 默认网站的目录结构

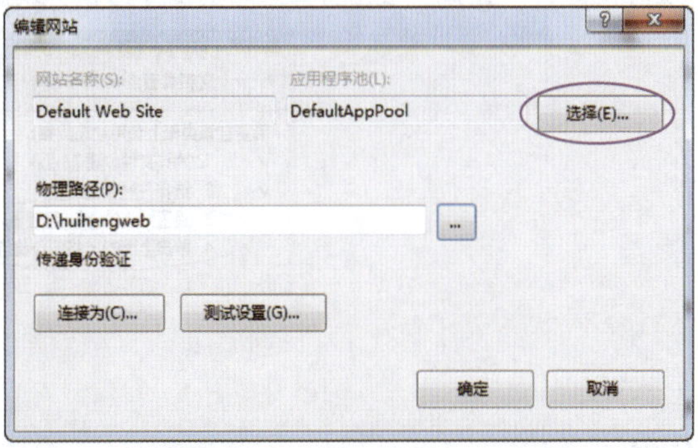

图 15.24 “编辑网站”对话框

15.3.3 创建动态网页

数据源建立之后，就可以创建动态页面，并定义数据库连接，可以在此基础上创建记录集，这样就可以动态地使用数据库中存储的数据。

1. 新建 ASP 页面

☞ 在子文件夹 w09 下创建 ASP VBScript 动态网页 contact.asp，操作步骤如下。

（1）选择菜单“文件→新建”命令，打开“新建文档”对话框，如图 15.25 所示。

① 在“页面类型”列表框中选择 ASP VBScript。

② 单击“创建”按钮，新建了一个网页。

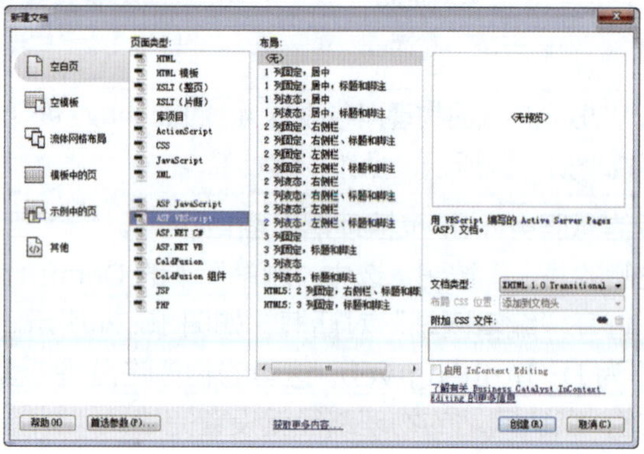

图 15.25　新建 ASP VBScript 动态网页

（2）按 Ctrl+S 组合键，将新建的网页保存到 w09 子文件夹下，命名为 contact.asp，设置页面标题为“在线留言”。

2. 建立系统 DSN 连接

☞ 添加本地测试服务器 aspTest，并建立系统 DSN 连接 conHhkj，操作步骤如下。

（1）选择菜单“窗口→数据库”命令，打开“数据库”面板，如图 15.26 所示。

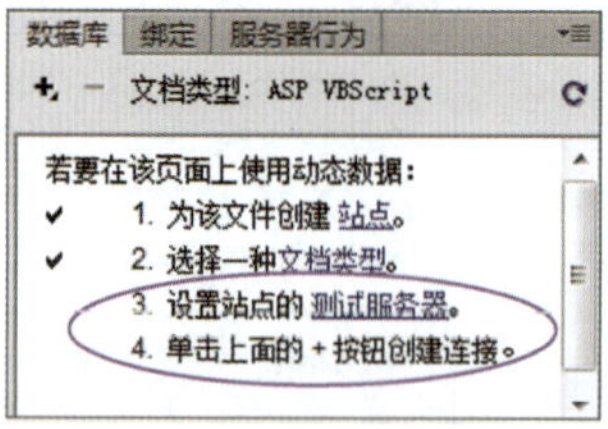

图 15.26　“数据库”面板

说明

在面板中列出了 4 步操作，由于已创建了站点，并且指定了动态页面的文档类型（ASP VBScript），所以，前两步已打了对钩，表示已完成。

（2）单击面板中的“测试服务器”链接，打开“站点设置对象 慧衡科技”对话框，在左窗格中选择“服务器”选项，用之前介绍的方法完成本地测试服务器 aspTest 的添加，如图 15.27 所示，操作步骤略。

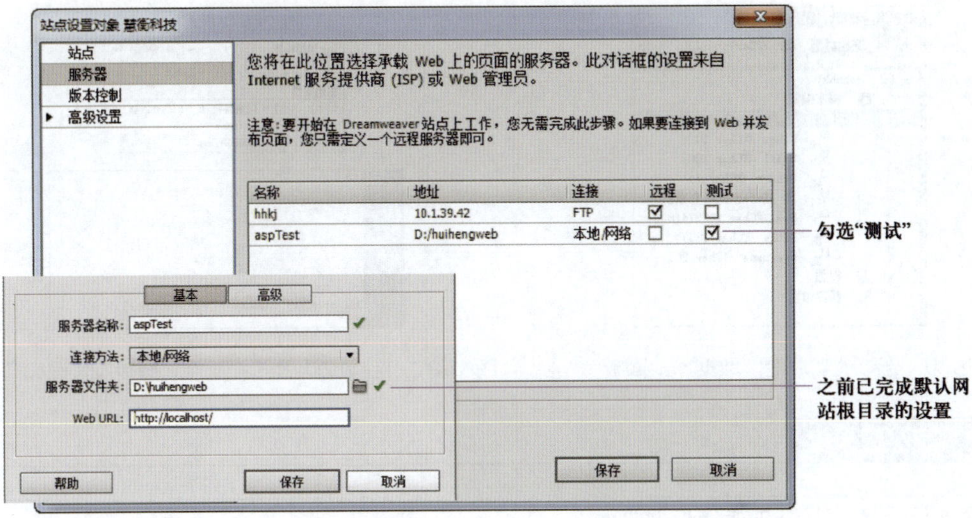

图 15.27 添加本地测试服务器 aspTest

（3）单击“数据库”面板上部的按钮，在弹出的菜单中选择“数据源名称（DSN）”命令，打开“数据源名称（DSN）”对话框，如图 15.28 所示。

① 在“连接名称”文本框中输入“conHhkj”。这里的名称可以自行设定。

② 单击DSN...按钮，打开“选取 ODBC DSN”对话框，如图 15.29 所示，选中 dsnHhkj，单击“确定”按钮，这样，该名称就在“数据源名称（DSN）”对话框的“数据源名称（DSN）”文本框中显示出来。

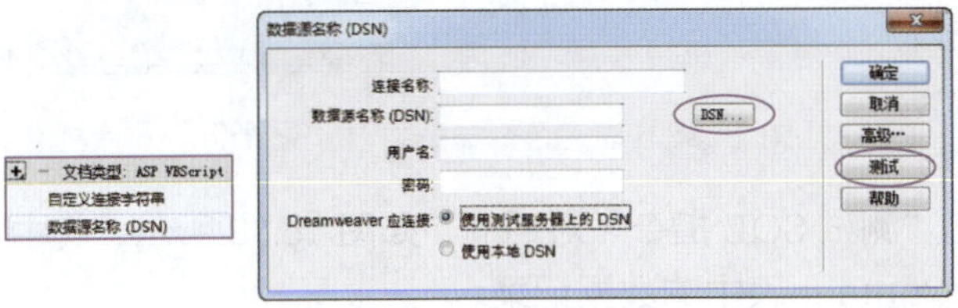

图 15.28 通过选择命令打开“数据源名称（DSN）”对话框

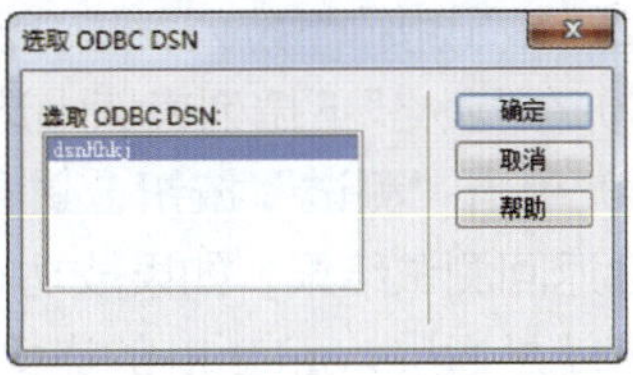

图 15.29 “选取 ODBC DSN”对话框

③ 单击“测试”按钮，进行连接测试，系统会返回测试结果，如果成功，就会弹出“成功创建连接脚本”的信息提示。

④ 成功连接后，单击“确定”按钮，完成数据库连接。

这时，“数据库”面板中就会显示该连接，如图 15.30 所示，逐级展开后可看到 Hhkj 数据库所包含的数据表和表中的各个字段。

此外，在“文件”面板中，站点文件夹下的子文件夹 Connections 里面就有了由系统创建的用于连接数据库的脚本文件 conHhkj.asp，在代码窗口可以看到该脚本的内容，如图 15.31 所示。

说明

如果是在网站的页面中首次建立数据库连接，系统就会在站点文件夹下自动增加一个子文件夹 Connections；如果不是首次使用，该文件夹应已存在。

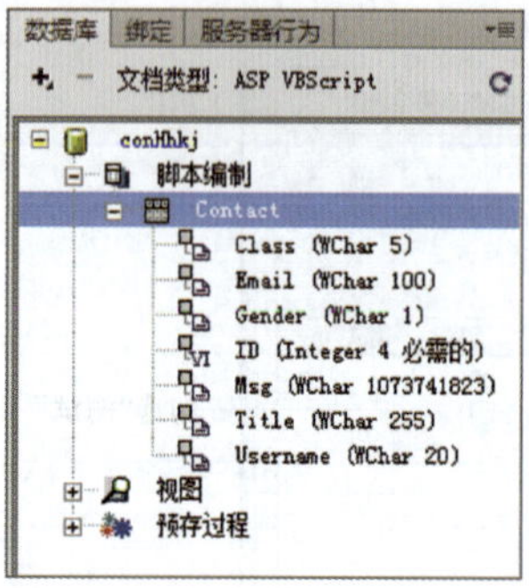

图 15.30 连接成功后的“数据库”面板

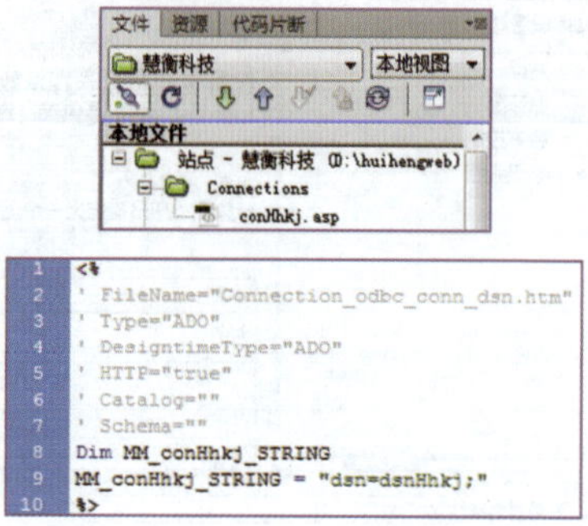

图 15.31 连接成功后的“文件”面板及代码窗口

3. 定义记录集

☞ 添加记录集 rsHhkj 的操作步骤如下。

（1）选择菜单“窗口→绑定”命令，打开“绑定”面板，在面板中也列出了 4 步操作，前 3 步已打了对钩，表示已完成。

（2）单击面板上部的 按钮，在弹出的菜单中选择“记录集（查询）”命令，打开“记录集”对话框，如图 15.32 所示。

① 在“名称”文本框中输入“rsHhkj”。这里的名称可以自行设定。

② 在“连接”下拉列表框中选择 conHhkj。

③ 在“表格”下拉列表框中选择 Contact。

④ 单击“测试”按钮，进行绑定测试，

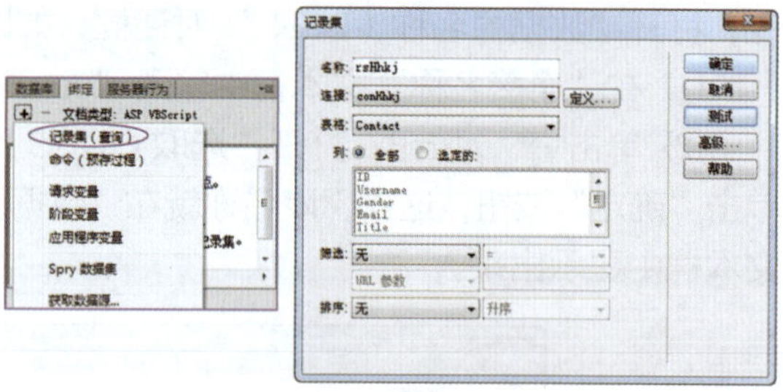

图 15.32 通过选择命令打开“记录集”对话框

系统会返回测试结果，如果成功，就会弹出“测试 SQL 指令”对话框，如图 15.33 所示，其中的内容就是通过 conHhkj 的连接所显示的 Contact 表中的数据记录。

⑤ 成功绑定后，单击“确定”按钮，完成记录集的添加。

这时，“绑定”面板中就会显示该记录集，如图 15.34 所示，逐级展开后可看到 Contact 表中的字段。

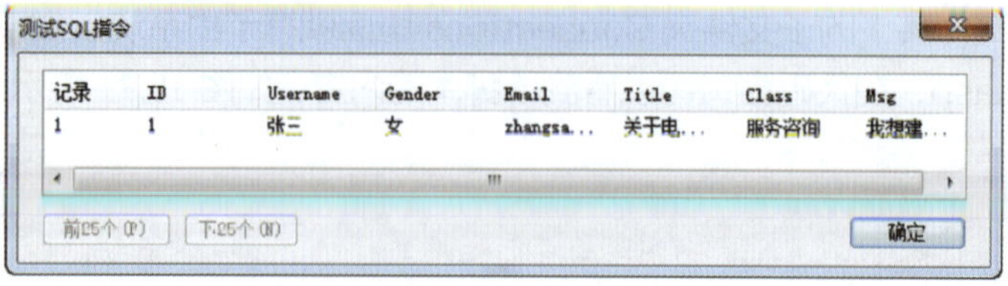

图 15.33 “测试 SQL 指令”对话框

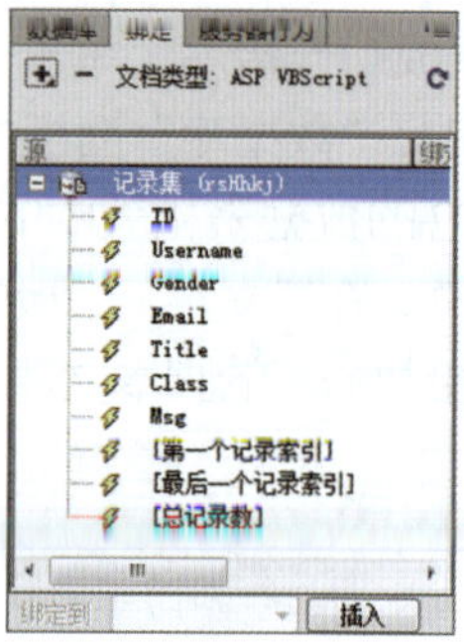

图 15.34 添加记录集后的“绑定”面板

15.3.4 添加表单和表单对象

表单是一个包含表单对象的区域，表单对象是允许用户在表单中输入各类信息的元素，不同的表单对象有对应的信息输入方式。

1. 创建表单

☞ **在 Contact.asp 页面中插入表单，操作步骤如下。**

（1）将插入点置于页面的左上角（起始处）。

（2）在“插入”面板中选择“表单”类，单击“表单”按钮，页面中会出现红色虚线框，表示插入了一个表单，如图 15.35 所示。

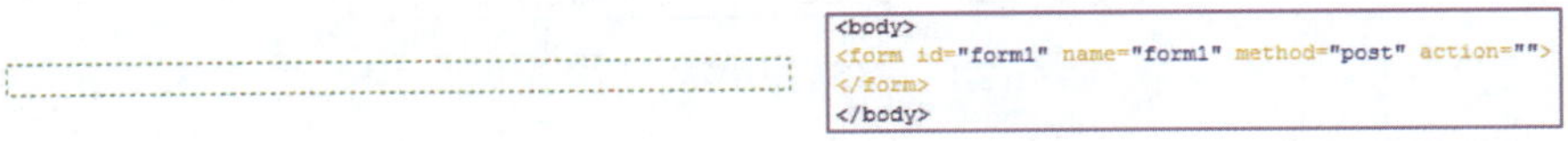

图 15.35 插入表单和表单的 HTML 代码

（3）在该表单的“属性”面板中，各属性及相应的设置说明如图 15.36 所示。

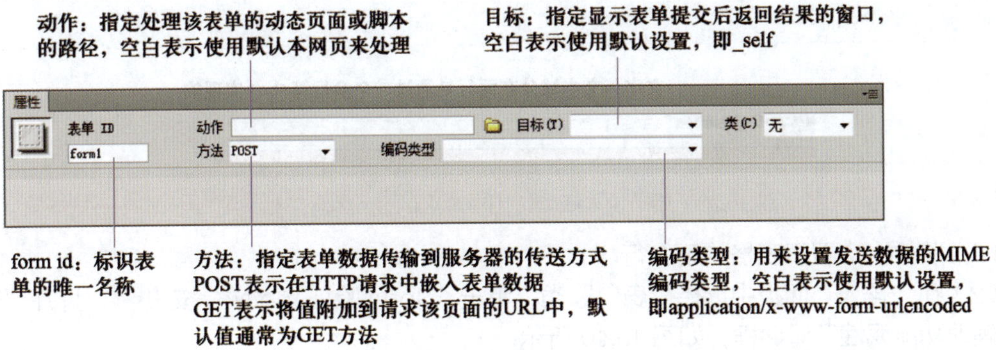

图 15.36 表单属性说明

说明

（1）插入表单后，如果看不到红色虚线框，可以选择菜单“查看→可视化助理→不可见元素”命令；不过，表单的红色虚线框在浏览器中并不会显示出来。

（2）表单对象需要插入在表单内，其输入的内容或选择的结果才会通过表单提交给 Web 服务器，如果没有插入表单而直接插入表单对象，系统会弹出具有“是否添加表单标签？”提示的对话框，如图 15.37 所示，单击“是”按钮，就会自动插入一个表单，将表单对象放置其中。

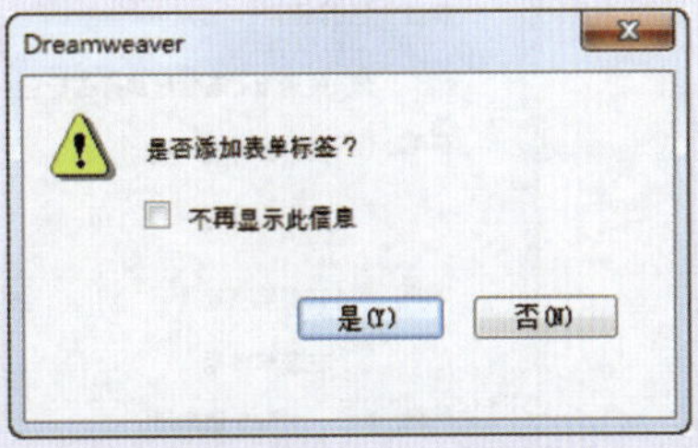

图 15.37 具有“是否添加表单标签？”提示的对话框

2. 利用表格进行布局

☞ **在表单中插入一个 8 行 1 列的表格，要求表格宽度为 770 像素，边框粗细、单元格边距及单元格间距均为 0，填充为 10，居中对齐；表格第 1、2 行的内容如图 15.38 所示，操作步骤如下。**

（1）将插入点置于表单内。

（2）插入一个表格，行数为 8、列数为 1、宽度为 770 像素、单元格边距为 0、单元格间距为 0、填充为 10、对齐方式为居中对齐。

（3）在表格的第 1 行输入文字“联系我们”，在第 2 行将“contact(素材).txt”文本文件中的内容复制过来，如图 15.38 所示。

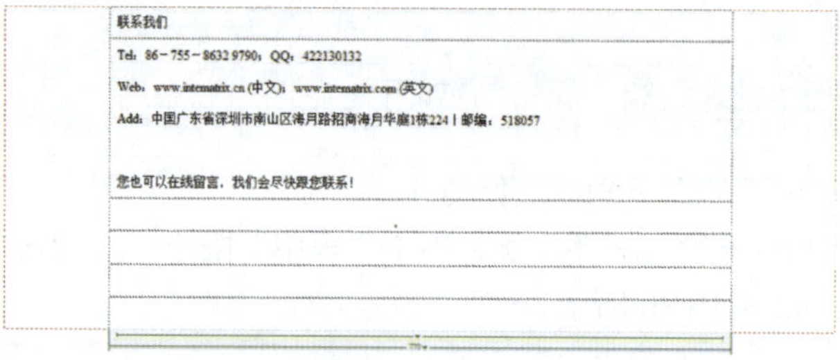

图 15.38 表单内表格及前 2 行内容

3. 插入表单对象

☞ **在表格的第 3 行中，插入一个 Spry 验证文本域，用于用户姓名的输入和验证，效果如图 15.39 所示，操作步骤如下。**

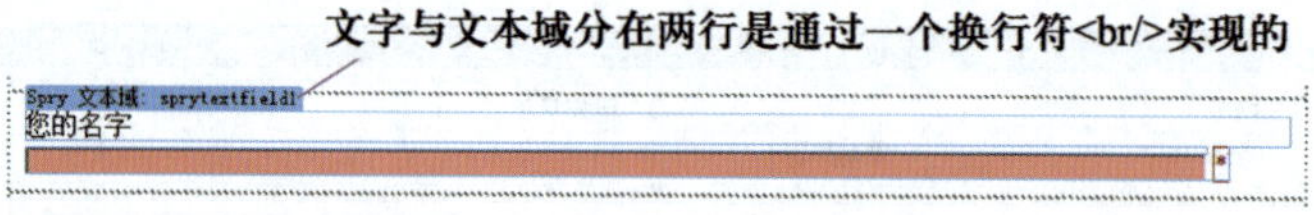

图 15.39 用于输入和验证用户姓名的 Spry 验证文本域

（1）将插入点置于表格的第 3 行。

（2）在“插入”面板中选择“表单”类，单击“Spry 验证文本域”按钮，打开“输入标签辅助功能属性”对话框，如图 15.40 所示。

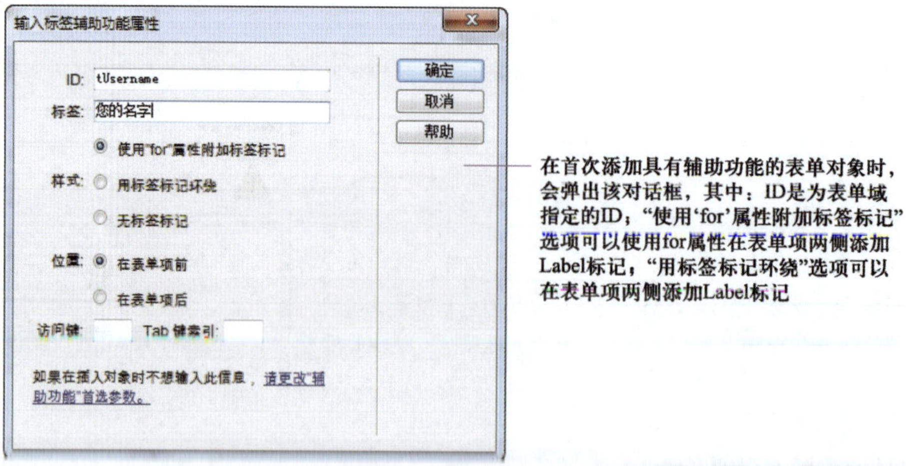

图 15.40 “输入标签辅助功能属性”对话框

① 在“ID”文本框中输入“tUsername”。这里的名称可以自行设定，最前面的“t”表示文本域（text field）的缩写。

② 在“标签”文本框中输入“您的名字”。

③ 单击“确定”按钮，在表单内插入了一个 Spry 验证文本域。

（3）选中这个 Spry 验证文本域，在其“属性”面板中设置“预览状态”为“必填”，在文本域的右侧会出现“需要提供一个值。”的字样，将其修改为*，如图 15.41 所示。

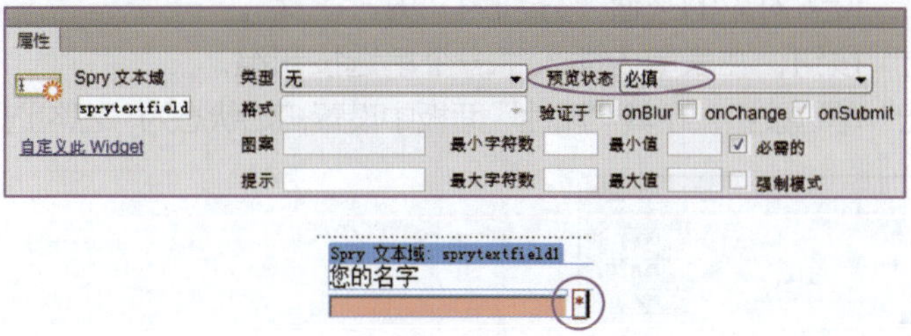

图 15.41　用于输入和验证用户姓名的 Spry 验证文本域的属性设置

（4）选中姓名文本域，在其“属性”面板中设置“字符宽度”为 100、“最多字符数”为 20，如图 15.42 所示。

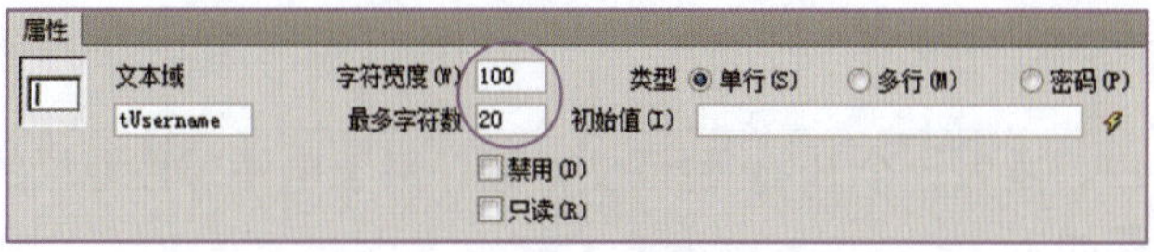

图 15.42　tUsername 文本域的属性设置

注：这里的 100 应与后面的电子邮件地址文本域的字符宽度保持一致，而 20 应符合数据表中用户姓名字段的长度要求。

说明

（1）之前的章节已介绍了 Spry 框架的基本功能和部分构件的使用，在这里用到的是 Spry 验证文本域。它是一个文本域，该域用于在站点访问者输入文本时显示文本的状态。

（2）验证文本域构件具有许多状态，如有效、无效和必需值等，可以根据所需的验证结果，使用属性检查器来修改这些状态的属性。

（3）验证文本域构件可以在不同的时间点进行验证，例如，当访问者在构件外部单击时、输入内容时或尝试提交表单时。

☞ **在表格的第 4 行中，插入一个单选按钮组，用于用户性别的选择，如图 15.43 所示，操作步骤如下。**

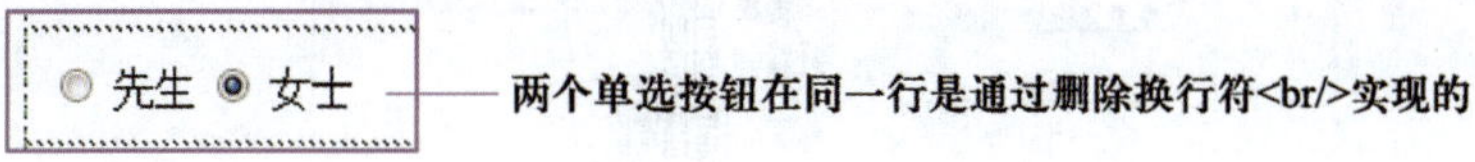

图 15.43　用于选择性别的单选按钮组

（1）将插入点置于表格的第 4 行。

（2）在“插入”面板中选择“表单”类，单击“单选按钮组”按钮，打开“单选按钮组”

对话框，如图 15.44 所示。

① 在“名称”文本框中输入“rgGender”。这里的名称可以自行设定，最前面的 rg 是单选按钮组（Radio group）的缩写。

② 在“单选按钮”列表框中，通过单击 ➕ 按钮增加两个单选按钮项，设置“标签”分别为“先生”、“女士”，设置对应的“值”分别为“男”、“女”。

③ 单击“确定”按钮，在表单内插入了一个单选按钮组。

（3）选中“女士”单选按钮，在其“属性”面板中设置初始状态为“已勾选”，如图 15.45 所示。

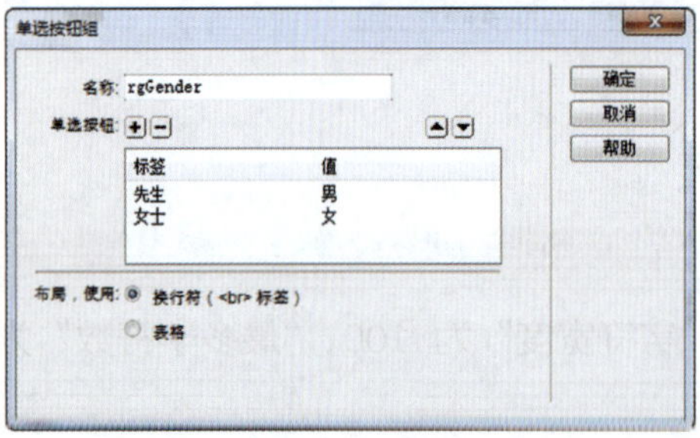

图 15.44　“单选按钮组”对话框

图 15.45　“女士”单选按钮的属性设置

☞ **在表格的第 5 行中，插入一个 Spry 验证文本域，用于电子邮件地址的输入和验证，如图 15.46 所示，操作步骤如下。**

图 15.46　用于输入和验证电子邮件地址的 Spry 验证文本域

（1）将插入点置于表格的第 5 行。

（2）用与之前相同的方法插入一个 Spry 验证文本域，设置文本域的 ID 为 tEmail、标签为“您的电子邮件地址”、字符宽度和最多字符数均为 100。

（3）选中这个 Spry 验证文本域，在其“属性”面板中将“类型”设置为“电子邮件地址”，将“预览状态”设置为“无效格式”，在文本域的右侧会出现“无效格式。”的字样，将其修改为“无效”。

说明

可以为 Spry 验证文本域指定不同的验证类型，如图 15.47 所示。

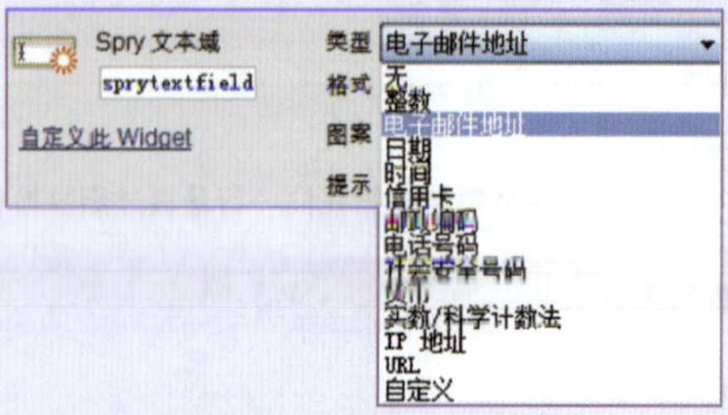

图 15.47　Spry 验证文本域的验证类型

☞ 在表格的第 6 行中，用相同的方法插入一个 Spry 验证文本域，用于标题的输入和验证。操作步骤略。

☞ 在表格的第 7 行中，插入一个选择菜单，用于分类的选择，如图 15.48 所示，操作步骤如下。

（1）将插入点置于表格的第 7 行。

（2）在“插入”面板中选择“表单”类，单击“选择（列表/菜单）”按钮，设置 ID 为 sClass、标签为“分类”。

（3）选中“分类”选择菜单，在其“属性”面板中设置参数，如图 15.49 所示，单击“列表值”按钮，打开“列表值”对话框，通过单击按钮添加 4 个项目，如图 15.50 所示，单击“确定”按钮，便在表单内插入了一个选择菜单。

图 15.48　用于选择分类的选择菜单

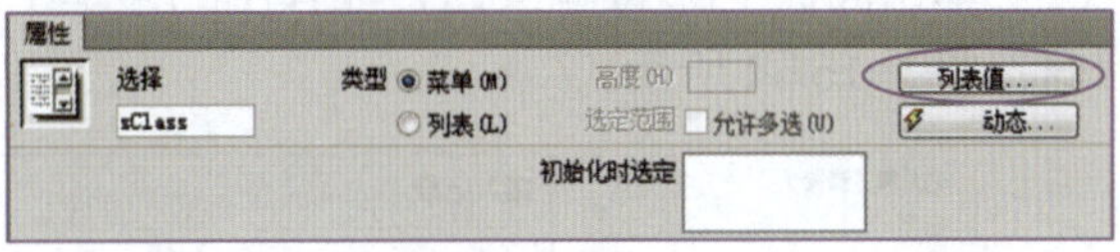

图 15.49　sClass 选择菜单的属性设置

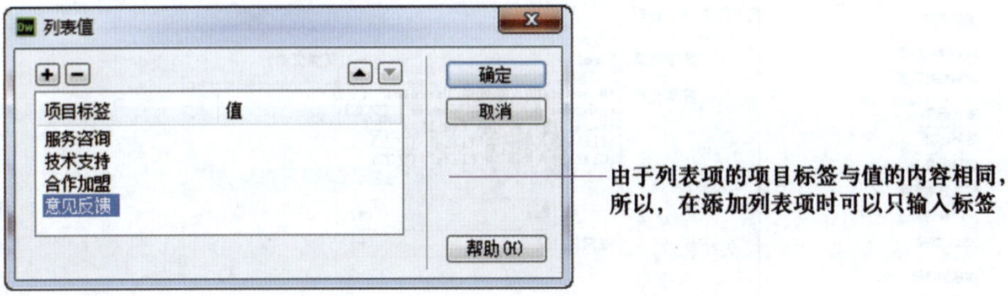

图 15.50　在“列表值”对话框中添加项目标签

☞ 在表格的第 8 行中插入 3 个表单对象。一个是文本区域，用于信息的输入；另外两个是按钮，分别用于表单的提交和重置。表格的第 8 行内容如图 15.51 所示，操作步骤如下。

（1）将插入点置于表格的第 8 行。

（2）在“插入”面板中选择“表单”类，单击“文本区域”按钮，设置 ID 为 taMsg、标签为“消息”，设置文本域的“字符宽度”为 70、“行数”为 5，如图 15.52 所示。

图 15.51　表单内表格第 8 行的内容

（3）将插入点置于文本区域的右侧，单击按钮，设置 ID 为 bSubmit；再单击按钮，设置 ID 为 bReset，并在其“属性”面板中设置“值”为“重置”、“动作”为“重设表单”，如图 15.53 所示。

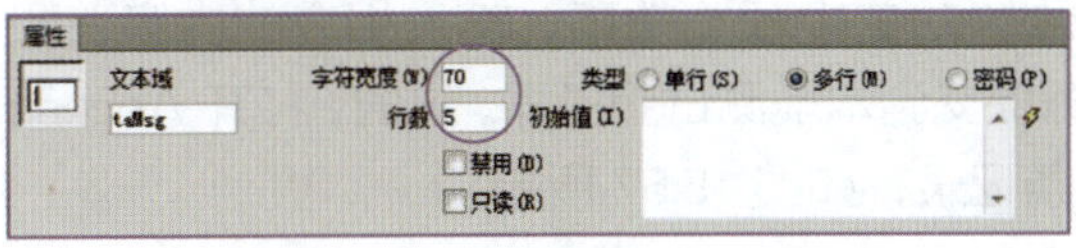

图 15.52　taMsg 文本区域的属性设置

图 15.53　“重置”按钮的属性设置

所有表单对象插入完毕后，按 F12 键在 IE 中预览效果，并通过交互式操作进一步理解 Spry 验证文本域、单选按钮组、选择菜单、提交按钮和重置按钮的作用。

15.3.5 添加服务器行为

动态网页可以读取数据库中存储的数据，并在网页中实时显示出来，也可以将网页表单中的信息写入，更新数据库，还可以删除数据库中的某些记录，这些操作都能通过添加服务器行为来实现。

☞ 添加“插入记录”服务器行为的操作步骤如下。

（1）选择菜单“窗口→服务器行为”命令，打开“服务器行为”面板。

（2）单击面板上部的 [+] 按钮，在弹出的菜单中选择“插入记录”命令，打开“插入记录”对话框，如图 15.54 所示。

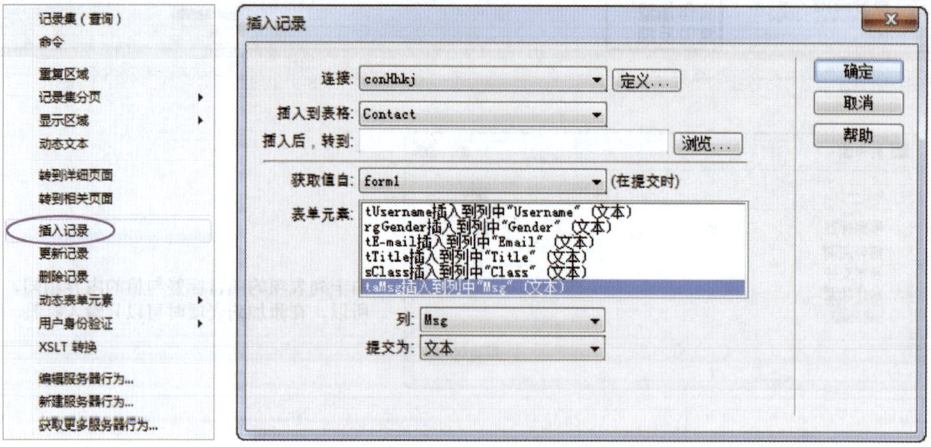

图 15.54 通过选择命令打开“插入记录”对话框

① 在“连接”下拉列表框中选择 conHhkj。

② 在“插入到表格”下拉列表框中选择 Contact。

③ 在“表单元素”列表框中选择“tUsernme 插入到列中‘Username’(文本)”，对应地在“列”下拉列表中选择 Username，这样就为该表单元素指定了字段。

同样，为其他表单元素 rgGender、tE-mail、tTitle、sClass、taMsg 分别指定数据表 Contact 中的字段 Gender、Email、Title、Class、Msg。

④ 单击“确定”按钮，完成插入记录行为的添加。

这时，“服务器行为”面板中就会显示该行为，如图 15.55 所示。在页面的“代码”视图中也增加了相应的脚本。

此时，“在线留言”页面设计完成，按 F12 键在 IE 中预览效果，输入相应的内容，如图 15.56 所示。然后，单击“提交”按钮，就将数据提交到本地测试服务器。这时，打开 Access 窗口，就会发现数据表 Contact 中自动新增了一条记录，如图 15.57 所示。

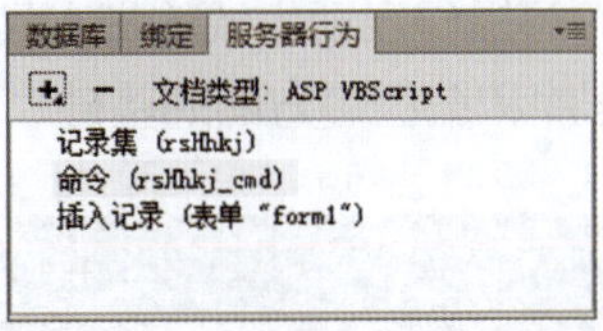

图 15.55 “服务器行为”面板

图 15.56 输入网页内容

图 15.57 网页数据提交后的数据表记录

15.4 项目总结

本章以深圳慧衡科技有限公司网站的二级页面“在线留言”的设计与制作为例，详细介绍了利用数据库和表单技术制作动态网页的基本流程和操作方法。本项目涵盖的主要内容如图 15.58 所示。

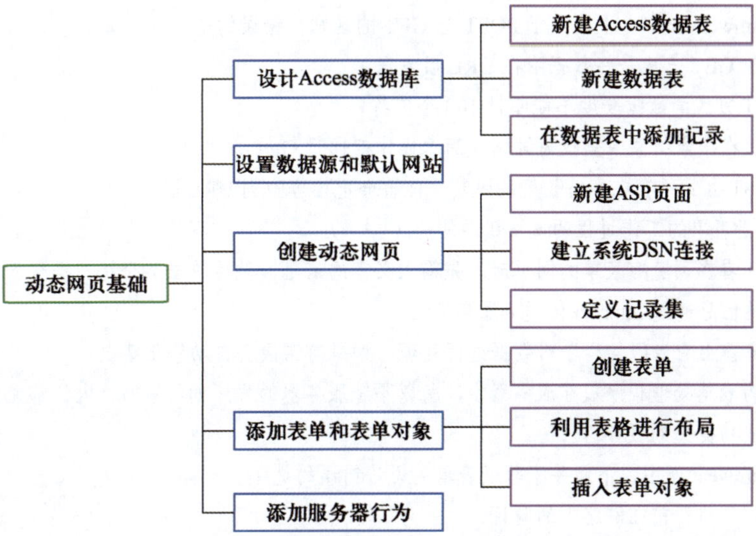

图 15.58 本项目涵盖的主要内容

15.5　扩展技能

一个优秀的网站应该是由静态页面和动态页面共同构成的。美观的页面设计要与强大的交互功能相结合，在网页设计中，表单、数据库及动态网页技术必不可少。不过，要制作需求复杂、功能全面的动态页面，仅依靠 Dreamweaver 中由绑定及服务器行为等操作自动生成的脚本代码是远远不够的，需要手工编写代码，这就要求设计者有很扎实的数据库和编程等方面的基础。

15.6　课后练习

15.6.1　配套实训

设计和制作登录页面，效果如图 15.59 所示。

要求如下。

1. 设计 Access 数据库，用于存储用户账号和密码等数据。

注：在数据表中插入一条记录作为测试数据。

2. 设置数据源以连接数据库，并配置本地网络作为动态网页的测试服务器。

3. 定义站点，新建 ASP VBScript 网页，在其中创建数据库连接和定义记录集。

4. 添加表单、表单对象及服务器行为以实现登录功能。

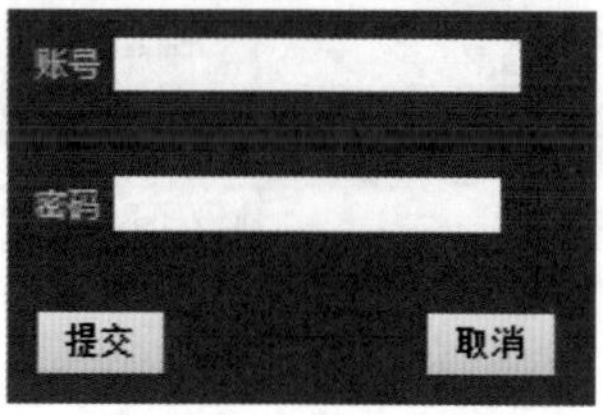

图 15.59　登录页面效果

15.6.2　同步测试

1. 在 Dreamweaver 中，下面关于 POST 与 GET 的区别，错误的是（　　）。
   A. 一般 GET 方式是将数据附在 URL 后发送
   B. GET 方式的数据长度不能超过 100 个字符
   C. 一般在搜索引擎中查找关键词等简单操作都通过 GET 方式进行
   D. POST 方式不存在字符长度的限制，但也会把内容附到 URL 后
2. 下面对于表单的工作过程的说法错误的是（　　）。
   A. 访问者在浏览有表单的网页时，先输入必需的信息，然后单击某个按钮提交
   B. 这些信息通过 Internet 传送到服务器上
   C. 服务器上有专门的程序对数据进行处理，如果有错误会自动修正错误
   D. 因为表单处理程序放在服务器上，所以不管服务器的程序如何编写，人们都无法知道信息是否被成功提交到服务器
3. 在 Dreamweaver 中，下面关于验证表单的说法错误的是（　　）。
   A. 是程序执行前在网络上的验证
   B. 会大大减少因程序处理错误事件而造成的不必要的负担
   C. 在验证表单对话框中，设置“值”为“必需”时表示此栏不用填写

D. 验证表单可以检验用户是否填写了正确的 E-mail 格式

4. 在 Dreamweaver 中，使用（　　）行为命令可以制作及选择不同的下拉菜单选项，即可以跳转到不同的页面效果。

A. 新开浏览器窗口　　　　B. 跳转菜单

C. 复选框　　　　D. 弹出菜单

5. “单选按钮组”是插入共享同一名称的单选按钮的集合，插入“单选按钮组”后（　　）。

A. 没有必要逐个命名，Dreamweaver 会自动命名

B. 有必要逐个命名，要不然无法发送数据

C. 无法命名

D. 一个组中的所有单选按钮必须具有相同的名称，而且必须包含不同的域值

6. 下面关于设置文本域的属性说法错误的是（　　）。

A. 单行文本域只能输入单行的文本

B. 通过设置可以控制单行域的高度

C. 通过设置可以控制输入单行域的最长字符数

D. 口令域的主要特点是不在表单中显示具体输入内容，而是用*来替代显示

参 考 文 献

[1] 刘艳丽. 网页设计与制作实用教程. 2 版. 北京：高等教育出版社，2008.

[2] （美）Shea D，Holzschlag M E. CSS 禅意花园. 陈黎夫，山旎颋，译. 北京：人民邮电出版社，2012.

[3] 刘艳丽. 网页设计与制作实用教程. 北京：高等教育出版社，2003.

[4] Dreamweaver 帮助，http://www.adobe.com.

[5] Photoshop 帮助，http://www.adobe.com.

[6] Flash 帮助，http://www.adobe.com.